环境保护技术工作文件汇编（一）

污染防治技术政策与技术指南

环境保护部科技标准司　编

中国环境出版社·北京

图书在版编目（CIP）数据

环境保护技术工作文件汇编. 1，污染防治技术政策与技术指南/环境保护部
科技标准司编. —北京：中国环境出版社，2013.8
ISBN 978-7-5111-0704-6

Ⅰ. ①环…　Ⅱ. ①环…　Ⅲ. ①环境保护—技术评估—文件—汇编—中
国②环境污染—污染防治—环境政策—中国—指南　Ⅳ. ①X-012

中国版本图书馆 CIP 数据核字（2013）第 225656 号

出 版 人	王新程	
责任编辑	丁莞歆	
文字编辑	曹靖凯	
责任校对	唐丽虹	
封面设计	宋　瑞	

出版发行　**中国环境出版社**
（100062　北京市东城区广渠门内大街 16 号）
网　　　址：http://www.cesp.com.cn
电子邮箱：bjgl@cesp.com.cn
联系电话：010-67112765（编辑管理部）
　　　　　010-67175507（科技标准图书出版中心）
发行热线：010-67125803　010-67113405（传真）
印装质量热线：010-67113404

印　　刷	北京中科印刷有限公司	
经　　销	各地新华书店	
版　　次	2014 年 1 月第 1 版	
印　　次	2014 年 1 月第 1 次印刷	
开　　本	889×1194　1/16	
印　　张	24	
字　　数	650 千字	
定　　价	88.00 元	

为生态文明建设提供强有力的环保技术保障
（代序）

　　党的十八大报告中提出，必须更加自觉地把全面协调可持续作为深入贯彻落实科学发展观的基本要求，全面落实经济建设、政治建设、文化建设、社会建设、生态文明建设五位一体总体布局，促进现代化建设各方面相协调，促进生产关系与生产力、上层建筑与经济基础相协调，不断开拓生产发展、生活富裕、生态良好的文明发展道路。同时，报告从优化国土空间开发格局、全面促进资源节约、加大自然生态系统和环境保护力度、加强生态文明制度建设等方面对生态文明建设进行了全面部署。为做好污染防治和排放技术法规制定实施工作，围绕改善环境质量状况、防范环境风险、优化产业结构、削减污染物排放量等重点工作的需要，环保部初步建立了环保技术工作体系。当前，环保技术工作体系以污染治理技术为核心，以公益性技术激励研发机制和商业性技术市场化评价机制为主体，涉及技术的研发、评价以及示范、推广、应用、产业化等工作内容。

　　在人类社会的发展演化过程中，技术是一个相伴始终、无所不在、不可或缺的重要因素。技术来源于各种实践活动，为人类提供了适应世界、认识世界和改造世界的手段，尤其是工具制造技术极大地促进了人的进化和社会的进步，并为科学的产生和发展奠定了基础。技术泛指各种工艺、程序、技艺和方法。在现代社会，技术因素已渗透到生产生活的方方面面，各种传统技术和现代技术广泛应用于各行各业，而新技术仍在源源不断地涌现，与此同时，社会对技术的依赖程度日益提高，技术应用对社会的影响越来越大。然而，"成也萧何，败也萧何"，技术在给人类带来了数不胜数福利的同时，也造成了许多挥之不去的麻烦。生态破坏、物种减少、气候变暖、资源枯竭、环境污染等问题都与技术应用密切相关，正像猎枪的发明加速了很多物种的灭绝、农药的滥用使餐桌变得不太安全、塑料的使用造成了"白色污染"。显然，因噎废食和饮鸩止渴都不是对待技术应用负面影响的良策，"解铃还须系铃人"，理性的办法是运用技术手段予以应对和解决。

　　环境污染是经济发展的副产物，在现有的经济技术条件下，尚无法完全杜绝排污，而对各种排污行为加以限制和管控就成为现实的选择。通过立法限制和规范排污已成为世界各国的通行做法，一般是采用制定国家法律或技术法规的形式给排污行为立规矩。我国《环境保护法》、《大气污染防治法》、《水污染防治法》等法律规定了禁止排污的各类情形，同时对制定和实施排放标准相关事项做出了规定。按照法律规定，排放标准要根据经济、技术条件制定，因而污染治理技术与排放标准的制定和实施就有了密不可分的关联，两者相互依存、相辅相成、互为因果。国务院环境保护行政主管部门、省级人民政府是法定的国家和地方污染物排放标准制定主体，因此政府在环境保护技术方面的需求主要来自履行技术立法职责的需要，即制定排放标准工作的需要。只有具备了相应的技术条件，才有可能按照法律规定对排放标准的经济、技术可行性进行分析和论证，才有可能在准确核定标准实施成本效益的基础上，对实施方案作出正确决策，保证标准的实施效果。另一方面，排放标准实施将释放新的技术和产业市场需求，这将使相关支持技术得到广泛应用，从而带动技术装备制造产业的发展。总之，排放标准应以技术为基础，技术应用则以排放标准实施为保障，没有可行技术依托的排放标准是可望不可即的海市蜃楼，而没有制定排放标准需求引领的污染治理技术研发活动，由于目标不确定只能在黑暗中摸索，使研发投资蕴含重大风险。

目前，我国尚未建立较为完善的服务于排放技术法规制定工作需要的治污先导技术研发储备制度，零星分散进行的技术研发活动随机性大、目的性弱、超前性低，而在排放标准发布之后才研发的技术，往往会成为"马后炮"、"雨后伞"。超前性和引领性是环保技术工作的灵魂，在工作中将"脚踏实地"与"仰望星空"有机结合起来，才能够提高技术工作对实现国家环保战略目标的支持力度。

2013 年 11 月，党的十八届三中全会审议通过了《中共中央关于全面深化改革若干重大问题的决定》，为全面深化改革指明了前进方向，吹响了新的历史起点上改革的"集结号"。在深化政府机构改革和职能转变、使市场在资源配置中发挥决定性作用和更好发挥政府作用、建设服务型政府的大背景下，环保技术工作也面临着如何处理好政府与市场的关系、如何发挥和产业技术市场配置资源作用、如何落实各类排污主体技术研发责任等问题。《决定》要求，建立和完善严格监管所有污染物排放的环境保护管理制度，这是我国首次提出对排污行为进行全面而严格监管的政策措施，对于环保工作意义重大，预示着我国排放标准中的污染物限值将会更加严格、标准监控污染物名单将会变得更长；《决定》还要求，完善政府对基础性、战略性、前沿性的科学和技术研究的支持机制。治污先导技术的公益属性，决定了其必然处于市场失灵的范围，研发活动只有依靠财政资金的长期、持续支持才能进行。贯彻落实《决定》，对技术工作提出了新的、更高的要求：一是对于已经列入国家和地方排放标准的污染物，要研发具有更高排放控制水平的治污技术；二是在对各类污染源实际排放污染物进行全面定性定量分析的基础上，研发针对"漏网"污染物的治污技术；三是按照排放法规技术立法事权，建立国家和地方治污先导技术研发储备制度，提前公布技术需求。

我国已成为世界第二大经济体和名副其实的世界工厂，人口众多、产业门类齐全、市场规模庞大，目前有 200 多种工农业产品产量居世界第一位，同时，由于产业技术水平和能源利用效率总体偏低，使能源消耗量和排污量居高不下，对环境质量造成了巨大的压力。治理污染、改善环境质量状况任重而道远，环保技术工作与建设生态文明的要求相比还有相当大的差距。要解决排放标准实施不力问题，在完善立法执法工作的同时，应加强环保技术工作，未雨绸缪，提前安排治污技术研发工作，改变临渴掘井式的技术研发应用方式。"不谋万世者，不足谋一时；不谋全局者，不足谋一域"，环保技术工作虽然是非常具体而细微的工作，但在国家环境保护工作中却发挥着不可替代的基础性作用。今后，环保技术工作将继续探索与我国基本国情和技术立法体制相适应的发展路径，研究客观规律，理顺工作机制，提高工作体系的协调性、完整性和适用性。

环境保护技术工作文件是工作体系的组成部分，其作用主要是向社会展示排放技术法规制定部门的技术工作需求与技术研发意图，对技术工作发挥预告、展望、引领和导向作用。为使各有关方面全面了解技术工作文件内容，给环保技术工作者提供方便，我司与中国环境出版社联合开展了《环境保护技术工作文件汇编》的出版工作，2013 年版的汇编包括历年来由原国家环保局、原国家环保总局和环保部发布的各类现行技术文件，今后汇编将按年度出版。

环保部科技标准司

2013 年 11 月

总目录索引

（一）污染防治技术政策与技术指南

第一篇 污染防治技术政策

1. 机动车排放污染防治技术政策（环发[1999]134 号）
2. 草浆造纸工业废水污染防治技术政策（环发[1999]273 号）
3. 城市生活垃圾处理及污染防治技术政策（建成[2000]120 号）
4. 城市污水处理及污染防治技术政策（建成 [2000]124 号）
5. 印染行业废水污染防治技术政策（环发[2001]118 号）
6. 危险废物污染防治技术政策（环发[2001]199 号）
7. 燃煤二氧化硫排放污染防治技术政策（环发[2002]26 号）
8. 摩托车排放污染防治技术政策（环发[2003]7 号）
9. 柴油车排放污染防治技术政策（环发[2003]10 号）
10. 废电池污染防治技术政策（环发[2003]163 号）
11. 湖库富营养化防治技术政策（环发[2004]59 号）
12. 矿山生态环境保护与污染防治技术政策（环发[2005]109 号）
13. 汽车产品回收利用技术政策（公告 2006 年第 9 号）
14. 制革、毛皮工业污染防治技术政策（环发[2006]38 号）
15. 废弃家用电器与电子产品污染防治技术政策（环发[2006]115 号）
16. 城镇污水处理厂污泥处理处置及污染防治技术政策（试行）（建城[2009]23 号）
17. 地面交通噪声污染防治技术政策（环发[2010]7 号）
18. 火电厂氮氧化物防治技术政策（环发[2010]10 号）
19. 农村生活污染防治技术政策（环发[2010]20 号）
20. 电解锰行业污染防治技术政策（环发[2010]150 号）
21. 畜禽养殖业污染防治技术政策（环发[2010]151 号）
22. 铅锌冶炼工业污染防治技术政策（公告 2012 年第 18 号）
23. 石油天然气开采业污染防治技术政策（公告 2012 年第 18 号）
24. 制药工业污染防治技术政策（公告 2012 年第 18 号）
27. 硫酸工业污染防治技术政策（公告 2013 年第 31 号）
25. 钢铁工业污染防治技术政策（公告 2013 年第 31 号）
26. 水泥工业污染防治技术政策（公告 2013 年第 31 号）
28. 挥发性有机物（VOCs）污染防治技术政策（公告 2013 年第 31 号）
29. 环境空气细颗粒物污染综合防治技术政策（公告 2013 年第 59 号）

第二篇　污染防治技术指南

1．燃煤电厂污染防治最佳可行技术指南(试行)（HJ-BAT-001）
2．城镇污水处理厂污泥处理处置污染防治最佳可行技术指南（试行）（HJ-BAT-002）
3．钢铁行业采选矿工艺污染防治最佳可行技术指南（试行）（HJ-BAT-003）
4．钢铁行业焦化工艺污染防治最佳可行技术指南（试行）（HJ-BAT-004）
5．钢铁行业炼钢工艺污染防治最佳可行技术指南（试行）（HJ-BAT-005）
6．钢铁行业轧钢工艺污染防治最佳可行技术指南（试行）（HJ-BAT-006）
7．铅冶炼污染防治最佳可行技术指南（试行）（HJ-BAT-7）
8．医疗废物处理处置污染防治最佳可行技术指南（试行）（HJ-BAT-8）
9．村镇生活污染防治最佳可行技术指南（试行）（HJ-BAT-9）
10．规模畜禽养殖场污染防治最佳可行技术指南（试行）（HJ-BAT-10）
11．电镀污染防治最佳可行技术指南（试行）（HJ-BAT-11）
12．农村环境连片整治技术指南（HJ 2031—2013）
13．农村饮用水水源地环境保护技术指南（HJ 2032—2013）

（二）污染治理工程技术规范

1．危险废物集中焚烧处置工程建设技术规范（HJ/T 176—2005）
2．医疗废物集中焚烧处置工程建设技术规范（HJ/T 177—2005）
3．火电厂烟气脱硫工程技术规范烟气循环流化床法（HJ/T 178—2005）
4．火电厂烟气脱硫工程技术规范石灰石/石灰－石膏法（HJ/T 179—2005）
5．医疗废物化学消毒集中处理工程技术规范（试行）（HJ/T 228—2006）
6．医疗废物微波消毒集中处理工程技术规范（试行）（HJ/T 229—2006）
7．医疗废物高温蒸汽集中处理工程技术规范（试行）（HJ/T 276—2006）
8．水泥工业除尘工程技术规范（HJ/T 434—2008）
9．钢铁工业除尘工程技术规范（HJ/T 435—2008）
10．工业锅炉及炉窑湿法烟气脱硫 工程技术规范（HJ/T 462—2009）
11．纺织染整工业废水治理工程技术规范（HJ/T 471—2009）
12．环境工程技术分类与命名（HJ 496—2009）
13．畜禽养殖业污染治理工程技术规范（HJ 497—2009）
14．危险废物集中焚烧处置设施运行监督管理技术规范（试行）（HJ 515—2009）
15．医疗废物集中焚烧处置设施运行监督管理技术规范（试行）（HJ 516—2009）
16．环境工程技术规范制订技术导则（HJ 526—2010）
17．火电厂烟气脱硝工程技术规范选择性催化还原法（HJ 562—2010）
18．火电厂烟气脱硝工程技术规范选择性非催化还原法（HJ 563—2010）
19．生活垃圾填埋场渗滤液处理工程技术规范（试行）（HJ 564—2010）
20．酿造工业废水治理工程技术规范（HJ 575—2010）
21．厌氧—缺氧—好氧活性污泥法污水处理工程技术规范（HJ 576—2010）
22．序批式活性污泥法污水处理工程技术规范（HJ 577—2010）

23．氧化沟活性污泥法污水处理工程技术规范（HJ 578—2010）

24．膜分离法污水处理工程技术规范（HJ 579—2010）

25．含油污水处理工程技术规范（HJ 580—2010）

26．大气污染治理工程技术导则（HJ 2000—2010）

27．火电厂烟气脱硫工程技术规范氨法（HJ 2001—2010）

28．电镀废水治理工程技术规范（HJ 2002—2010）

29．制革及毛皮加工废水治理工程技术规范（HJ 2003—2010）

30．屠宰与肉类加工废水治理工程技术规范（HJ 2004—2010）

31．人工湿地污水处理工程技术规范（HJ 2005—2010）

32．污水混凝与絮凝处理工程技术规范（HJ 2006—2010）

33．污水气浮处理工程技术规范（HJ 2007—2010）

34．污水过滤处理工程技术规范（HJ 2008—2010）

35．生物接触氧化法污水处理工程技术规范（HJ 2009—2011）

36．膜生物法污水处理工程技术规范（HJ 2010—2011）

37．制浆造纸废水治理工程技术规范（HJ 2011—2012）

38．垃圾焚烧袋式除尘工程技术规范（HJ 2012—2012）

39．升流式厌氧污泥床反应器污水处理工程技术规范（HJ 2013—2012）

40．生物滤池法污水处理工程技术规范（HJ 2014—2012）

41．水污染治理工程技术导则（HJ 2015—2012）

42．环境工程　名词术语（HJ 2016—2012）

43．铬渣干法解毒处理处置工程技术规范（HJ 2017—2012）

44．制糖废水治理工程技术规范（HJ 2018—2012）

45．钢铁工业废水治理及回用工程技术规范（HJ 2019—2012）

46．袋式除尘工程通用技术规范（HJ 2020—2012）

47．内循环好氧生物流化床污水处理工程技术规范（HJ 2021—2012）

48．焦化废水治理工程技术规范（HJ 2022—2012）

49．厌氧颗粒污泥膨胀床反应器废水处理工程技术规范（HJ 2023—2012）

50．完全混合式厌氧反应池废水处理工程技术规范（HJ 2024—2012）

51．吸附法工业有机废气治理工程技术规范（HJ 2026—2013）

52．催化燃烧法工业有机废气治理工程技术规范（HJ 2027—2013）

53．医院污水处理工程技术规范（HJ 2029—2013）

54．味精工业废水治理工程技术规范（HJ 2030—2013）

（三）环境标志产品技术要求

1．环境标志产品技术要求　轻型汽车（HJ/T 182—2005　代替 HBC 8—2001）

2．环境标志产品技术要求　水性涂料（HJ/T 201—2005　代替 HBC 12—2002）

3．环境标志产品技术要求　一次性餐饮具（HJ/T 202—2005　代替 HBC 1—2001）

4．环境标志产品技术要求　飞碟靶（HJ/T 203—2005　代替 HBC 9—2001）

5．环境标志产品技术要求　包装用纤维干燥剂（HJ/T 204—2005　代替 HBC 7—2001）

6．环境标志产品技术要求 再生纸制品（HJ/T 205—2005 代替 HJBZ 5—2000）

7．环境标志产品技术要求 无石棉建筑制品（HJ/T 206—2005 代替 HJBZ 25—1998）

8．环境标志产品技术要求 建筑砌块（HJ/T 207—2005 代替 HBC 20—2003）

9．环境标志产品技术要求 灭火器（HJ/T 208—2005 代替 HJBZ 27—1998）

10．环境标志产品技术要求 包装制品（HJ/T 209—2005 代替 HJBZ 12—2000）

11．环境标志产品技术要求 软饮料（HJ/T 210—2005 代替 HJBZ 13—1996）

12．环境标志产品技术要求 化学石膏制品（HJ/T 211—2005 代替 HJBZ 29—1998）

13．环境标志产品技术要求 光动能手表（HJ/T 216—2005 代替 HBC 10—2001）

14．环境标志产品技术要求 防虫蛀剂（HJ/T 217—2005 代替 HJBZ 32—1999）

15．环境标志产品技术要求 压力炊具（HJ/T 218—2005 代替 HJBZ 31—1998）

16．环境标志产品技术要求 空气卫生香（HJ/T 219—2005 代替 HBC 37—2005）

17．环境标志产品技术要求 胶黏剂（HJ/T 220—2005 代替 HBC 18—2003）

18．环境标志产品技术要求 家用微波炉（HJ/T 221—2005 代替 HJBZ 24—1998）

19．环境标志产品技术要求 气雾剂（HJ/T 222—2005 代替 HJBZ 43—2000）

20．环境标志产品技术要求 轻质墙体板材（HJ/T 223—2005 代替 HBC 19—2005）

21．环境标志产品技术要求 干式电力变压器（HJ/T 224—2005 代替 HBC 21—2004）

22．环境标志产品技术要求 消耗臭氧层物质替代产品（HJ/T 225—2005 代替 HJBZ 41—2000）

23．环境标志产品技术要求 建筑用塑料管材（HJ/T 226—2005 代替 HJBZ 39—1999）

24．环境标志产品技术要求 磁电式水处理器（HJ/T 227—2005 代替 HJBZ 36—1999）

25．环境标志产品技术要求 节能灯（HJ/T 230—2006 代替 HJBZ 15.1—199）

26．环境标志产品技术要求 再生塑料制品（HJ/T 231—2006 代替 HJBZ 44—2000）

27．环境标志产品技术要求 管型荧光灯镇流器（HJ/T 232—2006 代替 HJBZ 15.3—1997）

28．环境标志产品技术要求 泡沫塑料（HJ/T 233—2006 代替 HJBZ 42—2000）

29．环境标志产品技术要求 金属焊割气（HJ/T 234—2006 代替 HBC 13—2002）

30．环境标志产品技术要求 工商用制冷设备（HJ/T 235—2006 代替 HJBZ 22—1998）

31．环境标志产品技术要求 家用制冷器具（HJ/T 236—2006 代替 HJBZ 1—2000）

32．环境标志产品技术要求 塑料门窗（HJ/T 237—2006 代替 HBC 14—2002）

33．环境标志产品技术要求 充电电池（HJ/T 238—2006 代替 HJBZ 7—1994）

34．环境标志产品技术要求 干电池（HJ/T 239—2006 代替 HJBZ 9—1995）

35．环境标志产品技术要求 卫生陶瓷（HJ/T 296—2006 代替 HBC 16—2003）

36．环境标志产品技术要求 陶瓷砖（HJ/T 297—2006）

37．环境标志产品技术要求 打印机、传真机和多功能一体机
（HJ/T 302—2006 代替 HBC 36—2005）

38．环境标志产品技术要求 家具（HJ/T 303—2006 代替 HBC 22—2004）

39．环境标志产品技术要求 房间空气调节器（HJ/T 304—2006 代替 HJBZ 18—2000）

40．环境标志产品技术要求 鞋类（HJ/T 305—2006 代替 HBC 25—2004）

41．环境标志产品技术要求 彩色电视广播接收机（HJ/T 306—2006）

42．环境标志产品技术要求 生态纺织品（HJ/T 307—2006 代替 HJBZ 30—2000）

43．环境标志产品技术要求 家用电动洗衣机（HJ/T 308—2006 代替 HJBZ 17—1997）

44．环境标志产品技术要求 毛纺织品（HJ/T 309—2006 代替 HJBZ 11—1996）

45．环境标志产品技术要求 盘式蚊香（HJ/T 310—2006 代替 HBC 11—2002）

46．环境标志产品技术要求 燃气灶具（HJ/T 311—2006 代替 HJBZ 19—1997）

47．环境标志产品技术要求　陶瓷、微晶玻璃和玻璃餐具（HJ/T 312—2006 代替 HBC 24—2004）

48．环境标志产品技术要求　微型计算机、显示器（HJ/T 313—2006 代替 HBC 15—2002）

49．环境标志产品技术要求　生态住宅（住区）（HJ/T 351—2007）

50．环境标志产品技术要求　太阳能集热器（HJ/T 362—2007）

51．环境标志产品技术要求　家用太阳能热水系统（HJ/T 363—2007）

52．环境标志产品技术要求　胶印油墨（HJ/T 370—2007）

53．环境标志产品技术要求　凹印油墨和柔印油墨（HJ/T 371—2007）

54．环境标志产品技术要求　复印纸（HJ/T 410—2007）

55．环境标志产品技术要求　水嘴（HJ/T 411—2007）

56．环境标志产品技术要求　预拌混凝土（HJ/T 412—2007）

57．环境标志产品技术要求　再生鼓粉盒（HJ/T 413—2007）

58．环境标志产品技术要求　室内装饰装修用溶剂型木器涂料（HJ/T 414—2007）

59．环境标志产品技术要求　杀虫气雾剂（HJ/T 423—2008 代替 HJBZ 20－1997）

60．环境标志产品技术要求　数字式多功能复印设备（HJ/T 424—2008 代替 HJBZ 40—2000）

61．环境标志产品技术要求　厨柜（HJ/T 432—2008）

62．环境标志产品技术要求　建筑装饰装修工程（HJ 440—2008）

63．环境标志产品技术要求　编制技术导则（HJ 454—2009）

64．环境标志产品技术要求　防水卷材（HJ 455—2009）

65．环境标志产品技术要求　刚性防水材料（HJ 456—2009）

66．环境标志产品技术要求　防水涂料（HJ 457—2009）

67．环境标志产品技术要求　家用洗涤剂（HJ 458—2009 代替 HJBZ 8—1999）

68．环境标志产品技术要求　木质门和钢质门（HJ 459—2009）

69．环境标志产品技术要求　数字式一体化速印机（HJ 472—2009）

70．环境标志产品技术要求　皮革和合成革（HJ 507—2009）

71．环境标志产品技术要求　采暖散热器（HJ 508—2009）

72．环境标志产品技术要求　木制玩具（HJ 566—2010）

73．环境标志产品技术要求　喷墨墨水（HJ 567—2010）

74．环境标志产品技术要求　箱包（HJ 569—2010）

75．环境标志产品技术要求　鼓粉盒（HJ 570—2010）

76．环境标志产品技术要求　人造板及其制品（HJ 571—2010 代替 HBC17—2003）

77．环境标志产品技术要求　文具（HJ 572—2010）

78．环境标志产品技术要求　喷墨盒（HJ 573—2010）

79．环境标志产品技术要求　电线电缆（HJ 2501—2010）

80．环境标志产品技术要求　壁纸（HJ 2502—2010 代替 HBC 23—2004）

81．环境标志产品技术要求　印刷 第一部分：平版印刷（HJ 2503—2011）

82．环境标志产品技术要求　照相机（HJ 2504—2011）

83．环境标志产品技术要求　移动硬盘（HJ 2505—2011）

84．环境标志产品技术要求　彩色电视广播接收机（HJ 2506—2011）

85．环境标志产品技术要求　网络服务器（HJ 2507—2011）

86．环境标志产品技术要求　电话（HJ 2508—2011）

87．环境标志产品技术要求　碎纸机（HJ 2509—2012）

88．环境标志产品技术要求　录音笔（HJ 2510—2012）

89. 环境标志产品技术要求　视盘机（HJ 2511—2012）

90. 环境标志产品技术要求　打印机、传真机及多功能一体机（HJ 2512—2012）

91. 环境标志产品技术要求　摄像机（HJ 2513—2012）

92. 环境标志产品技术要求　吸尘器（HJ 2514—2012）

93. 环境标志产品技术要求　船舶防污漆（HJ 2515—2012）

94. 环境标志产品技术要求　投影仪（HJ 2516—2012）

95. 环境标志产品技术要求　扫描仪（HJ 2517—2012）

96. 环境标志产品技术要求　照明光源（HJ 2518—2012 代替 HJ/T 230—2006）

97. 环境标志产品技术要求　水泥（HJ 2519—2012）

98. 环境标志产品技术要求　重型汽车（HJ 2520—2012）

99. 环境标志产品技术要求　印刷 第二部分：商业票据印刷（HJ 2530—2012）

100. 环境标志产品技术要求　工商用制冷设备（HJ 2531—2012）

（四）环境保护产品技术要求与生态工业园区标准

第一篇　环境保护产品技术要求

1. 通风消声器（HJ 16—1996）

2. 隔声窗（HJ/T 17—1996）

3. 环境保护产品技术要求　污泥脱水用带式压榨过滤机（HJ/T 242—2006 代替 HCRJ 003—1996）

4. 环境保护产品技术要求　油水分离装置（HJ/T 243—2006 代替 HCRJ 004—1996）

5. 环境保护产品技术要求　斜管（板）隔油装置（HJ/T 244—2006 代替 HCRJ 021—1998）

6. 环境保护产品技术要求　悬挂式填料（HJ/T 245—2006 代替 HCRJ 022—1998）

7. 环境保护产品技术要求　悬浮填料（HJ/T 246—2006 代替 HCRJ 053—1999）

8. 环境保护产品技术要求　竖轴式机械表面曝气装置（HJ/T 247—2006 代替 HCRJ 023—1998）

9. 环境保护产品技术要求　多层滤料过滤器（HJ/T 248—2006 代替 HCRJ 025—1998）

10. 环境保护产品技术要求　水力旋流分离器（HJ/T 249—2006 代替 HCRJ 026—1998）

11. 环境保护产品技术要求　旋转式细格栅（HJ/T 250—2006 代替 HCRJ/T 028—1998）

12. 环境保护产品技术要求　罗茨鼓风机（HJ/T 251—2006 代替 HCRJ 029—1998）

13. 环境保护产品技术要求　中、微孔曝气器（HJ/T 252—2006 代替 HCRJ 031—1998）

14. 环境保护产品技术要求　微孔过滤装置（HJ/T 253—2006 代替 HCRJ 032—1998）

15. 环境保护产品技术要求　电解法二氧化氯协同消毒剂发生器
（HJ/T 257—2006 代替 HCRJ 024—1998）

16. 环境保护产品技术要求　电解法次氯酸钠发生器（HJ/T 258—2006 代替 HCRJ 027—1998）

17. 环境保护产品技术要求　转刷曝气装置（HJ/T 259—2006 代替 HCRJ 034—1998）

18. 环境保护产品技术要求　鼓风式潜水曝气机（HJ/T 260—2006 代替 HCRJ 035—1998）

19. 环境保护产品技术要求　压力溶气气浮装置（HJ/T 261—2006 代替 HCRJ/T 008—1999）

20. 环境保护产品技术要求　格栅除污机（HJ/T 262—2006 代替 HCRJ 009—1999）

21. 环境保护产品技术要求　射流曝气器（HJ/T 263—2006 代替 HCRJ 049—1999）

22. 环境保护产品技术要求　臭氧发生器（HJ/T 264—2006 代替 HCRJ 058—1999）

23．环境保护产品技术要求　刮泥机（HJ/T 265—2006 代替 HCRJ 056—1999）

24．环境保护产品技术要求　吸泥机（HJ/T 266—2006 代替 HCRJ 055—1999）

25．环境保护产品技术要求　电凝聚处理设备（HJ/T 267—2006 代替 HCRJ 059—1999）

26．环境保护产品技术要求　中和装置（HJ/T 268—2006 代替 HCRJ 060—1999）

27．环境保护产品技术要求　自动清洗网式过滤器（HJ/T 269—2006 代替 HCRJ 061—1999）

28．环境保护产品技术要求　反渗透水处理装置（HJ/T 270—2006 代替 HCRJ 065—1999）

29．环境保护产品技术要求　超滤装置（HJ/T 271—2006 代替 HCRJ 066—1999）

30．环境保护产品技术要求　化学法二氧化氯消毒剂发生器（HJ/T 272—2006 代替 HCRJ 067—1999）

31．环境保护产品技术要求　旋转式滗水器（HJ/T 277—2006 代替 HBC 26—2004）

32．环境保护产品技术要求　单级高速曝气离心鼓风机（HJ/T 278—2006 代替 HBC 28—2004）

33．环境保护产品技术要求　推流式潜水搅拌机（HJ/T 279—2006 代替 HBC 29—2004）

34．环境保护产品技术要求　转盘曝气装置（HJ/T 280—2006 代替 HCRJ 050—1999）

35．环境保护产品技术要求　散流式曝气器（HJ/T 281—2006 代替 HCRJ 051—1999）

36．环境保护产品技术要求　浅池气浮装置（HJ/T 282—2006 代替 HCRJ 052—1999）

37．环境保护产品技术要求　厢式压滤机和板框压滤机（HJ/T 283—2006 代替 HCRJ 054—1999）

38．环境保护产品技术要求　袋式除尘器用电磁脉冲阀（HJ/T 284—2006 代替 HCRJ 043—1999）

39．环境保护产品技术要求　工业粉尘湿式除尘装置（HJ/T 285—2006 代替 HCRJ 039—1999）

40．环境保护产品技术要求　工业锅炉多管旋风除尘器（HJ/T 286—2006 代替 HCRJ 001—1996）

41．环境保护产品技术要求　中小型燃油、燃气锅炉（HJ/T 287—2006 代替 HBC 31—2004）

42．环境保护产品技术要求　湿式烟气脱硫除尘装置（HJ/T 288—2006 代替 HCRJ 012—1998）

43．环境保护产品技术要求　花岗石类湿式烟气脱硫除尘装置
　　（HJ/T 319—2006 代替 HCRJ 040—1999）

44．环境保护产品技术要求　电除尘器高压整流电源（HJ/T 320—2006 代替 HCRJ 011—1998）

45．环境保护产品技术要求　电除尘器低压控制电源（HJ/T 321—2006 代替 HBC 35—2004）

46．环境保护产品技术要求　电除尘器（HJ/T 322—2006 代替 HCRJ 002—1996）

47．环境保护产品技术要求　电除雾器（HJ/T 323—2006 代替 HCRJ 045—1999）

48．环境保护产品技术要求　袋式除尘器用滤料（HJ/T 324—2006 代替 HCRJ 042—1999）

49．环境保护产品技术要求　袋式除尘器　滤袋框架（HJ/T 325—2006 代替 HCRJ 016—1998）

50．环境保护产品技术要求　袋式除尘器用覆膜滤料（HJ/T 326—2006 代替 HBC 030—2004）

51．环境保护产品技术要求　袋式除尘器　滤袋（HJ/T 327—2006 代替 HCRJ 015—1998）

52．环境保护产品技术要求　脉冲喷吹类袋式除尘器（HJ/T 328—2006 代替 HCRJ 013—1998）

53．环境保护产品技术要求　回转反吹类袋式除尘器（HJ/T 329—2006 代替 HCRJ 014—1998）

54．环境保护产品技术要求　分室反吹类袋式除尘器（HJ/T 330—2006 代替 HCRJ 041—1999）

55．环境保护产品技术要求　汽油车用催化转化器（HJ/T 331—2006 代替 HCRJ 007—1999）

56．环境保护产品技术要求　电渗析装置（HJ/T 334—2006 代替 HCRJ 030—1998）

57．环境保护产品技术要求　污泥浓缩带式脱水一体机（HJ/T 335—2006 代替 HBC 27—2004）

58．环境保护产品技术要求　潜水排污泵（HJ/T 336—2006 代替 HCRJ 033—1998）

59．环境保护产品技术要求　生物接触氧化成套装置（HJ/T 337—2006 代替 HCRJ/T 010—1999）

60．环境保护产品技术要求　超声波明渠污水流量计（HJ/T 15—2007 代替 HJ/T 15—1996）

61．环境保护产品技术要求　超声波管道流量计（HJ/T 366—2007 代替 HCRJ 057—1999）

62．环境保护产品技术要求　电磁管道流量计（HJ/T 367—2007 代替 HBC 34—2004）

63．环境保护产品技术要求　标定总悬浮颗粒物采样器用的孔口流量计技术要求及检测方法

（HJ/T 368—2007 代替 HBC 4—2001）

64. 环境保护产品技术要求　水处理用加药装置（HJ/T 369—2007 代替 HCRJ 068—1999）

65. 总悬浮颗粒物采样器技术要求及检测方法（HJ/T 374—2007 代替 HBC 3—2001）

66. 环境空气采样器技术要求及检测方法（HJ/T 375—2007 代替 HBC 2—2001）

67. 24 小时恒温自动连续环境空气采样器技术要求及检测方法
（HJ/T 376—2007 代替 HBC 5—2001）

68. 环境保护产品技术要求　化学需氧量（COD_{Cr}）水质在线自动监测仪
（HJ/T 377—2007 代替 HBC 6—2001）

69. 污染治理设施运行记录仪技术要求及检测方法（HJ/T 378—2007 代替 HCRJ039—1998）

70. 环境保护产品技术要求　隔声门（HJ/T 379—2007 代替 HCRJ 019—1998）

71. 环境保护产品技术要求　橡胶隔振器（HJ/T 380—2007 代替 HCRJ 071—1999）

72. 环境保护产品技术要求　阻尼弹簧隔振器（HJ/T 381—2007 代替 HCRJ 069—1999）

73. 环境保护产品技术要求　高压气体排放小孔消声器（HJ/T 382—2007 代替 HCRJ 073—-1999）

74. 环境保护产品技术要求　汽车发动机排气消声器（HJ/T 383—2007 代替 HCRJ 072—-1999）

75. 环境保护产品技术要求　一般用途低噪声轴流通风机（HJ/T 384—2007 代替 HCRJ 020—1998）

76. 环境保护产品技术要求　低噪声型冷却塔（HJ/T 385—2007 代替 HCRJ 018—-1998）

77. 环境保护产品技术要求　工业废气吸附净化装置（HJ/T 386—2007 代替 HCRJ 037—1998）

78. 环境保护产品技术要求　工业废气吸收净化装置（HJ/T 387—2007 代替 HCRJ 036—1998）

79. 环境保护产品技术要求　湿法漆雾过滤净化装置（HJ/T 388—2007 代替 HCRJ 017—1998）

80. 环境保护产品技术要求　工业有机废气催化净化装置（HJ/T 389—2007 代替 HCRJ 038—1998）

81. 环境保护产品技术要求　汽油车燃油蒸发污染物控制系统（装置）
（HJ/T 390—2007 代替 HBC 32—2004）

82. 环境保护产品技术要求　可曲挠橡胶接头（HJ/T 391—2007 代替 HCRJ070—1999）

83. 环境保护产品技术要求　摩托车排气催化转化器（HJ/T 392—2007 代替 HCRJ046—1999）

84. 环境保护产品技术要求　柴油车排气后处理装置（HJ 451—2008）

85. 环境保护产品技术要求制订技术导则（HJ 2521—2012）

86. 环境保护产品技术要求　紫外线消毒装置（HJ 2522—2012）

87. 环境保护产品技术要求　通风消声器（HJ 2523—2012 代替 HJ/T 16—1996）

88. 环境保护产品技术要求　单螺杆泵（HJ 2524—2012）

89. 环境保护产品技术要求　薄层色谱法车用汽油中清净剂快速测定仪（HJ 2525—2012）

90. 环境保护产品技术要求　便携式饮食油烟检测仪（HJ 2526—2012）

91. 环境保护产品技术要求　膜生物反应器（HJ 2527—2012）

92. 环境保护产品技术要求　中空纤维膜生物反应器组器（HJ 2528—2012）

93. 环境保护产品技术要求　电袋复合除尘器（HJ 2529—2012）

第二篇　生态工业园区标准

1. 综合类生态工业园区标准（HJ 274—2009）

2. 静脉产业类生态工业园区标准 （试行）（HJ/T 275—2006）

3. 行业类生态工业园区标准 （试行）（HJ/T 273—2006）

4. 生态工业园区建设规划编制指南（HJ/T 409—2007）

目　录

第一篇　污染防治技术政策

1. 机动车排放污染防治技术政策（环发[1999]134 号）..3
2. 草浆造纸工业废水污染防治技术政策（环发[1999]273 号）..7
3. 城市生活垃圾处理及污染防治技术政策（建成[2000]120 号）....................................10
4. 城市污水处理及污染防治技术政策（建成 [2000]124 号）...14
5. 印染行业废水污染防治技术政策（环发[2001]118 号）...18
6. 危险废物污染防治技术政策（环发[2001]199 号）...21
7. 燃煤二氧化硫排放污染防治技术政策（环发[2002]26 号）..27
8. 摩托车排放污染防治技术政策（环发[2003]7 号）...32
9. 柴油车排放污染防治技术政策（环发[2003]10 号）...36
10. 废电池污染防治技术政策（环发[2003]163 号）..40
11. 湖库富营养化防治技术政策（环发[2004]59 号）...46
12. 矿山生态环境保护与污染防治技术政策（环发[2005]109 号）...................................53
13. 汽车产品回收利用技术政策（公告 2006 年第 9 号）..59
14. 制革、毛皮工业污染防治技术政策（环发[2006]38 号）..66
15. 废弃家用电器与电子产品污染防治技术政策（环发[2006]115 号）.............................71
16. 城镇污水处理厂污泥处理处置及污染防治技术政策（试行）（建城[2009]23 号）...........78
17. 地面交通噪声污染防治技术政策（环发[2010]7 号）...82
18. 火电厂氮氧化物防治技术政策（环发[2010]10 号）..86
19. 农村生活污染防治技术政策（环发[2010]20 号）...90
20. 电解锰行业污染防治技术政策（环发[2010]150 号）..94
21. 畜禽养殖业污染防治技术政策（环发[2010]151 号）..98
22. 铅锌冶炼工业污染防治技术政策（公告 2012 年第 18 号）.....................................104
23. 石油天然气开采业污染防治技术政策（公告 2012 年第 18 号）...............................107
24. 制药工业污染防治技术政策（公告 2012 年第 18 号）...110
25. 硫酸工业污染防治技术政策（公告 2013 年第 31 号）...115
26. 钢铁工业污染防治技术政策（公告 2013 年第 31 号）...118
27. 水泥工业污染防治技术政策（公告 2013 年第 31 号）...121
28. 挥发性有机物（VOCs）污染防治技术政策（公告 2013 年第 31 号）.......................124
29. 环境空气细颗粒物污染综合防治技术政策（公告 2013 年第 59 号）.........................127

第二篇　污染防治技术指南

1. 燃煤电厂污染防治最佳可行技术指南（试行）（HJ-BAT-001）................................135
2. 城镇污水处理厂污泥处理处置污染防治最佳可行技术指南（试行）（HJ-BAT-002）............163
3. 钢铁行业采选矿工艺污染防治最佳可行技术指南（试行）（HJ-BAT-003）..................187

4．钢铁行业焦化工艺污染防治最佳可行技术指南（试行）（HJ-BAT-004）..................................210

5．钢铁行业炼钢工艺污染防治最佳可行技术指南（试行）（HJ-BAT-005）..................................225

6．钢铁行业轧钢工艺污染防治最佳可行技术指南（试行）（HJ-BAT-006）..................................238

7．铅冶炼污染防治最佳可行技术指南（试行）（HJ-BAT-7）..................................259

8．医疗废物处理处置污染防治最佳可行技术指南（试行）（HJ-BAT-8）..................................279

9．村镇生活污染防治最佳可行技术指南（试行）（HJ-BAT-9）..................................294

10．规模畜禽养殖场污染防治最佳可行技术指南（试行）（HJ-BAT-10）..................................316

11．电镀污染防治最佳可行技术指南（试行）（HJ-BAT-11）..................................332

12．农村环境连片整治技术指南（HJ 2031—2013）..................................351

13．农村饮用水水源地环境保护技术指南（HJ 2032—2013）..................................360

第一篇

污染防治技术政策

国家环境保护总局
科 技 技 术 部 文件
国家机械工业局

环发[1999]134 号

关于发布《机动车排放污染防治
技术政策》的通知

各省、自治区、直辖市环境保护局、科委、机械厅（局）：

为贯彻《中华人民共和国大气污染防治法》，保护大气环境，防治机动车排放污染，指导机动车排放污染防治工作，特发布《机动车排放污染防治技术政策》，请各地遵照执行。

附件：机动车排放污染防治技术政策

一九九九年六月八日

机动车排放污染防治技术政策

一、总则和控制目标

1.1 为保护大气环境，防治机动车排放污染，根据《中华人民共和国大气污染防治法》，制定本技术政策。

1.2 本技术政策的适用范围是，我国境内所有新生产汽车（含柴油车）、摩托车（含助动车）及车用发动机产品和在我国登记上牌照的所有在用汽车（含柴油车）、摩托车（含助动车）。

1.3 机动车排放除造成一氧化碳（CO）、碳氢化合物（HC）和氮氧化物（NO_x）污染外，柴油车还排放有致癌作用的细微颗粒物。此外，汽车空调用的氟利昂是破坏平流层臭氧的主要物质。因此，对机动车应同时考虑降低一氧化碳（CO）、碳氢化合物（HC）、氮氧化物（NO_x）和柴油车颗粒物的排放，汽车空调用的氟利昂应逐步取代。

1.4 汽车、摩托车和车用发动机产品均应向低污染、低能耗的方向发展。

1.5 轿车的排放控制水平，2000 年达到相当于欧洲第一阶段水平；最大总质量不大于 3.5 吨的其它轻型汽车（包括柴油车）型式认证产品的排放控制水平，2000 年以后达到相当于欧洲第一阶段水平；所有轻型汽车（含轿车）的排放控制水平，应于 2004 年前后达到相当于欧洲第二阶段水平，2010 年前后争取与国际排放控制水平接轨；重型汽车（最大总质量大于 3.5 吨）与摩托车的排放控制水平，2001 年前后达到相当于欧洲第一阶段水平，2005 年前后柴油车达到相当于欧洲第二阶段水平，2010 年前后争取与国际排放控制水平接轨。

1.6 根据中国环境保护远景目标纲要，重点城市应达到国家大气环境质量二级标准。为尽快改善城市环境空气质量，依据各城市大气污染分担率，在控制城市固定污染源排放的同时，应加强对流动污染源的控制。由于绝大多数机动车集中于城市，应重点控制城市机动车的排放污染。

二、新生产汽车、摩托车及其发动机产品

2.1 汽车、摩托车生产企业出厂的新定型产品，其排放水平必须稳定达到国家排放标准的要求。不符合国家标准要求的新定型产品，不得生产、销售、注册和使用。

2.2 汽车、摩托车及其发动机生产企业，应在其质量保证体系中，根据国家排放标准对生产一致性的要求，建立其产品排放性能及其耐久性的控制内容。并在产品开发、生产质量控制、售后服务等各个阶段，加强对其产品的排放性能管理，使其产品在国家规定的使用期限内排放性能稳定达到国家标准的要求。

2.3 汽车、摩托车及其发动机生产企业，应在其产品使用说明书中，专门列出维护排放水平的内容，详细说明车辆的使用条件和日常保养项目、有关零部件更换周期、维修保养操作规程以及生产企业认可的零部件厂牌等，为在用车的检查维护制度（I/M）提供技术支持。

2.4 鼓励汽车、摩托车及其发动机生产企业，采用先进的排放控制技术，提前达到国家制订的排放控制目标和排放标准。

2.5 鼓励汽车生产企业研究开发专门燃用压缩天然气（CNG）和液化石油气（LPG）为燃料的

汽车，提供给部分有条件使用这类燃料的地区和运行线路相对固定的车型使用。代用燃料车的排放性能也必须达到国家排放标准的要求。

2.6　对于污染物排放较高的摩托车产品，应该逐步加严其排放标准。

2.7　鼓励发展油耗低、排放性能好的小排量汽车和微型汽车。

鼓励新开发的车型逐步采用车载诊断系统（OBD），对车辆上与排放相关的部件的运行状况进行实时监控，确保实际运行中的汽车稳定达到设计的排放削减效果，并为在用车的检查维护制度（I/M）提供新的支持技术。

鼓励研究开发电动车，混合动力车辆和燃料电池车技术，为未来超低排放车辆做技术储备。

2.8　鼓励研究开发稀燃条件下降低氮氧化物（NO_x）的催化转化技术，摩托车氧化催化转化技术，以及再生能力良好的颗粒捕集技术。

三、在用汽车、摩托车

3.1　在用机动车在规定的耐久性期限内要稳定达到出厂时的国家标准要求。加强车辆维修、保养，使其保持良好的技术状态，是控制在用车污染排放的基本原则。

3.2　在用车的排放控制，应以强化检查/维护（I/M）制度为主，并根据各城市的具体情况，采取适宜的鼓励车辆淘汰和更新措施。完善城市在用车检查/维护（I/M）管理制度，加强检测能力和网络的建设，强化对在用车的排放性能检测，强制不达标车辆进行正常维修保养，保证车辆发动机处于正常技术状态。

3.3　逐步建立汽车维修企业的认可制度和质量保证体系，使其配备必要的机动车排放检测和诊断手段，并完善和正确使用各种检测诊断仪器，提高维修、保养技术水平，保证维修后的车辆排放污染物达到国家规定的标准要求。

3.4　对 1993 年以后车型的在用汽油车（曲轴箱作为进气系统的发动机除外），进行曲轴箱通风装置和燃油蒸发控制装置的功能检查，确保其处于正常工作状态。

3.5　在用车排放检测方法及要求应该与新车排放标准相对应，除目前采用的怠速法或自由加速法控制外，对安装了闭环控制和三元催化净化系统，达到更加严格的排放标准的车辆，应采用双怠速法控制，并逐步以简易工况法（如 ASM 加速模拟工况）代替。

3.6　有排放性能耐久性要求的车型，在规定的耐久性期限内，应以工况法排放检测结果作为是否达标的最终判定依据。

3.7　在用车进行排放控制技术改造，是一种补救措施，必须首先详细研究分析该城市或地区的大气污染状况和分担率，确定进行改造的必要性和应重点改造的车型。针对要改造的车型，必须进行系统的匹配研究和一定规模的改造示范，并经整车工况法检测确可达到明显的有效性或更严格的排放标准，经国家环境保护行政主管部门会同有关部门进行技术认证后，方可由该车型的原生产厂或其指定的代表，进行一定规模的推广改造。

3.8　在用车改造为燃用天然气或液化石油气的双燃料车，是一种过渡技术，最终应向单燃料并匹配专用催化净化技术的燃气新车方向发展。在有气源气质供应和配套设施保障的地区，可对固定路线的车种（公交车和重型车）进行一定规模的改造，必须在整车上进行细致的匹配工作后，方可按 3.7 条的规定进行推广。

四、车用燃料

4.1　2000 年后全国生产的所有车用汽油必须无铅化。

4.2 2000 年后国家禁止进口、生产和销售作为汽油添加剂的四乙基铅。

4.3 积极发展优质无铅汽油和低硫柴油，其品质必须达到国家标准规定的要求。当汽车排放标准加严时，车用油品的品质标准也应相应提高，为新的排放控制技术的应用和保障车辆排放性能的耐久性提供必需的支持条件。

4.4 应确保车用燃料中不含有标准不允许的其他添加剂。

4.5 制订车用代用燃料品质标准，保证代用燃料质量达到相应标准的规定要求。

4.6 应保证油料运输、储存、销售等环节的可靠性和安全性，防止由于上述环节的失误造成对环境的污染，如向大气的挥发排放，储油罐泄漏污染地下水等。

4.7 汽车、摩托车应该使用符合设计要求、达到国家燃料品质标准的燃料。

4.8 应加强对车用燃料进口和销售环节的管理，加大对加油站的监控力度，确保加油站的油品质量达到国家标准的规定要求。

4.9 为防止电控喷射发动机的喷嘴堵塞和气缸内积碳，在汽油无铅化的基础上，应采用科学配比的燃料清净剂，按照规范的方法在炼油厂或储运站统一添加到车用汽油中，以保证电喷车辆的正常使用。

4.10 对油料中含氧化物的使用，如 MTBE，甲醇混合燃料等，应根据不同地区的情况制订具体的规范。

五、排放控制装置和测试设备

5.1 应加快车用催化净化器等排放控制装置的研究开发和国产化，并建立动态跟踪管理制度。

5.2 汽车、摩托车生产企业应配备完整的排放检测设备，为生产一致性检查和排放控制技术的研究开发服务。

5.3 应加速汽车排放污染物分析仪器、测试设备的开发和引进技术的国产化。

5.4 在用车排放污染控制装置应与整车进行技术匹配，形成成套技术并经过国家有关部门的技术认证后方可推广使用。

5.5 怠速法和自由加速法检测只能作为在用车检查/维护（I/M）制度的检测手段，不能作为判定排放控制装置实际削减效果的依据。

5.6 汽车排放分析仪器、测试设备应达到国家汽车、摩托车排放标准规定的技术要求。

注释：
1. 轻型车的欧洲第一阶段水平是指满足欧洲机动车排放法规 91/441/EEC 和 93/59/EEC 的要求；
2. 轻型车的欧洲第二阶段水平是指满足欧洲机动车排放法规 94/12/EC 和 96/69/EC 的要求；
3. 重型柴油车的欧洲第一阶段水平是指满足欧洲排放法规 91/542/EEC 中第一阶段限值的要求；
4. 重型柴油车的欧洲第二阶段水平是指满足欧洲排放法规 91/542/EEC 中第二阶段限值的要求。

附：机动车排放污染防治技术指南（略）

国 家 环 境 保 护 总 局 文 件

环发[1999]273 号

关于发布《草浆造纸工业废水污染防治
技术政策》的通知

各省、自治区、直辖市环境保护局、轻工业厅（局）：

为贯彻《中华人民共和国水污染防治法》，保护水环境防治草浆造纸工业废水对水环境的污染，特发布《草浆造纸式业废水污染防治技术政策》，请各地遵照执行。

附件：草浆造纸工业污染防治技术政策

一九九九年五月二十八日

草浆造纸工业废水污染防治技术政策

一、总则

1．制浆造纸工业是当前严重污染水环境的行业之一。为严格控制造纸行业的水污染，引导造纸行业水污染防治，逐步实现清洁生产和可持续发展，根据《中华人民共和国水污染防治法》，特制定此技术政策。

2．本技术政策适用于以芦苇、蔗渣、麦草等非木材纤维为原料的制浆造纸企业。

3．各级政府有关部门需加强对造纸行业的宏观管理，依靠政策措施，调整和优化企业、原料和产品的结构，鼓励采用清洁生产技术。逐步淘汰规模小、技术落后、污染严重的企业，做到合理布局和规模经营，实现协调发展。

4．大力发展造纸用材林的生产，逐步提高木浆比例；扩大使用二次纤维比重；科学合理利用草浆资源原料。

二、控制目标

5．所有造纸企业到 2000 年底要实现达标排放，造纸行业环境污染发展趋势得到基本控制，并逐步走上良性发展轨道。

6．根据发展和环保相统一的原则，结合非木纤维制浆废水治理特点，非木纤维制浆造纸企业污染治理应具备一定规模，新建麦草制浆造纸企业 3.4 万吨浆/年以上，其它非木浆厂 5 万吨浆/年以上；1.7 万吨/年碱法化学草浆厂是建碱回收的最小规模。

7．坚决取缔 5000 吨/年以下的化学制浆厂（车间）；对现有 1.7 万吨/年以下的小型化学浆企业，2000 年底前采取治、关、停、并、转等方式完成环境治理任务。

三、技术措施

8．造纸企业在技术改造及污染治理过程中，应采用能耗小污染负荷排放量小的清洁生产工艺；提高技术起点，如采用硅量较低、纤维含量较高的草浆原料。

9．造纸企业在技术改造及污染治理过程中，应采用能耗小污染负荷排放量少的清洁生产工艺。采用含硅量较低、纤维含量较高的草浆原料及自动打包技术和少氯、无氯漂白工艺。

10．加强原料高度净化，采用两级干法备料或干、湿法组合备料等技术，去除原料中的泥沙和杂质。

11．碱法化学浆黑液推荐采用常规燃烧法碱回收技术为核心的废水治理成套技术。

（1）高效黑液提取技术。黑液提取率 85%以上。

（2）新型全板式降膜蒸发器或管—板结合草浆黑液蒸发技术。

（3）高效草浆黑液燃烧技术。

（4）连续苛化工艺技术。

（5）保持游离碱技术：采用加碱保护或高碱蒸煮，以保持进入蒸发工段黑液的游离碱浓度，达到降粘的目的。

12．半化学浆、石灰浆、化机浆废水处理推荐采用厌氧-好氧处理技术做到达标排放。

亚硫酸盐法制浆不宜扩大发展，现有企业制浆废水应采用综合利用技术做到达标排放。

13．洗、选、漂中段废水采用二级生化处理技术。

14．造纸机白水采用分离纤维封闭循环利用技术。

15．生产用水循环利用技术：

（1）漂后洗浆水用于洗涤未漂浆。

（2）纸机剩余水、冷凝水用于洗浆或漂白。

16．鼓励开展的废水治理技术研究领域：

（1）蒸煮同步除硅技术，以改善黑液物化性能。

（2）开发草浆黑液高效提取设备，使黑液提取率达 90%以上。

（3）深度脱木素技术，最大限度地降低污染物排放量。

17．目前不宜推广的技术：

（1）单独利用絮凝剂处理制浆黑液。

（2）未经生产运行检验的污染治理技术（其他类型的碱回收技术和一些综合利用技术）。

建　　设　　部
国家环境保护总局　文件
科　　技　　部

建城[2000]120 号

关于发布《城市生活垃圾处理及污染防治
技术政策》的通知

各省、自治区、直辖市建委（建设厅）、环保局、科委，北京市市政管理委员会：

《城市生活垃圾处理及污染防治技术政策》已经审核批准，现印发给你们，请遵照执行。

二〇〇〇年五月二十九日

城市生活垃圾处理及污染防治技术政策

一、总则

1.1 为了引导城市生活垃圾处理及污染防治技术发展，提高城市生活垃圾处理水平，防治环境污染，促进社会、经济和环境的可持续发展，根据《中华人民共和国固体废物污染环境防治法》和国家相关法律、法规，制定本技术政策。

1.2 城市生活垃圾（以下简称垃圾），是指在城市日常生活中或者为城市日常生活提供服务的活动中产生的固体废物以及法律、行政法规规定视为城市生活垃圾的固体废物。

1.3 本技术政策适用于垃圾从收集、运输，到处置全过程的管理和技术选择应用，指导垃圾处理设施的规划、立项、设计、建设、运行和管理，引导相关产业的发展。

1.4 应在城市总体规划和环境保护规划指导下，制订与垃圾处理相关的专业规划，合理确定垃圾处理设施布局和规模。有条件的地区，鼓励进行区域性设施规划和垃圾集中处理。

1.5 应按照减量化、资源化、无害化的原则，加强对垃圾产生的全过程管理，从源头减少垃圾的产生。对已经产生的垃圾，要积极进行无害化处理和回收利用，防止污染环境。

1.6 卫生填埋、焚烧、堆肥、回收利用等垃圾处理技术及设备都有相应的适用条件，在坚持因地制宜、技术可行、设备可靠、适度规模、综合治理和利用的原则下，可以合理选择其中之一或适当组合。在具备卫生填埋场地资源和自然条件适宜的城市，以卫生填埋作为垃圾处理的基本方案；在具备经济条件、垃圾热值条件和缺乏卫生填埋场地资源的城市，可发展焚烧处理技术；积极发展适宜的生物处理技术，鼓励采用综合处理方式。禁止垃圾随意倾倒和无控制堆放。

1.7 垃圾处理设施的建设应严格按照基本建设程序和环境影响评价的要求执行，加强垃圾处理设施的验收和垃圾处理设施运行过程中污染排放的监督。

1.8 鼓励垃圾处理设施建设投资多元化、运营市场化、设备标准化和监控自动化。鼓励社会各界积极参与垃圾减量、分类收集和回收利用。

1.9 垃圾处理技术的发展必须依靠科学技术进步，要积极研究新技术、应用新工艺、选用新设备和新材料，加强技术集成，逐步提高垃圾处理技术装备水平。

二、垃圾减量

2.1 限制过度包装，建立消费品包装物回收体系，减少一次性消费品产生的垃圾。

2.2 通过改变城市燃料结构，提高燃气普及率和集中供热率，减少煤灰垃圾产生量。

2.3 鼓励净菜上市，减少厨房残余垃圾产生量。

三、垃圾综合利用

3.1 积极发展综合利用技术，鼓励开展对废纸、废金属、废玻璃、废塑料等的回收利用，逐步建立和完善废旧物资回收网络。

3.2 鼓励垃圾焚烧余热利用和填埋气体回收利用，以及有机垃圾的高温堆肥和厌氧消化制沼气利用等。

3.3 在垃圾回收与综合利用过程中，要避免和控制二次污染。

四、垃圾收集和运输

4.1 积极开展垃圾分类收集。垃圾分类收集应与分类处理相结合，并根据处理方式进行分类。

4.2 垃圾收集和运输应密闭化，防止暴露、散落和滴漏。鼓励采用压缩式收集和运输方式。尽快淘汰敞开式收集和运输方式。

4.3 结合资源回收和利用，加强对大件垃圾的收集、运输和处理。

4.4 禁止危险废物进入生活垃圾。逐步建立独立系统，收集、运输和处理废电池、日光灯管、杀虫剂容器等。

五、卫生填埋处理

5.1 卫生填埋是垃圾处理必不可少的最终处理手段，也是现阶段我国垃圾处理的主要方式。

5.2 卫生填埋场的规划、设计、建设、运行和管理应严格按照《城市生活垃圾卫生填埋技术标准》、《生活垃圾填埋污染控制标准》和《生活垃圾填埋场环境监测技术标准》等要求执行。

5.3 科学合理地选择卫生填埋场场址，以利于减少卫生填埋对环境的影响。

5.4 场址的自然条件符合标准要求的，可采用天然防渗方式；不具备天然防渗条件的，应采用人工防渗技术措施。

5.5 场内应实行雨水与污水分流，减少运行过程中的渗沥水（渗滤液）产生量。

5.6 设置渗沥水收集系统，鼓励将经过适当处理的垃圾渗沥水排入城市污水处理系统。不具备上述条件的，应单独建设处理设施，达到排放标准后方可排入水体。渗沥水也可以进行回流处理，以减少处理量，降低处理负荷，加快卫生填埋场稳定化。

5.7 应设置填埋气体导排系统，采取工程措施，防止填埋气体侧向迁移引发的安全事故。尽可能对填埋气体进行回收和利用，对难以回收和无利用价值的，可将其导出处理后排放。

5.8 填埋时应实行单元分层作业，做好压实和每日覆盖。

5.9 填埋终止后，要进行封场处理和生态环境恢复，继续引导和处理渗沥水、填埋气体。在卫生填埋场稳定以前，应对地下水、地表水、大气进行定期监测。

5.10 卫生填埋场稳定后，经监测、论证和有关部门审定后，可以对土地进行适宜的开发利用，但不宜用作建筑用地。

六、焚烧处理

6.1 焚烧适用于进炉垃圾平均低位热值高于 5000kJ/kg、卫生填埋场地缺乏和经济发达的地区。

6.2 垃圾焚烧目前宜采用以炉排炉为基础的成熟技术，审慎采用其它炉型的焚烧炉。禁止使用不能达到控制标准的焚烧炉。

6.3 垃圾应在焚烧炉内充分燃烧，烟气在后燃室应在不低于 850℃的条件下停留不少于 2 秒。

6.4 垃圾焚烧产生的热能应尽量回收利用，以减少热污染。

6.5 垃圾焚烧应严格按照《生活垃圾焚烧污染控制标准》等有关标准要求，对烟气、污水、炉渣、飞灰、臭气和噪声等进行控制和处理，防止对环境的污染。

6.6 应采用先进和可靠的技术及设备，严格控制垃圾焚烧的烟气排放。烟气处理宜采用半干法加布袋除尘工艺。

6.7 应对垃圾贮坑内的渗沥水和生产过程的废水进行预处理和单独处理，达到排放标准后排放。

6.8 垃圾焚烧产生的炉渣经鉴别不属于危险废物的，可回收利用或直接填埋。属于危险废物的炉渣和飞灰必须作为危险废物处置。

七、堆肥处理

7.1 垃圾堆肥适用于可生物降解的有机物含量大于 40%的垃圾。鼓励在垃圾分类收集的基础上进行高温堆肥处理。

7.2 高温堆肥过程要保证堆体内物料温度在55℃以上保持5～7天。

7.3 垃圾堆肥厂的运行和维护应遵循《城市生活垃圾堆肥处理厂运行、维护及其安全技术规程》的规定。

7.4 垃圾堆肥过程中产生的渗沥水可用于堆肥物料水分调节。向外排放的，经处理应达到《污水综合排放标准》和《城市生活垃圾堆肥处理厂技术评价指标》要求。

7.5 应采取措施对堆肥过程中产生的臭气进行处理，达到《恶臭污染物排放标准》要求。

7.6 堆肥产品应符合《城镇垃圾农用控制标准》、《城市生活垃圾堆肥处理厂技术评价指标》及《粪便无害化卫生标准》有关规定，加强堆肥产品中重金属的检测和控制。

7.7 堆肥过程中产生的残余物可进行焚烧处理或卫生填埋处置。

建　　　设　　　部
国家环境保护总局 文件
科　　　技　　　部

建城[2000]124 号

关于印发《城市污水处理及污染防治
技术政策》的通知

各省、自治区、直辖市建委（建设厅）、环保局、科委，北京市市政管委：

为了引导城市污水处理及污染防治技术的发展，加快城市污水处理设施的建设，防治城市水环境的污染，现将《城市污水处理及污染防治技术政策》印发给你们，请遵照执行。

附件：城市污水处理及污染防治技术政策

二〇〇〇年五月二十九日

城市污水处理及污染防治技术政策

1．总则

1.1 为控制城市水污染，促进城市污水处理设施建设及相关产业的发展，根据《中华人民共和国水污染防治法》、《中华人民共和国城市规划法》和《国务院关于环境保护若干问题的决定》，制定本技术政策。

1.2 本技术政策所称"城市污水"，系指纳入和尚未纳入城市污水收集系统的生活污水和工业废水之混合污水。

1.3 本技术政策适用于城市污水处理设施工程建设，指导污水处理工艺及相关技术的选择和发展，并作为水环境管理的技术依据。

1.4 城市污水处理设施建设，应依据城市总体规划和水环境规划、水资源综合利用规划以及城市排水专业规划的要求，做到规划先行，合理确定污水处理设施的布局和设计规模，并优先安排城市污水收集系统的建设。

1.5 城市污水处理，应根据地区差别实行分类指导。根据本地区的经济发展水平和自然环境条件及地理位置等因素，合理选择处理方式。

1.6 城市污水处理应考虑与污水资源化目标相结合。积极发展污水再生利用和污泥综合利用技术。

1.7 鼓励城市污水处理的科学技术进步，积极开发应用新工艺、新材料和新设备。

2．目标与原则

2.1 2010 年全国设市城市和建制镇的污水平均处理率不低于 50%，设市城市的污水处理率不低于 60%，重点城市的污水处理率不低于 70%。

2.2 全国设市城市和建制镇均应规划建设城市污水集中处理设施。达标排放的工业废水应纳入城市污水收集系统并与生活污水合并处理。

对排入城市污水收集系统的工业废水应严格控制重金属、有毒有害物质，并在厂内进行预处理，使其达到国家和行业规定的排放标准。

对不能纳入城市污水收集系统的居民区、旅游风景点、度假村、疗养院、机场、铁路车站、经济开发小区等分散的人群聚居地排放的污水和独立工矿区的工业废水，应进行就地处理达标排放。

2.3 设市城市和重点流域及水资源保护区的建制镇，必须建设二级污水处理设施，可分期分批实施。受纳水体为封闭或半封闭水体时，为防治富营养化，城市污水应进行二级强化处理，增强除磷脱氮的效果。非重点流域和非水源保护区的建制镇，根据当地经济条件和水污染控制要求，可先行一级强化处理，分期实现二级处理。

2.4 城市污水处理设施建设，应采用成熟可靠的技术。根据污水处理设施的建设规模和对污染物排放控制的特殊要求，可积极稳妥地选用污水处理新技术。城市污水处理设施出水应达到国家或地方规定的水污染物排放控制的要求。对城市污水处理设施出水水质有特殊要求的，必须进行深度处理。

2.5 城市污水处理设施建设，应按照远期规划确定最终规模，以现状水量为主要依据确定近期规模。

3．城市污水的收集系统

3.1 在城市排水专业规划中应明确排水体制和退水出路。

3.2 对于新城区，应优先考虑采用完全分流制；对于改造难度很大的旧城区合流制排水系统，可维持合流制排水系统，合理确定截留倍数。在降雨量很少的城市，可根据实际情况采用合流制。

3.3 在经济发达的城市或受纳水体环境要求较高时，可考虑将初期雨水纳入城市污水收集系统。

3.4 实行城市排水许可制度，严格按照有关标准监督检测排入城市污水收集系统的污水水质和水量，确保城市污水处理设施安全有效运行。

4．污水处理

4.1 工艺选择准则

4.1.1 城市污水处理工艺应根据处理规模、水质特性、受纳水体的环境功能及当地的实际情况和要求，经全面技术经济比较后优选确定。

4.1.2 工艺选择的主要技术经济指标包括：处理单位水量投资、削减单位污染物投资、处理单位水量电耗和成本、削减单位污染物电耗和成本、占地面积、运行性能可靠性、管理维护难易程度、总体环境效益等。

4.1.3 应切合实际地确定污水进水水质，优化工艺设计参数。必须对污水的现状水质特性、污染物构成进行详细调查或测定，作出合理的分析预测。在水质构成复杂或特殊时，应进行污水处理工艺的动态试验，必要时应开展中试研究。

4.1.4 积极审慎地采用高效经济的新工艺。对在国内首次应用的新工艺，必须经过中试和生产性试验，提供可靠设计参数后再进行应用。

4.2 处理工艺

4.2.1 一级强化处理工艺

一级强化处理，应根据城市污水处理设施建设的规划要求和建设规模，选用物化强化处理法、AB 法前段工艺、水解好氧法前段工艺、高负荷活性污泥法等技术。

4.2.2 二级处理工艺

日处理能力在 20 万立方米以上（不包括 20 万立方米/日）的污水处理设施，一般采用常规活性污泥法。也可采用其他成熟技术。

日处理能力在 10 万～20 万立方米的污水处理设施，可选用常规活性污泥法、氧化沟法、SBR 法和 AB 法等成熟工艺。

日处理能力在 10 万立方米以下的污水处理设施，可选用氧化沟法、SBR 法、水解好氧法、AB 法和生物滤池法等技术，也可选用常规活性污泥法。

4.2.3 二级强化处理

二级强化处理工艺是指除有效去除碳源污染物外，且具备较强的除磷脱氮功能的处理工艺。在对氮、磷污染物有控制要求的地区，日处理能力在 10 万立方米以上的污水处理设施，一般选用 A/O 法、A/A/O 法等技术。也可审慎选用其他的同效技术。

日处理能力在 10 万立方米以下的污水处理设施，除采用 A/O 法、A/A/O 法外，也可选用具有除磷脱氮效果的氧化沟法、SBR 法、水解好氧法和生物滤池法等。

必要时也可选用物化方法强化除磷效果。

4.3　自然净化处理工艺

4.3.1　在严格进行环境影响评价、满足国家有关标准要求和水体自净能力要求的条件下，可审慎采用城市污水排入大江或深海的处置方法。

4.3.2　在有条件的地区，可利用荒地、闲地等可利用的条件，采用各种类型的土地处理和稳定塘等自然净化技术。

4.3.3　城市污水二级处理出水不能满足水环境要求时，在条件许可的情况下，可采用土地处理系统和稳定塘等自然净化技术进一步处理。

4.3.4　采用土地处理技术，应严格防止地下水污染。

5．污泥处理

5.1　城市污水处理产生的污泥，应采用厌氧、好氧和堆肥等方法进行稳定化处理。也可采用卫生填埋方法予以妥善处置。

5.2　日处理能力在 10 万立方米以上的污水二级处理设施产生的污泥，宜采取厌氧消化工艺进行处理，产生的沼气应综合利用。

日处理能力在 10 万立方米以下的污水处理设施产生的污泥，可进行堆肥处理和综合利用。

采用延时曝气的氧化沟法、SBR 法等技术的污水处理设施，污泥需达到稳定化。采用物化一级强化处理的污水处理设施，产生的污泥须进行妥善的处理和处置。

5.3　经过处理后的污泥，达到稳定化和无害化要求的，可农田利用；不能农田利用的污泥，应按有关标准和要求进行卫生填埋处置。

6．污水再生利用

6.1　污水再生利用，可选用混凝、过滤、消毒或自然净化等深度处理技术。

6.2　提倡各类规模的污水处理设施按照经济合理和卫生安全的原则，实行污水再生利用。发展再生水在农业灌溉、绿地浇灌、城市杂用、生态恢复和工业冷却等方面的利用。

6.3　城市污水再生利用，应根据用户需求和用途，合理确定用水的水量和水质。

7．二次污染防治

7.1　城市污水处理设施建设，必须充分重视防治二次污染，妥善采用各种有效防治措施。在污水处理设施的前期建设阶段的环境影响评价工作中，应进行充分论证。

7.2　为保证公共卫生安全，防治传染性疾病传播，城市污水处理设施应设置消毒设施。

7.3　在环境卫生条件有特殊要求的地区，应防治恶臭污染。

7.4　城市污水处理设施的机械设备应采用有效的噪声防治措施，并符合有关噪声控制要求。

7.5　城市污水处理厂经过稳定化处理后的污泥，用于农田时不得含有超标的重金属和其它有毒有害物质。卫生填埋处置时严格防治污染地下水。

国家环境保护总局
国家经济贸易委员会 文件

环发[2001]118号

关于发布《印染行业废水污染防治
技术政策》的通知

各省、自治区、直辖市环境保护局（厅）、经贸委（经委）：

为贯彻《中华人民共和国水污染防治法》，保护水环境，指导印染行业废水污染防治工作，现批准发布《印染行业废水污染防治技术政策》，请遵照执行。

附件：印染行业废水污染防治技术政策

二〇〇一年八月八日

印染行业废水污染防治技术政策

1．总则

1.1 为防治印染废水对环境的污染，引导和规范印染行业水污染防治，根据《中华人民共和国水污染防治法》、《国务院关于环境保护若干问题的决定》、纺织行业总体规划及产业发展政策，按照分类指导的原则，制定本技术政策。

1.2 本技术政策适用于以天然纤维（如棉、毛、丝、麻等）、化学纤维（如涤纶、锦纶、腈纶、黏胶等）以及天然纤维和化学纤维按不同比例混纺为原料的各类纺织品生产过程中产生的印染废水。

1.3 印染工艺指在生产过程中对各类纺织材料（纤维、纱线、织物）进行物理和化学处理的总称，包括对纺织材料的前处理、染色、印花和后整理过程，统称为印染工艺。

1.4 鼓励印染企业采用清洁生产工艺和技术，严格控制其生产过程中的用水量、排水量和产污量。积极推行 ISO 14000（环境管理）系列标准，采用现代管理方法，提高环境管理水平。

1.5 鼓励印染废水治理的技术进步，印染企业应积极采用先进工艺和成熟的废水治理技术，实现稳定达标排放。

2．清洁生产工艺

2.1 节约用水工艺

2.1.1 转移印花（适宜涤纶织物的无水印花工艺）；

2.1.2 涂料印花（适宜棉、化纤及其混纺织物的印花与染色）；

2.1.3 棉布前处理冷轧堆工艺（适宜棉及其混纺织物的少污染工艺）；

2.2 减少污染物排放工艺

2.2.1 纤维素酶法水洗牛仔织物（适宜棉织物的少污染工艺）；

2.2.2 高效活性染料代替普通活性染料（适宜棉织物的少污染工艺）；

2.2.3 淀粉酶法退浆（适宜棉织物的少污染工艺）；

2.3 回收、回用工艺

2.3.1 超滤法回收染料（适宜棉织物染色使用的还原性染料等）；

2.3.2 丝光淡碱回收（适宜棉织物的资源回收及少污染工艺）；

2.3.3 洗毛废水中提取羊毛脂（适宜毛织物的资源回收及少污染工艺）；

2.3.4 涤纶仿真丝绸印染工艺碱减量工段废碱液回用（适宜涤纶织物的生产资源回收及少污染工艺）；

2.4 禁用染化料的替代技术

2.4.1 逐步淘汰和禁用织物染色后在还原剂作用下，产生 22 类对人体有害芳香胺的 118 种偶氮型染料。

2.4.2 严格限制内衣类织物上甲醛和五氯酚的含量，保障人体健康。

2.4.3 提倡采用易降解的浆料，限制或不用聚乙烯醇等难降解浆料。

3．废水治理及污染防治

3.1 印染废水应根据棉纺、毛纺、丝绸、麻纺等印染产品的生产工艺和水质特点，采用不同的治理技术路线，实现达标排放。

3.2 取缔和淘汰技术设备落后、污染严重及无法实现稳定达标排放的小型印染企业。

3.3 印染废水治理工程的经济规模为废水处理量 Q≥1 000 吨/日。

鼓励印染企业集中地区实行专业化集中治理。在有正常运行的城镇污水处理厂的地区，印染企业废水可经适度预处理，符合城镇污水处理入厂水质要求后，排入城镇污水处理厂统一处理，实现达标排放。

印染企业集中地区宜采用水、电、汽集中供应形式。

3.4 印染废水治理宜采用生物处理技术和物理化学处理技术相结合的综合治理路线，不宜采用单一的物理化学处理单元作为稳定达标排放治理流程。

3.5 棉机织、毛粗纺、化纤仿真丝绸等印染产品加工过程中产生的废水，宜采用厌氧水解酸化、常规活性污泥法或生物接触氧化法等生物处理方法和化学投药（混凝沉淀、混凝气浮）、光化学氧化法或生物炭法等物化处理方法相结合的治理技术路线。

3.6 棉纺针织、毛精纺、绒线、真丝绸等印染产品加工过程中产生的废水，宜采用常规活性污泥法或生物接触氧化法等生物处理方法和化学投药（混凝沉淀、混凝气浮）、光化学氧化法或生物炭法等物化处理方法相结合的治理技术路线。也可根据实际情况选择 3.5 所列的治理技术路线。

3.7 洗毛回收羊毛脂后废水，宜采用予处理、厌氧生物处理法、好氧生物处理法和化学投药法相结合的治理技术路线；或在厌氧生物处理后，与其它浓度较低的废水混合后再进行好氧生物处理和化学投药处理相结合的治理技术路线。

3.8 麻纺脱胶宜采用生物酶脱胶方法，麻纺脱胶废水宜采用厌氧生物处理法、好氧生物处理法和物理化学方法相结合的治理技术路线。

3.9 生物处理或化学处理过程中产生的剩余活性污泥或化学污泥，需经浓缩、脱水（如机械脱水、自然干化等），并进行最终处置。最终处置宜采用焚烧或填埋。

3.10 印染产品生产和废水治理的机械设备，应采取有效的噪声防治措施，并符合有关噪声控制要求。在环境卫生条件有特殊要求地区，还应采取防治恶臭污染的措施。

3.11 印染废水治理流程的选择应稳定达到国家或地方污染物排放标准要求。

4．鼓励的生产工艺和技术

4.1 鼓励印染企业开发应用生物酶处理技术；激光喷蜡、喷墨制网、无制版印花技术；数码印花技术；高效前处理机、智能化小浴比和封闭式染色等低污染生产工艺和设备。

4.2 鼓励中西部地区和少数民族地区发展具有民族特色的纺织品生产，但须满足相应的环境保护要求。

4.3 鼓励生产过程中采用低水位逆流水洗技术和设备。

4.4 水资源短缺地区，可在生产工艺过程或部分生产单元，选用吸附、过滤或化学治理等深度处理技术，提高废水再利用率，实现废水资源化。

国家环境保护总局
国家经济贸易委员会 文件
科 学 技 术 部

环发[2001]199 号

关于发布《危险废物污染防治
技术政策》的通知

各省、自治区、直辖市环境保护局（厅）、经贸委（经委）、科委（科技厅）：

为贯彻《中华人民共和国固体废物污染环境防治法》，保护生态环境，保障人体健康，指导危险废物污染防治工作，现批准发布《危险废物污染防治技术政策》，请遵照执行。

附件：危险废物污染防治技术政策

二〇〇一年十二月十七日

危险废物污染防治技术政策

1. 总则

1.1 为引导危险废物管理和处理处置技术的发展，促进社会和经济的可持续发展，根据《中华人民共和国固体废物污染环境防治法》等有关法规、政策和标准，制定本技术政策。本技术政策将随社会经济、技术水平的发展适时修订。

1.2 本技术政策所称危险废物是指列入国家危险废物名录或根据国家规定的危险废物鉴别标准和鉴别方法认定的具有危险特性的废物。

本技术政策所称特殊危险废物是指毒性大或环境风险大或难以管理或不宜用危险废物的通用方法进行管理和处理处置，而需特别注意的危险废物，如医院临床废物、多氯联苯类废物、生活垃圾焚烧飞灰、废电池、废矿物油、含汞废日光灯管等。

1.3 我国危险废物管理的阶段性目标是：

到 2005 年，重点区域和重点城市产生的危险废物得到妥善贮存，有条件的实现安全处置；实现医院临床废物的环境无害化处理处置；将全国危险废物产生量控制在 2000 年末的水平；在全国实施危险废物申报登记制度、转移联单制度和许可证制度。

到 2010 年，重点区域和重点城市的危险废物基本实现环境无害化处理处置。

到 2015 年，所有城市的危险废物基本实现环境无害化处理处置。

1.4 本技术政策适用于危险废物的产生、收集、运输、分类、检测、包装、综合利用、贮存和处理处置等全过程污染防治的技术选择，并指导相应设施的规划、立项、选址、设计、施工、运营和管理，引导相关产业的发展。

1.5 本技术政策的总原则是危险废物的减量化、资源化和无害化。

1.6 鼓励并支持跨行政区域的综合性危险废物集中处理处置设施的建设和运营。

1.7 危险废物的收集运输单位、处理处置设施的设计、施工和运营单位应具有相应的技术资质。

1.8 各级政府应通过制定鼓励性经济政策等措施加快建立符合环境保护要求的危险废物收集、贮存、处理处置体系，积极推动危险废物的污染防治工作。

2. 危险废物的减量化

2.1 危险废物减量化适用于任何产生危险废物的工艺过程。各级政府应通过经济和其他政策措施促进企业清洁生产，防止和减少危险废物的产生。企业应积极采用低废、少废、无废工艺，禁止采用《淘汰落后生产能力、工艺和产品的目录》中明令淘汰的技术工艺和设备。

2.2 对已经产生的危险废物，必须按照国家有关规定申报登记，建设符合标准的专门设施和场所妥善保存并设立危险废物标示牌，按有关规定自行处理处置或交由持有危险废物经营许可证的单位收集、运输、贮存和处理处置。在处理处置过程中，应采取措施减少危险废物的体积、重量和危险程度。

3．危险废物的收集和运输

3.1 危险废物要根据其成分，用符合国家标准的专门容器分类收集。

3.2 装运危险废物的容器应根据危险废物的不同特性而设计，不易破损、变形、老化，能有效地防止渗漏、扩散。装有危险废物的容器必须贴有标签，在标签上详细标明危险废物的名称、重量、成分、特性以及发生泄漏、扩散污染事故时的应急措施和补救方法。

3.3 居民生活、办公和第三产业产生的危险废物（如废电池、废日光灯管等）应与生活垃圾分类收集，通过分类收集提高其回收利用和无害化处理处置，逐步建立和完善社会源危险废物的回收网络。

3.4 鼓励发展安全高效的危险废物运输系统，鼓励发展各种形式的专用车辆，对危险废物的运输要求安全可靠，要严格按照危险废物运输的管理规定进行危险废物的运输，减少运输过程中的二次污染和可能造成的环境风险。

3.5 鼓励成立专业化的危险废物运输公司对危险废物实行专业化运输，运输车辆需有特殊标志。

4．危险废物的转移

4.1 危险废物的越境转移应遵从《控制危险废物越境转移及其处置的巴塞尔公约》的要求，危险废物的国内转移应遵从《危险废物转移联单管理办法》及其它有关规定的要求。

4.2 各级环境保护行政主管部门应按照国家和地方制定的危险废物转移管理办法对危险废物的流向进行有效控制，禁止在转移过程中将危险废物排放至环境中。

5．危险废物的资源化

5.1 已产生的危险废物应首先考虑回收利用，减少后续处理处置的负荷。回收利用过程应达到国家和地方有关规定的要求，避免二次污染。

5.2 生产过程中产生的危险废物，应积极推行生产系统内的回收利用。生产系统内无法回收利用的危险废物，通过系统外的危险废物交换、物质转化、再加工、能量转化等措施实现回收利用。

5.3 各级政府应通过设立专项基金、政府补贴等经济政策和其他政策措施鼓励企业对已经产生的危险废物进行回收利用，实现危险废物的资源化。

5.4 国家鼓励危险废物回收利用技术的研究与开发，逐步提高危险废物回收利用技术和装备水平，积极推广技术成熟、经济可行的危险废物回收利用技术。

6．危险废物的贮存

6.1 对已产生的危险废物，若暂时不能回收利用或进行处理处置的，其产生单位须建设专门的危险废物贮存设施进行贮存，并设立危险废物标志，或委托具有专门危险废物贮存设施的单位进行贮存，贮存期限不得超过国家规定。贮存危险废物的单位需拥有相应的许可证。禁止将危险废物以任何形式转移给无许可证的单位，或转移到非危险废物贮存设施中。危险废物贮存设施应有相应的配套设施并按有关规定进行管理。

6.2 危险废物的贮存设施应满足以下要求：

6.2.1 应建有堵截泄漏的裙脚，地面与裙脚要用坚固防渗的材料建造。应有隔离设施、报警装置和防风、防晒、防雨设施；

6.2.2 基础防渗层为黏土层的，其厚度应在 1 米以上，渗透系数应小于 1.010～7 厘米/秒；基础防渗层也可用厚度在 2 毫米以上的高密度聚乙烯或其他人工防渗材料组成，渗透系数应小于 1.010-10 厘米/秒；

6.2.3 须有泄漏液体收集装置及气体导出口和气体净化装置；

6.2.4 用于存放液体、半固体危险废物的地方，还须有耐腐蚀的硬化地面，地面无裂隙；

6.2.5 不相容的危险废物堆放区必须有隔离间隔断；

6.2.6 衬层上需建有渗滤液收集清除系统、径流疏导系统、雨水收集池。

6.2.7 贮存易燃易爆的危险废物的场所应配备消防设备，贮存剧毒危险废物的场所必须有专人 24 小时看管。

6.3 危险废物的贮存设施的选址与设计、运行与管理、安全防护、环境监测及应急措施以及关闭等须遵循《危险废物贮存污染控制标准》的规定。

7．危险废物的焚烧处置

7.1 危险废物焚烧可实现危险废物的减量化和无害化，并可回收利用其余热。焚烧处置适用于不宜回收利用其有用组分、具有一定热值的危险废物。易爆废物不宜进行焚烧处置。焚烧设施的建设、运营和污染控制管理应遵循《危险废物焚烧污染控制标准》及其他有关规定。

7.2 危险废物焚烧处置应满足以下要求：

7.2.1 危险废物焚烧处置前必须进行前处理或特殊处理，达到进炉的要求，危险废物在炉内燃烧均匀、完全；

7.2.2 焚烧炉温度应达到 1 100℃以上，烟气停留时间应在 2.0 秒以上，燃烧效率大于 99.9%，焚毁去除率大于 99.99%，焚烧残渣的热灼减率小于 5%（医院临床废物和含多氯联苯废物除外）；

7.2.3 焚烧设施必须有前处理系统、尾气净化系统、报警系统和应急处理装置；

7.2.4 危险废物焚烧产生的残渣、烟气处理过程中产生的飞灰，须按危险废物进行安全填埋处置。

7.3 危险废物的焚烧宜采用以旋转窑炉为基础的焚烧技术，可根据危险废物种类和特征选用其他不同炉型，鼓励改造并采用生产水泥的旋转窑炉附烧或专烧危险废物。

7.4 鼓励危险废物焚烧余热利用。对规模较大的危险废物焚烧设施，可实施热电联产。

7.5 医院临床废物、含多氯联苯废物等一些传染性的或毒性大或含持久性有机污染成分的特殊危险废物宜在专门焚烧设施中焚烧。

8．危险废物的安全填埋处置

8.1 危险废物安全填埋处置适用于不能回收利用其组分和能量的危险废物。

8.2 未经处理的危险废物不得混入生活垃圾填埋场，安全填埋为危险废物的最终处置手段。

8.3 危险废物安全填埋场必须按入场要求和经营许可证规定的范围接收危险废物，达不到入场要求的，须进行预处理并达到填埋场入场要求。

8.4 危险废物安全填埋场须满足以下要求：

8.4.1 有满足要求的防渗层，不得产生二次污染。

天然基础层饱和渗透系数小于 1.010～7 厘米/秒，且厚度大于 5 米时，可直接采用天然基础层作为防渗层；天然基础层饱和渗透系数为（1.010～7）～（1.010～6）厘米/秒时，可选用复合衬层作为防渗层，高密度聚乙烯的厚度不得低于 1.5 毫米；天然基础层饱和渗透系数大于 1.010～6 厘米/秒时，须采用双人工合成衬层（高密度聚乙烯）作为防渗层，上层厚度在 2.0 毫米以上，下层厚度在 1.0 毫米以上。

8.4.2 要严格按照作业规程进行单元式作业，做好压实和覆盖；

8.4.3 要做好清污水分流，减少渗沥水产生量，设置渗沥水导排设施和处理设施。对易产生气体的危险废物填埋场，应设置一定数量的排气孔、气体收集系统、净化系统和报警系统；

8.4.4 填埋场运行管理单位应自行或委托其他单位对填埋场地下水、地表水、大气要进行定期监测；

8.4.5 填埋场终场后，要进行封场处理，进行有效的覆盖和生态环境恢复；

8.4.6 填埋场封场后，经监测、论证和有关部门审定，才可以对土地进行适宜的非农业开发和利用。

8.5 危险废物填埋须满足《危险废物填埋污染控制标准》的规定。

9．特殊危险废物污染防治

9.1 医院临床废物（不含放射性废物）

9.1.1 鼓励医院临床废物的分类收集，分别进行处理处置。人体组织器官、血液制品、沾染血液、体液的织物、传染病医院的临床废物、病人生活垃圾以及混合收集的医院临床废物宜建设专用焚烧设施进行处置，专用焚烧设施应符合《危险废物焚烧污染控制标准》的要求。

9.1.2 城市应建设集中处置设施，收集处置城市和城市所在区域的医院临床废物。

9.1.3 禁止一次性医疗器具和敷料的回收利用。

9.2 含多氯联苯废物

9.2.1 含多氯联苯废物应尽快集中到专用的焚烧设施中进行处置，不宜采用其它途径进行处置，其专用焚烧设施应符合国家《危险废物焚烧污染控制标准》的要求。

9.2.2 含多氯联苯废物的管理、贮存和处置还需遵循《防止含多氯联苯电力装置及其废物污染环境的规定》的规定。

9.2.3 对集中封存年限超过二十年的或未超过二十年但已造成环境污染的含多氯联苯废物，应限期进行焚烧处置。

9.2.4 对于新退出使用的含多氯联苯电力装置原则上必须进行焚烧处置，确有困难的可进行暂时性封存，但封存年限不应超过三年，暂存库和集中封存库的选址和设计必须符合《含多氯联苯（PCBs）废物的暂存库和集中封存库设计规范》的要求，集中封存库的建设必须进行环境影响评价。

9.2.5 应加强含多氯联苯危险废物的清查及其贮存设施的管理，并对含多氯联苯危险废物的处置过程进行跟踪管理。

9.3 生活垃圾焚烧飞灰

9.3.1 生活垃圾焚烧产生的飞灰必须单独收集，不得与生活垃圾、焚烧残渣等其它废物混合，也不得与其它危险废物混合。

9.3.2 生活垃圾焚烧飞灰不得在产生地长期贮存，不得进行简易处置，不得排放，生活垃圾焚烧飞灰在产生地必须进行必要的固化和稳定化处理之后方可运输，运输需使用专用运输工具，运输工具必须密闭。

9.3.3 生活垃圾焚烧飞灰须进行安全填埋处置。

9.4 废电池

9.4.1 国家和地方各级政府应制定技术、经济政策淘汰含汞、镉的电池。生产企业应按照国家法律和产业政策，调整产品结构，按期淘汰含汞、镉电池。

9.4.2 在含汞、镉的电池被淘汰之前，城市生活垃圾处理单位应建立分类收集、贮存、处理设施，对废电池进行有效的管理。

9.4.3 提倡废电池的分类收集，避免含汞、镉废电池混入生活垃圾焚烧设施。

9.4.4 废铅酸电池必须进行回收利用，不得用其它办法进行处置，其收集、运输环节必须纳入危险废物管理。鼓励发展年处理规模在 2 万吨以上的废铅酸电池回收利用，淘汰小型的再生铅企业，鼓励采用湿法再生铅生产工艺。

9.5 废矿物油

9.5.1 鼓励建立废矿物油收集体系，禁止将废矿物油任意抛洒、掩埋或倒入下水道以及用作建筑脱模油，禁止继续使用硫酸/白土法再生废矿物油。

9.5.2 废矿物油的管理应遵循《废润滑油回收与再生利用技术导则》等有关规定，鼓励采用无酸废油再生技术，采用新的油水分离设施或活性酶对废油进行回收利用，鼓励重点城市建设区域性的废矿物油回收设施，为所在区域的废矿物油产生者提供服务。

9.6 废日光灯管

9.6.1 各级政府应制定技术、经济政策调整产品结构，淘汰高污染日光灯管，鼓励建立废日光灯管的收集体系和资金机制。

9.6.2 加强废日光灯管产生、收集和处理处置的管理，鼓励重点城市建设区域性的废日光灯管回收处理设施，为该区域的废日光灯管的回收处理提供服务。

10．危险废物处理处置相关的技术和设备

10.1 鼓励研究开发和引进高效危险废物收集运输技术和设备。

10.2 鼓励研究开发和引进高效、实用的危险废物资源化利用技术和设备，包括危险废物分选和破碎设备、热处理设备、大件危险废物处理和利用设备、社会源危险废物处理和利用设备。

10.3 加快危险废物处理专用监测仪器设备的开发和国产化，包括焚烧设施在线烟气测试仪器等。

10.4 鼓励研究开发高效、实用的危险废物焚烧成套技术和设备，包括危险废物焚烧炉技术、危险废物焚烧污染控制技术和危险废物焚烧余热回收利用技术等。

10.5 鼓励研究和开发高效、实用的安全填埋处理关键技术和设备，包括新型填埋防渗衬层和覆盖材料、填埋专用机具、危险废物填埋场渗沥水处理技术以及危险废物填埋场封场技术。

10.6 鼓励研究与开发危险废物鉴别技术及仪器设备，鼓励危险废物管理技术和方法的研究。

10.7 鼓励研究开发废旧电池和废日光灯管的处理处置和回收利用技术。

国 家 环 境 保 护 总 局
国 家 经 济 贸 易 委 员 会 文件
科 学 技 术 部

环发[2002]26 号

关于发布《燃煤二氧化硫排放污染防治
技术政策》的通知

各省、自治区、直辖市环境保护局（厅），经贸委（经委），科委（科技厅）：

为贯彻《中华人民共和国大气污染防治法》，控制燃煤造成的二氧化硫污染，保护生态环境，保障人体健康，指导大气污染防治工作，现批准发布《燃煤二氧化硫排放污染防治技术政策》，请遵照执行。

附件：燃煤二氧化硫排放污染防治技术政策

二〇〇二年一月三十日

燃煤二氧化硫排放污染防治技术政策

1. 总则

1.1 我国目前燃煤二氧化硫排放量占二氧化硫排放总量的 90%以上，为推动能源合理利用、经济结构调整和产业升级，控制燃煤造成的二氧化硫大量排放，遏制酸沉降污染恶化趋势，防治城市空气污染，根据《中华人民共和国大气污染防治法》以及《国民经济和社会发展第十个五年计划纲要》的有关要求，并结合相关法规、政策和标准，制定本技术政策。

1.2 本技术政策是为实现 2005 年全国二氧化硫排放量在 2000 年基础上削减 10%，"两控区"二氧化硫排放量减少 20%，改善城市环境空气质量的控制目标提供技术支持和导向。

1.3 本技术政策适用于煤炭开采和加工、煤炭燃烧、烟气脱硫设施建设和相关技术装备的开发应用，并作为企业建设和政府主管部门管理的技术依据。

1.4 本技术政策控制的主要污染源是燃煤电厂锅炉、工业锅炉和窑炉以及对局地环境污染有显著影响的其他燃煤设施。重点区域是"两控区"，及对"两控区"酸雨的产生有较大影响的周边省、市和地区。

1.5 本技术政策的总原则是：推行节约并合理使用能源、提高煤炭质量、高效低污染燃烧以及末端治理相结合的综合防治措施，根据技术的经济可行性，严格二氧化硫排放污染控制要求，减少二氧化硫排放。

1.6 本技术政策的技术路线是：电厂锅炉、大型工业锅炉和窑炉使用中、高硫分燃煤的，应安装烟气脱硫设施；中小型工业锅炉和炉窑，应优先使用优质低硫煤、洗选煤等低污染燃料或其它清洁能源；城市民用炉灶鼓励使用电、燃气等清洁能源或固硫型煤替代原煤散烧。

2. 能源合理利用

2.1 鼓励可再生能源和清洁能源的开发利用，逐步改善和优化能源结构。

2.2 通过产业和产品结构调整，逐步淘汰落后工艺和产品，关闭或改造布局不合理、污染严重的小企业；鼓励工业企业进行节能技术改造，采用先进洁净煤技术，提高能源利用效率。

2.3 逐步提高城市用电、燃气等清洁能源比例，清洁能源应优先供应民用燃烧设施和小型工业燃烧设施。

2.4 城镇应统筹规划，多种方式解决热源，鼓励发展地热、电热膜供暖等采暖方式；城市市区应发展集中供热和以热定电的热电联产业，替代热网区内的分散小锅炉；热网区外和未进行集中供热的城市地区，不应新建产热量在 2.8MW 以下的燃煤锅炉。

2.5 城镇民用炊事炉灶、茶浴炉以及产热量在 0.7MW 以下采暖炉应禁止燃用原煤，提倡使用电、燃气等清洁能源或固硫型煤等低污染燃料，并应同时配套高效炉具。

2.6 逐步提高煤炭转化为电力的比例，鼓励建设坑口电厂并配套高效脱硫设施，变输煤为输电。

2.7 到 2003 年，基本关停 50 MW 以下（含 50 MW）的常规燃煤机组；到 2010 年，逐步淘汰不能满足环保要求的 100MW 以下的燃煤发电机组（综合利用电厂除外），提高火力发电的煤炭使用效率。

3．煤炭生产、加工和供应

3.1 各地不得新建煤层含硫份大于 3%的矿井。对现有硫份大于 3%的高硫小煤矿，应予关闭。对现有硫份大于 3%的高硫大煤矿，近期实行限产，到 2005 年仍未采取有效降硫措施、或无法定点供应安装有脱硫设施并达到污染物排放标准的用户的，应予关闭。

3.2 除定点供应安装有脱硫设施并达到国家污染物排放标准的用户外，对新建硫份大于 1.5%的煤矿，应配套建设煤炭洗选设施。对现有硫份大于 2%的煤矿，应补建配套煤炭洗选设施。

3.3 现有选煤厂应充分利用其洗选煤能力，加大动力煤的入洗量。

3.4 鼓励对现有高硫煤选煤厂进行技术改造，提高选煤除硫率。

3.5 鼓励选煤厂根据洗选煤特性采用先进洗选技术和装备，提高选煤除硫率。

3.6 鼓励煤炭气化、液化，鼓励发展先进煤气化技术用于城市民用煤气和工业燃气。

3.7 煤炭供应应符合当地县级以上人民政府对煤炭含硫量的要求。鼓励通过加入固硫剂等措施降低二氧化硫的排放。

3.8 低硫煤和洗后动力煤，应优先供应给中小型燃煤设施。

4．煤炭燃烧

4.1 国务院划定的大气污染防治重点城市人民政府按照国家环保总局《关于划分高污染燃料的规定》，划定禁止销售、使用高污染燃料区域（简称"禁燃区"），在该区域内停止燃用高污染燃料，改用天然气、液化石油气、电或其他清洁能源。

4.2 在城市及其附近地区电、燃气尚未普及的情况下，小型工业锅炉、民用炉灶和采暖小煤炉应优先采用固硫型煤，禁止原煤散烧。

4.3 民用型煤推广以无烟煤为原料的下点火固硫蜂窝煤技术，在特殊地区可应用以烟煤、褐煤为原料的上点火固硫蜂窝煤技术。

4.4 在城市和其它煤炭调入地区的工业锅炉鼓励采用集中配煤炉前成型技术或集中配煤集中成型技术，并通过耐高温固硫剂达到固硫目的。

4.5 鼓励研究解决固硫型煤燃烧中出现的着火延迟、燃烧强度降低和高温固硫效率低的技术问题。

4.6 城市市区的工业锅炉更新或改造时应优先采用高效层燃锅炉，产热量 7MW 的热效率应在 80%以上，产热量＜7MW 的热效率应在 75%以上。

4.7 使用流化床锅炉时，应添加石灰石等固硫剂，固硫率应满足排放标准要求。

4.8 鼓励研究开发基于煤气化技术的燃气－蒸汽联合循环发电等洁净煤技术。

5．烟气脱硫

5.1 电厂锅炉

5.1.1 燃用中、高硫煤的电厂锅炉必须配套安装烟气脱硫设施进行脱硫。

5.1.2 电厂锅炉采用烟气脱硫设施的适用范围是：

1）新、扩、改建燃煤电厂，应在建厂同时配套建设烟气脱硫设施，实现达标排放，并满足 SO_2 排放总量控制要求，烟气脱硫设施应在主机投运同时投入使用。

2）已建的火电机组，若 SO_2 排放未达排放标准或未达到排放总量许可要求、剩余寿命（按照设计寿命计算）大于 10 年（包括 10 年）的，应补建烟气脱硫设施，实现达标排放，并满足 SO_2 排放总量控制要求。

3）已建的火电机组，若 SO_2 排放未达排放标准或未达到排放总量许可要求、剩余寿命（按照设计寿命计算）低于 10 年的，可采取低硫煤替代或其它具有同样 SO_2 减排效果的措施，实现达标排放，并满足 SO_2 排放总量控制要求。否则，应提前退役停运。

4）超期服役的火电机组，若 SO_2 排放未达排放标准或未达到排放总量许可要求，应予以淘汰。

5.1.3 电厂锅炉烟气脱硫的技术路线是：

1）燃用含硫量 2% 煤的机组或大容量机组（200MW）的电厂锅炉建设烟气脱硫设施时，宜优先考虑采用湿式石灰石—石膏法工艺，脱硫率应保证在 90% 以上，投运率应保证在电厂正常发电时间的 95% 以上。

2）燃用含硫量 <2% 煤的中小电厂锅炉（<200MW），或是剩余寿命低于 10 年的老机组建设烟气脱硫设施时，在保证达标排放，并满足 SO_2 排放总量控制要求的前提下，宜优先采用半干法、干法或其它费用较低的成熟技术，脱硫率应保证在 75% 以上，投运率应保证在电厂正常发电时间的 95% 以上。

5.1.4 火电机组烟气排放应配备二氧化硫和烟尘等污染物在线连续监测装置，并与环保行政主管部门的管理信息系统联网。

5.1.5 在引进国外先进烟气脱硫装备的基础上，应同时掌握其设计、制造和运行技术，各地应积极扶持烟气脱硫的示范工程。

5.1.6 应培育和扶持国内有实力的脱硫工程公司和脱硫服务公司，逐步提高其工程总承包能力，规范脱硫工程建设和脱硫设备的生产和供应。

5.2 工业锅炉和窑炉

5.2.1 中小型燃煤工业锅炉（产热量 <14MW）提倡使用工业型煤、低硫煤和洗选煤。对配备湿法除尘的，可优先采用如下的湿式除尘脱硫一体化工艺：

1）燃中低硫煤锅炉，可采用利用锅炉自排碱性废水或企业自排碱性废液的除尘脱硫工艺；

2）燃中高硫煤锅炉，可采用双碱法工艺。

5.2.2 大中型燃煤工业锅炉（产热量 14MW）可根据具体条件采用低硫煤替代、循环流化床锅炉改造（加固硫剂）或采用烟气脱硫技术。

5.2.3 应逐步淘汰敞开式炉窑，炉窑可采用改变燃料、低硫煤替代、洗选煤或根据具体条件采用烟气脱硫技术。

5.2.4 大中型燃煤工业锅炉和窑炉应逐步安装二氧化硫和烟尘在线监测装置。

5.3 采用烟气脱硫设施时，技术选用应考虑以下主要原则：

5.3.1 脱硫设备的寿命在 15 年以上；

5.3.2 脱硫设备有主要工艺参数（pH 值、液气比和 SO_2 出口浓度）的自控装置；

5.3.3 脱硫产物应稳定化或经适当处理，没有二次释放二氧化硫的风险；

5.3.4 脱硫产物和外排液无二次污染且能安全处置；

5.3.5 投资和运行费用适中；

5.3.6 脱硫设备可保证连续运行，在北方地区的应保证冬天可正常使用。

5.4 脱硫技术研究开发

5.4.1 鼓励研究开发适合当地资源条件、并能回收硫资源的技术。

5.4.2 鼓励研究开发对烟气进行同时脱硫脱氮的技术。

5.4.3 鼓励研究开发脱硫副产品处理、处置及资源化技术和装备。

6. 二次污染防治

6.1 选煤厂洗煤水应采用闭路循环,煤泥水经二次浓缩,絮凝沉淀处理,循环使用。

6.2 选煤厂的洗矸和尾矸应综合利用,供锅炉集中燃烧并高效脱硫,回收硫铁矿等有用组分,废弃时应用土覆盖,并植被保护。

6.3 型煤加工时,不得使用有毒有害的助燃或固硫添加剂。

6.4 建设烟气脱硫装置时,应同时考虑副产品的回收和综合利用,减少废弃物的产生量和排放量。

6.5 不能回收利用的脱硫副产品禁止直接堆放,应集中进行安全填埋处置,并达到相应的填埋污染控制标准。

6.6 烟气脱硫中的脱硫液应采用闭路循环,减少外排;脱硫副产品过滤、增稠和脱水过程中产生的工艺水应循环使用。

6.7 烟气脱硫外排液排入海水或其它水体时,脱硫液应经无害化处理,并须达到相应污染控制标准要求,应加强对重金属元素的监测和控制,不得对海域或水体生态环境造成有害影响。

6.8 烟气脱硫后的排烟应避免温度过低对周边环境造成不利影响。

6.9 烟气脱硫副产品用作化肥时其成分指标应达到国家、行业相应的肥料等级标准,并不得对农田生态产生有害影响。

国家环境保护总局
国家经济贸易委员会 文件
科 学 技 术 部

环发[2003]7号

关于发布《摩托车排放污染防治
技术政策》的通知

各省、自治区、直辖市环境保护局（厅），经贸委（经委），科委（科技厅）：

为贯彻《中华人民共和国大气污染防治法》，控制摩托车排放造成的污染，保障人体健康，指导摩托车排放污染防治工作，现批准发布《摩托车排放污染防治技术政策》，请遵照执行。

附件：摩托车排放污染防治技术政策

二〇〇三年一月十三日

摩托车排放污染防治技术政策

1．总则和控制目标

1.1　为保护大气环境，防治摩托车（如不特别指出，均含轻便摩托车，下同）排放造成的污染，推动摩托车行业技术进步，根据《中华人民共和国大气污染防治法》，制订本技术政策。本技术政策是对原《机动车排放污染防治技术政策》（国家环保总局、原国家机械工业局、科技部 1999 年联合发布）中摩托车部分的细化和补充。自本技术政策发布实施之日起，摩托车污染防治按本技术政策执行。本技术政策将随社会经济、技术水平的发展适时修订。

1.2　本技术政策适用于在我国境内所有新定型和新生产摩托车以及在我国上牌照的所有在用摩托车。

1.3　本技术政策主要控制摩托车排放的一氧化碳（CO）、碳氢化合物（HC）和氮氧化物（NO_x）等排气污染物和可见污染物，并应采取措施控制摩托车噪声污染。

1.4　我国摩托车污染物排放控制目标是：

1.4.1　2004 年新定型的摩托车（不含轻便摩托车）产品污染物的排放应当达到相当于欧盟第二阶段排放控制水平；2005 年新定型的轻便摩托车产品污染物的排放应当达到相当于欧盟第二阶段的排放控制水平；2006 年前后我国所有新定型的摩托车产品污染物的排放应达到国际先进排放控制水平。

1.4.2　我国摩托车产品排放耐久性里程，当前应当达到 6 000 公里，2006 年前后应当达到 10 000公里。

1.5　摩托车产品生产应向低污染、节能的方向发展，并逐步提高摩托车排放耐久性里程。

1.6　国家通过制订优惠的税收、消费等政策措施，鼓励生产、使用提前达到国家污染物排放标准的摩托车产品，努力推动报废摩托车、废旧催化器的回收和处置，鼓励规模化和环保型的回收、处置产业的发展。

1.7　摩托车数量大、污染严重的城市可以要求提前执行国家下一阶段更为严格的排放标准，但须按照大气污染防治法的相关规定报国务院批准后实施。

2．新生产摩托车排放污染防治

2.1　国家逐步建立摩托车产品型式核准制度，加快摩托车产品法制化管理进程。摩托车生产企业的产品设计和制造，应确保在排放标准规定的耐久性里程内，其产品排放稳定达到排放标准的要求。不符合国家污染物排放标准的新生产摩托车，不得生产、销售和使用。

2.2　强化摩托车污染排放抽查制度。摩托车及其发动机生产企业应建立完善的质量保证体系，其中应包括摩托车污染排放生产一致性质量保证计划。国家根据污染物排放标准对生产一致性的要求，定期抽查摩托车污染物排放生产一致性。

2.3　摩托车排放污染控制技术的污染削减效果应以工况法排放试验结果为依据。

2.4　摩托车及摩托车发动机生产企业应积极采用摩托车发动机机内控制和机外控制措施，实现新生产摩托车的低排放、低污染。应优先采用机内净化措施，在排放降到一定程度后再采用机外净化措施。

2.5　燃油摩托车发动机机内控制推荐技术措施包括：

2.5.1　改善摩托车发动机燃烧系统，优化燃烧室设计，提高燃烧效率，降低发动机噪声。

2.5.2　采用多气门和可变技术，提高发动机的动力性，降低油耗，降低摩托车污染物的排放。

2.5.3　通过摩托车发动机化油器结构改进和优化匹配，采用化油器混合气电控调节，改善混合气的形成条件，实现混合气空燃比的精细化控制，有效降低摩托车污染物排放。

2.5.4　采用电控燃油喷射技术，精确控制空燃比，使摩托车发动机的燃油经济性、动力性和排放特性达到最佳匹配。采用电控燃油喷射技术逐步替代化油器是摩托车发动机生产的发展趋势。

2.6　摩托车发动机机外净化推荐技术措施包括：

2.6.1　采用催化转化技术是控制摩托车排放污染的有效措施。二冲程摩托车和强化程度不很高的四冲程摩托车上安装的催化转化器宜采用氧化型催化剂；高强化四冲程摩托车及电控燃油喷射摩托车可逐步使用三效催化器。

2.6.2　安装催化转化器时需要对摩托车发动机进行技术改进、降低原车排放，并将催化转化器与摩托车进行合理的技术匹配。在保证摩托车发动机动力性和经济性基本不变的前提下，充分发挥其净化效果，保证其使用寿命。

2.7　为满足我国第二阶段摩托车排放控制要求，四冲程摩托车宜通过优化化油器结构，实现混合气精确控制，或安装适当氧化型催化转化器的治理技术路线；二冲程摩托车宜采用改善扫气过程，开发低成本的燃油直接喷射技术，并安装氧化型催化转化器的治理技术路线。

2.8　为满足不断严格的国家摩托车排放控制要求，宜逐步采用电控燃油喷射技术，并安装催化转化器的综合治理技术路线。

2.9　采用严格的摩托车排放控制技术路线初期一次性投资较大，但整个控制过程中环境和经济效益良好。摩托车排放污染控制宜在技术经济可行性分析的基础上，采用相对严格的控制方案。

3．在用摩托车排放污染防治

3.1　应强化在用摩托车的检查/维护（I/M）制度。加强维修保养是控制在用摩托车污染物排放的主要方法。

3.2　在用摩托车污染物排放检测主要采用怠速法。鼓励采取严格的措施，强化在用摩托车的排放性能检测。对不达标车辆强制进行维修保养，保证车辆发动机处于正常技术状态。经维修仍不能满足排放标准要求的摩托车应予以报废。

3.3　国家逐步建立摩托车维修单位的认可制度和质量保证体系，使其配备必要的排放检测和诊断仪器，正确使用各种检测诊断手段，提高维修、保养技术水平。维修单位应根据摩托车产品说明书中专门给出的日常保养项目、维修保养内容，采用主机厂原配的零部件进行维修保养，保证维修后的摩托车排放达到国家污染物排放标准的要求。

3.4　严格按照国家摩托车报废的有关规定，淘汰应该报废的在用摩托车，减少在用摩托车的排放污染。

3.5　在用摩托车排放控制技术改造是一项系统工程，确需改造的城市和地区，应充分论证其技术经济性和改造的必要性，并进行系统的匹配研究和一定规模的改造示范。在此基础上方可进行一定规模的推广改造，保证改造后摩托车的排放性能优于原车排放。在用摩托车排放技术改造需按大气污染防治法的有关规定报批。

4．摩托车车用油品及排放测试设备

4.1 国家在全国范围内推广使用优质无铅汽油，逐步提高油品质量标准。

4.2 采用电控燃油喷射技术的摩托车，使用的汽油中应加入符合要求的清净剂，防止喷嘴堵塞。

4.3 应使用摩托车专用润滑油，满足摩托车润滑性、清净性和防止排气堵塞性能的需要。鼓励摩托车低烟润滑油的使用，减少摩托车的排烟污染。

4.4 摩托车工况法排放测试设备应符合国家污染物排放标准规定的技术要求。

5．国家鼓励的摩托车排放控制技术和设备

5.1 鼓励摩托车用催化转化器的研究开发和推广应用。应大力开发净化效率高、耐久性好的催化转化器，促进催化转化器产业化并保证批量生产的质量。

5.2 鼓励先进的摩托车电控燃油喷射技术和设备的研制和使用。

5.3 鼓励研究开发摩托车工况法排放测试设备和摩托车排放耐久性试验专用试验装置。

国家环境保护总局
国家经济贸易委员会 文件
科 学 技 术 部

环发[2003]10 号

关于发布《柴油车排放污染防治
技术政策》的通知

各省、自治区、直辖市环境保护局（厅），经贸委（经委），科委（科技厅）：

为贯彻《中华人民共和国大气污染防治法》，控制柴油车排放造成的污染，保障人体健康，指导柴油车排放污染防治工作，现批准发布《柴油车排放污染防治技术政策》，请遵照执行。

附件：柴油车排放污染防治技术政策

二〇〇三年一月十三日

柴油车排放污染防治技术政策

一、总则和控制目标

1.1 为保护大气环境，防治柴油车排放造成的城市空气污染，推动柴油车行业结构调整和技术升级换代，促进车用柴油油品质量的提高，根据《中华人民共和国大气污染防治法》，制定本技术政策。本技术政策是对《机动车排放污染防治技术政策》（国家环保总局、原国家机械工业局、科技部1999 年联合发布）有关柴油车部分的修订和补充。自本技术政策发布实施之日起，柴油车的污染防治按本技术政策执行。本技术政策将随社会经济、技术水平的发展适时修订。

1.2 本技术政策适用于所有在我国境内使用的柴油车、车用柴油机产品和车用柴油油品。

1.3 柴油发动机燃烧效率高，采用先进技术的柴油发动机污染物排放量较低。国家鼓励发展低能耗、低污染、使用可靠的柴油车。

1.4 柴油车排放的污染物及其在大气中二次反应生成的污染物对人体健康和生态环境会造成不良影响。随着经济、技术水平的提高，国家将不断严格柴油车污染物排放控制的要求，逐步降低柴油车污染物的排放水平，保护人体健康和生态环境。

1.5 柴油车主要排放一氧化碳（CO）、碳氢化合物（HC）、氮氧化物（NO_x）和颗粒污染物等，控制的重点是氮氧化物（NO_x）和颗粒污染物。

1.6 我国柴油汽车污染物排放当前执行相当于欧洲第一阶段控制水平的国家排放标准。我国柴油汽车污染物排放控制目标是：2004 年前后达到相当于欧洲第二阶段排放控制水平；到 2008 年，力争达到相当于欧洲第三阶段排放控制水平；2010 年之后争取与国际排放控制水平接轨。

1.7 国家将逐步加严农用运输车的排放控制要求，并最终与柴油汽车并轨。

1.8 各城市应根据空气污染现状、不同污染源的大气污染分担率等实际情况，在加强对城市固定污染源排放控制的同时，加强对柴油车等流动污染源的排放控制，尽快改善城市环境空气质量。

1.9 随着柴油车和车用柴油机技术的发展，对技术先进、污染物排放性能好并达到国家或地方排放标准的柴油车，不应采取歧视性政策。

1.10 国家通过优惠的税收等经济政策，鼓励提前达到国家排放标准的柴油车和车用柴油发动机产品的生产和使用。

二、新生产柴油车及车用柴油机产品排放污染防治

2.1 柴油车及车用柴油机生产企业出厂的新产品，其污染物排放必须稳定达到国家或地方排放标准的要求，否则不得生产、销售和使用。

2.2 柴油车及车用柴油机生产企业应积极研究并采用先进的发动机制造技术和排放控制技术，使其产品的污染物排放达到国家或地方的排放控制目标和排放标准。以下是主要的技术导向内容：

2.2.1 柴油车及车用柴油机生产企业应积极采用先进电子控制燃油喷射技术和新型燃油喷射装置，实现柴油车和车用柴油机燃油系统各环节的精确控制，促进其产品升级。

2.2.2 柴油车及车用柴油机生产企业在其产品中应采用新型燃烧技术，实现柴油机的洁净燃烧和

柴油车的清洁排放。

2.2.3 柴油车及车用柴油机生产企业应积极开发实现油、气综合管理的发动机综合管理系统（EMS）和整车管理系统，实现对整车排放性能的优化管理。

2.2.4 应积极研究开发并采用柴油车排气后处理技术，如广域空燃比下的气体排放物催化转化技术和再生能力良好的颗粒捕集技术，降低柴油车尾气中的污染物排放。

2.3 为满足不同阶段的排放控制要求，推荐新生产柴油车及车用柴油机可采用的技术路线是：

2.3.1 为达到相当于欧洲第二阶段排放控制水平的国家排放标准控制要求，可采用新型燃油泵、高压燃油喷射、废气再循环（EGR）、增压、中冷等技术相结合的技术路线。

2.3.2 为达到相当于欧洲第三阶段排放控制水平的要求，可采用电控燃油高压喷射（如电控单体泵、电控高压共轨、电控泵喷嘴等）、增压中冷、废气再循环（EGR）及安装氧化型催化转化器等技术相结合的综合治理技术路线；

2.3.3 为达到相当于欧洲第四阶段排放控制水平的排放控制要求，可采用更高压力的电控燃油喷射、可变几何的增压中冷、冷却式废气再循环（CEGR）、多气阀技术、可变进气涡流等，并配套相应的排气后处理技术的综合治理技术路线。

排气后处理技术包括氧化型催化转化器、连续再生的颗粒捕集器（CRT）、选择性催化还原技术（SCR）及氮氧化物储存型后处理技术（NSR）等。

2.4 柴油车及车用柴油机生产企业，应在其质量保证体系中，根据国家排放标准对生产一致性的要求，建立产品排放性能和耐久性的控制内容。在产品开发、生产质量控制、售后服务等各个阶段，加强对其产品排放性能的管理。在国家规定的使用期限内，保证其产品的排放稳定达到国家排放标准的要求。

2.5 柴油车及车用柴油机生产企业，在其产品使用说明书中应详细说明使用条件和日常保养项目，在给特约维修站的维修手册中应专门列出控制排放的维修内容、有关零部件更换周期、维修保养操作规程以及生产企业认可的零部件的规格、型号等内容，为在用柴油车的检查维护制度（I/M 制度）提供技术支持。

三、在用柴油车排放污染防治

3.1 在用柴油车在国家规定的使用期限内，要满足出厂时国家排放标准的要求。控制在用柴油车污染排放的基本原则是加强车辆日常维护，使其保持良好的排放性能。

有排放性能耐久性要求的车型，在规定的耐久性里程内，制造厂有责任保证其排放性能在正常使用条件下稳定达标。

3.2 在用柴油车的排放控制，应以完善和加强检查/维护（I/M）制度为主。通过加强检测能力和检测网络的建设，强化对在用柴油车的排放性能检测，强制不达标车辆进行维护修理，以保证车用柴油机处于正常技术状态。

3.3 柴油车生产企业应建立和完善产品维修网络体系。维修企业应配备必要的排放检测和诊断仪器，正确使用各种检测诊断手段，提高维护、修理技术水平，保证维修后的柴油车排放性能达到国家排放标准的要求。

3.4 严格按照国家关于在用柴油车报废标准的有关规定，及时淘汰污染严重的、应该报废的在用柴油车，促进车辆更新，降低在用柴油车的排放污染。

3.5 在用柴油车排放控制技术改造是一项系统工程，确需改造的城市和地区，应充分论证其技术经济性和改造的必要性，并进行系统的匹配研究和一定规模的改造示范。

在此基础上方可进行一定规模的推广，保证改造后柴油车的排放性能优于原车的排放。

确需对在用柴油车实行新的污染物排放标准并对其进行改造的城市，需按照大气污染防治法的规定，报经国务院批准。

3.6　城市应科学合理地组织道路交通，推动先进的交通管理系统的推广和应用，提高柴油车等流动源的污染排放控制水平。

四、车用油品

4.1　国家鼓励油品制造企业生产优质、低硫的车用柴油，鼓励生产优质、低硫、低芳烃柴油新技术和新工艺的应用，保证车用柴油质量稳定达到不断严格的国家车用柴油质量标准的要求。

4.2　国家制定车用柴油有害物质环境保护指标并与柴油车和车用柴油机排放标准同步加严，为新的排放控制技术的应用、保障柴油车污染物排放稳定达标提供必需的支持条件。

4.3　国家加强对柴油油品质量的监督管理，加强对车用柴油进口和销售环节的管理，加大对加油站的监控力度，保证加油站的车用柴油油品质量达到国家标准要求，保证柴油车和车用柴油机使用符合国家车用柴油质量标准和环保要求的车用柴油。

4.4　为满足国家环境保护重点城市对柴油车排放控制的严格要求，油品制造企业可精炼和供应更高品质、满足特殊使用要求的车用柴油，国家在价格、税收等方面按照优质优价的原则给予鼓励。

4.5　催化裂化柴油、部分劣质原油和高硫原油的直馏柴油应经过加氢等精制工艺，保证车用柴油的安定性，并使其硫含量符合使用要求。

4.6　国家鼓励发展利用生物质等原料合成制造柴油的技术。

4.7　油品生产企业应提高润滑油品质，保证其满足柴油车使用要求。

五、柴油车和车用柴油机排放测试技术

5.1　柴油车和车用柴油机生产企业应配备完善的排放测试仪器设备，以满足产品开发、生产一致性检测的需要。

5.2　柴油车和车用柴油机排放测试仪器设备及试验室条件的控制应适应不断严格的国家排放标准的需要，满足排放标准规定的要求。

5.3　鼓励柴油车加载烟度测量设备的开发，在有条件的地区逐步推广使用。

5.4　应加强国产柴油车和车用柴油机污染物排放测试仪器和设备的研究开发，鼓励引进技术的国产化，推动排放测试技术与国际先进水平接轨。

国家环境保护总局
国家发展和改革委员会
建　　　设　　　部 文件
科　　学　　技　　术　　部
商　　　务　　　部

环发[2003]163号

关于发布《废电池污染防治
技术政策》的通知

各省、自治区、直辖市环境保护局（厅），计委，经贸委（经委），建设厅，科技厅，
外经贸委（厅）：

　　为贯彻《中华人民共和国固体废物污染环境防治法》，保护环境，保障人体健康，
指导废电池污染防治工作，现批准发布《废电池污染防治技术政策》，请遵照执行。

　　附件：废电池污染防治技术政策

二〇〇三年十月九日

废电池污染防治技术政策

1．总则

1.1　为引导废电池环境管理和处理处置、资源再生技术的发展，规范废电池处理处置和资源再生行为，防止环境污染，促进社会和经济的可持续发展，根据《中华人民共和国固体废物污染环境防治法》等有关法律、法规、政策和标准，制定本技术政策。本技术政策随社会经济、技术水平的发展适时修订。

1.2　本技术政策所称废电池包括下述废物：

已经失去使用价值而被废弃的各种一次电池（包括扣式电池）、可充电电池等；

已经失去使用价值而被废弃的铅酸蓄电池以及其他蓄电池等；

已经失去使用价值而被废弃的各种用电器具的专用电池组及其中的单体电池；

上述各种电池在生产、运输、销售过程中产生的不合格产品、报废产品、过期产品等；

上述各种电池在生产过程中产生的混合下脚料等混合废料；

其他废弃的化学电源。

1.3　本技术政策适用于废电池的分类、收集、运输、综合利用、贮存和处理处置等全过程污染防治的技术选择，并指导相应设施的规划、立项、选址、设计、施工、运营和管理，引导相关产业的发展。

1.4　废电池污染控制应该遵循电池产品生命周期分析的基本原理，积极推行清洁生产，实行全过程管理和污染物质总量控制的原则。

1.5　废电池污染控制的重点是废含汞电池、废镉镍电池、废铅酸蓄电池。逐渐减少以致最终在一次电池生产中不使用汞，安全、高效、低成本收集、回收或安全处置废镉镍电池、废铅酸蓄电池以及其他对环境有害的废电池。

1.6　废氧化汞电池、废镉镍电池、废铅酸蓄电池属于危险废物，应该按照有关危险废物的管理法规、标准进行管理。

1.7　鼓励开展废电池污染途径、污染规律和对环境影响小的新型电池开发的科学研究，确定相应的污染防治对策。

1.8　通过宣传和普及废电池污染防治知识，提高公众环境意识，促进公众对废电池管理及其可能造成的环境危害有正确了解，实现对废电池科学、合理、有效的管理。

1.9　各级人民政府应制定鼓励性经济政策等措施，加快符合环境保护要求的废电池分类收集、贮存、资源再生及处理处置体系和设施建设，推动废电池污染防治工作。

1.10　本技术政策遵循《危险废物污染防治技术政策》的总体原则。

2．电池的生产与使用

2.1　制定有关电池分类标识的技术标准，以利于废电池的分类收集、资源利用和处理处置。电池分类标识应包括下述内容：

需要回收电池的回收标识；

需要回收电池的种类标识；

电池中有害成分的含量标识。

2.2 电池制造商和委托其他制造商生产使用自己所拥有商标电池的商家，应当在其生产的电池上按照国家标准标注标识。

使用专用内置电池的器具生产商应该在其生产的产品上按照国家标准标注电池分类标识。

2.3 电池进口商应该要求国外制造商（或经销商）在出口到我国的电池上按照中国国家标准标注标识，或由进口商在其进口的电池上粘贴按照中国国家标准标注的标识。

2.4 使用电池的器具在设计时应该采用易于拆卸电池（或电池组）的结构，并且在其使用说明书中明确电池的使用和安装拆卸方法，以及提示电池废弃后的处置方式。

2.5 根据国家有关规定禁止生产和销售氧化汞电池。根据国家有关规定禁止生产和销售汞含量大于电池质量 0.025% 的锌锰及碱性锌锰电池；2005 年 1 月 1 日起停止生产含汞量大于 0.000 1% 的碱性锌锰电池。逐步提高含汞量小于 0.000 1% 的碱性锌锰电池在一次电池中的比例；逐步减少糊式电池的生产和销售量，最终实现淘汰糊式电池。

2.6 依托技术进步，通过制定有关电池中镉、铅的最高含量的标准，限制镉、铅等有害元素在有关电池中的使用。鼓励发展锂离子和金属氢化物镍电池（简称氢镍电池）等可充电电池的生产，替代镉镍可充电电池，减少镉镍电池的生产和使用，最终在民用市场淘汰镉镍电池。

2.7 鼓励开发低耗、高能、低污染的电池产品和生产工艺、使用技术。鼓励电池生产使用再生材料。

2.8 加强宣传和教育，鼓励和支持消费者使用汞含量小于 0.000 1% 的高能碱性锌锰电池；鼓励和支持消费者使用氢镍电池和锂离子电池等可充电电池以替代镉镍电池；鼓励和支持消费者拒绝购买、使用劣质和冒牌的电池产品以及没有正确标注有关标识的电池产品。

3．收集

3.1 废电池的收集重点是镉镍电池、氢镍电池、锂离子电池、铅酸电池等废弃的可充电电池（以下简称为废充电电池）和氧化银等废弃的扣式一次电池（以下简称为废扣式电池）。

3.2 废一次电池的回收，应由回收责任单位审慎地开展。目前，在缺乏有效回收的技术经济条件下，不鼓励集中收集已达到国家低汞或无汞要求的废一次电池。

3.3 下列单位应当承担回收废充电电池和废扣式电池的责任：

充电电池和扣式电池的制造商；

充电电池和扣式电池的进口商；

使用充电电池或扣式电池产品的制造商；

委托其他电池制造商生产使用自己所拥有商标的充电电池和扣式电池的商家。

3.4 上述承担废充电电池和废扣式电池回收责任的单位，应当按照自己商品的销售渠道指导、组织建立废电池的回收系统，或者委托有关的回收系统有效回收。充电电池、扣式电池和使用这些电池的电器商品的销售商应当在其销售处设立废电池的分类回收设施予以回收，并按照有关标准设立明显的标识。

3.5 鼓励消费者将废充电电池和废扣式电池送到电池或电器销售商店相应的废电池回收设施中，方便销售商回收。

3.6 回收后的批量废电池应当分类送到具有相应资质的工厂（设施），进行资源再生或无害化处理处置。

3.7 废电池的收集包装应当使用专用的具有相应分类标识的收集装置。

4．运输

4.1 废电池要根据其种类，用符合国家标准的专门容器分类收集运输。

4.2 贮存、装运废电池的容器应根据废电池的特性而设计，不易破损、变形，其所用材料能有效地防止渗漏、扩散。装有废电池的容器必须贴有国家标准所要求的分类标识。

4.3 在废电池的包装运输前和运输过程中应保证废电池的结构完整，不得将废电池破碎、粉碎，以防止电池中有害成分的泄漏污染。

4.4 属于危险废物的废电池越境转移应遵从《控制危险废物越境转移及其处置的巴塞尔公约》的要求；批量废电池的国内转移应遵从《危险废物转移联单管理办法》及其他有关规定。

4.5 各级环境保护行政主管部门应按照国家和地方制定的危险废物转移管理办法对批量废电池的流向进行有效控制，禁止在转移过程中将废电池丢弃至环境中，禁止将 3.1 中规定需要重点收集的废电池混入生活垃圾中。

5．贮存

5.1 本政策所称废电池贮存是指批量废电池收集、运输、资源再生过程中和处理处置前的存放行为，包括在确定废电池处理处置方式前的临时堆放。

5.2 批量废电池的贮存设施应参照《危险废物贮存污染控制标准》（GB 18597—2001）的有关要求进行建设和管理。

5.3 禁止将废电池堆放在露天场地，避免废电池遭受雨淋水浸。

6．资源再生

6.1 废电池的资源再生工厂应当以废充电电池和废扣式电池的回收处理为主，审慎建设废一次电池的资源再生工厂。

6.2 废电池资源再生设施建设应当经过充分的技术经济论证，保证设施运行对环境不会造成二次污染以及经济有效地回收资源。

6.3 废充电电池、废扣式电池的资源再生工厂，应按照危险废物综合利用设施要求进行管理，取得危险废物经营许可证后方可运行。废一次电池和混合废电池的资源再生工厂，应参照危险废物综合利用设施要求进行管理，在取得危险废物经营许可证后运行。

6.4 废电池再生资源工厂场址选择应参照《危险废物焚烧污染控制标准》（GB 18484—2001）中的选址要求进行。

6.5 任何废电池资源再生工厂在生产过程中，汞、镉、铅、锌、镍等有害成分的回收量与安全处理处置量之和，不应小于在所处理废电池中这一有害成分总量的95%。

6.6 在资源再生工艺之前的任何废电池拆解、破碎、分选工艺过程都应当在封闭式构筑物中进行，排出气体须进行净化处理，达标后排放。不得对废电池进行人工破碎和在露天环境下进行破碎作业，防止废电池中有害物质无组织排放或逸出，造成二次污染。

6.7 利用火法冶金工艺进行废电池资源再生，其冶炼过程应当在密闭负压条件下进行，以免有害气体和粉尘逸出，收集的气体应进行处理，达标后排放。

6.8 利用湿法冶金工艺进行废电池资源再生，其工艺过程应当在封闭式构筑物内进行，排出气体须进行除湿净化，达标后排放。

6.9 废电池的资源再生装置应设置尾气净化系统、报警系统和应急处理装置。

6.10 废电池资源再生工厂的废气排放应当参照执行《危险废物焚烧污染控制标准》（GB 18484—2001）中大气污染物排放限值。

6.11 废电池资源再生工厂应该设置污水净化设施。工厂排放废水应当满足《污水综合排放标准》（GB 8978—1996）和其他相应标准的要求。

6.12 废电池资源再生工厂产生的工业固体废物（包括冶炼残渣、废气净化灰渣、废水处理污泥、分选残余物等）应当按危险废物进行管理和处置。

6.13 废电池资源再生工厂的人员作业环境应当满足《工业企业设计卫生标准》（GB Z1—2002）和《工作场所有害因素职业接触限值》（GB Z2—2002）等有关国家标准的要求。

6.14 鼓励开展废电池资源再生的科学技术研究，开发经济、高效的废电池资源再生工艺，提高废电池的资源再生率。

7．处理处置

7.1 在对生活垃圾进行焚烧和堆肥处理的城市和地区，宜进行垃圾分类收集，避免各种废电池随其他生活垃圾进入垃圾焚烧装置和垃圾堆肥发酵装置。

7.2 禁止对收集的各种废电池进行焚烧处理。

7.3 对于已经收集的、目前还没有经济有效手段进行再生回收的一次或混合废电池，可以参照危险废物的安全处置、贮存要求对其进行安全填埋处置或贮存。在没有建设危险废物安全填埋场的地区，可按照危险废物安全填埋的要求建设专用填埋单元，或者按照《危险废物贮存污染控制标准》（GB 18597—2001）的要求建设专用废电池贮存设施，将废电池装入塑料容器中在专用设施中填埋处置或贮存。使用的塑料容器应该具有耐腐蚀、耐压、密封的特性，必须完好无损，填埋处置的还应满足填埋作业所需要的强度要求。

7.4 为便于将来废电池再生利用，宜将已收集的废电池进行分区分类填埋处置或贮存。

7.5 在对废电池进行填埋处置前和处置过程中以及在贮存作业过程中，不应将废电池进行拆解、碾压及其他破碎操作，保证废电池的外壳完整，减少并防止有害物质的渗出。

8．废铅酸蓄电池污染防治

8.1 废铅酸蓄电池的收集、运输、拆解、再生冶炼等活动除满足前列各章要求外，还应当遵从本章的要求。

8.2 废铅酸蓄电池应当进行回收利用，禁止用其它办法进行处置。

8.3 废铅酸蓄电池应当按照危险废物进行管理。废铅酸蓄电池的收集、运输、拆解、再生铅企业应当取得危险废物经营许可证后方可进行经营或运行。

8.4 鼓励集中回收处理废铅酸蓄电池。

8.5 在废铅酸蓄电池的收集、运输过程中应当保持外壳的完整，并且采取必要措施防止酸液外泄。

废铅酸蓄电池收集、运输单位应当制定必要的事故应急措施，以保证在收集、运输过程中发生事故时能有效地减少以至防止对环境的污染。

8.6 废铅酸蓄电池回收拆解应当在专门设施内进行。在回收拆解过程中应该将塑料、铅极板、含铅物料、废酸液分别回收、处理。

8.7 废铅酸蓄电池中的废酸液应收集处理，不得将其排入下水道或排入环境中。不能带壳、酸液直接熔炼废铅酸蓄电池。

8.8 废铅酸蓄电池的回收冶炼企业应满足下列要求：

铅回收率大于 95%；

再生铅的生产规模大于 5 000 吨/年。本技术政策发布后，新建企业生产规模应大于 1 万吨/年；

再生铅工艺过程采用密闭熔炼设备，并在负压条件下生产，防止废气逸出；

具有完整废水、废气的净化设施，废水、废气排放达到国家有关标准；

再生铅冶炼过程中产生的粉尘和污泥得到妥善、安全处置；

逐步淘汰不能满足上述基本条件的土法冶炼工艺和小型再生铅企业。

8.9 废铅酸蓄电池铅冶炼再生过程中收集的粉尘和污泥应当按照危险废物管理要求进行处理处置。

国 家 环 境 保 护 总 局
农 业 部
水 利 部 文件
交 通 部
科 学 技 术 部

环发[2004]59 号

关于发布《湖库富营养化防治技术政策》的通知

各省、自治区、直辖市环境保护局（厅），农业厅，水利厅，交通厅，科技厅：

为贯彻《中华人民共和国水污染防治法》，保护水环境，指导和推动我国湖库富营养化防治工作，现发布《湖库富营养化防治技术政策》，请参照执行。

附件：湖库富营养化防治技术政策

二〇〇四年四月五日

湖库富营养化防治技术政策

一、总则和控制目标

（一）为保护湖库及其流域的水质和生态环境，遏制湖库富营养化发展，指导湖库富营养化防治并提供技术支持，为湖库环境管理提供技术依据，根据《中华人民共和国水污染防治法》、《中华人民共和国水法》、国务院批准的太湖、巢湖、滇池水污染防治计划，以及国家关于湖库环境保护的法规、政策和标准，制定本技术政策。

（二）本技术政策适用于我国境内所有的湖泊、水库及其流域地区。

（三）湖库富营养化防治的指导目标是：通过 30 年左右的努力，遏制湖库富营养化发展，使湖库水质良好，生态处于良性循环，湖区经济可持续发展。具体指导目标如下：

1. 到 2010 年，工业污染源全部达标排放，基本控制住点源排放污染物的入湖总量，湖周城镇污水处理率达到 70%以上，面源治理初见成效，对湖库流域重点地区加大产业结构调整力度，进行生态恢复和建设示范。

2. 到 2020 年，湖库流域范围内产业结构比较合理，湖周城镇污水处理率达到 80%以上，面源治理有明显成效，湖库及流域生态建设有明显进展，基本完成湖库岸边和湖滨带（指湖库水陆交错带，湖库水生生态系统与湖库流域陆地生态系统间的过渡带）生态建设，湖库富营养状态得到改善。

3. 到 2030 年，湖周城镇污水处理率达到 90%以上，湖库流域重点区域全部做到科学、合理使用化肥，控制住面源污染；完成湖库流域地区生态建设，基本恢复湖库水体正常营养状态，满足湖库水体的使用功能。

（四）各湖库所在地县级以上人民政府应根据国家法律、法规要求及本技术政策指导意见，制定适合本地区湖库富营养化防治管理办法，明确防治的具体目标、政策和措施。

（五）本技术政策总的指导思想是：按照可持续发展的原则，坚持人与湖库环境相协调，以生态学理论和环境系统工程理论为指导，遵循湖泊演变自然规律，综合协调湖库富营养化防治和湖库流域地区经济发展的关系。

（六）本技术政策总的技术原则是：坚持预防为主、防治结合，对目前水质及生态良好的湖库应加大保护力度，防止水体富营养化；对已经发生富营养化的湖库，应坚持污染源点源和面源治理与生态恢复相结合、内源治理和外源治理并重、工程措施和管理措施并举，利用多种生态恢复的方法逐步恢复湖库及流域地区的生态环境，保持湖库生态系统的良性循环。

（七）本技术政策总的技术措施是：大力提高湖库周边城镇地区的排水管网普及率和城镇污水处理率，加强工业污染源综合治理，控制入湖库污染物总量；对湖库流域重点地区进行工业和农业产业结构调整，控制湖库流域地区面源污染；开展湖库及其流域地区生态保护和建设，确保湖库生态系统安全与湖库水体的使用功能。

二、湖库富营养化防治方案制定

（一）湖库富营养化防治方案应包括外源治理与湖库生态恢复两部分内容。方案的制定应遵循如下原则：

1．控制污染源与湖库生态恢复相结合；

2．根据湖库的纳污能力及水环境容量和水资源合理开发利用量进行产业结构调整和人口控制；并与流域内各城市规划及社会经济发展计划相协调，与相关行业部门的规划相协调；

3．以治理重点污染区、重点污染源为主，优先考虑对饮用水源地的保护；

4．结合功能区划，在最大限度地削减外源污染负荷基础上，实行污染物入湖库总量控制和污染源削减排污量目标控制，强化水污染物排放管理，明确各类污染源的排污负荷定额；

5．根据湖库流域实际条件，对污染源实行集中与分散治理相结合，点源与面源治理相结合；

6．以预防污染和生态保护为主，水资源利用与保护相结合。

（二）制定湖库富营养化防治方案应首先进行环境问题诊断。要组织进行充分的多学科调查，确定湖库的主要环境问题，包括污染类型等，明确造成湖库富营养化的基本原因。

（三）湖库富营养化控制目标应满足湖库功能区的要求，并符合流域可持续发展的需要。

（四）湖库富营养化防治方案的内容应包括环境管理方案、入湖库污染源治理（控制）方案、生态恢复（保护）方案、水资源合理开发利用与保护方案、产业结构调整方案。对已受污染的湖库应提出综合治理对策，包括环境工程对策、生态工程对策、水资源合理开发利用对策及管理对策等。

（五）在大型湖库的污染控制方案中，应根据湖库水域特征、污染源分布特点，结合湖库流域的自然条件差异，选择重点区域进行重点整治。重点污染控制区的划分应注意：

1．集中式饮用水源地和下游水源的源头应列为重点保护水域，严防发生生活饮用水源地污染事故；

2．污染源相对集中、污染特别严重的区域和水域；

3．具有特殊生态保护意义的水域和水陆交错带（湖滨带）。

（六）运用生态学原理和系统分析方法，确定湖库水生态系统各要素之间的关系，选择国内外已有工程应用实例的、经济实用的污染防治方法或治理技术。

三、点源排放污染防治

（一）点污染源主要包括集中排入湖库的城镇生活污水排污口、排放工业废水的企业及湖库流域内其他固定污染源。

（二）城镇污水处理要根据污染源排放的途径和特点，因地制宜地采取集中处理和分散处理相结合的方式。以湖库为受纳水体的新建城镇污水处理设施，必须采取脱氮、除磷工艺，现有的城镇污水处理设施应逐步完善脱氮、除磷工艺，提高氮和磷等营养物质的去除率，稳定达到国家或地方规定的城镇污水处理厂水污染物排放标准。

（三）从严控制临湖宾馆、饭店的污水排放，将其纳入城镇污水处理厂或建设配套的污水处理设施，实现达标排放。鼓励有条件的临湖宾馆、饭店和沿湖居民小区，以及湖库上游流域地区的城镇和居民小区建立中水回用系统，努力做到生活污水不入湖库，减少进入湖库的污染负荷。

（四）所有工业污染源须稳定达到国家或地方规定的污染物排放标准。排入正常运行的城镇污水处理厂收集范围内市政下水道的工业废水，其所含污染物的种类和浓度应满足进入污水处理厂的要求。工业污染源还应达到污染物排放总量控制的要求，鼓励工业企业建立 ISO 14000 环境管理体系，推动其实施清洁生产。

（五）对湖库流域地区排放氮、磷等营养物质的工业污染源（如化肥、磷化工、医药、发酵、食品等行业），应采用先进生产工艺和技术，提高水的循环利用率，减少生产过程产生的污水量和污染物负荷，污水处理厂采取脱氮除磷的处理工艺。

（六）合理布设点污染源的排放口，新建或改建排放口的应严格遵守有关法律法规的规定，避免点污染源废水直接排入地表水Ⅲ类或优于Ⅲ类使用功能的湖库。

（七）湖库流域内，应严格控制规模化畜禽养殖场的建设，已建成的畜禽养殖场废水及禽畜粪便必须进行有效的治理和无害化利用。饮用水水源地保护区应合理划定范围，并与国家交通基础设施规划相协调，饮用水水源地保护区内禁止新建、扩建与供水设施和保护水源无关的项目。

（八）对所有点污染源应实行基于水域纳污能力和污染物排放总量控制的水污染物排放许可证制度。

四、面源排放污染防治

（一）点污染源以外的外部污染源统称为面源（非点污染源）。面源没有固定的集中发生源，污染物的迁移转化在时间和空间上有不确定性和不连续性。面源污染物的性质和污染负荷受气候、地形、地貌、土壤、植被以及人为活动等因素的综合影响。

（二）面源污染是引起湖库富营养化的重要因素，它主要来自农牧地区地表径流（包括农村村落污染）、城镇地表径流、林区地表径流以及大气降尘、降水等。

（三）农牧地区地表径流主要包括村镇废水、固体废弃物渗滤液以及农田地表径流。

1．农村地区基本没有排水（包括下水）管网系统，村镇废水不能得到有效控制。应根据实际情况对污水进行收集，综合考虑投资、占地、运行维护和水质要求，采用与当地经济水平相适应的处理工艺对污水进行处理。对湖库区域土地利用和土地功能进行合理规划；加速农村城镇化，以利于污水的集中处理。

2．农田地表径流主要污染物是氮、磷、泥沙和农药，可因地制宜地采取农田基本建设及坡耕地改造、等高种植等水土保持技术，或利用田间渠道、坑、塘等改造成土地处理系统，进行农田污染控制。

3．加强湖库流域的农田管理，包括合理规划农业用地；推广根据土壤肥力检测结果合理使用化肥的技术，适当增加有机肥使用比例，提倡施用缓释或控释肥料，提高肥料利用率；严格按照《农药管理使用准则》科学用药；优化水肥结构，施行节水灌溉，以减少面源营养的流失。

4．大力发展生态农业，推广平衡施肥、秸秆还田、病虫害综合防治、无公害生产等技术，鼓励发展有机肥产业及有机食品、绿色食品和无公害农业产品。

5．农村固体废弃物可根据实际情况采用堆肥、厌氧发酵、卫生填埋等方法进行资源化、无害化处理和处置，禁止直接向湖库倾倒或抛弃。

（四）建立有效的城镇地表径流收集（雨水管网）、处理系统，设置初期雨水收集处理设施，提高城镇排水管网截流能力，加大对初期雨水的收集处理能力。

（五）鼓励推广使用无磷洗涤用品，湖库流域应严格实施"禁磷"措施。

（六）生态系统脆弱和水土流失严重是强侵蚀区的显著特性。强侵蚀区的污染控制必须坚持以防为主、防治结合、治理与管理相结合的原则。既控制水土流失，又要恢复区域生态系统的良性循环。生物治理与工程治理相结合，利用土石工程、绿化等措施，加快治理水土流失。

（七）入湖库河流是输送面源污染物的重要途径。入湖库河流污染控制，一方面要确保防洪防涝，另一方面可采取适当的工程措施，增加水入湖库前的滞留时间，净化径流污染物。

（八）鼓励有条件的地方采用前置库、碎石床等工程技术，利用天然或人工库（塘）拦截暴雨径流，通过物理、化学以及生物过程使径流中污染物得到有效削减。

（九）湖库周围区域由于农业生产活动频繁、人口密集、污染物迁移过程短等原因，对湖库水质污染威胁大。应结合各地自然环境、生产技术和社会需要，鼓励根据生态学原理建立小流域生态农业系统，既促进湖库周边地区农业的发展，又有效控制污染物的产生和扩散。

五、内源排放污染防治

（一）内源产生的污染物不经过输送转移等中间过程直接进入湖库水体。湖库内污染源（内源）主要包括湖内船舶、湖内养殖、污染底泥等。此外，内源还包括因水体富营养化而造成的蓝藻爆发、水生生物疯长形成的间接污染。

（二）湖库内船舶污染主要是由于旅游、航运所用船舶产生的，其污染物主要有生活污水、生活垃圾及油污染物。

（三）加强对湖库内船舶的管理。对由此带来的污染，应强化宣传，提高游客和运输船主的环境意识，建立全面严格的管理、监督机制，需要采取的措施应纳入湖库环境规划和旅游、船运设施建造计划。

（四）湖库内旅游、航运产生的生活废水、废物应按规定妥善收集、贮存或处理，严禁向湖库中直接排放或抛弃。船舶靠岸后，留在船上的废水和废物应排入岸上接收设施并按环保要求和标准处理。

（五）应按照有关法规、规范要求建立相应的船舶防污染应急机制，船舶应配备防污染设备，旅游、港口部门应建设足够的船舶废弃物接受设施。饮用水水源地保护区内，以汽油、柴油为燃料的船舶应限期改用电力、天然气或液化气等清洁能源。

（六）在湖库养殖中鼓励科学的自然放养方式。应根据湖库功能分类控制网箱养殖规模，以生活饮用水源为主要功能的湖库严禁发展网箱养殖，已有的网箱养殖应予以取缔；以工农业用水或旅游为主要使用功能的湖库，发展网箱养殖需要进行科学论证并经有关部门审批。在允许发展网箱养殖的湖库水域中，应科学确定网箱养殖的密度，严格禁止高密度养殖。网箱养殖活动向水中排放的污染物不得超过相邻水体自净能力。

（七）根据湖库水环境现状和水质要求，按照"谁污染谁治理"的原则，养殖单位或个人应及时清除残饵，必要时疏浚网箱底泥。

（八）我国城市湖库底泥中的氮、磷等营养物质含量较高，是湖库富营养化主要影响因素之一。湖库污染底泥堆积较厚的局部浅水区域，宜采用环保底泥疏浚工程进行治理；深水区域含污染物量大的底泥可在试验研究的基础上，因地制宜地采用合适的方式进行治理。

（九）在底泥生态疏浚工程的设计和施工过程中，须同时考虑湖库水生生物的恢复，对施工过程应严格监控，采取有效方式处理堆场余水，避免造成二次污染。合理处理疏浚底泥，努力实现底泥的综合利用。

（十）对蓝藻水华暴发或单一种水生植物疯长造成水体景观和水生态系统破坏的情况，应采取有效措施应急处理，但要注意防止造成水体新的污染。

六、湖库及流域生态恢复

（一）生态恢复是湖库富营养化控制的必要措施，水体生态系统恢复良性循环是湖库富营养化得到控制的主要标志。湖库及流域生态恢复应包括湖库水生生态系统恢复、湖滨带生态恢复及湖库流域生态恢复三个环节。生态恢复包括自然恢复与人工协助恢复两种方式。

（二）湖库水生生态系统恢复的重要前提是污染已得到有效的控制或消除。

1．湖库水生植物系统一般由沉水植物群落、浮叶植物群落、漂浮植物群落、挺水植物群落及湿生植物群落共同组成。应根据适应性、本土性、强净化能力及可操作性等原则确定其先锋物种，进行水平空间配置及垂直空间配置。应注重浅水区、消落区的植物群落和湿地的保护和恢复。

2．对已丧失自动恢复水生植被能力或自动恢复起来的水生植被不符合湖库水质保护需要的情况，可考虑通过生态工程措施重建水生植被。

3．对于仍然保留适合于大型水生植物生长的基本条件、有一定残留水生植物面积或局部湖区出现自然恢复趋势的湖库，可以通过提高水体透明度、控制有机污染及氮、磷污染等人工措施改善水生植物生长的环境条件，协助恢复水生植被。

4．湖库水生生态系统恢复的最终目标是恢复水生生态系统和生物多样性，恢复水生植被的同时应考虑尽可能为所有湖库本地的水生生物生存创造适宜的环境。

5．鼓励合理利用大型水生植物资源。

6．鼓励生态水产养殖，利用鱼鳖和贝类等生物的滤食性特点，科学选择和合理搭配水产养殖种类，进行人工放流，调整湖库水生生物不合理的结构。

（三）湖滨带生态恢复的基本目标为：建立过渡带结构、实现地表基底的稳定性、恢复湖滨带生态环境及动植物群落、保持湖滨带功能的多样性、增加视觉和美学享受。

1．湖滨带生态恢复中，应尽可能维持较大的过渡带规模，发挥湖滨带的截污、过滤和净化功能；为土著动植物物种及因特殊需求而引进的外来物种提供适宜的生存环境，对湖滨带群落的生物生产过程进行控制，防止外来物种可能带来的危害。

2．湖滨带生态恢复应综合考虑物理基底（地质、地形、地貌）设计、生物种类选择、生物群落结构设计、节律（自然环境因子的时间节律与生物的机能节律）匹配设计和景观结构设计等重要内容。

3．湖滨带严禁不合理的人为占用，已占用的应限期拆迁，退田还湖；湖滨带保护区应限制农村村落及工业、农牧业的发展；严禁破坏水下湖滨带的水生植被，收割水草要有计划。

（四）湖库流域陆生生态系统包括湖库上游山地侵蚀区、矿山、农作区及水源涵养林等。

1．山地侵蚀区生态系统恢复可按实际情况采用自然恢复或人工恢复。在具有较强更新能力的树林、灌丛、采伐迹地及荒山、荒坡等，可阻断人类干扰、破坏，依据植被的自然更新能力，通过一定的科学管理和人工补植，促进植被自然恢复和生长。在降雨量多、降雨强度大的水利侵蚀地区，须重视坡面的径流整治（拦、引、蓄、排等各项工程），通过工程措施为植被的生长创造条件，再通过植被人工恢复重建山地生态系统。强侵蚀地区的生态恢复要根据规划、因地制宜地采取恢复措施。

2．采矿活动是短期土地利用形式，在矿山开采前必须明确矿山恢复目标，做出矿山生态恢复计划，预留生态恢复资金。在矿山生态恢复中应考虑地表景观，做好表土管理，控制水土流失，最终进行植被恢复，恢复后还应进行跟踪监测。

3．农作区的生态保护技术以蓄水保土、减少水肥流失、提高农作物产量、保护生态环境、使农业生产持续发展为目的。主要技术措施包括：等高带状耕作、间作套作以延长植物地表覆盖时间、改良土壤结构以增强土壤自身抗蚀能力等。

4．水源涵养林是湖库环境的重要保护屏障，应加大水源涵养林保护力度，严禁乱砍滥伐。

5．水源涵养林生态恢复中应注重群落优化配置技术，通过植被恢复，建立乔、灌、草合理配置的水源涵养林生态复合系统，利用植物根系固结土壤、增强地表水入渗能力、提高土壤持水量，防止山地水土流失，恢复和保持土地肥力。

七、对水质现状较好的湖库的保护措施

（一）我国西南部地区的一些湖库以及其他地区部分深水湖库的水质目前较好，应加大保护力度，防止向富营养化发展。

（二）在水质较好的湖库流域内新建、扩建和改建各类工程项目，其环境影响评价中应包括对水体富营养化的影响评价，并提出相应的预防措施。

八、湖库环境管理措施

（一）湖库富营养化污染防治除采取必要的工程技术措施外，还应根据湖库情况制订切实可行、有效的管理措施，加强湖库富营养化防治的立法和宣传。

（二）应加快完善湖库保护的政策法规和标准体系，建立湖库地区可持续利用的自然资源和生态环境系统，提高社会的可持续发展能力。

（三）通过制定配套的行政规章和村规民约，规范湖库流域可能造成湖库生态破坏的人为活动。

（四）推进湖库周边农民退耕还林、退田还湖，或建立生态农业系统，提高村镇居民环保意识，鼓励参加环保活动。

（五）进一步完善湖库水质监测系统，及时对湖库水质进行监测，科学划分功能区，全面了解湖库污染负荷的输入和水质变化规律。

（六）湖库水量调控应符合水资源综合规划、防汛抗旱和生态环境保护的要求。按近期和长远兼顾、因地制宜的原则，通过入湖、出湖及湖库水资源的合理调控，减轻污染。湖库水量调控可作为改善湖库水环境的辅助性手段。

（七）应建立湖库环境管理信息系统。为水环境评价、富营养化趋势预测、流域社会和经济可持续发展评价等，提供信息支持。

（八）应加强湖库的环境监督管理，重要湖库所在地方政府应制定专门的管理办法。跨行政区的湖库应由流域机构和有关地方政府统筹规划，制订相应的管理办法，实现流域性管理。

九、鼓励发展的技术、装备和相关的科学研究

（一）在面源污染防治方面：鼓励经济适用的湖库面源治理技术研究与应用、农村与农业面源污染控制技术研究与示范、适合农村经济发展水平的农村村落污水处理技术研究及运用、禽畜养殖场的清洁生产与技术示范；鼓励进行垃圾收集、贮存、运输系统的研究和应用。

（二）在内源污染防治方面：鼓励底泥环保疏浚技术的研究和疏浚关键设备的研制，鼓励湖泊底泥资源开发利用研究。

（三）在水生生态恢复方面：鼓励水生生物资源恢复与利用技术的研究与应用，应开发针对不同地区、类型、功能湖库的水生生物资源技术及相关装置。

（四）鼓励水华暴发应急处理技术及装置的研究、生物除藻技术的研究与应用。

（五）鼓励湖库富营养化机理、污染治理效果评价、湖库信息管理系统的研究。

（六）鼓励针对退耕还湖（林、草）、休耕（养、捕）等开展农业生态保护补偿政策研究。

国 家 环 境 保 护 总 局
国 土 资 源 部 文件
科 技 部

环发[2004]109 号

关于发布《矿山生态环境保护与污染防治
技术政策》的通知

各省、自治区、直辖市环境保护局（厅），国土资源厅（局），科技厅：

为贯彻《中华人民共和国固体废物污染环境防治法》和《中华人民共和国矿产资源法》，实现矿产资源开发与生态环境保护协调发展，提高矿产资源开发利用效率，避免和减少矿区生态环境破坏和污染，现发布《矿山生态环境保护与污染防治技术政策》，请参照执行。

附件：矿山生态环境保护与污染防治技术政策

二〇〇五年九月七日

矿山生态环境保护与污染防治技术政策

一、总则

（一）目的和依据

为了实现矿产资源开发与生态环境保护协调发展，提高矿产资源开发利用效率，避免和减少矿区生态环境破坏和污染，根据《中华人民共和国固体废物污染环境防治法》、《中华人民共和国水污染防治法》、《中华人民共和国清洁生产促进法》、《中华人民共和国矿产资源法》、《全国生态环境保护纲要》等有关的法律、法规和政策文件，制定本技术政策。

（二）适用范围

本技术政策适用于从事固体矿产资源开发的企业，不包括从事放射性矿产、海洋矿产开发的企业。

本技术政策适用于矿产资源开发规划与设计、矿山基建、采矿、选矿和废弃地复垦等阶段的生态环境保护与污染防治。

（三）指导方针和技术原则

1. 矿产资源的开发应贯彻"污染防治与生态环境保护并重，生态环境保护与生态环境建设并举；以及预防为主、防治结合、过程控制、综合治理"的指导方针。

2. 矿产资源的开发应推行循环经济的"污染物减量、资源再利用和循环利用"的技术原则，具体包括：

（1）发展绿色开采技术，实现矿区生态环境无损或受损最小；

（2）发展干法或节水的工艺技术，减少水的使用量；

（3）发展无废或少废的工艺技术，最大限度地减少废弃物的产生；

（4）矿山废物按照先提取有价金属、组分或利用能源，再选择用于建材或其它用途，最后进行无害化处理处置的技术原则。

（四）实现目标

1. 2010 年应达到的阶段性目标

（1）新、扩、改建选煤和黑色冶金选矿的水重复利用率应达到 90%以上；新、扩、改建有色金属系统选矿的水重复利用率应达到 75%以上；

（2）大中型煤矿矿井水重复利用率力求达到 65%以上；

（3）已建立地面永久瓦斯抽放系统的大中型煤矿，其瓦斯利用率应达到当年抽放量的 85%以上；

（4）煤矸石的利用率达到 55%以上，尾矿的利用率达到 10%以上；

（5）历史遗留矿山开采破坏土地复垦率达到 20%以上，新建矿山应做到边开采、边复垦，破坏土地复垦率达到 75%以上。

2．2015 年应达到的阶段性目标

（1）选煤厂、冶金选矿厂和有色金属选矿厂的选矿水循环利用率在 2010 年基础上分别提高 3%；

（2）大中型煤矿矿井水重复利用率、大中型煤矿瓦斯利用率、煤矸石的利用率、尾矿的利用率在 2010 年基础上分别提高 5%；

（3）历史遗留矿山开采破坏土地复垦率达到 45% 以上，新建矿山应做到边开采、边复垦，破坏土地复垦率达到 85% 以上。

（五）考核指标体系

政府主管部门应建立和完善矿山生态环境保护与污染防治的考核指标体系，将下述指标纳入考核指标体系：

（1）采矿回采率、贫化率、选矿回收率、综合利用率等矿产资源综合开发利用指标；

（2）固体废物综合利用率、煤矿瓦斯抽放利用率、水重复利用率等废物资源化利用指标；

（3）土地复垦率、矿山次生地质灾害治理率等生态环境修复指标。

（六）清洁生产

鼓励矿山企业开展清洁生产审核，优先选用采、选矿清洁生产工艺，杜绝落后工艺与设备向新开发矿区和落后地区转移。

二、矿产资源开发规划与设计

（一）禁止的矿产资源开发活动

1．禁止在依法划定的自然保护区（核心区、缓冲区）、风景名胜区、森林公园、饮用水水源保护区、重要湖泊周边、文物古迹所在地、地质遗迹保护区、基本农田保护区等区域内采矿。

2．禁止在铁路、国道、省道两侧的直观可视范围内进行露天开采。

3．禁止在地质灾害危险区开采矿产资源。

4．禁止土法采、选冶金矿和土法冶炼汞、砷、铅、锌、焦、硫、钒等矿产资源开发活动。

5．禁止新建对生态环境产生不可恢复利用的、产生破坏性影响的矿产资源开发项目。

6．禁止新建煤层含硫量大于 3% 的煤矿。

（二）限制的矿产资源开发活动

1．限制在生态功能保护区和自然保护区（过渡区）内开采矿产资源。

生态功能保护区内的开采活动必须符合当地的环境功能区规划，并按规定进行控制性开采，开采活动不得影响本功能区内的主导生态功能。

2．限制在地质灾害易发区、水土流失严重区域等生态脆弱区内开采矿产资源。

（三）矿产资源开发规划

1．矿产资源开发应符合国家产业政策要求，选址、布局应符合所在地的区域发展规划。

2．矿产资源开发企业应制定矿产资源综合开发规划，并应进行环境影响评价，规划内容包括资源开发利用、生态环境保护、地质灾害防治、水土保持、废弃地复垦等。

3．在矿产资源的开发规划阶段，应对矿区内的生态环境进行充分调查，建立矿区的水文、地质、土壤和动植物等生态环境和人文环境基础状况数据库。

同时，应对矿床开采可能产生的区域地质环境问题进行预测和评价。

4. 矿产资源开发规划阶段还应注重对矿山所在区域生态环境的保护。

（四）矿产资源开发设计

1. 应优先选择废物产生量少、水重复利用率高，对矿区生态环境影响小的采、选矿生产工艺与技术。

2. 应考虑低污染、高附加值的产业链延伸建设，把资源优势转化为经济优势。

提倡煤-电、煤-化工、煤-焦、煤-建材、铁矿石-铁精矿-球团矿等低污染、高附加值的产业链延伸建设。

3. 矿井水、选矿水和矿山其它外排水应统筹规划、分类管理、综合利用。

4. 选矿厂设计时，应考虑最大限度地提高矿产资源的回收利用率，并同时考虑共、伴生资源的综合利用。

5. 地面运输系统设计时，宜考虑采用封闭运输通道运输矿物和固体废物。

三、矿山基建

1. 对矿山勘探性钻孔应采取封闭等措施进行处理，以确保生产安全。

2. 对矿山基建可能影响的具有保护价值的动、植物资源，应优先采取就地、就近保护措施。

3. 对矿山基建产生的表土、底土和岩石等应分类堆放、分类管理和充分利用。

对表土、底土和适于植物生长的地层物质均应进行保护性堆存和利用，可优先用作废弃地复垦时的土壤重构用土。

4. 矿山基建应尽量少占用农田和耕地，矿山基建临时性占地应及时恢复。

四、采矿

（一）鼓励采用的采矿技术

1. 对于露天开采的矿山，宜推广剥离-排土-造地-复垦一体化技术。

2. 对于水力开采的矿山，宜推广水重复利用率高的开采技术。

3. 推广应用充填采矿工艺技术，提倡废石不出井，利用尾砂、废石充填采空区。

4. 推广减轻地表沉陷的开采技术，如条带开采、分层间隙开采等技术。

5. 对于有色、稀土等矿山，宜研究推广溶浸采矿工艺技术，发展集采、选、冶于一体，直接从矿床中获取金属的工艺技术。

6. 加大煤炭地下气化与开采技术的研究力度，推广煤层气开发技术，提高煤层气的开发利用水平。

7. 在不能对基础设施、道路、河流、湖泊、林木等进行拆迁或异地补偿的情况下，在矿山开采中应保留安全矿柱，确保地面塌陷在允许范围内。

（二）矿坑水的综合利用和废水、废气的处理

1. 鼓励将矿坑水优先利用为生产用水，作为辅助水源加以利用。

在干旱缺水地区，鼓励将外排矿坑水用于农林灌溉，其水质应达到相应标准要求。

2. 宜采取修筑排水沟、引流渠，预先截堵水，防渗漏处理等措施，防止或减少各种水源进入露天采场和地下井巷。

3. 宜采取灌浆等工程措施，避免和减少采矿活动破坏地下水均衡系统。

4. 研究推广酸性矿坑废水、高矿化度矿坑废水和含氟、锰等特殊污染物矿坑水的高效处理工艺与技术。

5. 积极推广煤矿瓦斯抽放回收利用技术，将其用于发电、制造炭黑、民用燃料、制造化工产品等。

6. 宜采用安装除尘装置，湿式作业，个体防护等措施，防治凿岩、铲装、运输等采矿作业中的粉尘污染。

（三）固体废物贮存和综合利用

1. 对采矿活动所产生的固体废物，应使用专用场所堆放，并采取有效措施防止二次环境污染及诱发次生地质灾害。

（1）应根据采矿固体废物的性质、贮存场所的工程地质情况，采用完善的防渗、集排水措施，防止淋溶水污染地表水和地下水；

（2）宜采用水覆盖法、湿地法、碱性物料回填等方法，预防和降低废石场的酸性废水污染；

（3）煤矸石堆存时，宜采取分层压实，黏土覆盖，快速建立植被等措施，防止矸石山氧化自燃。

2. 大力推广采矿固体废物的综合利用技术。

（1）推广表外矿和废石中有价元素和矿物的回收技术，如采用生物浸出-溶剂萃取-电积技术回收废石中的铜等；

（2）推广利用采矿固体废物加工生产建筑材料及制品技术，如生产铺路材料、制砖等；

（3）推广煤矸石的综合利用技术，如利用煤矸石发电、生产水泥和肥料、制砖等。

五、选矿

（一）鼓励采用的选矿技术

1. 开发推广高效无（低）毒的浮选新药剂产品。

2. 在干旱缺水地区，宜推广干选工艺或节水型选矿工艺，如煤炭干选、大块干选抛尾等工艺技术。

3. 推广高效脱硫降灰技术，有效去除和降低煤炭中的硫分和灰分。

4. 采用先进的洗选技术和设备，推广洁净煤技术，逐步降低直接销售、使用原煤的比率。

5. 积极研究推广共、伴生矿产资源中有价元素的分离回收技术，为共、伴生矿产资源的深加工创造条件。

（二）选矿废水、废气的处理

1. 选矿废水（含尾矿库溢流水）应循环利用，力求实现闭路循环。未循环利用的部分应进行收集，处理达标后排放。

2. 研究推广含氰、含重金属选矿废水的高效处理工艺与技术。

3. 宜采用尘源密闭、局部抽风、安装除尘装置等措施，防止破碎、筛分等选矿作业中的粉尘污染。

（三）尾矿的贮存和综合利用

1. 应建造专用的尾矿库，并采取措施防止尾矿库的二次环境污染及诱发次生地质灾害。

（1）采用防渗、集排水措施，防止尾矿库溢流水污染地表水和地下水；

（2）尾矿库坝面、坝坡应采取种植植物和覆盖等措施，防止扬尘、滑坡和水土流失。

2. 推广选矿固体废物的综合利用技术。

（1）尾矿再选和共伴生矿物及有价元素的回收技术；

（2）利用尾矿加工生产建筑材料及制品技术，如作水泥添加剂、尾矿制砖等；

（3）推广利用尾矿、废石作充填料，充填采空区或塌陷地的工艺技术；

（4）利用选煤煤泥开发生物有机肥料技术。

六、废弃地复垦

1．矿山开采企业应将废弃地复垦纳入矿山日常生产与管理，提倡采用采（选）矿—排土（尾）—造地—复垦一体化技术。

2．矿山废弃地复垦应做可垦性试验，采取最合理的方式进行废弃地复垦。

对于存在污染的矿山废弃地，不宜复垦作为农牧业生产用地；对于可开发为农牧业用地的矿山废弃地，应对其进行全面的监测与评估。

3．矿山生产过程中应采取种植植物和覆盖等复垦措施，对露天坑、废石场、尾矿库、矸石山等永久性坡面进行稳定化处理，防止水土流失和滑坡。

废石场、尾矿库、矸石山等固废堆场服务期满后，应及时封场和复垦，防止水土流失及风蚀扬尘等。

4．鼓励推广采用覆岩离层注浆，利用尾矿、废石充填采空区等技术，减轻采空区上覆岩层塌陷。

5．采用生物工程进行废弃地复垦时，宜对土壤重构、地形、景观进行优化设计，对物种选择、配置及种植方式进行优化。

中华人民共和国国家发展和改革委员会
中华人民共和国科学技术部
国家环境保护总局
公告

2006年 第9号

为促进我国循环经济体系的建设和发展，保护环境，提高资源利用率，落实科学发展观，实现社会经济的可持续发展，国家发展和改革委、科学技术部和国家环保总局联合制定了《汽车产品回收利用技术政策》（以下简称《技术政策》），现予以发布。

《技术政策》是推动我国对汽车产品报废回收制度建立的指导性文件，目的是指导汽车生产和销售及相关企业启动、开展并推动汽车产品的设计、制造和报废、回收、再利用等项工作。国家将适时建立《技术政策》中提出的有关制度，并在2010年之前陆续开始颁布实施。

二〇〇六年二月六日

汽车产品回收利用技术政策

第一章　总　则

第一条　为保护环境，提高资源利用率，落实科学发展观，实现社会经济的可持续发展，特制定本技术政策。

本技术政策是推动我国汽车产品报废回收制度建立的指导性文件，目的是指导汽车生产和销售及相关企业启动、开展并推动汽车产品报废回收工作。国家将适时建立本政策中提出的有关制度，并在 2010 年之前陆续开始实施。

第二条　本技术政策所称汽车，是指《机动车及挂车分类》（中华人民共和国国家标准 GB/T 15089 — 2001）中规定的 M 类和 N 类机动车辆。

第三条　本技术政策的适用范围，包括在我国境内销售、注册的新车型的设计、生产，以及在用汽车的维修、保养、报废拆解和再利用等环节。

第四条　要综合考虑汽车产品生产、维修、拆解等环节的材料再利用，鼓励汽车制造过程中使用可再生材料，鼓励维修时使用再利用零部件，提高材料的循环利用率，节约资源和有效利用能源，大力发展循环经济。

第五条　汽车的回收利用率，是指报废汽车零部件及材料的再利用和能量再生比率，通常以可回收利用材料占汽车整备质量的百分比衡量。

回收利用率参见《道路车辆可再利用性和可回收利用性计算方法》（GB/T 19515—2004/ISO 22628：2002）等有关标准。

第六条　国家逐步将汽车回收利用率指标纳入汽车产品市场准入许可管理体系。

第七条　加强汽车生产者责任的管理，在汽车生产、使用、报废回收等环节建立起以汽车生产企业为主导的完善的管理体系。

第八条　政府主管部门将适时制定、修订配套政策、标准，加强指导和监督管理，引导我国汽车产业根据科学发展观，制定科学有效的发展规划，促进材料的高效利用，降低能耗。

建立报废汽车材料、物质的分类收集和分选系统，促进汽车废物的充分合理利用和无害化处理，降低直至消除废物的危害性，不断完善再生资源的回收、加工、利用体系。2012 年左右，建立起比较完善的报废汽车回收利用法律法规体系、政策支持体系、技术创新体系和有效的激励约束机制；建立回收利用经济评价指标体系，制定中长期战略目标和分阶段推进计划。

第九条　国家对从事报废汽车处理业务的企业实行核准管理制度，从事收集、拆解、利用、处置报废汽车的单位，必须申请领取许可证。禁止无许可证从事报废汽车收集、拆解、利用、处置活动。

第十条　汽车产业链各环节要加强开发、应用新技术、新设备，以"减量化、再利用、资源化"为原则，以低消耗、低排放、高效率为基本特征，实施符合可持续发展理念的经济增长模式，力争在 2017 年左右使在我国生产、销售的汽车整车产品的可回收利用率与国际先进水平同步。

第一阶段目标：2010 年起，所有国产及进口的 M_2 类和 M_3 类、N_2 类和 N_3 类车辆的可回收利用率要达到85%左右，其中材料的再利用率不低于80%；所有国产及进口的 M_1 类 N_1 类车辆的可回收利用率要达到80%，其中材料的再利用率不低于75%；同时，除含铅合金、蓄电池、镀铅、镀铬、添加剂（稳定剂）、灯用水银外，限制使用铅、汞、镉及六价铬。

自 2008 年起，汽车生产企业或销售企业要开始进行汽车的可回收利用率的登记备案工作，为实施阶段性目标做准备。

第二阶段目标：2012 年起，所有国产及进口汽车的可回收利用率要达到 90% 左右，其中材料的再利用率不低于 80%。

第三阶段目标：2017 年起，所有国产及进口汽车的可回收利用率要达到 95% 左右，其中材料的再利用率不低于 85%。

低速载货汽车、三轮汽车、摩托车以及挂车等车辆，也应参考 M 类和 N 类机动车比照执行，具体目标及实施日期另行确定。

汽车生产、使用、报废各环节应注重对环境的保护，产生废物的处理和处置要符合国家环境保护标准及相关政策法规要求，减少直至避免对人类生存环境造成损害。

第二章　汽车设计及生产

第十一条　在我国销售的汽车产品在设计生产时，需充分考虑产品报废后的可拆和易拆解性，遵循易于分拣不同种类材料的原则。优先采用资源利用率高、污染物产生量少，以及有利于产品废弃后回收利用的技术和工艺，提高设计制造技术水平。

第十二条　尽量采用小型或质量轻、可再生的零部件或材料，生产用材的选择要最大限度地选用可循环利用的材料，并不断减少所用材料的种类，以利于材料的回收利用。

汽车产品的所有塑料材料的回收及再生利用率要持续增加。

禁用散发有毒物质和破坏环境的材料，减少并最终停止使用不能再生利用的材料和不利于环保的材料。

限制使用铅、汞、镉和六价铬等重金属，上述重金属需依据一个定期复核的清单只在某些特定情况下使用。

企业要对含有害物质和零部件进行标志、编码。

第十三条　汽车零部件配套企业需向汽车生产企业提供其供应配件的材料构成、结构设计或拆解指南、有害物含量及性质、废弃物处理方法等相关信息，以配合整车生产企业核算其产品的可回收利用率。

第十四条　条件成熟时国家将推进汽车生产企业或进口汽车总代理商选择其品牌销售商或特约维修店进行旧零部件的翻新、再制造等业务，翻新、再制造零部件质量必须达到相应的质量要求，并标明翻新或再制造零部件。

第十五条　2010 年起汽车生产企业或进口汽车总代理商要负责回收处理其销售的汽车产品及其包装物品，也可委托相关机构、企业负责回收处理其生产、销售的汽车及其包装物品。

汽车产品包装物的设计、制造，应当遵守国家有关清洁生产的规定，符合标准要求。

电动汽车（含混合动力汽车等）生产企业要负责回收、处理其销售的电动汽车的蓄电池。

第十六条　汽车生产企业或进口汽车总代理商要负责其产品回收并进行符合环保、回收利用要求的处理或处置，或按规定缴纳相关回收处理费。

不同类型汽车的回收处理费由有关部门根据我国不同时期报废汽车回收处理技术水平、再生能力、物价、委托处理业务等因素确定、调整。汽车价格因承担回收处理费而调整的，其增长部分不能超过规定的数值或比例。

回收处理费的管理、收支、用途等以公开、公正、公平的原则进行运作，并接受政府、企业及公众监督。

第十七条　汽车生产企业要积极与下游企业合作，向回收拆解及破碎企业提供《汽车拆解指导手册》及相关技术信息，并提供相关的技术培训，共同促进报废汽车回收利用率的不断提高。

第十八条　汽车生产企业要与汽车零部件生产及再制造、报废汽车回收拆解及材料再生企业密切合作，共享信息，跟踪国际先进技术，协力攻关，共同提高汽车产品再利用率和回收利用率。

汽车生产企业或进口总代理商要积极配合政府部门开展课题研究、政策制定等相关工作，主动开展提高汽车产品可回收利用率的科研攻关、技术革新、设备改造等工作。

第三章　汽车装饰、维修、保养

第十九条　汽车装饰、维修和保养过程中，要与汽车生产过程一样，选择和使用可回收利用率高、安全和环保的产品。

第二十条　拆卸及报废零部件，要分类收集存放，妥善保管，在政策允许的前提下，鼓励合格的拆卸零部件重新进入流通，作为维修零部件装车使用；

对报废汽车零部件及维修更换的旧零部件，鼓励有技术、设备、检测条件的企业进行再制造，作为维修备件用于汽车修理；

对已不具备原设计性能，又无再制造价值的拆解及报废零部件，应分别交给相应的材料再生处理企业进行再生利用，不应以倾倒、抛洒、填埋等危害环境的方式处置。

第二十一条　汽车保养、维修过程中产生的蓄电池、催化转化器、废油、废液、废橡胶（含轮胎）及塑料件等要按规定分类回收、保管和运输，交给相关企业进行加工处理、改变用途使用，或作为能量再生使用。

第二十二条　对含有有毒物质或对环境及人身有害的物质，如蓄电池、安全气囊、催化剂、制冷剂等，必须交由有资质的企业处理。

危险废物的收集、储存、运输、处理应符合《危险废物贮存污染控制标准》、《危险废物填埋污染控制标准》、《危险废物焚烧污染控制标准》等安全和环保要求。

第二十三条　对处理污染废物及有毒物质的企业实行严格的准入管理，加强监督检查，减少进而避免对环境和人身健康造成损害。

取得环境保护部门颁发的经营许可证的单位，方可从事危险废物的收集、利用、储存、运输、处理等经营活动。

第四章　废旧汽车及其零部件进口

第二十四条　除允许进口车用发电机、起动机及微电机进行再制造用于汽车维修外，不得进口废旧汽车零部件直接或经过再制造用于汽车组装生产或维修。

进口旧电机应符合《进口可用作原料的固体废物环境保护控制标准-废电机》（GB 16487.8—2005）的要求。

第二十五条　在不违反相关环保要求的条件下，材料生产企业可按规定进口报废汽车（已经成为切屑）及其零部件作为生产原料，但禁止以此类进口件装车及进入流通环节。

禁止从进口废旧汽车上拆卸零部件直接或经过再制造用于汽车组装生产或维修。

第二十六条　禁止进口加工能耗高、效率低、污染重或成本高，以及有毒、损害环境的汽车材料。

第二十七条　在发展资源再生产业的国际贸易中，严格控制汽车废物和其他废物进口。

在严格控制汽车废物和其他有毒有害废物进口的前提下，充分利用两个市场、两种资源，积极发展资源再生产业的国际贸易。

第五章　汽车回收及再生利用

第二十八条　回收拆解及再生利用过程中，要本着程序科学、作业环保、再生高效、低耗的原则，提高再生质量，扩大再生范围，减少废弃物数量。

相关企业要科学进行报废汽车的预处理、拆解、切割、破碎、非金属物处理（可证实的再循环和以后有可能用于能量再生的物质），提高报废汽车零部件及各种物质的再利用、循环利用和回收利用率。

第二十九条　汽车材料、物质生产企业应积极开发可循环利用且环保的新材料，尤其要加大对再生材料和替代材料技术的开发应用，扩大回收材料的再生领域，提高再生产品质量，促进循环经济的快速、健康发展。

回收拆解、材料再生及其它回收利用企业应不断提高技术与管理水平，与汽车产品生产企业协力实现我国汽车产品回收利用率分阶段目标，保证社会效益和经济效益。

第三十条　报废汽车回收拆解及再生利用企业要满足第三部分对拆解零部件、废油液、贵金属材料、固体废物等的要求。同时，企业制定的操作规范应符合我国法律、法规、技术标准和法规等要求。

第三十一条　回收拆解企业应有必要的专业技术人员，具备与处理能力相适应的专门设备、场地等。

回收拆解及再生企业要通过结构调整、产业优化、技术改造等措施建立必要条件，增强节约与环保意识，完善处理设施，提高处理能力，逐步实现专业化、规模化作业。

第三十二条　为防止环境污染，实现汽车生产企业或进口总代理商承诺的可回收利用率，报废汽车回收拆解企业应与汽车生产企业或进口总代理商签定协议，提高废旧汽车产品的拆解、再利用能力。

对不能达到或不再具备回收处理协议要求条件的回收拆解企业，汽车生产企业或进口总代理商可依法废止协议。

第六章　促进措施

第三十三条　为有效实现报废汽车产品的回收利用，对提前达到产品可回收利用率或超过当时政策规定限值的企业、在生产中使用再生材料达到一定数值的企业、开发并应用回收利用技术及设备的企业和引进专用处理技术及设备并进行国产化开发的企业，国家将给予必要的优惠政策，以鼓励汽车产品生产和回收利用企业提高汽车产品的回收利用率，主动使用再生材料。

第三十四条　鼓励相关企业通过合资、合作及技术引进等措施，消化、吸收国外先进的产品设计、新型材料及环保产品生产、报废车拆解、旧零部件再制造和材料回收再生技术，开发应用先进的检测试验装置及设备，建立新型、高效生产技术体系，提高汽车回收利用技术与设备的国际竞争力。

第三十五条　政府主管部门将组织研究、开发和推广减少工业固体废物产生量的生产工艺和设备，公布限期淘汰产生严重污染环境的工业固体废物的落后生产工艺、落后设备的名录。

生产者、销售者、进口者或者使用者必须在国务院经济综合主管部门会同国务院有关部门规定的期限内分别停止生产、销售、进口或者使用列入前款规定的名录中的设备。生产工艺的采用者必须在政府有关部门规定的期限内停止采用列入前款规定的名录中的工艺。依照前款规定被淘汰的设备，不得转让给他人使用。

第三十六条　政府主管部门将适时制定汽车限用材料时间表，引导企业积极采用环保、有利于回收利用的材料。

产品在一定时间内达不到可回收利用率要求的汽车生产企业或进口商，将受到相应的处罚，并对其加收环保处理费。

第三十七条 提倡有利于节约资源和保护环境的生活方式与消费方式；鼓励使用绿色产品，如环境标志产品、能效标识产品等。

政府采购汽车产品时，要优先选择可回收利用率高的产品。

报废汽车车主、回收拆解企业等要严格按照国务院 2001 年颁布的《报废汽车回收管理办法》（第307 号令）等相关政策法规交付、回收、拆解、处理报废汽车。

第三十八条 支持汽车发动机等废旧机电产品再制造；建立垃圾分类收集和分选系统，不断完善再生资源回收、加工、利用体系。

第三十九条 汽车生产主管部门及工商、环保等部门应依法加强监管力度，有效提高我国汽车产品的实际回收利用率。

第四十条 完善报废汽车回收利用网络，明确回收处理技术路线，制定促进报废汽车再生利用的法规、政策和措施。

政府有关部门将针对我国汽车产品回收利用情况，组织相关机构、企业等对有关政策、法规进行深入研究，制定、完善各项配套政策，力争如期实现我国汽车产品分阶段回收利用率目标。

附录：

术语和定义

本技术政策及工作指南中的术语和定义参考《道路车辆可再利用性和可回收利用性计算方法》（GB/T 19515—2004/ ISO 22628：2002）。

1. 车辆质量 vehicle mass

GB/T 3730.2-1996 中规定的整车整备质量。

2. 再使用 re-use

对报废车辆零部件进行的任何针对其设计目的的使用。

3. 再利用 recycling

经过对废料的再加工处理，使之能够满足其原来的使用要求或者用于其他用途，不包括使其产生能量的处理过程。

4. 回收利用 recovery

经过对废料的再加工处理，使之能够满足其原来的使用要求或者用于其他用途，包括使其产生能量的处理过程。

5. 可拆解性 dismantlability

零部件可以从车辆上被拆解下来的能力。

6. 可再使用性 reusability

零部件可以从报废车辆上被拆解下来进行再使用的能力。

7. 可再利用性 recyclability

零部件和/或材料可以从报废车辆上被拆解下来进行再利用的能力。

8. 可再利用率 recyclability rate

新车中能够被再利用和/或再使用部分占车辆质量的百分比（质量百分数）。

9. 可回收利用性 recoverability

零部件和/或材料可以从报废车辆上被拆解下来进行回收利用的能力。

10．可回收利用率　recoverability rate

新车中能够被回收利用和/或再使用部分占车辆质量的百分比（质量百分数）。

11．危险废物，是指列入国家危险废物名录或者根据国家规定的危险废物鉴别标准和鉴别方法认定的具有危险特性的废物。

12．处理，是指对废旧物品及物质采用物理、化学等方法进行分解、清洁、组合、加工、再制造、再生等作业，达到再利用、无害化或减少危害程度、环保化要求的活动。

13．处置，是指将固体废物焚烧和其他改变固体废物的物理、化学、生物特性的方法，达到减少已产生的固体废物数量、缩小固体废物体积、减少或者消除其危险成分的活动，或者将固体废物最终置于符合环境保护规定要求的场所或者设施并不再回取的活动。

14．汽车产品包括汽车整车、零部件及其他车用物质；汽车指汽车整车。

15．汽车生产企业指汽车整车（含改装）生产企业；汽车产品生产企业包括汽车整车、零部件及其他车用物质的生产企业。

国家环境保护总局
国家发展和改革委员会 文件
科 技 部

环发[2006]38 号

关于发布《制革、毛皮工业污染防治
技术政策》的通知

各省、自治区、直辖市环境保护局（厅），发展改革委、科技部：

为贯彻《中华人民共和国水污染防治法》、《中华人民共和国固体废物污染环境防治法》和《中华人民共和国大气污染防治法》，提高制革、毛皮工业的清洁生产工艺水平，减少污染物排放，实现制革、毛皮工业与环境保护的协调发展，现发布《制革、毛皮工业污染防治技术政策》，请参照执行。

附件：制革、毛皮工业污染防治技术政策

二〇〇六年二月二十一日

制革、毛皮工业污染防治技术政策

1. 总则

1.1 目的

为防治制革、毛皮工业污染物对环境的污染，引导制革、毛皮工业污染防治技术的开发和应用，逐步实现清洁生产，促进制革、毛皮工业规模化和可持续发展，根据《中华人民共和国环境保护法》、《中华人民共和国水污染防治法》、《中华人民共和国固体废物污染环境防治法》、《中华人民共和国大气污染防治法》和《国家危险废物名录》，制订本技术政策。

1.2 范围

本技术政策的内容适用于制革、毛皮企业生产全过程的污染防治、环境监督与管理。

1.3 控制目标

鼓励采用清洁生产工艺，使用无污染、少污染原料，采用节水工艺，逐步淘汰严重污染环境的落后工艺；彻底取缔 3 万标张皮（折牛皮，细毛皮企业规模应酌情考虑，按自然张计算，以下同）以下的小型制革企业，推行集中制革、污染集中治理；建设和完善污水处理设施，引导开展固体废物的资源综合利用，力争使制革、毛皮工业环境污染问题得到较好解决。

新（改、扩）建制革企业应采用二级生化法处理其工艺废水，采用成熟的清洁生产工艺进行制革生产；至 2010 年底之前，现有制革、毛皮废水应经过二级生化法处理，采用成熟的清洁生产技术和工艺；需制定发布更为严格的制革、毛皮工业污染物排放标准。

至 2015 年底之前，力争在全行业中基本采用清洁生产技术和工艺，满足清洁生产的基本要求。

2. 清洁生产技术和工艺

2.1 低盐保存、循环用盐

逐步淘汰撒盐保藏鲜皮的原皮保藏工艺，采用转鼓浸渍盐腌法，或池子浸渍盐腌法等；提倡循环使用用盐。严格控制使用卤代有机类防腐剂，禁止使用含砷、汞、林单、五氯苯酚，推广使用无毒和可生物降解的防腐剂。

2.2 冷冻贮藏、直接加工

提倡原皮冷冻保藏，鼓励有条件的地方将制革厂建在大型屠宰场附近，直接加工鲜皮。

2.3 低硫脱毛、保毛脱毛

根据不同的生产品种，逐步采用低硫、无硫酶脱毛及低 COD 排放的脱毛方法，提倡小液比脱毛和脱毛浸灰废液的循环使用。

2.4 高效浸灰、低氨氮脱灰

利用化学及生物助剂，提高浸灰效果，循环利用浸灰液，直至取代石灰的加工工艺；逐步采用无铵盐脱灰技术。

2.5 无盐浸酸、高 pH 鞣制

在鞣制过程中，逐步采用无盐浸酸（即非膨胀酸浸酸）法和不浸酸铬鞣工艺。

2.6 低铬高吸收、无铬鞣制

推广白湿皮工艺，采用无污染的化工材料预鞣、剖白湿皮；提倡低铬高吸收铬鞣和无铬鞣剂替代铬鞣，在复鞣过程中不用或少用含铬复鞣剂。

2.7 高效加脂、减少排放

严格禁止使用在国际上禁用的含致癌芳香胺基团的染料，使用新型复鞣、加脂材料，提高皮革对加脂剂的吸收；慎用能促进三价铬氧化为六价铬的富含双键的加脂剂。

2.8 环保涂饰、绿色产品

减少甲醛及其他有害挥发物质的使用。提倡使用新型水溶型或水乳型涂饰材料，逐步替代溶剂型涂饰材料。

2.9 优化助剂、利于降解

用非卤化物表面活性剂代替卤化物表面活性剂，用易生物降解的助剂代替不易降解的助剂。

3．节水措施

3.1 精确用水、杜绝浪费

加强对企业用水量的监控，不但在企业总入水口安装流量计，而且要在用水量大的设备入口安装流量计，做到按工艺精确用水；杜绝大开、大冲、大洗，用水不计量，严重浪费水资源粗放式的用水操作行为。

3.2 工艺节水、源头削减

在湿加工工段要求尽量采用小液比工艺，尽可能地改流水洗为批量封闭水洗，在保证加工需要的前提下删繁就简、合并相关工序的用水操作，降低吨皮用水量。

3.3 循环用水、提高水效

加强浸灰、铬鞣工序的废液循环利用，尽量用经二级生化处理的水替代新鲜水，用于生产、厂区环境保洁及其他对用水水质要求不高的生产环节，提高水重复利用率。

4．集中制革、污染集中治理

4.1 严格防止已依法取缔的年产 3 万标张皮以下的制革企业恢复生产。

4.2 现有年产 3 万～10 万标张皮的制革企业，应集中制革，污染集中治理。现有的已采取集中制革的企业，总规模不宜低于 10 万标张，建设统一的集中式能达标的污水处理设施。

4.3 新（改、扩）建独立制革企业，年产量应在 10 万（含 10 万，以下同）标张皮以上。鼓励年产量在 10 万标张皮以上的制革企业集中制革，污染集中治理。

4.4 制革企业比较集中的区域，需加强管理、统筹安排，必要时制定规划，并进行规划环评。

5．废水治理工艺

5.1 废水分类处理

5.1.1 提倡制革废水分类处理。对各工序产生的含较高浓度有害成分的废水可先进行预处理；可进行预处理的废水包括含硫化物的废水、脱脂废水和含铬废水，其中含铬废水必须进行预处理。

5.1.2 对含硫化物的脱毛废液可采取酸化法回收硫化氢或催化氧化法氧化硫化物。

5.1.3 对脂肪含量较高的脱脂废水可采用酸化法回收废油脂或采用气浮法使油水分离去除脂肪。

5.1.4 对鞣制车间含铬量高的废水，可采用合适的碱性材料和工艺使铬生成氢氧化铬沉淀，经压滤分离回收后按危险废物处理，避免铬进入综合废水处理后产生的污泥中。

5.2 综合废水处理

含铬废水在进行综合废水处理之前必须先进行预处理除铬，产生的铬泥属危险废物不得与其他废水处理污泥混合处理。

对综合废水的处理，宜先调节 pH 后，加絮凝剂沉降或气浮除去悬浮物和过滤性残渣，再经过耗氧、厌氧生化方法处理。

6．制革固体废物处置和综合利用技术

6.1 采用保毛脱毛法，实现毛的回收利用；对没有回收价值的毛，可进一步水解提取其中的角蛋白，用于制作皮革化工材料、化妆品中的保湿成分、毛发营养剂或肥料。

6.2 鞣制前的皮边角废料可用于制作明胶和其他产品，如水解后回收胶原蛋白制作化妆品和利用其分子链上的氨基和羧基合成表面活性剂等。

6.3 兰湿皮边角料可用于制造再生革和脱铬后提取其中的蛋白质，以作为工业蛋白的原料；未脱铬的可制作皮革化学品回用于皮革工业；未利用的按危险废物处置。

6.4 从鞣制过程产生含铬废水中回收的氢氧化铬渣（铬泥），可经适当调节后，可制成铬鞣剂，回用于鞣制过程。若没有利用的须按危险废物处置。

6.5 综合废水处理产生的含铬污泥，经鉴别为危险废物的需按危险废物处置，经鉴别为一般固体废物的按一般固体废物处置。

7．恶臭防治

新（改、扩）建企业应远离居民区等，设置必要的防护距离；达不到防护距离要求的生产车间应封闭和通风，并对车间废气进行净化处理达标后排放。

造成周围大气环境污染的现有制革企业，应予搬迁或采取上述治理措施。

8．鼓励研究、开发的技术

8.1 鼓励开发、研制制革的清洁生产工艺和设备，特别是与提高产品质量有关的相互配套的系统化清洁生产工艺和设备，实现高效率的制革清洁生产。

8.2 鼓励开发、研制在原皮保藏中的浮冰保鲜、辐射保鲜、真空保鲜技术；在脱毛工序中使用硫化钠的替代产品；在脱脂及其他湿加工工序中使用超临界液体技术和其他物理处理技术，如超声波技术；在鞣制工序中使用高 pH 铬鞣，或无毒的无机、有机鞣剂；在涂饰工序中使用粉末涂饰，淘汰有机溶剂的涂饰技术；在废水处理、废水循环利用、废弃物回收等过程中使用膜技术；在准备工序及废弃物处理过程中使用生物技术等。

8.3 鼓励开发、研制低污染、易生物降解的多品种、多功能和系列化表面活性剂、鞣剂、复鞣剂、脱脂剂、加脂剂、涂饰剂等皮革化学产品。

8.4 鼓励开发、研制制革生产中的节水技术和固体废物综合利用技术，尤其是制革边角料的再利用技术和制革废水处理产生污泥的综合利用技术。

8.5 鼓励开发、研制投资小、能耗低、运行费用少、处理效率高的适合中国制革企业实际情况，能满足排放标准的制革废水、污泥处理技术。

国 家 环 境 保 护 总 局
科 技 部
信 息 产 业 部 文件
商 务 部

环发[2006]115 号

关于发布《废弃家用电器与电子产品污染防治
技术政策》的通知

各省、自治区、直辖市环境保护局（厅）、科技厅、信息产业主管部门、商务厅：

　　为贯彻《中华人民共和国固体废物污染环境防治法》和《中华人民共和国清洁生产促进法》，减少家用电器与电子产品使用废弃后的废物产生量，提高资源回收利用率，控制其在综合利用和处置过程中的环境污染，现发布《废弃家用电器与电子产品污染防治技术政策》，请参照执行。

　　附件：废弃家用电器与电子产品污染防治技术政策

二〇〇六年四月二十七日

废弃家用电器与电子产品污染防治技术政策

一、总则

（一）依据和目的

为了减少家用电器与电子产品的废弃量，提高资源再利用率，控制其在再利用和处置过程中的环境污染，根据《中华人民共和国固体废物污染环境防治法》、《中华人民共和国清洁生产促进法》和国家有关环境保护法律、法规，制定本技术政策。

（二）适用范围

本技术政策所称的家用电器是指家用电器及类似用途产品，包括电视机、电冰箱、空调、洗衣机、吸尘器等；电子产品是指信息技术（IT）和通讯产品、办公设备，包括计算机、打印机、传真机、复印机、电话机等。

本技术政策适用于家用电器与电子产品的环境设计、废弃产品的收集、运输与贮存、再利用和处置全过程的环境污染防治，为废弃家用电器与电子产品再利用和处置设施的规划、立项、设计、建设、运行和管理提供技术指导，引导相关产业的发展。

（三）定义

1. 废弃家用电器与电子产品：是指已经失去使用价值或因使用价值不能满足要求而被丢弃的家用电器与电子产品，以及其元（器）件、零（部）件和耗材，包括：

（1）消费者（用户）废弃的家用电器与电子产品；

（2）生产过程中产生的不合格产品及其元（器）件、零（部）件；

（3）维修、维护过程中废弃的元（器）件、零（部）件和耗材；

（4）根据有关法律法规，视为电子废物的。

2. 有毒有害物质：指家用电器与电子产品中含有的铅、汞、镉、六价铬、多溴联苯（PBB）和多溴二苯醚（PBDE）以及国家规定的其他有毒有害物质。

3. 生产者：家用电器与电子产品或元（器）件、零（部）件等品牌（商标）的所有者，包括：

（1）使用自己的品牌（商标），制造和销售家用电器与电子产品或元（器）件、零（部）件；

（2）使用自己的品牌（商标），转售由其他供应商生产的家用电器与电子产品或元（器）件、零（部）件；

（3）家用电器与电子产品进口商。

4. 再使用：指废弃家用电器与电子产品或其中的元（器）件、零（部）件，经简单维修后用于原来用途的任何行为，但不包括废旧家用电器与电子产品转由他人的直接再使用。

5. 再利用：指对废弃家用电器与电子产品或废弃材料的再加工，加工后材料的用途可与以前相同或不同，但不包括对废弃材料直接焚烧进行的热能回收。

6. 处理：指对废弃家用电器与电子产品清除污染、拆解、破碎、再利用的活动。

7. 处置：废弃家用电器与电子产品经处理后，产生的无法进一步再使用、再利用的残余物，采用焚烧、填埋或其他方式，以达到减容、减少或消除其危害性的活动。

（四）指导思想

1. 推行"三化"原则

（1）减量化：通过对家用电器与电子产品的环境友好设计，减少产品中有毒有害物质和材料的使用，延长产品的使用寿命，改善产品再利用特性，从而减少电子废物的产生量和危害性。

（2）资源化：通过对家用电器与电子产品及其元（器）件、零（部）件等的再使用和再利用，提高废弃家用电器与电子产品的再利用率。

（3）无害化：通过采用先进、适用的处理和处置工艺技术，控制废弃家用电器与电子产品再利用和处理处置过程中的环境污染。

2. 实行污染者负责的原则

国家对废弃家用电器与电子产品污染环境防治实行污染者负责的原则。

家用电器与电子产品的生产者（包括进口者）、销售者、消费者对其产生的废弃家用电器与电子产品依法承担污染防治的责任。

（五）目标

1. 国家适时发布、更新产品中禁止、限制使用的有毒有害物质名录，实施产品市场准入制度，推行环境友好产品的政府绿色采购政策，从源头减少和控制产品中有毒有害物质的使用。

2. 建立相对完善的废弃家用电器与电子产品回收体系，采用有利于回收和再利用的方案，逐步提高废弃家用电器与电子产品的环境无害化回收率和再利用率；

3. 规范废弃家用电器与电子产品再利用过程的环境行为，控制污染物排放；再利用过程中产生的危险废物纳入到危险废物处置体系，基本得到安全无害处置。

（六）公众参与

开展公众环境宣传和教育，提高公众的环境保护和资源节约意识，采取措施激励生产者、销售者、消费者和再利用者等各相关方参与废弃家用电器与电子产品的回收和再利用的积极性。

二、环境友好设计

（一）减少有毒有害物质的使用

1. 鼓励家用电器与电子产品中不使用或减少使用有毒有害物质，开发使用安全无毒害、低毒害的替代物质。

2. 国家按家用电器与电子产品种类，分时段逐步限制和禁止有毒有害物质的使用。

（二）延长产品使用寿命

鼓励通过采用模块化设计，元（器）件和零（部）件的寿命趋同设计，易维修、易升级设计等，延长产品的使用寿命。

（三）提高产品的再使用和再利用特性

生产者不应通过特殊设计或者加工工艺故意阻止产品废弃后的再使用，但若该设计或者加工工艺更有利于环境保护和安全的要求时，则不在此限。

鼓励减少使用材料的种类，多使用易回收利用材料，采用国际通行的标识标准对零（部）件（材料）进行标识，采取有利于废弃产品拆解的设计和工艺，提高废弃产品的再利用率。

（四）提高产品零（部）件的互换性

通过标准化使产品的通用零（部）件，在不同品牌或同一品牌的不同型号之间实现互换。

（五）合理使用包装材料

采取易于回收和再利用或易处理的包装材料，提高包装材料的回收和再利用率，限制过度包装，减少废弃包装物的产生量。

三、有毒有害物质的信息标识

（一）在有毒有害物质完全禁止使用之前，逐步推行有毒有害物质的信息标识制度。

生产者应在其产品的元（器）件、零（部）件上按照国际通行的或国家有关的信息标识标准，标明产品中含有毒有害物质的名称或代码，由于体积或功能的限制不能在产品上注明的，应在说明书中予以注明。

（二）生产者宜向家用电器与电子产品再使用者和处理处置者提供相关资料和信息，尤其是含有毒有害物质元（器）件名称和元（器）件装配部位等信息。

四、收集、运输及贮存

（一）鼓励建立多方参与的、符合不同种类和来源的废弃家用电器与电子产品回收系统。在建立回收体系时，应考虑来自政府机构、企事业单位和来自居民家庭的废弃家用电器与电子产品回收的不同特点。

（二）国家鼓励行业协会等非政府组织建立废弃家用电器与电子产品信息系统，为废弃产品的回收提供信息服务。

（三）废弃家用电器与电子产品的回收可采用付费、互换、无偿交易等市场手段，鼓励消费者（用户）将废弃产品交到指定的回收站点或与回收者预约上门收集。

（四）回收者收集的废弃家用电器与电子产品应送往具有相关资质的企业进行专业化、无害化地集中处理处置。

（五）废弃家用电器与电子产品在运输过程中应采取适当的包装措施，避免在运输过程中一些易碎产品或零部件破碎或有毒有害物质的泄漏、释出。

（六）废弃家用电器与电子产品的贮存应使用专门的存放场地，地面防渗漏处理，有防雨淋的遮盖物。

五、再使用

国家鼓励废弃家用电器与电子产品的再使用，但应遵循以下基本要求：

1. 从事废弃家用电器与电子产品再使用的厂商应具备必要的污染防治设施，在再使用过程中应采取必要的污染防治措施。

2. 家用电器与电子产品的再使用不宜采用一些破坏性的操作，导致大量废元（器）件、零（部）

件产生，或者一些有毒有害物质的释出。

六、处理处置

（一）处理处置厂的要求

1. 处理处置厂的选址应符合国家及地方的相关规划要求。处理处置厂不应选在自然保护区、风景名胜区、生活饮用水水源保护区和人口密集的居住区，以及其他需要特殊保护的地区。

2. 废弃产品中含有毒有害物质元（器）件、零（部）件的破碎、分选都应当在封闭设施中进行，产生的废气、粉尘应收集净化，达标后排放。

3. 处理处置厂应设置废液收集设备与容器，作业场所的地面应采取防渗漏处理，清洗废水进行预处理，达标后排放。

4. 处理处置过程中产生的残渣，以及废水处理过程中产生的污泥，应按照危险废物鉴别标准（GB 5085.1-3—1996）进行危险特性鉴别。属于危险废物的，应按照危险废物处置，不得混入生活垃圾。

（二）拆解

1. 废弃家用电器与电子产品无法维修或升级再使用时，应以手工或机械的方式进行拆解，分别进行处理。

对于拆解下的有使用价值的元（器）件、零（部）件，应首先考虑再使用；对于那些无法继续再使用的元（器）件、零（部）件等，应送往专业的再利用厂，回收利用其中的金属、玻璃和塑料等材料。

2. 含下述物质的元（器）件、零（部）件应单独拆除，分类收集：

（1）显示器、电视机中的阴极射线管（CRT）；

（2）表面积大于 $100cm^2$ 的液晶显示屏（LCD）及气体放电灯泡；

（3）表面积大于 $10cm^2$ 的印刷线路板；

（4）含多溴联苯或多溴二苯醚阻燃剂的塑料电线电缆、机壳等；

（5）多氯联苯电容器及含汞零（部）件；

（6）镉镍充电电池、锂电池等；

（7）废电冰箱、空调器及其他制冷器具压缩机中的制冷剂与润滑油。

（三）含危险物质的零（部）件的处理

1. 阴极射线管（CRT）

（1）彩色阴极射线管含铅玻锥与无铅玻屏应分类收集。含铅玻锥可作为阴极射线管玻壳制造厂的制造原料，或以其他的方式再利用和安全处置。

（2）玻屏上的含荧光粉涂层可采用干法或湿法两种工艺进行清除：

① 采用干法工艺清除玻屏上的荧光粉涂层时，应安装粉尘抽取和过滤装置，并妥善收集荧光粉；

② 采用湿法工艺洗涤玻屏上的荧光粉涂层时，产生的洗涤废水需经处理达标后排放，含荧光粉的污泥应进行无害化处置。

2. 液晶显示器（LCD）

（1）便携式电脑及其他表面积大于 $100cm^2$ 的液晶显示屏应以非破坏方式分离，将其中的液晶面板（其包覆的液晶不得泄漏）、背光模组及驱动集成电路拆除。

（2）液晶物质的无害化处理可采用加热析出，催化分解技术。

（3）从背光模组中拆下的冷阴极荧光管可送往专业的汞回收厂回收汞，或者连同其他含汞荧光灯管一起按照危险废物处置。

3．线路板

（1）加热熔化锡铅焊料拆除线路板上元（器）件、零（部）件时，应使用抽风罩抽取焊料熔化时产生的铅烟（尘），处理达标后排放。

（2）线路板上拆下的芯片、含金连接器及其他含贵金属的废料可通过溶蚀、酸洗、电解及精炼等工艺方法回收其中的金、银、钯等贵金属，并且回收处理装置应有相配套的环保设施。

禁止采用无环保措施的简易酸浸工艺提取金、银、钯等贵重金属，禁止随意倾倒废酸液和残渣。

（3）线路板上拆下的多氯联苯电容器等危险废物须送危险废物处置厂处置。

（4）被拆除芯片、电容器及其它元（器）件的线路板，可采用破碎、分选的方法回收铜、玻璃纤维和树脂，破碎应在封闭的设施中进行，并配备相应的粉尘处理装置。

4．含多溴联苯或多溴二苯醚阻燃剂的电线电缆、塑料机壳

（1）含多溴联苯（PBB）和多溴二苯醚（PBDE）的电线电缆、塑料机壳与其他普通的电线电缆和塑料分类收集。

（2）含多溴联苯（PBB）和多溴二苯醚（PBDE）电线电缆中铜、铝等金属的回收宜采用物理方法，且粉碎和分选工艺应在封闭的设施中进行，分离出的电线电缆覆层应进行无害化处置。

禁止露天或使用无环保措施的简易焚烧炉焚烧电线电缆，回收其中的铜、铝等金属。

（3）含多溴联苯（PBB）和多溴二苯醚（PBDE）的塑料机壳，应进行无害化处置。

5．电池

废弃家用电器与电子产品拆解下的各类电池（蓄电池、充电电池和纽扣电池）的处理处置遵循《废电池污染防治技术政策》及相关规定和标准要求。

（四）处置

1．为了提高废弃家用电器与电子产品的再利用率，节约资源，在经济合理、技术可行的情况下，优先考虑再使用和再利用，其次再考虑焚烧或填埋处置。

2．禁止含阴极射线管的计算机显示器和电视机直接进入生活垃圾填埋场和生活垃圾焚烧厂处置。

3．废弃家用电器与电子产品处理过程中产生的各类危险废物或残余物应采用焚烧、填埋或其他适当的方式进行处置，废水、废气的排放应满足相关的环境保护标准要求。

七、鼓励发展的技术和装备

（一）鼓励研究、开发替代锡/铅焊接生产工艺、替代含溴阻燃剂技术等。

（二）鼓励研究、开发阴极射线管和液晶显示器的拆解、再利用和处置的成套技术和装备。

（三）鼓励研究、开发各类废弃家用电器与电子产品的破碎、分选及无害化处置的技术和装备。

（四）鼓励开发、利用家用电器与电子产品无害化或低害化的生产原材料和生产技术。

（五）鼓励电冰箱、空调器中的 CFCs 制冷剂和发泡剂替代技术推广应用，采用零臭氧损耗、低温室效应，具备高效能的物质替代 CFCs。

（六）鼓励研究开发废弃电冰箱、空调器及其他致冷器具压缩机中 CFCs 制冷剂的回收技术与装备。

八、鼓励性政策法规及标准

（一）国家制定产品中禁止、限制使用的有毒有害物质名录，分批、分期禁止含有毒有害物质的家用电器与电子产品的销售。

（二）国家建立和完善政府绿色采购政策和相关的采购标准，优先采购环境友好的产品，引导家用电器与电子产品的生产向绿色化方向发展。

政府采取分阶段、逐步推进的方式实施家用电器与电子产品的绿色采购政策，具体实施阶段包括：

——优先采购阶段：分类优先采购符合绿色采购标准的家用电器与电子产品；

——禁止采购阶段：分类禁止采购不符合绿色采购标准的家用电器与电子产品；

（三）政府加强有关技术法规、标准的研究和制定，制订废弃产品拆解、再利用和处置的环保技术规范，产品中有毒有害物质含量限值等标准。

（四）国家研究废弃家用电器与电子产品污染防治有关的技术标准体系，制订产品生态设计标准、再使用产品标准、产品或部件回收利用的标识标准、回收利用率和再利用率计算方法标准等。

住 房 和 城 乡 建 设 部
环 境 保 护 部 文件
科 学 技 术 部

建城[2009]23号

关于印发《城镇污水处理厂污泥处理处置及污染防治
技术政策（试行）》的通知

各省、自治区、直辖市建设厅（建委、市政管委、水务局）、环保局、科技厅（委），计划单列市建委（建设局）、环保局、科技局，新疆生产建设兵团建设局、环保局、科技局：

为推动城镇污水处理厂污泥处理处置技术进步，明确城镇污水处理厂污泥处理处置技术发展方向和技术原则，指导各地开展城镇污水处理厂污泥处理处置技术研发和推广应用，促进工程建设和运行管理，避免二次污染，保护和改善生态环境，促进节能减排和污泥资源化利用，住房和城乡建设部、环境保护部和科学技术部联合制定了《城镇污水处理厂污泥处理处置及污染防治技术政策（试行）》。现印发给你们，请结合本地区实际认真执行。

各地住房城乡建设、环保和科技行政主管部门应密切合作，加大投入，加强污水处理厂污泥处理处置新技术研究开发和推广转化工作。实施过程中如遇有关问题，请将意见告住房城乡建设部城市建设司和环境保护部科技标准司。

附件：城镇污水处理厂污泥处理处置及污染防治技术政策（试行）

二〇〇九年二月十八日

城镇污水处理厂污泥处理处置及
污染防治技术政策（试行）

1. 总则

1.1 为提高城镇污水处理厂污泥处理处置水平，保护和改善生态环境，促进经济社会和环境可持续发展，根据《中华人民共和国环境保护法》、《中华人民共和国水污染防治法》、《中华人民共和国固体废物污染环境防治法》、《中华人民共和国城乡规划法》等相关法律法规，制定本技术政策。

1.2 本技术政策所称城镇污水处理厂污泥（以下简称"污泥"），是指在污水处理过程中产生的半固态或固态物质，不包括栅渣、浮渣和沉砂。

1.3 本技术政策适用于污泥的产生、储存、处理、运输及最终处置全过程的管理和技术选择，指导污泥处理处置设施的规划、设计、环评、建设、验收、运营和管理。

1.4 污泥处理处置是城镇污水处理系统的重要组成部分。污泥处理处置应遵循源头削减和全过程控制原则，加强对有毒有害物质的源头控制，根据污泥最终安全处置要求和污泥特性，选择适宜的污水和污泥处理工艺，实施污泥处理处置全过程管理。

1.5 污泥处理处置的目标是实现污泥的减量化、稳定化和无害化；鼓励回收和利用污泥中的能源和资源。坚持在安全、环保和经济的前提下实现污泥的处理处置和综合利用，达到节能减排和发展循环经济的目的。

1.6 地方人民政府是污泥处理处置设施规划和建设的责任主体；污泥处理处置设施运营单位负责污泥的安全处理处置。地方人民政府应优先采购符合国家相关标准的污泥衍生产品。

1.7 国家鼓励采用节能减排的污泥处理处置技术；鼓励充分利用社会资源处理处置污泥；鼓励污泥处理处置技术创新和科技进步；鼓励研发适合我国国情和地区特点的污泥处理处置新技术、新工艺和新设备。

2. 污泥处理处置规划和建设

2.1 污泥处理处置规划应纳入国家和地方城镇污水处理设施建设规划。污泥处理处置规划应符合城乡规划，并结合当地实际与环境卫生、园林绿化、土地利用等相关专业规划相协调。

2.2 污泥处理处置应统一规划，合理布局。污泥处理处置设施宜相对集中设置，鼓励将若干城镇污水处理厂的污泥集中处理处置。

2.3 应根据城镇污水处理厂的规划污泥产生量，合理确定污泥处理处置设施的规模；近期建设规模，应根据近期污水量和进水水质确定，充分发挥设施的投资和运行效益。

2.4 城镇污水处理厂新建、改建和扩建时，污泥处理处置设施应与污水处理设施同时规划、同时建设、同时投入运行。污泥处理必须满足污泥处置的要求，达不到规定要求的项目不能通过验收；目前污泥处理设施尚未满足处置要求的，应加快整改、建设，确保污泥安全处置。

2.5 城镇污水处理厂建设应统筹兼顾污泥处理处置，减少污泥产生量，节约污泥处理处置费用。对于污泥未妥善处理处置的，可按照有关规定核减城镇污水处理厂对主要污染物的削减量。

2.6 严格控制污泥中的重金属和有毒有害物质。工业废水必须按规定在企业内进行预处理，去除重金属和其他有毒有害物质，达到国家、地方或者行业规定的排放标准。

3．污泥处置技术路线

3.1　应综合考虑污泥泥质特征、地理位置、环境条件和经济社会发展水平等因素，因地制宜地确定污泥处置方式。污泥处置是指处理后污泥的消纳过程，处置方式有土地利用、填埋、建筑材料综合利用等。

3.2　鼓励符合标准的污泥进行土地利用。污泥土地利用应符合国家及地方的标准和规定。污泥土地利用主要包括土地改良和园林绿化等。鼓励符合标准的污泥用于土地改良和园林绿化，并列入政府采购名录。允许符合标准的污泥限制性农用。

3.2.1　污泥用于园林绿化时，泥质应满足《城镇污水处理厂污泥处置-园林绿化用泥质》（CJ 248）的规定和有关标准要求。污泥必须首先进行稳定化和无害化处理，并根据不同地域的土质和植物习性等，确定合理的施用范围、施用量、施用方法和施用时间。

3.2.2　污泥用于盐碱地、沙化地和废弃矿场等土地改良时，泥质应符合《城镇污水处理厂污泥处置-土地改良泥质》（CJ/T 291）的规定；并应根据当地实际，进行环境影响评价，经有关主管部门批准后实施。

3.2.3　污泥农用时，污泥必须进行稳定化和无害化处理，并达到《农用污泥中污染物控制标准》（GB 4284）等国家和地方现行的有关农用标准和规定。污泥衍生产品应通过场地适用性环境影响评价和环境风险评估，并经有关部门审批后方可实施。污泥农用应严格控制施用量和施用期限。

3.3　污泥建筑材料综合利用。有条件的地区，应积极推广污泥建筑材料综合利用。污泥建筑材料综合利用是指污泥的无机化处理，用于制作水泥添加料、制砖、制轻质骨料和路基材料等。污泥建筑材料利用应符合国家和地方的相关标准和规范要求，并严格防范在生产和使用中造成二次污染。

3.4　污泥填埋。不具备土地利用和建筑材料综合利用条件的污泥，可采用填埋处置。国家将逐步限制未经无机化处理的污泥在垃圾填埋场填埋。污泥填埋应满足《城镇污水处理厂污泥处置-混合填埋泥质》（CJ/T 249）的规定；填埋前的污泥需进行稳定化处理；横向剪切强度应大于 $25kN/m^2$；填埋场应有沼气利用系统，渗滤液能达标排放。

4．污泥处理技术路线

4.1　在污泥浓缩、调理和脱水等实现污泥减量化的常规处理工艺基础上，根据污泥处置要求和相应的泥质标准，选择适宜的污泥处理技术路线。

4.2　污泥以园林绿化、农业利用为处置方式时，鼓励采用厌氧消化或高温好氧发酵（堆肥）等方式处理污泥。

4.2.1　厌氧消化处理污泥。鼓励城镇污水处理厂采用污泥厌氧消化工艺，产生的沼气应综合利用；厌氧消化后污泥在园林绿化、农业利用前，还应按要求进行无害化处理。

4.2.2　高温好氧发酵处理污泥。鼓励利用剪枝、落叶等园林废弃物和砻糠、谷壳、秸秆等农业废弃物作为高温好氧发酵添加的辅助填充料，污泥处理过程中要防止臭气污染。

4.3　污泥以填埋为处置方式时，可采用高温好氧发酵、石灰稳定等方式处理污泥，也可添加粉煤灰和陈化垃圾对污泥进行改性。

4.3.1　高温好氧发酵后的污泥含水率应低于 40%。

4.3.2　鼓励采用石灰等无机药剂对污泥进行调理，降低含水率，提高污泥横向剪切力。

4.4　污泥以建筑材料综合利用为处置方式时，可采用污泥热干化、污泥焚烧等处理方式。

4.4.1　污泥热干化。采用污泥热干化工艺应与利用余热相结合，鼓励利用污泥厌氧消化过程中产生的沼气热能、垃圾和污泥焚烧余热、发电厂余热或其他余热作为污泥干化处理的热源；不宜采用优质一次能源作为主要干化热源；要严格防范热干化可能产生的安全事故。

4.4.2　污泥焚烧。经济较为发达的大中城市，可采用污泥焚烧工艺。鼓励采用干化焚烧的联用方式，提高污泥的热能利用效率；鼓励污泥焚烧厂与垃圾焚烧厂合建；在有条件的地区，鼓励污泥作为低热质燃料在火力发电厂焚烧炉、水泥窑或砖窑中混合焚烧。

4.4.3 污泥焚烧的烟气应进行处理，并满足《生活垃圾焚烧污染控制标准》（GB 18485）等有关规定。污泥焚烧的炉渣和除尘设备收集的飞灰应分别收集、储存、运输。鼓励对符合要求的炉渣进行综合利用；飞灰需经鉴别后妥善处置。

5．污泥运输和储存

5.1 污泥运输。鼓励采用管道、密闭车辆和密闭驳船等方式；运输过程中应进行全过程监控和管理，防止因暴露、洒落或滴漏造成的环境二次污染；严禁随意倾倒、偷排污泥。

5.2 污泥中转和储存。需要设置污泥中转站和储存设施的，可参照《城市环境卫生设施设置标准》（CJJ 27）等规定，并经相关主管部门批准后方可建设和使用。

6．污泥处理处置安全运行与监管

6.1 国家和地方相关主管部门应加强对污泥处理处置设施规划、建设和运行的监管；污泥处理处置设施运营单位（以下简称运营单位）应保障污泥处理处置设施的安全稳定运行。

6.2 运营单位应严格执行国家有关安全生产法律法规和管理规定，落实安全生产责任制；执行国家相关职业卫生标准和规范，保证从业人员的卫生健康；应制定相关的应急处置预案，防止危及公共安全的事故发生。

6.3 城镇污水处理厂、污泥运输单位和各污泥接收单位应建立污泥转运联单制度，并定期将记录的联单结果上报地方相关主管部门。

6.4 运营单位应建立完备的检测、记录、存档和报告制度，并对处理处置后的污泥及其副产物的去向、用途、用量等进行跟踪、记录和报告，相关资料至少保存 5 年。

6.5 地方相关主管部门应按照各自的职责分工，对污泥土地利用全过程进行监督和管理。污泥土地利用单位应委托具有相关资质的第三方机构，定期对污泥衍生产品土地利用后的环境质量状况变化进行评价。污泥处理处置场所应禁止放养家畜、家禽。

6.6 地方相关主管部门应加强对填埋场的监督和管理。填埋场运营单位应按照国家相关标准和规范，定期对污泥泥质、填埋场场地的水、气、土壤等本底值及作业影响进行监测。

6.7 污泥焚烧运营单位应按照国家相关标准和规范，定期对污泥性质、污泥量、排放废水、烟气、炉渣、飞灰等进行监测。污泥综合利用单位还需对污泥衍生产品的性质和数量进行监测和记录。

7．污泥处理处置保障措施

7.1 国务院有关部门和地方主管部门应加强污泥处理处置标准规范的制定和修订，规范污泥处理处置设施的规划、建设和运营。

7.2 地方人民政府应进一步提高污水处理费的征收力度和管理水平，污水处理费应包括污泥处理处置运营成本；通过污水处理费、财政补贴等途径落实污泥处理处置费用，确保污泥处理处置设施正常稳定运营。

7.3 各级政府应加大对污泥处理处置设施建设的资金投入，对于列入国家鼓励发展的污泥处理处置技术和设备，按规定给予财政和税收优惠；建立多元化投资和运营机制，鼓励通过特许经营等多种方式，引导社会资金参与污泥处理处置设施建设和运营。

环 境 保 护 部 文 件

环发[2010]7号

关于发布《地面交通噪声污染防治
技术政策》的通知

各省、自治区、直辖市环境保护厅（局），新疆生产建设兵团环境保护局，计划单列市环境保护局：

  为防治地面交通噪声污染，保护和改善生活环境，保障人体健康，指导交通和居住等基础设施合理规划建设，促进经济和社会发展，现发布《地面交通噪声污染防治技术政策》，请结合本地区实际认真执行。

  附件：地面交通噪声污染防治技术政策

二〇一〇年一月十一日

地面交通噪声污染防治技术政策

（环发[2010]7 号　2010-01-11 实施）

一、总则

（一）为防治地面交通噪声污染，保证人们正常生活、工作和学习的声环境质量，促进经济、社会可持续发展，根据《中华人民共和国环境保护法》和《中华人民共和国环境噪声污染防治法》，制定本技术政策。

（二）本技术政策规定了合理规划布局、噪声源控制、传声途径噪声削减、敏感建筑物噪声防护、加强交通噪声管理五个方面的地面交通噪声污染防治技术原则与方法。

（三）本技术政策适用于公路、铁路、城市道路、城市轨道等地面交通设施（不含机场飞机起降及地面作业）的环境噪声污染预防与控制。

（四）地面交通噪声污染防治应遵循如下原则：

1．坚持预防为主原则，合理规划地面交通设施与邻近建筑物布局；

2．噪声源、传声途径、敏感建筑物三者的分层次控制与各负其责；

3．在技术经济可行条件下，优先考虑对噪声源和传声途径采取工程技术措施，实施噪声主动控制；

4．坚持以人为本原则，重点对噪声敏感建筑物进行保护。

（五）地面交通噪声污染防治应明确责任和控制目标要求：

1．在规划或已有地面交通设施邻近区域建设噪声敏感建筑物，建设单位应当采取间隔必要的距离、传声途径噪声削减等有效措施，以使室外声环境质量达标。

2．因地面交通设施的建设或运行造成环境噪声污染，建设单位、运营单位应当采取间隔必要的距离、噪声源控制、传声途径噪声削减等有效措施，以使室外声环境质量达标；如通过技术经济论证，认为不宜对交通噪声实施主动控制的，建设单位、运营单位应对噪声敏感建筑物采取有效的噪声防护措施，保证室内合理的声环境质量。

二、合理规划布局

（一）城乡规划宜考虑国家声环境质量标准要求，合理确定功能分区和建设布局，处理好交通发展与环境保护的关系，有效预防地面交通噪声污染。

（二）交通规划应当符合城乡规划要求，与声环境保护规划相协调，通过合理构建交通网络，提高交通效率，总体减轻地面交通噪声对周围环境的影响。

（三）规划行政主管部门宜在有关规划文件中明确噪声敏感建筑物与地面交通设施之间间隔一定的距离，避免其受到地面交通噪声的显著干扰。

（四）在 4 类声环境功能区内宜进行绿化或作为交通服务设施、仓储物流设施等非噪声敏感性应用。如 4 类声环境功能区有噪声敏感建筑物存在，宜采取声屏障、建筑物防护等有效的噪声污染防治措施进行保护，有条件的可进行搬迁或置换。

三、噪声源控制

（一）车辆制造部门宜提高道路车辆、轨道车辆的设计、制造水平，以摩托车、农用车、载重汽车、大型客车、城市公交车辆、轨道车辆等高噪声车辆为重点，降低其环境噪声排放。

（二）地面交通设施的建设需要慎重考虑噪声现状的改变和噪声敏感建筑物的保护，从线路避让、建设形式等方面有效降低交通噪声对周围环境的影响。

（三）地面交通线路的选择宜合理避让噪声敏感建筑物。新建二级及以上公路、铁路货运专线应避免穿越城市、村镇噪声敏感建筑物集中区域；新建城市轨道交通线路在穿越城市中心区时宜选择地下通行方式。

（四）公路、城市道路宜选择合理的建设形式。经过噪声敏感建筑物集中的路段，宜根据实际情况，考虑采用高架路、高路堤或低路堑等道路形式，以及能够降低噪声污染的桥涵构造和形式。鼓励对高速公路、城市快速路在噪声敏感建筑物集中的路段采用低噪声路面技术和材料。

（五）铁路、城市轨道交通线路宜采用焊接长钢轨、经过打磨处理的高表面平整度钢轨等措施，降低轮轨接触噪声，以及采用减振型轨下基础，对桥梁进行减振设计，降低振动辐射噪声。穿越城市、村镇的铁路宜进行线路封闭，减少平交道口。

四、传声途径噪声削减

（一）地面交通设施的建设或运行造成环境噪声污染，应考虑设置声屏障对噪声敏感建筑物进行重点保护。道路或轨道两侧为高层噪声敏感建筑物时，条件许可，可进行线路全封闭处理。

（二）声屏障的位置、高度、长度、材料、形状等是声屏障设计的重要内容，应根据噪声源特性、噪声衰减要求、声屏障与噪声源及受声点三者之间的相对位置，考虑道路或轨道结构形式、气候特点、周围环境协调性、安全性、经济性等因素进行专业化设计。

（三）宜合理利用地物地貌、绿化带等作为隔声屏障，其建设应结合噪声衰减要求、周围土地利用现状与规划、景观要求、水土保持规划等进行。

（四）绿化带宜根据当地自然条件选择枝叶繁茂、生长迅速的常绿植物，乔、灌、草应合理搭配密植。规划的绿化带宜与地面交通设施同步建设。

五、敏感建筑物噪声防护

（一）建筑设计单位应依据《民用建筑隔声设计规范》等有关规范文件，考虑周边环境特点，对噪声敏感建筑物进行建筑隔声设计，以使室内声环境质量符合规范要求。

（二）邻近道路或轨道的噪声敏感建筑物，设计时宜合理安排房间的使用功能（如居民住宅在面向道路或轨道一侧设计作为厨房、卫生间等非居住用房），以减少交通噪声干扰。

（三）地面交通设施的建设或运行造成噪声敏感建筑物室外环境噪声超标，如采取室外达标的技术手段不可行，应考虑对噪声敏感建筑物采取被动防护措施（如隔声门窗、通风消声窗等），对室内声环境质量进行合理保护。

（四）对噪声敏感建筑物采取被动防护措施，应使室内声环境质量达到有关标准要求，同时宜合理考虑当地气候特点对通风的要求。

六、加强交通噪声管理

（一）交通管理部门宜利用交通管理手段，在噪声敏感建筑物集中区域和敏感时段通过采取限鸣（含禁鸣）、限行（含禁行）、限速等措施，合理控制道路交通参数（车流量、车速、车型等），降低交通噪声。

（二）铁路车辆尽可能采用非鸣笛的信号联络方式（信号灯、无线通讯等）。通过减少鸣笛次数、声级强度和鸣笛持续时间等方式，对铁路车辆在城市、村镇内鸣笛进行限制。

（三）路政部门宜对道路进行经常性维护，提高路面平整度，降低道路交通噪声。

（四）环境保护部门应加强对地面交通噪声的监测，对环境噪声超标的地面交通设施提出噪声削减意见或要求，监督有关部门实施。

七、附则

本技术政策中下列用语的含义是：

（一）地面交通设施：指道路、轨道等地面交通线路以及车站、编组站、货场、服务区等配套设施。

（二）地面交通干线：指铁路（铁路专用线除外）、高速公路、一级公路、二级公路、城市快速路、城市主干路、城市次干路、城市轨道交通（地面段和高架段），应根据铁路、交通、城市等规划确定。

（三）噪声敏感建筑物：指医院、学校、机关、科研单位、住宅等需要保持安静的建筑物。

（四）噪声主动控制：指对交通噪声采取的保证室外环境噪声达标的工程技术手段，包括噪声源控制、传声途径噪声削减两类噪声污染防治技术措施。

环 境 保 护 部 文 件

环发[2010]10 号

关于发布《火电厂氮氧化物防治
技术政策》的通知

各省、自治区、直辖市环境保护厅（局），新疆生产建设兵团环境保护局，计划单列市环境保护局：

　　为贯彻《中华人民共和国大气污染防治法》，控制和减少火电厂氮氧化物排放，推动火电厂氮氧化物防治技术进步，改善大气环境质量，保护人体健康，现发布《火电厂氮氧化物防治技术政策》，请参照执行。

　　附件：火电厂氮氧化物防治技术政策

二〇一〇年一月二十七日

火电厂氮氧化物防治技术政策

（环发[2010]10 号　2010-01-27 实施）

1．总则

1.1 为贯彻《中华人民共和国大气污染防治法》，防治火电厂氮氧化物排放造成的污染，改善大气环境质量，保护生态环境，促进火电行业可持续发展和氮氧化物减排及控制技术进步，制定本技术政策。

1.2 本技术政策适用于燃煤发电和热电联产机组氮氧化物排放控制。燃用其他燃料的发电和热电联产机组的氮氧化物排放控制，可参照本技术政策执行。

1.3 本技术政策控制重点是全国范围内 200MW 及以上燃煤发电机组和热电联产机组以及大气污染重点控制区域内的所有燃煤发电机组和热电联产机组。

1.4 加强电源结构调整力度，加速淘汰 100MW 及以下燃煤凝汽机组，继续实施“上大压小”政策，积极发展大容量、高参数的大型燃煤机组和以热定电的热电联产项目，以提高能源利用率。

2．防治技术路线

2.1 倡导合理使用燃料与污染控制技术相结合、燃烧控制技术和烟气脱硝技术相结合的综合防治措施，以减少燃煤电厂氮氧化物的排放。

2.2 燃煤电厂氮氧化物控制技术的选择应因地制宜、因煤制宜、因炉制宜，依据技术上成熟、经济上合理及便于操作来确定。

2.3 低氮燃烧技术应作为燃煤电厂氮氧化物控制的首选技术。当采用低氮燃烧技术后，氮氧化物排放浓度不达标或不满足总量控制要求时，应建设烟气脱硝设施。

3．低氮燃烧技术

3.1 发电锅炉制造厂及其他单位在设计、生产发电锅炉时，应配置高效的低氮燃烧技术和装置，以减少氮氧化物的产生和排放。

3.2 新建、改建、扩建的燃煤电厂，应选用装配有高效低氮燃烧技术和装置的发电锅炉。

3.3 在役燃煤机组氮氧化物排放浓度不达标或不满足总量控制要求的电厂，应进行低氮燃烧技术改造。

4．烟气脱硝技术

4.1 位于大气污染重点控制区域内的新建、改建、扩建的燃煤发电机组和热电联产机组应配置烟气脱硝设施，并与主机同时设计、施工和投运。非重点控制区域内的新建、改建、扩建的燃煤发电机组和热电联产机组应根据排放标准、总量指标及建设项目环境影响报告书批复要求建设烟气脱硝装置。

4.2　对在役燃煤机组进行低氮燃烧技术改造后，其氮氧化物排放浓度仍不达标或不满足总量控制要求时，应配置烟气脱硝设施。

4.3　烟气脱硝技术主要有：选择性催化还原技术（SCR）、选择性非催化还原技术（SNCR）、选择性非催化还原与选择性催化还原联合技术（SNCR-SCR）及其他烟气脱硝技术。

4.3.1　新建、改建、扩建的燃煤机组，宜选用 SCR；小于等于 600MW 时，也可选用 SNCR-SCR。

4.3.2　燃用无烟煤或贫煤且投运时间不足 20 年的在役机组，宜选用 SCR 或 SNCR-SCR。

4.3.3　燃用烟煤或褐煤且投运时间不足 20 年的在役机组，宜选用 SNCR 或其他烟气脱硝技术。

4.4　烟气脱硝还原剂的选择

4.4.1　还原剂的选择应综合考虑安全、环保、经济等多方面因素。

4.4.2　选用液氨作为还原剂时，应符合《重大危险源辨识》（GB 18218）及《建筑设计防火规范》（GB 50016）中的有关规定。

4.4.3　位于人口稠密区的烟气脱硝设施，宜选用尿素作为还原剂。

4.5　烟气脱硝二次污染控制

4.5.1　SCR 和 SNCR-SCR 氨逃逸控制在 2.5mg/m^3（干基，标准状态）以下；SNCR 氨逃逸控制在 8 mg/m^3（干基，标准状态）以下。

4.5.2　失效催化剂应优先进行再生处理，无法再生的应进行无害化处理。

5．新技术开发

5.1　鼓励高效低氮燃烧技术及适合国情的循环流化床锅炉的开发和应用。

5.2　鼓励具有自主知识产权的烟气脱硝技术、脱硫脱硝协同控制技术以及氮氧化物资源化利用技术的研发和应用。

5.3　鼓励低成本高性能催化剂原料、新型催化剂和失效催化剂的再生与安全处置技术的开发和应用。

5.4　鼓励开发具有自主知识产权的在线连续监测装置。

5.5　鼓励适合于烟气脱硝的工业尿素的研究和开发。

6．运行管理

6.1　燃煤电厂应采用低氮燃烧优化运行技术，以充分发挥低氮燃烧装置的功能。

6.2　烟气脱硝设施应与发电主设备纳入同步管理，并设置专人维护管理，并对相关人员进行定期培训。

6.3　建立、健全烟气脱硝设施的运行检修规程和台账等日常管理制度，并根据工艺要求定期对各类设备、电气、自控仪表等进行检修维护，确保设施稳定可靠地运行。

6.4　燃煤电厂应按照《火电厂烟气排放连续监测技术规范》（HJ/T 75）装配氮氧化物在线连续监测装置，采取必要的质量保证措施，确保监测数据的完整和准确，并与环保行政主管部门的管理信息系统联网，对运行数据、记录等相关资料至少保存 3 年。

6.5　采用液氨作为还原剂时，应根据《危险化学品安全管理条例》的规定编制本单位事故应急救援预案，配备应急救援人员和必要的应急救援器材、设备，并定期组织演练。

6.6　电厂对失效且不可再生的催化剂应严格按照国家危险废物处理处置的相关规定进行管理。

7．监督管理

7.1　烟气脱硝设施不得随意停止运行。由于紧急事故或故障造成脱硝设施停运，电厂应立即向当地环境保护行政主管部门报告。

7.2　各级环境保护行政主管部门应加强对氮氧化物减排设施运行和日常管理制度执行情况的定期检查和监督，电厂应提供烟气脱硝设施的运行和管理情况，包括监测仪器的运行和校验情况等资料。

7.3　电厂所在地的环境保护行政主管部门应定期对烟气脱硝设施的排放和投运情况进行监测和监管。

环 境 保 护 部 文 件

环发[2010]20 号

关于发布《农村生活污染防治
技术政策》的通知

各省、自治区、直辖市环境保护厅（局），新疆生产建设兵团环境保护局：

为贯彻《中华人民共和国环境保护法》等法律法规，推动社会主义新农村建设，保护和改善农村环境，防治农村生活污染，提高农村生活质量和健康水平，现发布《农村生活污染防治技术政策》，请结合本地区实际认真执行。

附件：农村生活污染防治技术政策

二〇一〇年二月八日

农村生活污染防治技术政策

（环发[2010]20 号　2010-02-08 实施）

一、总则

1．为落实《中共中央国务院关于推进社会主义新农村建设的若干意见》，有效防治农村生活污染，改善农村生态环境，根据《中华人民共和国环境保护法》、《中华人民共和国水污染防治法》、《中华人民共和国固体废物污染环境防治法》和《中华人民共和国大气污染防治法》等相关法律法规，制定本技术政策。

2．本技术政策适用于指导农村居民日常生活中产生的生活污水、生活垃圾、粪便和废气等生活污染防治的规划和设施建设。

3．地方人民政府是农村生活污染处理处置设施规划和建设的责任主体，乡镇政府和村民委员会负责农村生活污染防治工作的具体组织实施；鼓励村民自治组织在区县或乡镇人民政府的指导下进行生活污染处理处置设施的建设和日常管理工作。

4．应根据不同地区的农村社会经济发展水平、自然条件及环境承载力等差异，按照因地制宜、循序渐进和分类指导的原则，统筹城乡生活污染防治基础设施建设，推动农村生活污染防治工作。

5．农村生活污染防治的技术路线是在源头削减、污染控制与资源化利用的基础上，遵循分散处理为主、分散处理与集中处理相结合的原则，对粪便和生活杂排水实行分离并进行处理，实现粪便和污水的无害化和资源化利用。

6．在沼气池推广较好的地区，应将已建成的大量沼气池与生活污染物的处理和利用相结合，采用污水、粪便和垃圾厌氧发酵，沼气能源利用及沼液、沼渣农业利用的新型农村生活污染治理技术路线。

7．充分利用现有的环境卫生、可再生能源和环境污染处理设施，合理配置公共资源，建立县（市）、镇、村一体化的生活污染防治体系。

8．加强饮用水水源地保护区、自然保护区、风景名胜区、重点流域等环境敏感区域的农村生活污染防治。对环境敏感区域内的农村生活污水，须按照功能区水体相关要求及排放标准处理达标后方可排放。

二、农村生活污水污染防治

1．农村雨水宜利用边沟和自然沟渠等进行收集和排放，通过坑塘、洼地等地表水体或自然入渗进入当地水循环系统。鼓励将处理后的雨水回用于农田灌溉等。

2．对于人口密集、经济发达，并且建有污水排放基础设施的农村，宜采取合流制或截流式合流制；对于人口相对分散、干旱半干旱地区、经济欠发达的农村，可采用边沟和自然沟渠输送，也可采用合流制。

3．在没有建设集中污水处理设施的农村，不宜推广使用水冲厕所，避免造成污水直接集中排放，在上述地区鼓励推广非水冲式卫生厕所。

4. 对于分散居住的农户，鼓励采用低能耗小型分散式污水处理；在土地资源相对丰富、气候条件适宜的农村，鼓励采用集中自然处理；人口密集、污水排放相对集中的村落，宜采用集中处理。

5. 对于以户为单元就地排放的生活污水，宜根据不同情况采用庭院式小型湿地、沼气净化池和小型净化槽等处理技术和设施。

6. 鼓励采用粪便与生活杂排水分离的新型生态排水处理系统。宜采用沼气池处理粪便，采用氧化塘、湿地、快速渗滤及一体化装置等技术处理生活杂排水。

7. 对于经济发达、人口密集并建有完善排水体制的村落，应建设集中式污水处理设施，宜采用活性污泥法、生物膜法和人工湿地等二级生物处理技术。

8. 对于处理后的污水，宜利用洼地、农田等进一步净化、储存和利用，不得直接排入环境敏感区域内的水体。

9. 鼓励采用沼气池厕所、堆肥式、粪尿分集式等生态卫生厕所。在水冲厕所后，鼓励采用沼气净化池和户用沼气池等方式处理粪便污水，产生的沼气应加以利用。

10. 污水处理设施产生的污泥、沼液及沼渣等可作为农肥施用，在当地环境容量范围内，鼓励以就地消纳为主，实现资源化利用，禁止随意丢弃堆放，避免二次污染。

11. 小规模畜禽散养户应实现人畜分离。鼓励采用沼气池处理人畜粪便，并实施"一池三改"，推广"四位一体"等农业生态模式。

三、农村生活垃圾处理处置

1. 鼓励生活垃圾分类收集，设置垃圾分类收集容器。对金属、玻璃、塑料等垃圾进行回收利用；危险废物应单独收集处理处置。禁止农村垃圾随意丢弃、堆放、焚烧。

2. 城镇周边和环境敏感区的农村，在分类收集、减量化的基础上可通过"户分类、村收集、镇转运、县市处理"的城乡一体化模式处理处置生活垃圾。

3. 对无法纳入城镇垃圾处理系统的农村生活垃圾，应选择经济、适用、安全的处理处置技术，在分类收集基础上，采用无机垃圾填埋处理、有机垃圾堆肥处理等技术。

4. 砖瓦、渣土、清扫灰等无机垃圾，可作为农村废弃坑塘填埋、道路垫土等材料使用。

5. 有机垃圾宜与秸秆、稻草等农业废物混合进行静态堆肥处理，或与粪便、污水处理产生的污泥及沼渣等混合堆肥；亦可混入粪便，进入户用、联户沼气池厌氧发酵。

四、农村生活空气污染防治

1. 鼓励农村采用清洁能源、可再生能源，大力推广沼气、生物质能、太阳能、风能等技术，从源头控制农村生活空气污染。

2. 推进农村生活节能，鼓励采用省柴节能炉灶，逐步淘汰传统炉灶，推广使用改良柴灶、改良炕连灶等高效低污染炉灶，并应加设排烟道。

3. 以煤为主要燃料的农村应减少使用散煤和劣质煤，推广使用低氟煤、低硫煤、固氟煤、固硫煤、固砷煤等清洁煤产品。

五、新技术开发与示范推广

1. 鼓励加大研发投入，推动科技创新。研发适合农村实际的生活污染防治技术及设备，开展农村生活污染防治新技术、新工艺的开发、示范与推广，为农村生活污染防治提供技术支持。

2．鼓励通过"以奖代补"、"以奖促治"等多种途径加大农村生活污染防治资金投入，促进农村生活污染防治工作。

3．鼓励建立农村生活污染防治专业化、社会化技术服务机构，完善县（市）、镇、村一体化农村生活污染防治技术服务体系，鼓励专业技术服务机构运营维护农村污染防治设施，提高农村生活污染防治水平。

4．加强农村环境污染防治科技知识普及和传播，提高农村居民环保意识。

环 境 保 护 部 文 件

环发[2010]150号

关于发布《电解锰行业污染防治
技术政策》的通知

各省、自治区、直辖市环境保护厅（局），新疆生产建设兵团环境保护局，计划单列市环境保护局：

为贯彻《中华人民共和国环境保护法》等环保法律法规，保护人体健康和生态环境，降低电解锰行业资源、能源消耗，削减污染物排放强度，加强污染防治，促进电解锰行业可持续、健康发展，环境保护部组织制定了《电解锰行业污染防治技术政策》。现印发给你们，请结合本地区实际认真执行。

　　附件：电解锰行业污染防治技术政策

二〇一〇年十二月三十日

电解锰行业污染防治技术政策

（环发[2010]150 号　2010-12-30 实施）

一、总则

（一）为保护人体健康和生态环境，降低电解锰行业资源、能源消耗，削减污染物排放强度，加强污染防治，促进电解锰行业可持续、健康发展，根据《中华人民共和国环境保护法》、《中华人民共和国清洁生产促进法》等法律法规，制订本技术政策。

（二）本技术政策适用于全国范围内电解锰生产企业的规划、环评以及污染防治和污染防治设施的建设、管理。本技术政策所指电解锰为电解金属锰。

（三）鼓励电解锰行业集约化发展和规模化污染综合防治，电解锰行业发展应符合国家产业政策，上大压小，控制总规模；新（改、扩）建电解锰项目应采用国家推荐的清洁生产工艺和污染防治技术。

（四）电解锰行业对以下污染物进行重点防治：铬、硒、锰、氨氮、酸雾、工业粉尘、锰渣、阳极泥、硫化渣和铬渣。

（五）电解锰企业应采用原辅料源头控污、主要工艺环节过程减排、锰渣、废水末端循环和治理相结合的全过程清洁生产技术，推行以节能减排为核心，以污染预防为重点，以工艺清洁化、设备密闭化、操作机械化、计量精准化、水循环利用和水平衡等为特征的污染综合防治技术路线。

二、原辅料选择与污染防治技术

（一）鼓励使用高品位锰矿，逐步减少吨电解锰产品锰渣排放量。

（二）选用总锰含量低于 18% 的贫锰矿作为电解锰生产原料时，一般应采用浮选或磁选等富集预处理技术。

（三）2013 年之前，吨电解锰二氧化硒用量不高于 1.2 千克，2013 年起，全行业逐步实现无钝化或无铬钝化、无硒电解。

三、生产过程污染控制技术

（一）磨粉工序应选用封闭负压粉碎技术和密闭输送系统，严格控制粉尘污染。

（二）化合工序须配备酸雾吸收装置，防止酸雾排放。鼓励采用空气、双氧水等清洁环保型氧化剂。

（三）一次压滤工序应选用二段酸浸洗涤压滤等高效固液分离工艺技术，实现锰渣中可溶性锰含量低于 2%，锰渣二次压榨含水率低于 25%，淘汰不能达到上述目标的压滤技术。

（四）电解工序应优先选用低硒、无硒电解技术；鼓励采用无钝化和无铬钝化技术，加快淘汰重铬酸盐钝化技术。

电解工序宜采用阴极板出槽－钝化－清洗－烘干－剥离－洗板－抛光－入槽等流程的自动控制技术，实现电解工艺废水循环利用，淘汰传统的人工出槽和钝化方法。

（五）节能节水技术

1. 新建和改建企业应选用节能型电解槽、阳极液断流器等节能节电技术和设备，2013 年之前，吨含硒电解锰直流电耗不应高于 5 800 千瓦·时，吨无硒电解锰直流电耗不应高于 7 200 千瓦·时；2013 年起，吨无硒电解锰直流电耗不应高于 6 800 千瓦·时。

2. 电解锰企业应在各用水节点安装计量装置，加强对用水量的监控，吨电解锰新水用量不应高于 3 吨。

四、废水、废渣末端循环及处理处置技术

（一）2013 年之前，生产企业应逐步淘汰以铁屑还原法和石灰中和法为主的废水处理工艺，对含铬、锰离子的废水宜采用离子交换法等先进技术处理，实现铬、锰资源化循环利用。

（二）锰渣应综合利用，鼓励以锰渣为原料生产建材原料和制品，鼓励研发规模化利用锰渣制备高附加值产品的技术。

（三）在条件适宜地区，应采用先进技术提取和回收硫化渣中钴、镍等有价金属。

（四）2013 年之前，生产企业应加装脱除氨氮的废水深度处理装置，鼓励采用氨氮循环利用技术。

五、二次污染防治

（一）锰渣的处理处置应符合国家的相关法律法规，规范锰渣库的建设和管理，防止锰渣渗滤液对环境的二次污染。

（二）加强铬渣的安全处置和二次污染防治。厂区内铬渣的暂存及转运应符合国家有关危废处置的相关规定，应定期交有处理资质的厂家进行无害化处理，不得与一般固废一起堆存。

（三）严格预防和控制锰矿选矿、阳极泥利用、锰渣堆放、铬渣堆放以及资源化利用过程中产生二次污染。

（四）加强废水、锰渣中硒、锰等有害物质浸出、流失所导致的二次污染和人体健康危害评估。

六、鼓励研发与推广的新技术

（一）加快研发和推广无硒电解、无铬钝化和无钝化生产技术。

（二）加快研发和推广提高电解效率的节能新技术。

（三）加快研发以低品位二氧化锰矿为原料的还原工艺技术及设备。

（四）鼓励研发高附加值锰系产品，延长电解锰产业链。

（五）鼓励研发离子交换法等回收及循环利用废水中铬、锰离子的先进技术，以及回收利用氨氮的先进技术。

（六）鼓励研发电解锰生产过程中排放的二氧化碳气体捕获、封存、回收再利用技术，实现全行业低碳生产。

七、运行管理

（一）企业应按照有关规定，安装总锰、悬浮物和氨氮等主要污染物以及 pH 值的在线监测装置，在车间或处理设施排放口安装六价铬的在线监测装置，并与环保行政主管部门的污染监控系统联网。

（二）企业应建立电解锰生产装置及污染防治设施运行及检修规程和台账等日常管理制度；建立、完善环境污染事故应急体系，建设硫酸、液氨、电解液、阳极液的事故应急处理设施，包括事故围堰、应急池、双阀门控制设施等。液氨储罐安置应符合国家危险化学品的有关规定。

（三）企业应加强厂区环境综合整治，厂区的车间地面采取防渗、防漏和防腐措施；优化企业内部管网布局，实现清污分流、雨污分流和管网防渗、防漏，在生产过程中严控跑、冒、滴、漏现象和无组织排放行为。

（四）企业应加强电解锰生产噪声环境管理，确保厂界噪声达到国家有关规定。

（五）鼓励企业委托第三方进行污染防治设施的运行管理。

八、监督管理

（一）应重点加强对企业的磨粉、化合、压滤及废水处理等工序的日常监测、控制与管理，严防无组织排放及偷、漏排行为发生。加强电解锰厂、锰渣库（场）周边地表水、地下水和土壤污染的监控。

（二）应加强对电解锰企业的强制性清洁生产审核。

（三）应对申请关闭的电解锰厂区和退役的锰渣库（场）及其周边进行环境评估。对已退役闭库的锰渣库（场）进行定期跟踪监测，督促企业恢复生态。

（四）电解锰企业所在地的环境保护行政主管部门应加强对企业污染治理设施运行和日常污染防治管理制度执行情况的定期检查和监督。

环 境 保 护 部 文 件

环发[2010]151 号

关于发布《畜禽养殖业污染防治
技术政策》的通知

各省、自治区、直辖市环境保护厅（局），新疆生产建设兵团环境保护局，计划单列市环境保护局：

  为贯彻《中华人民共和国环境保护法》等环保法律法规，推动社会主义新农村建设，防治畜禽养殖业的环境污染，保护生态环境和人体健康，促进畜禽养殖业健康可持续发展，环境保护部组织制定了《畜禽养殖业污染防治技术政策》。现印发给你们，请结合本地区实际认真执行。

  附件：畜禽养殖业污染防治技术政策

二〇一〇年十二月三十日

畜禽养殖业污染防治技术政策

（环发[2010]151 号　　2010-12-30 实施）

一、总则

（一）为防治畜禽养殖业的环境污染，保护生态环境，促进畜禽养殖污染防治技术进步，根据《中华人民共和国环境保护法》、《中华人民共和国水污染防治法》、《中华人民共和国固体废物污染防治法》、《中华人民共和国大气污染防治法》、《中华人民共和国畜牧法》等相关法律，制定本技术政策。

（二）本技术政策适用于中华人民共和国境内畜禽养殖业防治环境污染，可作为编制畜禽养殖污染防治规划、环境影响评价报告和最佳可行技术指南、工程技术规范及相关标准等的依据，指导畜禽养殖污染防治技术的开发、推广和应用。

（三）畜禽养殖污染防治应遵循发展循环经济、低碳经济、生态农业与资源化综合利用的总体发展战略，促进畜禽养殖业向集约化、规模化发展，重视畜禽养殖的温室气体减排，逐步提高畜禽养殖污染防治技术水平，因地制宜地开展综合整治。

（四）畜禽养殖污染防治应贯彻"预防为主、防治结合，经济性和实用性相结合，管理措施和技术措施相结合，有效利用和全面处理相结合"的技术方针，实行"源头削减、清洁生产、资源化综合利用，防止二次污染"的技术路线。

（五）畜禽养殖污染防治应遵循以下技术原则：

1．全面规划、合理布局，贯彻执行当地人民政府颁布的畜禽养殖区划，严格遵守"禁养区"和"限养区"的规定，已有的畜禽养殖场（小区）应限期搬迁；结合当地城乡总体规划、环境保护规划和畜牧业发展规划，做好畜禽养殖污染防治规划，优化规模化畜禽养殖场（小区）及其污染防治设施的布局，避开饮用水水源地等环境敏感区域。

2．发展清洁养殖，重视圈舍结构、粪污清理、饲料配比等环节的环境保护要求；注重在养殖过程中降低资源耗损和污染负荷，实现源头减排；提高末端治理效率，实现稳定达标排放和"近零排放"。

3．鼓励畜禽养殖规模化和粪污利用大型化和专业化，发展适合不同养殖规模和养殖形式的畜禽养殖废弃物无害化处理模式和资源化综合利用模式，污染防治措施应优先考虑资源化综合利用。

4．种、养结合，发展生态农业，充分考虑农田土壤消纳能力和区域环境容量要求，确保畜禽养殖废弃物有效还田利用，防止二次污染。

5．严格环境监管，强化畜禽养殖项目建设的环境影响评价、"三同时"、环保验收、日常执法监督和例行监测等环境管理环节，完善设施建设与运行管理体系；强化农田土壤的环境安全，防止以"农田利用"为名变相排放污染物。

二、清洁养殖与废弃物收集

（一）畜禽养殖应严格执行有关国家标准，切实控制饲料组分中重金属、抗生素、生长激素等物质的添加量，保障畜禽养殖废弃物资源化综合利用的环境安全。

（二）规模化畜禽养殖场排放的粪污应实行固液分离，粪便应与废水分开处理和处置；应逐步推行干清粪方式，最大限度地减少废水的产生和排放，降低废水的污染负荷。

（三）畜禽养殖宜推广可吸附粪污、利于干式清理和综合利用的畜禽养殖废弃物收集技术，因地制宜地利用农业废弃物（如麦壳、稻壳、谷糠、秸秆、锯末、灰土等）作为圈、舍垫料，或采用符合动物防疫要求的生物发酵床垫料。

（四）不适合敷设垫料的畜禽养殖圈、舍，宜采用漏缝地板和粪、尿分离排放的圈舍结构，以利于畜禽粪污的固液分离与干式清除。尚无法实现干清粪的畜禽养殖圈、舍，宜采用旋转筛网对粪污进行预处理。

（五）畜禽粪便、垫料等畜禽养殖废弃物应定期清运，外运畜禽养殖废弃物的贮存、运输器具应采取可靠的密闭、防泄漏等卫生、环保措施；临时储存畜禽养殖废弃物，应设置专用堆场，周边应设置围挡，具有可靠的防渗、防漏、防冲刷、防流失等功能。

三、废弃物无害化处理与综合利用

（一）应根据养殖种类、养殖规模、粪污收集方式、当地的自然地理环境条件以及废水排放去向等因素，确定畜禽养殖废弃物无害化处理与资源化综合利用模式，并择优选用低成本的处理处置技术。

（二）鼓励发展专业化集中式畜禽养殖废弃物无害化处理模式，实现畜禽养殖废弃物的社会化集中处理与规模化利用。鼓励畜禽养殖废弃物的能源化利用和肥料化利用。

（三）大型规模化畜禽养殖场和集中式畜禽养殖废弃物处理处置工厂宜采用"厌氧发酵—（发酵后固体物）好氧堆肥工艺"和"高温好氧堆肥工艺"回收沼气能源或生产高肥效、高附加值复合有机肥。

（四）厌氧发酵产生的沼气应进行收集，并根据利用途径进行脱水、脱硫、脱碳等净化处理。沼气宜作为燃料直接利用，达到一定规模的可发展瓶装燃气，有条件的应采取发电方式间接利用，并优先满足养殖场内及场区周边区域的用电需要，沼气产生量达到足够规模的，应优先采取热电联供方式进行沼气发电并并入电网。

（五）厌氧发酵产生的底物宜采取压榨、过滤等方式进行固液分离，沼渣和沼液应进一步加工成复合有机肥进行利用，或按照种养结合要求，充分利用规模化畜禽养殖场（小区）周边的农田、山林、草场和果园，就地消纳沼液、沼渣。

（六）中小型规模化畜禽养殖场（小区）宜采用相对集中的方式处理畜禽养殖废弃物。宜采用"高温好氧堆肥工艺"或"生物发酵工艺"生产有机肥，或采用"厌氧发酵工艺"生产沼气，并做到产用平衡。

（七）畜禽尸体应按照有关卫生防疫规定单独进行妥善处置。染疫畜禽及其排泄物、染疫畜禽产品，病死或者死因不明的畜禽尸体等污染物，应就地进行无害化处理。

四、畜禽养殖废水处理

（一）规模化畜禽养殖场（小区）应建立完备的排水设施并保持畅通，其废水收集输送系统不得采取明沟布设；排水系统应实行雨污分流制。

（二）布局集中的规模化畜禽养殖场（小区）和畜禽散养密集区宜采取废水集中处理模式，布局分散的规模化畜禽养殖场（小区）宜单独进行就地处理。鼓励废水回用于场区园林绿化和周边农田灌溉。

（三）应根据畜禽养殖场的清粪方式、废水水质、排放去向、外排水应达到的环境要求等因素，选择适宜的畜禽养殖废水处理工艺；处理后的水质应符合相应的环境标准，回用于农田灌溉的水质应达到农田灌溉水质标准。

（四）规模化畜禽养殖场（小区）产生的废水应进行固液分离预处理，采用脱氮除磷效率高的"厌氧+兼氧"生物处理工艺进行达标处理，并应进行杀菌消毒处理。

五、畜禽养殖空气污染防治

（一）规模化畜禽养殖场（小区）应加强恶臭气体净化处理并覆盖所有恶臭发生源，排放的气体应符合国家或地方恶臭污染物排放标准。

（二）专业化集中式畜禽养殖废弃物无害化处理工厂产生的恶臭气体，宜采用生物吸附和生物过滤等除臭技术进行集中处理。

（三）大型规模化畜禽养殖场应针对畜禽养殖废弃物处理与利用过程的关键环节，采取场所密闭、喷洒除臭剂等措施，减少恶臭气体扩散，降低恶臭气体对场区空气质量和周边居民生活的影响。

（四）中小型规模化畜禽养殖场（小区）宜通过科学选址、合理布局、加强圈舍通风、建设绿化隔离带、及时清理畜禽养殖废弃物等手段，减少恶臭气体的污染。

六、畜禽养殖二次污染防治

（一）应高度重视畜禽养殖废弃物还田利用过程中潜在的二次污染防治，满足当地面源污染控制的环境保护要求。

（二）通过测试农田土壤肥效，根据农田土壤、作物生长所需的养分量和环境容量，科学确定畜禽养殖废弃物的还田利用量，有效利用沼液、沼渣和有机肥，合理施肥，预防面源污染。

（三）加强畜禽养殖废水中含有的重金属、抗生素和生长激素等环境污染物的处理，严格达标排放。

废水处理产生的污泥宜采用有效技术进行无害化处理。

（四）畜禽养殖废弃物作为有机肥进行农田利用时，其重金属含量应符合相关标准；养殖场垫料应妥善处置。

七、鼓励开发应用的新技术

（一）国家鼓励开发、应用以下畜禽养殖废弃物无害化处理与资源化综合利用技术与装备：

1. 高品质、高肥效复合有机肥制造技术和成套装备。
2. 畜禽养殖废弃物的预处理新技术。
3. 快速厌氧发酵工艺和高效生物菌种。
4. 沼气净化、提纯和压缩等燃料化利用技术与设备。

（二）国家鼓励开发、应用以下畜禽养殖废水处理技术与装备：

1. 高效、低成本的畜禽养殖废水脱氮除磷处理技术。
2. 畜禽养殖废水回用处理技术与成套装备。

（三）国家鼓励开发、应用以下清洁养殖技术与装备：

1. 适合干式清粪操作的废弃物清理机械和新型圈舍。

2．符合生物安全的畜禽养殖技术及微生物菌剂。

八、设施的建设、运行和监督管理

（一）规模化畜禽养殖场（小区）应设置规范化排污口，并建设污染治理设施，有关工程的设计、施工、验收及运营应符合相关工程技术规范的规定。

（二）国家鼓励实行社会化环境污染治理的专业化运营服务。畜禽养殖经营者可将畜禽养殖废弃物委托给具有环境污染治理设施运营资质的单位进行处置。

（三）畜禽养殖场（小区）应建立健全污染治理设施运行管理制度和操作规程，配备专职运行管理人员和检测手段；对操作人员应加强专业技术培训，实行考试合格持证上岗。

中华人民共和国环境保护部
公　告

2012 年　第 18 号

为贯彻《中华人民共和国环境保护法》，防治环境污染，保障生态安全和人体健康，促进技术进步，我部组织制定了《铅锌冶炼工业污染防治技术政策》、《石油天然气开采业污染防治技术政策》和《制药工业污染防治技术政策》等三项指导性文件，现予发布，供有关方面参照执行。

以上文件内容可在环境保护部网站（kjs.mep.gov.cn/hjbhbz/）查询。

附件：1. 铅锌冶炼工业污染防治技术政策

　　　2. 石油天然气开采业污染防治技术政策

　　　3. 制药工业污染防治技术政策

二〇一二年三月七日

附件一：

铅锌冶炼工业污染防治技术政策

一、总则

（一）为贯彻《中华人民共和国环境保护法》等法律法规，防治环境污染，保障生态安全和人体健康，促进铅锌冶炼工业生产工艺和污染治理技术的进步，制定本技术政策。

（二）本技术政策为指导性文件，供各有关单位在建设项目和现有企业的管理、设计、建设、生产、科研等工作中参照采用；本技术政策适用于铅锌冶炼工业，包括以铅锌原生矿为原料的冶炼业和以废旧金属为原料的铅锌再生业。

（三）铅锌冶炼业应加大产业结构调整和产品优化升级的力度，合理规划产业布局，进一步提高产业集中度和规模化水平，加快淘汰低水平落后产能，实行产能等量或减量置换。

（四）在水源保护区、基本农田区、蔬菜基地、自然保护区、重要生态功能区、重要养殖基地、城镇人口密集区等环境敏感区及其防护区内，要严格限制新（改、扩）建铅锌冶炼和再生项目；区域内存在现有企业的，应适时调整规划，促使其治理、转产或迁出。

（五）铅锌冶炼业新建、扩建项目应优先采用一级标准或更先进的清洁生产工艺，改建项目的生产工艺不宜低于二级清洁生产标准。企业排放污染物应稳定达标，重点区域内企业排放的废气和废水中铅、砷、镉等重金属量应明显减少，到2015年，固体废物综合利用（或无害化处置）率要达到100%。

（六）铅锌冶炼业重金属污染防治工作，要坚持"减量化、资源化、无害化"的原则，实行以清洁生产为核心、以重金属污染物减排为重点、以可行有效的污染防治技术为支撑、以风险防范为保障的综合防治技术路线。

（七）鼓励企业按照循环经济和生态工业的要求，采取铅锌联合冶炼、配套综合回收、产品关联延伸等措施，提高资源利用率，减少废物的产生量。

（八）废铅酸蓄电池的拆解，应按照《废电池污染防治技术政策》的要求进行。

（九）要采取有效措施，切实防范铅锌冶炼业企业生产过程中的环境和健康风险。对新（改、扩）建企业和现有企业，应根据企业所在地的自然条件和环境敏感区域的方位，科学地设置防护距离。

二、清洁生产

（一）为防范环境风险，对每一批矿物原料均应进行全成分分析，严格控制原料中汞、砷、镉、铊、铍等有害元素含量。无汞回收装置的冶炼厂，不应使用汞含量高于0.01%的原料。含汞的废渣作为铅锌冶炼配料使用时，应先回收汞，再进行铅锌冶炼。

（二）在矿物原料的运输、储存和备料等过程中，应采取密闭等措施，防止物料扬撒。原料、中间产品和成品不宜露天堆放。

（三）鼓励采用符合一、二级清洁生产标准的铅短流程富氧熔炼工艺，要在3～5年内淘汰不符合清洁生产标准的铅锌冶炼工艺、设备。

（四）应提高铅锌冶炼各工序中铅、汞、砷、镉、铊、铍和硫等元素的回收率，最大限度地减少排放量。

（五）铅产品及含铅组件上应有成分和再利用标志；废铅产品及含铅、锌、砷、汞、镉、铊等有害元素的物料，应就地回收，按固体废物管理的有关规定进行鉴别、处理。

（六）应采用湿法工艺，对铅、锌电解产生的阳极泥进行处理，回收金、银、锑、铋、铅、铜等金属，残渣应按固体废物管理要求妥善处理。

（七）采用废旧金属进行再生铅锌冶炼，应控制原料中的氯元素含量，烟气应采用急冷、活性炭吸附、布袋除尘等净化技术，严格控制二噁英的产生和排放。

三、大气污染防治

（一）铅锌冶炼的烟气应采取负压工况收集、处理。对无法完全密闭的排放点，采用集气装置严格控制废气无组织排放。根据气象条件，采用重点区域洒水等措施，防止扬尘污染。

（二）鼓励采用微孔膜复合滤料等新型织物材料的布袋除尘器及其他高效除尘器，处理含铅、锌等重金属颗粒物的烟气。

（三）冶炼烟气中的二氧化硫应进行回收，生产硫酸或其他产品。鼓励采用绝热蒸发稀酸净化、双接触法等制酸技术。制酸尾气应采取除酸雾等净化措施后，达标排放。

（四）鼓励采用氯化法、碘化法等先进、高效的汞回收及烟气脱汞技术处理含汞烟气。

（五）铅电解及湿法炼锌时，电解槽酸雾应收集净化处理；锌浸出槽和净化槽均应配套废气收集、气液分离或除雾装置。

（六）对散发危害人体健康气体的工序，应采取抑制、有组织收集与净化等措施，改善作业区和厂区的环境空气质量。

四、固体废物处置与综合利用

（一）应按照法律法规的规定，开展固体废物管理和危险废物鉴别工作。不可再利用的铅锌冶炼废渣经鉴定为危险废物的，应稳定化处理后进行安全填埋处置。渣场应采取防渗和清污分流措施，设立防渗污水收集池，防止渗滤液污染土壤、地表水和地下水。

（二）鼓励以无害的熔炼水淬渣为原料，生产建材原料、制品、路基材料等，以减少占地、提高废旧资源综合利用率。

（三）铅冶炼过程中产生的炉渣、黄渣、氧化铅渣、铅再生渣等宜采用富氧熔炼或选矿方法回收铅、锌、铜、锑等金属。

（四）湿法炼锌浸出渣，宜采用富氧熔炼及烟化炉等工艺先回收锌、铅、铜等金属后再利用，或通过直接炼铅工艺搭配处理。热酸浸出渣宜送铅冶炼系统或委托有资质的单位回收铅、银等有价金属后再利用。

（五）冶炼烟气中收集的烟（粉）尘，除了含汞、砷、镉的外，应密闭返回冶炼配料系统，或直接采用湿法提取有价金属。

（六）烟气稀酸洗涤产生的含铅、砷等重金属的酸泥，应回收有价金属，含汞污泥应及时回收汞。生产区下水道污泥、收集池沉渣以及废水处理污泥等不可回收的废物，应密闭储存，在稳定化和固化后，安全填埋处置。

五、水污染防治

（一）铅锌冶炼和再生过程排放的废水应循环利用，水循环率应达到 90%以上，鼓励生产废水全部循环利用。

（二）含铅、汞、镉、砷、镍、铬等重金属的生产废水，应按照国家排放标准的规定，在其产生的车间或生产设施进行分质处理或回用，不得将含不同类的重金属成分或浓度差别大的废水混合稀释。

（三）生产区初期雨水、地面冲洗水、渣场渗滤液和生活污水应收集处理，循环利用或达标排放。

（四）含重金属的生产废水，可按照其水质及处理要求，分别采用化学沉淀法、生物（剂）法、吸附法、电化学法和膜分离法等单一或组合工艺进行处理。

（五）对储存和使用有毒物质的车间和存在泄漏风险的装置，应设置防渗的事故废水收集池；初期雨水的收集池应采取防渗措施。

六、鼓励研发的新技术

鼓励研究、开发、推广以下技术：

（一）环境友好的铅富氧闪速熔炼和短流程连续熔炼新工艺，液态高铅渣直接还原等技术；锌直接浸出和大极板、长周期电解产业化技术；铅锌再生、综合回收的新工艺和设备。

（二）烟气高效收集装置，深度脱除烟气中铅、汞、铊等重金属的技术与设备，小粒径重金属烟尘高效去除技术与装置。

（三）湿法烟气制酸技术，低浓度二氧化硫烟气制酸和脱硫回收的新技术；制酸尾气除雾、洗涤污酸净化循环利用等技术和装备。

（四）从固体废物中回收铅、锌、镉、汞、砷、硒等有价成分的技术，利用固体废物制备高附加值产品技术，湿法炼锌中铁渣减排及铁资源利用、锌浸出渣熔炼技术与装备。

（五）高效去除含铅、锌、镉、汞、砷等废水的深度处理技术，膜、生物及电解等高效分离、回用的成套技术和装置等。

（六）具有自主知识产权的铅锌冶炼与污染物处理工艺及污染物排放全过程检测的自动控制技术、新型仪器与装置。

（七）重金属污染水体与土壤的环境修复技术，重点是铅锌冶炼厂废水排放口、渣场下游水体和土壤的修复。

七、污染防治管理与监督

（一）应按照有关法律法规及国家和地方排放标准的规定，对企业排污情况进行监督和监测，设置在线监测装置并与环保部门的监控系统联网；定期对企业周围空气、水、土壤的环境质量状况进行监测，了解企业生产对环境和健康的影响程度。

（二）企业应增强社会责任意识，加强环境风险管理，制定环境风险管理制度和重金属污染事故应急预案并定期演练。

（三）企业应保证铅锌冶炼的污染治理设施与生产设施同时配套建设并正常运行。发生紧急事故或故障造成重金属污染治理设施停运时，应按应急预案立即采取补救措施。

（四）应按照有关规定，开展清洁生产工作，提高污染防治技术水平，确保环境安全。

（五）企业搬迁或关闭后，拟对场地进行再次开发利用时，应根据用途进行风险评价，并按规定采取相关措施。

附件二：

石油天然气开采业污染防治技术政策

一、总则

（一）为贯彻《中华人民共和国环境保护法》等法律法规，合理开发石油天然气资源，防止环境污染和生态破坏，加强环境风险防范，促进石油天然气开采业技术进步，制定本技术政策。

（二）本技术政策为指导性文件，供各有关单位在管理、设计、建设、生产、科研等工作中参照采用；本技术政策适用于陆域石油天然气开采行业。

（三）到 2015 年末，行业新、改、扩建项目均采用清洁生产工艺和技术，工业废水回用率达到90%以上，工业固体废物资源化及无害化处理处置率达到 100%。要遏制重大、杜绝特别重大环境污染和生态破坏事故的发生。要逐步实现对行业排放的石油类污染物进行总量控制。

（四）石油天然气开采要坚持油气开发与环境保护并举，油气田整体开发与优化布局相结合，污染防治与生态保护并重。大力推行清洁生产，发展循环经济，强化末端治理，注重环境风险防范，因地制宜进行生态恢复与建设，实现绿色发展。

（五）在环境敏感区进行石油天然气勘探、开采的，要在开发前对生态、环境影响进行充分论证，并严格执行环境影响评价文件的要求，积极采取缓解生态、环境破坏的措施。

二、清洁生产

（一）油气田建设应总体规划，优化布局，整体开发，减少占地和油气损失，实现油气和废物的集中收集、处理处置。

（二）油气田开发不得使用含有国际公约禁用化学物质的油气田化学剂，逐步淘汰微毒及以上油气田化学剂，鼓励使用无毒油气田化学剂。

（三）在勘探开发过程中，应防止产生落地原油。其中井下作业过程中应配备泄油器、刮油器等。落地原油应及时回收，落地原油回收率应达到 100%。

（四）在油气勘探过程中，宜使用环保型炸药和可控震源，应采取防渗等措施预防燃料泄漏对环境的污染。

（五）在钻井过程中，鼓励采用环境友好的钻井液体系；配备完善的固控设备，钻井液循环率达到 95%以上；钻井过程产生的废水应回用。

（六）在井下作业过程中，酸化液和压裂液宜集中配制，酸化残液、压裂残液和返排液应回收利用或进行无害化处置，压裂放喷返入罐率应达到 100%。

酸化、压裂作业和试油（气）过程应采取防喷、地面管线防刺、防漏、防溢等措施。

（七）在开发过程中，适宜注水开采的油气田，应将采出水处理满足标准后回注；对于稠油注汽开采，鼓励采出水处理后回用于注汽锅炉。

（八）在油气集输过程中，应采用密闭流程，减少烃类气体排放。新建 3000m³ 及以上原油储罐应采用浮顶形式，新、改、扩建油气储罐应安装泄漏报警系统。

新、改、扩建油气田油气集输损耗率不高于 0.5%，2010 年 12 月 31 日前建设的油气田油气集输损耗率不高于 0.8%。

（九）在天然气净化过程中，应采用两级及以上克劳斯或其他实用高效的硫回收技术，在回收硫资源的同时，控制二氧化硫排放。

三、生态保护

（一）油气田建设宜布置丛式井组，采用多分支井、水平井、小孔钻井、空气钻井等钻井技术，以减少废物产生和占地。

（二）在油气勘探过程中，应根据工区测线布设，合理规划行车线路和爆炸点，避让环境敏感区和环境敏感时间。对爆点地表应立即进行恢复。

（三）在测井过程中，鼓励应用核磁共振测井技术，减少生态破坏；运输测井放射源车辆应加装定位系统。

（四）在开发过程中，伴生气应回收利用，减少温室气体排放，不具备回收利用条件的，应充分燃烧，伴生气回收利用率应达到 80%以上；站场放空天然气应充分燃烧。燃烧放空设施应避开鸟类迁徙通道。

（五）在油气开发过程中，应采取措施减轻生态影响并及时用适地植物进行植被恢复。井场周围应设置围堤或井界沟。应设立地下水水质监测井，加强对油气田地下水水质的监控，防止回注过程对地下水造成污染。

（六）位于湿地自然保护区和鸟类迁徙通道上的油田、油井，若有较大的生态影响，应将电线、采油管线地下敷设。在油田作业区，应采取措施，保护零散自然湿地。

（七）油气田退役前应进行环境影响后评价，油气田企业应按照后评价要求进行生态恢复。

四、污染治理

（一）在钻井和井下作业过程中，鼓励污油、污水进入生产流程循环利用，未进入生产流程的污油、污水应采用固液分离、废水处理一体化装置等处理后达标外排。

在油气开发过程中，未回注的油气田采出水宜采用混凝气浮和生化处理相结合的方式。

（二）在天然气净化过程中，鼓励采用二氧化硫尾气处理技术，提高去除效率。

（三）固体废物收集、贮存、处理处置设施应按照标准要求采取防渗措施。

试油（气）后应立即封闭废弃钻井液贮池。

（四）应回收落地原油，以及原油处理、废水处理产生的油泥（砂）等中的油类物质，含油污泥资源化利用率应达到 90%以上，残余固体废物应按照《国家危险废物名录》和危险废物鉴别标准识别，根据识别结果资源化利用或无害化处置。

（五）对受到油污染的土壤宜采取生物或物化方法进行修复。

五、鼓励研发的新技术

鼓励研究、开发、推广以下技术：

（一）环境友好的油田化学剂、酸化液、压裂液、钻井液，酸化、压裂替代技术，钻井废物的随钻处理技术，提高天然气净化厂硫回收率技术。

（二）二氧化碳驱采油技术，低渗透地层的注水处理技术。

（三）废弃钻井液、井下作业废液及含油污泥资源化利用和无害化处置技术，石油污染物的快速降解技术，受污染土壤、地下水的修复技术。

六、运行管理与风险防范

（一）油气田企业应制定环境保护管理规定，建立并运行健康、安全与环境管理体系。

（二）加强油气田建设、勘探开发过程的环境监督管理。油气田建设过程应开展工程环境监理。

（三）在开发过程中，企业应加强油气井套管的检测和维护，防止油气泄漏污染地下水。

（四）油气田企业应建立环境保护人员培训制度，环境监测人员、统计人员、污染治理设施操作人员应经培训合格后上岗。

（五）油气田企业应对勘探开发过程进行环境风险因素识别，制定突发环境事件应急预案并定期进行演练。应开展特征污染物监测工作，采取环境风险防范和应急措施，防止发生由突发性油气泄漏产生的环境事故。

附件三：

制药工业污染防治技术政策

一、总则

（一）为贯彻《中华人民共和国环境保护法》等相关法律法规，防治环境污染，保障生态安全和人体健康，促进制药工业生产工艺和污染治理技术的进步，制定本技术政策。

（二）本技术政策为指导性文件，供各有关单位在建设项目和现有企业的管理、设计、建设、生产、科研等工作中参照采用；本技术政策适用于制药工业（包括兽药）。

（三）鼓励制药工业规模化、集约化发展，提高产业集中度，减少制药企业数量。鼓励中小企业向"专、精、特、新"的方向发展。

（四）要防止化学原料药生产向环境承载能力弱的地区转移；鼓励制药工业园区创建国家新型工业化产业示范基地；新（改、扩）建制药企业选址应符合当地规划和环境功能区划，并根据当地的自然条件和环境敏感区域的方位，确定适宜的厂址。

（五）限制大宗低附加值、难以完成污染治理目标的原料药生产项目，防止低水平产能的扩张，提升原料药深加工水平，开发下游产品，延伸产品链，鼓励发展新型高端制剂产品。

（六）应对制药工业产生的化学需氧量（COD）、氨氮、残留药物活性成分、恶臭物质、挥发性有机物（VOC）、抗生素菌渣等污染物进行重点防治。

（七）制药工业污染防治应遵循清洁生产与末端治理相结合、综合利用与无害化处置相结合的原则；注重源头控污，加强精细化管理，提倡废水分类收集、分质处理，采用先进、成熟的污染防治技术，减少废气排放，提高废物综合利用水平，加强环境风险防范。

废水、废气及固体废物的处置应考虑生物安全性因素。

（八）制药企业应优化产品结构，采用先进的生产工艺和设备，提升污染防治水平；淘汰高耗能、高耗水、高污染、低效率的落后工艺和设备。

二、清洁生产

（一）鼓励使用无毒、无害或低毒、低害的原辅材料，减少有毒、有害原辅材料的使用。

（二）鼓励在生产中减少含氮物质的使用。

（三）鼓励采用动态提取、微波提取、超声提取、双水相萃取、超临界萃取、液膜法、膜分离、大孔树脂吸附、多效浓缩、真空带式干燥、微波干燥、喷雾干燥等提取、分离、纯化、浓缩和干燥技术。

（四）鼓励采用酶法、新型结晶、生物转化等原料药生产新技术，鼓励构建新菌种或改造抗生素、维生素、氨基酸等产品的生产菌种，提高产率。

（五）生产过程中应密闭式操作，采用密闭设备、密闭原料输送管道；投料宜采用放料、泵料或压料技术，不宜采用真空抽料，以减少有机溶剂的无组织排放。

（六）有机溶剂回收系统应选用密闭、高效的工艺和设备，提高溶剂回收率。

（七）鼓励回收利用废水中有用物质、采用膜分离或多效蒸发等技术回收生产中使用的铵盐等盐类物质，减少废水中的氨氮及硫酸盐等盐类物质。

（八）提高制水设备排水、循环水排水、蒸汽凝水、洗瓶水的回收利用率。

三、水污染防治

（一）废水宜分类收集、分质处理；高浓度废水、含有药物活性成分的废水应进行预处理。企业向工业园区的公共污水处理厂或城镇排水系统排放废水，应进行处理，并按法律规定达到国家或地方规定的排放标准。

（二）烷基汞、总镉、六价铬、总铅、总镍、总汞、总砷等水污染物应在车间处理达标后，再进入污水处理系统。

（三）含有药物活性成分的废水，应进行预处理灭活。

（四）高含盐废水宜进行除盐处理后，再进入污水处理系统。

（五）可生化降解的高浓度废水应进行常规预处理，难生化降解的高浓度废水应进行强化预处理。预处理后的高浓度废水，先经"厌氧生化"处理后，与低浓度废水混合，再进行"好氧生化"处理及深度处理；或预处理后的高浓度废水与低浓度废水混合，进行"厌氧（或水解酸化）—好氧"生化处理及深度处理。

（六）毒性大、难降解废水应单独收集、单独处理后，再与其他废水混合处理。

（七）含氨氮高的废水宜物化预处理，回收氨氮后再进行生物脱氮。

（八）接触病毒、活性细菌的生物工程类制药工艺废水应灭菌、灭活后再与其他废水混合，采用"二级生化—消毒"组合工艺进行处理。

（九）实验室废水、动物房废水应单独收集，并进行灭菌、灭活处理，再进入污水处理系统。

（十）低浓度有机废水，宜采用"好氧生化"或"水解酸化—好氧生化"工艺进行处理。

四、大气污染防治

（一）粉碎、筛分、总混、过滤、干燥、包装等工序产生的含药尘废气，应安装袋式、湿式等高效除尘器捕集。

（二）有机溶剂废气优先采用冷凝、吸附—冷凝、离子液吸收等工艺进行回收，不能回收的应采用燃烧法等进行处理。

（三）发酵尾气宜采取除臭措施进行处理。

（四）含氯化氢等酸性废气应采用水或碱液吸收处理，含氨等碱性废气应采用水或酸吸收处理。

（五）产生恶臭的生产车间应设置除臭设施；动物房应封闭，设置集中通风、除臭设施。

五、固体废物处置和综合利用

（一）制药工业产生的列入《国家危险废物名录》的废物，应按危险废物处置，包括：高浓度釜残液、基因工程药物过程中的母液、生产抗生素类药物和生物工程类药物产生的菌丝废渣、报废药品、过期原料、废吸附剂、废催化剂和溶剂、含有或者直接沾染危险废物的废包装材料、废滤芯（膜）等。

（二）生产维生素、氨基酸及其他发酵类药物产生的菌丝废渣经鉴别为危险废物的，按照危险废物处置。

（三）药物生产过程中产生的废活性炭应优先回收再生利用，未回收利用的按照危险废物处置。实验动物尸体应作为危险废物焚烧处置。

（四）中药、提取类药物生产过程中产生的药渣鼓励作有机肥料或燃料利用。

六、生物安全性风险防范

（一）生物工程类制药中接触病毒或活性菌种的生产、研发全过程应灭活、灭菌，优先选择高温灭活技术。

（二）存在生物安全性风险的抗生素制药废水，应进行前处理以破坏抗生素分子结构。

（三）通过高效过滤器控制颗粒物排放，减少生物气溶胶可能带来的风险。

（四）涉及生物安全性风险的固体废物应进行无害化处置。

七、二次污染防治

（一）废水厌氧生化处理过程中产生的沼气，宜回收并脱硫后综合利用，不得直接放散。

（二）废水处理过程中产生的恶臭气体，经收集后采用化学吸收、生物过滤、吸附等方法进行处理。

（三）废水处理过程中产生的剩余污泥，应按照《国家危险废物名录》和危险废物鉴别标准进行识别或鉴别，非危险废物可综合利用。

（四）有机溶剂废气处理过程中产生的废活性炭等吸附过滤物及载体，应作为危险废物处置。

（五）除尘设施捕集的不可回收利用的药尘，应作为危险废物处置。

八、鼓励研发的新技术

鼓励研究、开发、推广以下技术：

（一）进行发酵菌种改良和工艺流程优化，提高产率、减少能耗。

（二）连续逆流循环等高效活性物质提取分离技术，研发酶法、生物转化、膜技术、结晶技术等环保、节能的关键共性产业化技术和装备。

（三）发酵菌渣在生产工艺中的再利用技术、无害化处理技术、综合利用技术，危险废物厂内综合利用技术。

九、运行管理

（一）企业应按照有关规定，安装 COD 等主要污染物的在线监测装置，并与环保行政主管部门的污染监控系统联网。

（二）企业应建立生产装置和污染防治设施运行及检修规程和台账等日常管理制度；建立、完善环境污染事故应急体系，建设危险化学品的事故应急处理设施。

（三）企业应加强厂区环境综合整治，厂区、制药车间、储罐区、污水处理设施地面应采取相应的防渗、防漏和防腐措施；优化企业内部管网布局，实现清污分流、雨污分流和管网防渗、防漏。

（四）溶剂类物料、易挥发物料（氨、盐酸等）应采用储罐集中供料和储存，储罐呼吸气收集后处理；应加强输料泵、管道、阀门等设备的经常性检查更换，杜绝生产过程中跑、冒、滴、漏现象。

（五）鼓励企业委托有相关资质的第三方进行污染治理设施的运行管理。

十、监督管理

（一）应重点加强对企业废水处理等工序的日常监测、控制与管理，严防偷、漏排行为发生。加强周边地表水、地下水和土壤污染的监控。

（二）应按有关规定，开展清洁生产工作，提高污染防治技术水平，确保环境安全。

（三）制药企业所在地的环境保护行政主管部门应加强对企业污染治理设施运行和日常污染防治管理制度执行情况的定期检查和监督。

中华人民共和国环境保护部
公 告

2013 年 第 31 号

为贯彻《中华人民共和国环境保护法》，防治环境污染，保障生态安全和人体健康，促进技术进步，我部组织制定了《水泥工业污染防治技术政策》、《钢铁工业污染防治技术政策》、《硫酸工业污染防治技术政策》和《挥发性有机物（VOCs）污染防治技术政策》等四项指导性文件，现予发布，供有关方面参照执行。

以上文件内容可在环境保护部网站（kjs.mep.gov.cn/hjbhbz/）查询。

附件：1. 硫酸工业污染防治技术政策

2. 钢铁工业污染防治技术政策

3. 水泥工业污染防治技术政策

4. 挥发性有机物（VOCs）污染防治技术政策

2013 年 5 月 24 日

附件1:

硫酸工业污染防治技术政策

一、总则

（一）为贯彻《中华人民共和国环境保护法》等法律法规，防治环境污染，保障生态安全和人体健康，促进硫酸产业结构优化升级，推进行业可持续发展，制定本技术政策。

（二）本技术政策为指导性文件，供各有关单位在环境保护工作中参照采用；本技术政策提出了防治硫酸工业污染可采取的技术路线和技术方法，包括清洁生产、水污染防治、大气污染防治、固体废物处置及综合利用、研发新技术等方面的内容。

（三）本技术政策所称的硫酸工业是指以硫黄、硫铁矿（含硫精砂）、冶炼烟气、石膏、硫化氢等为原料生产硫酸产品的过程。

（四）硫酸工业宜采用规模化、集约化、清洁化的发展战略，提高产业集中度，合理控制总规模，提高硫资源自给率；对于硫黄制酸和硫铁矿制酸，倡导酸肥一体化布局。

（五）硫酸工业重点控制的污染物为：二氧化硫、硫酸雾、颗粒物、酸、氟化物、硫化物、砷及重金属（铅、镉、铬、汞等）。污染物应稳定达标排放，并逐步减少排放总量。

（六）硫酸企业污染防治采用原料源头控污、全过程污染控制的清洁生产工艺，遵循清洁生产和末端治理相结合的原则，推行"源头削减、过程控制、余热回收利用、废物资源化利用、防止二次污染"的技术路线。

二、清洁生产

（七）鼓励从含二氧化硫的烟气中回收硫资源生产硫酸，优先利用有色金属冶炼烟气生产硫酸；鼓励采用低含砷量的高品位硫铁矿（硫精砂）作为硫铁矿制酸的原料。

（八）硫酸生产装置宜采用热能回收利用技术，鼓励低温位热能回收技术，提高行业整体余热回收利用率。

（九）硫铁矿制酸在原料运输、筛选、粉碎、干燥、矿渣运输等过程中，应采取密闭或其他防漏散措施，鼓励使用增湿输送的干法排渣及气流输送工艺装置或管式皮带输送工艺装置，减少粉尘排放。

（十）鼓励采用"两转两吸"硫酸生产工艺，鼓励采用高效催化剂。

（十一）硫铁矿制酸和冶炼烟气制酸应采用酸洗净化工艺。

（十二）酸性废水和冷却水应分别处理，提高水循环利用效率，水循环利用率不宜低于90%。

三、水污染防治

（十三）含砷及重金属（铅、镉、铬、汞等）的酸性废水应单独处理或回用，不宜将含不同类重金属成分或浓度差别大的废水混合稀释。鼓励利用废碱液或电石渣处理酸性废水。含砷及重金属酸性废水不应直接用于磷肥生产。

（十四）硫铁矿制酸和冶炼烟气制酸产生的含砷废水可根据其含砷浓度选择相应的处理工艺。含砷浓度较低（低于 4mg/L）的废水，宜采用石灰、电石渣等一级中和处理工艺；含砷浓度中等（介于 4mg/L 和 500mg/L 之间）的废水，宜采用石灰（或电石渣）二级或三级中和、氧化、沉淀等处理工艺，除砷剂宜采用硫酸亚铁；含砷浓度较高（高于 500mg/L）的废水，宜采用石灰—铁盐法及硫化钠法等组合处理工艺。

（十五）地面冲洗水宜与酸性废水混合处理，脱盐废水、设备冷却水、锅炉排污水及循环排污水应收集处理、循环利用或达标排放。

四、大气污染防治

（十六）应控制和减少制酸尾气中二氧化硫和硫酸雾的排放。硫酸企业可通过提高"两转两吸"制酸装置转化率，采用高效纤维除雾器，装置后设置卫生塔，确保尾气达标排放；未满足控制要求（排放标准和总量控制）的企业，应采用高效脱硫技术对制酸尾气实施脱硫处理，使尾气达标排放。

采取有效措施避免含尘废气、酸雾的无组织排放。

（十七）硫酸企业可根据实际情况，选择氨法、钠碱法、钙钠双碱法、有机溶液法、活性焦法、金属氧化物法、柠檬酸钠法、催化法等脱硫技术处理尾气中的二氧化硫。鼓励利用废碱液对尾气脱硫。

（十八）液氨供应充足且副产物有一定需求的企业，宜选择氨法脱硫；钠碱资源丰富、硫酸钠有销路的硫酸企业，宜选择钠碱法脱硫；有石灰资源的硫酸企业宜采用钙钠双碱法脱硫。

（十九）大型制酸企业可选择有机溶液循环吸收法、活性焦吸附法；有金属氧化物资源的企业宜选择金属氧化物吸收法。

（二十）对酸槽等设施的无组织逸出气体应采取抑制、收集、处理等措施。

（二十一）硫铁矿制酸的原料破碎、干燥及排渣等工序应将含尘废气收集并采用旋风除尘、袋式除尘或湿式洗涤等措施处理达标后由排气筒排放。

（二十二）废水处理过程中产生的硫化氢气体应收集并采用碱（如氢氧化钠）吸收处理。

五、固体废物处置与综合利用

（二十三）含铁量较高的硫铁矿烧渣宜作炼铁原料，普通矿烧渣和除尘设施收集的粉尘可作水泥添加剂或其他建材原料。

（二十四）鼓励冶炼烟气制酸企业回收硫化渣中的有价金属。

（二十五）失效催化剂和净化工序产生的滤渣、尾气脱硫产生的脱硫渣以及末端水处理设施产生的中和渣、硫化渣应按照国家对固体废物分类管理的规定妥善处理。

六、鼓励研发的新技术、新材料

鼓励研究、开发和推广以下新技术、新材料：
（二十六）性能优良的国产钒催化剂生产技术和装备。
（二十七）高浓度二氧化硫转化技术。
（二十八）高浓度二氧化硫制酸的低温位热能回收技术。
（二十九）废水中砷及重金属污染物先进治理技术。
（三十）尾气中二氧化硫和硫酸雾治理新技术。
（三十一）砷及重金属废渣治理技术。

（三十二）高效设备及耐用材料。

七、运行与监测

（三十三）硫酸生产企业应按照有关规定，在废气和废水排放口安装二氧化硫、颗粒物、pH 和 COD 等主要污染物的在线监测和传输装置，并与环境保护行政主管部门的污染监控系统联网；在车间或处理设施排放口设置监控点，控制砷及铅、镉、铬、汞等重金属排放。

（三十四）液体物料、易挥发物料（硫酸、氨等）采用储罐集中供料和储存，不同物料储罐之间应满足安全距离的要求；加强输料泵、管道、阀门等设备的经常性检查更换，杜绝生产过程中跑、冒、滴、漏现象。建立、完善环境污染事故应急体系，应根据生产装置规模，在适当位置设置事故废水应急排放池。

附件 2:

钢铁工业污染防治技术政策

一、总则

（一）为贯彻《中华人民共和国环境保护法》等法律法规，防治环境污染，保障生态安全和人体健康，促进钢铁工业结构优化升级，推进行业可持续发展，制定本技术政策。

（二）本技术政策为指导性文件，供各有关单位在环境保护相关工作中参照采用。本技术政策提出了钢铁工业污染防治可采取的技术路线和技术方法，包括清洁生产、水污染防治、大气污染防治、固体废物处置及综合利用、噪声污染防治、二次污染防治、新技术研发等方面的内容。

（三）本技术政策所称的钢铁工业是指包括原料场、烧结（球团）、炼铁、炼钢、轧钢和铁合金等工序的钢铁产品生产过程，不包括采选矿和焦化生产工序。

（四）钢铁工业应控制总量，淘汰落后产能，推进结构调整，优化产业布局。鼓励钢铁工业大力发展循环经济，提高资源能源利用率以及消纳社会废弃资源的能力，减少污染物排放总量和排放强度。

（五）钢铁企业采用的生产工艺、装备应符合国家相关产业政策，不支持建设独立的炼铁厂、炼钢厂和热轧厂，不鼓励建设独立的烧结厂和配套建设燃煤自备电厂（符合国家电力产业政策的机组除外）。

（六）钢铁工业应推行以清洁生产为核心、以低碳节能为重点、以高效污染防治技术为支撑的综合防治技术路线。注重源头削减，过程控制，对余热余能、废水与固体废物实施资源利用，采用具有多种污染物净化效果的排放控制技术。

二、清洁生产

（七）鼓励烧结选用低硫、低氯和低杂质含量的配料，炼铁应采用精料技术，转炉炼钢应实行全量铁水预处理技术。

（八）鼓励充分利用钢铁生产过程中的余热余能，最大限度回收利用高炉、转炉和铁合金电炉的煤气，以及烧结烟气、高炉煤气、转炉煤气、电炉烟气的余热。

（九）烧结生产鼓励采用低温烧结、小球烧结、厚料层烧结、热风烧结等技术，减少设备漏风率。

（十）高炉炼铁生产鼓励采用提高球团配比、富氧喷煤等技术。

（十一）转炉炼钢生产鼓励采用铁水一包到底、"负能炼钢"等技术；鼓励电炉炼钢多用废钢，不鼓励热兑铁水冶炼碳钢，不鼓励废塑料、废轮胎作为电炉炼钢的碳源，不应在没有烟气急冷和高效除尘设施的情况下进行废钢预热。

（十二）热轧生产鼓励采用铸坯热送热装、一火成材、直接轧制、在线退火、氧化铁皮控制、汽化冷却和烟气余热回收等技术。冷轧生产鼓励采用无铬钝化技术。

（十三）鼓励采用节水工艺及大型设备，实现源头用水减量化；鼓励收集雨水及利用城市中水替代新水；应采用分质供水、循环使用、串级使用等技术，提高水的重复利用率。

三、大气污染防治

（十四）原料场、烧结（球团）、炼铁、炼钢、石灰（白云石）焙烧、铁合金、碳素等工序各产尘源，均应采取有效的控制措施。鼓励以干法净化技术替代湿法净化技术，优先采用高效袋式除尘器。

（十五）烧结烟气应全面实施脱硫。治理技术的选择应遵循经济有效、安全可靠、资源节约、综合利用、因地制宜、不产生二次污染的总原则。脱硫工艺应是干法、半干法和湿法等多技术方案的比选优化，特别是对于在大气污染防治重点区域的钢铁企业，宜兼顾氮氧化物、二噁英等多组分污染物的脱除。鼓励采用烟气循环技术、余热综合回收利用等技术集成。

（十六）鼓励高炉煤气干法除尘。高炉炼铁车间应采取有效的一、二次烟气净化措施，高炉出铁场（出铁口）烟气优先采用顶吸加侧吸方式捕集，摆动流嘴烟气和铁水罐烟气优先采用顶吸罩捕集。

（十七）鼓励转炉煤气干法除尘。转炉、电炉炼钢车间应采取有效的一、二次烟气净化措施，电炉烟气宜采用"炉内排烟＋大密闭罩＋屋顶罩"方式捕集，并应优先采用覆膜滤料袋式除尘器净化。鼓励对炼钢车间采取屋顶三次除尘技术。

（十八）鼓励轧钢工业炉窑采用低硫燃料、蓄热式燃烧和低氮燃烧技术。冷轧酸洗及酸再生焙烧废气优先采用湿法喷淋净化技术，硝酸酸洗废气优先采用湿法喷淋与选择性催化还原脱硝相结合的二级净化技术，有机废气优先采用高温焚烧或催化焚烧净化技术。

四、水污染防治

（十九）长流程钢铁企业原料场、烧结（球团）、炼铁以及转炉炼钢工序，各类生产性废水优先在本生产单元内循环使用，排出废水（烟气脱硫废水除外）送原料场、高炉冲渣等串级使用。

（二十）热轧废水处理后应循环和串级使用。冷轧废水应分质预处理后再综合处理。含铬废水优先采用碳钢酸洗废酸或亚硫酸氢钠还原处理，低浓度含油废水优先采用生化法处理。

（二十一）铁合金煤气洗涤废水和含铬、钒废水应单独处理，可采用硫酸亚铁、亚硫酸钠、焦亚硫酸钠等还原处理后循环使用。

（二十二）鼓励对循环水系统的排污水及其他外排废水，统筹建设全系统综合废水处理站，有效处理并回用。

五、固体废物处置及综合利用

（二十三）鼓励各类固体废物优先选用高附加值利用方式或返回原系统利用。

（二十四）鼓励烧结（球团）、炼铁、炼钢工序收集的含铁尘泥造球后返回烧结（球团）工序，锌及碱金属含量较高时应先脱除处理后再利用；含油较高的含铁尘泥、氧化铁皮应脱油处理后再利用。

（二十五）高炉渣应全部综合利用，水渣优先生产矿渣微粉，干渣优先生产矿渣棉、保温材料等。

（二十六）钢渣应采用滚筒法、热闷法、浅盘热泼法、水淬法等工艺处理，处理后的钢渣宜用于生产钢渣微粉（水泥）或替代石灰（石灰石）熔剂用于烧结等。

（二十七）连铸、热轧氧化铁皮、含铁尘泥、废酸再生回收的金属氧化物，宜优先作为原料生产高附加值产品。

（二十八）轧钢废酸、废电镀液和废油优先处理后回用，活性炭类废吸附剂宜优先用于高炉喷煤或其他方式安全利用。

（二十九）使用废旧钢材时，应采取必要的监测措施，防止放射性物质熔入钢铁产品。

六、噪声污染防治

（三十）应通过合理的生产布局减少对厂界外噪声敏感目标的影响。鼓励采用低噪声设备，并对设备采取隔振、减振、隔声、消声等措施。

（三十一）噪声较大的各类风机、空压机、放散阀等应安装消音器，必要时应采取隔声措施。噪声较大的各种原辅燃料的破碎、筛分、混合及冶金渣和废钢的加工处理，应采取隔声措施，振动较大的破碎、筛分等生产设备的基础应采取防振减振措施。

七、二次污染防治

（三十二）生产及废水处理过程产生的废油、废酸、废碱、废电镀液、含铬（镍）污泥以及含铅、铬、锌等重金属的废渣（尘泥）等，应妥善贮存、回收利用或安全处置。

（三十三）脱硫副产物应合理处置和安全利用，严格预防和控制二次污染的产生。

八、鼓励开发应用的新技术

（三十四）鼓励研发和应用烧结烟气循环技术、二噁英和重金属联合减排技术。

（三十五）鼓励研发和应用电炉烟气二噁英联合减排技术。

（三十六）鼓励研发和应用烧结烟气脱硝技术和工业炉窑低氮燃烧技术。

（三十七）鼓励研发和应用减排挥发性有机物的水基涂镀技术。

（三十八）鼓励研发和应用基于废水回用的深度处理技术。

（三十九）鼓励研发和应用基于冶金渣显热回收利用的工艺技术。

（四十）鼓励研发和应用烧结脱硫副产物的安全利用技术，高锌含铁尘泥脱锌技术及不锈钢钢渣、特种钢钢渣和酸洗污泥的资源化安全利用技术。

九、运行与监测

（四十一）企业应按照有关规定，安装化学需氧量、颗粒物、二氧化硫、氮氧化物、重点重金属等主要污染物在线监测和传输装置，并与环境保护行政主管部门的污染监控系统联网。

（四十二）企业应加强厂区环境综合整治，厂区绿化植物品种设计应因地制宜，最大限度满足抑尘、吸收有毒有害气体及隔声吸声地要求，原辅燃料场绿化隔离带应合理密植或复层绿化。

（四十三）企业应加强对原料场及各生产工序无组织排放的控制。

附件 3：

水泥工业污染防治技术政策

一、总则

（一）为贯彻《中华人民共和国环境保护法》等法律法规，防治污染，保护和改善环境，促进水泥工业生产工艺和污染治理技术的进步，制定本技术政策。

（二）本技术政策为指导性文件，供各有关单位在环境保护相关工作中参照采用。本技术政策提出了水泥工业污染防治可采取的技术路线、原则和方法，包括源头控制、大气污染物排放控制、利用水泥生产设施协同处置固体废物、其他污染物排放控制、研发新技术和新材料等内容。

（三）本技术政策所称的水泥工业是指开采水泥原料和水泥生产的过程。

（四）水泥工业污染防治宜采取源头控制与污染治理相结合的方式，提高工艺运行的稳定性和污染控制的有效性，减少污染物的产生与排放。

（五）水泥工业污染防治遵循的原则：

1．优化产业结构与布局，淘汰能效低、排放强度高的落后工艺，削减区域污染物排放量；

2．采用清洁生产工艺技术与装备，配套完善污染治理设施，加强运行管理，实现污染物长期稳定达标排放；

3．有效利用石灰石、黏土、煤炭、电力等资源和能源，对生产过程产生的废渣、余热等进行回收利用；

4．水泥生产设施运行过程中应确保环境安全。

（六）水泥工业污染防治目标：到 2015 年水泥工业重点污染物得到有效控制，其中 NO_x 排放量控制在 150 万吨以下，颗粒物排放量（含无组织排放量）控制在 200 万吨以下；到 2020 年水泥工业污染物排放得到全面控制，资源利用、能源消耗和污染排放指标达到国际先进水平。

二、源头控制

（七）按照国家发展规划、产业政策和区域布局要求，开展水泥工业项目建设。对新、改、扩建项目所在地区的高污染落后产能实施等量或超量淘汰，削减区域污染物排放量。

（八）水泥工业企业的建设选址应与城乡建设规划、环境保护规划协调一致，并处理好与保护周围环境敏感目标和实现环境功能区要求的关系。

（九）水泥矿山开采需符合矿山生态环境保护与污染防治技术政策等的相关要求。宜合理规划、有序利用石灰石、黏土等资源，提高资源利用率。新建水泥生产线应自备水泥矿山。

（十）选择和控制水泥生产的原（燃）料品质，如合理的硫碱比、较低的 N、Cl、F、重金属含量等，以减少污染物的产生。可合理利用低品位原料、可替代燃料和工业固体废物等生产水泥。淘汰使用萤石等含氟矿化剂。

（十一）提高水泥制造工艺与技术装备水平，应用新型干法窑外预分解技术、低氮燃烧技术、节能粉磨技术、原（燃）料预均化技术、自动化与智能化控制技术等清洁生产工艺和技术，实现污染物源头削减。

（十二）采用新型干法工艺生产水泥，淘汰能效低、环境污染程度高的立窑、干法中空窑、立波尔窑、湿法窑等落后生产能力和工艺装备。

（十三）安装工艺自动控制系统，通过对生料及固体燃料给料、熟料烧成等工艺参数进行准确测（计）量与快速调整，实现水泥生产的均衡稳定，减少工艺波动造成的污染物非正常排放。

（十四）建立企业能效管理系统。采用节能粉磨设备、变频调速风机和其他高效用电设备，减少电力资源的消耗。优化余热利用技术，水泥窑热烟气应优先用于物料烘干，剩余热量可通过余热锅炉回收生产蒸汽或用于发电。

三、大气污染物排放控制

（十五）水泥窑窑头、窑尾烟气经余热利用或降温调质后，输送至袋式除尘器、静电除尘器或电袋复合除尘器处理，使排放烟气中颗粒物浓度达到排放标准要求。其他通风生产设备和扬尘点采用袋式除尘器。

（十六）加强对除尘设备的设计与运行控制，提高设备运行率。袋式除尘器应控制适宜的烟气温度，防止烧袋或结露；采取单元滤室设计，具备发现故障或破袋时及时在线修复的功能。静电除尘器应与工艺自动控制系统联动，采取可靠措施保证与水泥窑同步运行。

（十七）逸散粉尘的设备和作业场所均应采取控制措施，在工艺条件允许的前提下，宜优先采用密闭、覆盖或负压操作的方法，防止粉尘逸出，或负压收集含尘气体净化处理后排放。通过合理工艺布置、厂内密闭输送、路面硬化、清扫洒水等措施减少道路交通扬尘。提高水泥散装比例，减少水泥包装及使用环节的粉尘排放。

（十八）根据国家及地方环保要求，加强水泥窑 NO_x 排放控制，在低氮燃烧技术（低氮燃烧器、分解炉分级燃烧、燃料替代等）的基础上，选择采用选择性非催化还原技术（SNCR）、选择性催化还原技术（SCR）或 SNCR-SCR 复合技术。新建水泥窑鼓励采用 SCR 技术、SNCR-SCR 复合技术。严格控制氨逃逸，加强液氨等还原剂的安全管理。

（十九）针对 SO_2、氟化物等大气污染物排放浓度较高的水泥窑，宜采取湿法洗涤、活性炭吸附等净化措施和采取窑磨一体化运行方式，实现达标排放。

四、利用水泥生产设施处置固体废物

（二十）在确保污染物排放和其他环境保护事项符合相关法规、标准要求，并保障水泥产品使用中的环境安全前提下，可合理利用水泥生产设施处置工业废物、生活垃圾、污泥等固体废物及受污染土壤。

（二十一）利用水泥生产设施处置固体废弃物，应根据废物性质，按照国家法律、法规、标准要求，采取相关措施，并做好污染物监测工作，防范环境风险。

五、其他污染物排放控制

（二十二）水泥生产中的设备冷却水、冲洗水等，可适当处理后重复使用。

（二十三）鼓励采用低噪声设备，并对设备或生产车间采取隔声、吸声、消声、隔振等措施，降低噪声排放。宜通过合理的生产布局、建（构）筑物阻隔、绿化等方法减少对外界噪声敏感目标的影响。

（二十四）对水泥生产中的废矿石、窑灰、废旧耐火砖、废包装袋、废滤袋等进行分类收集处理。除尘系统收集的粉尘应回收利用。不宜使用铬镁砖作为水泥窑的耐火材料，废旧耐火砖需妥善处理，防止受到雨雪淋溶和地表径流侵蚀。

六、鼓励研究开发的新技术、新材料

（二十五）研究开发高效低阻低排放的新型熟料烧成技术、高效节能粉磨技术与装备、高性能低氮燃烧器。

（二十六）研究开发可减少石灰石用量和降低烧成热耗的低 CO_2 排放技术，以及 CO_2 回收利用技术。

（二十七）研究开发水泥生产设施协同处置固体废物的资源化利用与安全处置技术、二次污染控制技术。

（二十八）研究开发适用于新型干法水泥窑的高效烟气脱硝技术，如高尘 SCR 技术、SNCR-SCR 复合技术等；研究开发高性能催化剂，以及失效催化剂再生与安全处置技术。

（二十九）研究开发高性能过滤材料、多种污染物协同控制技术与材料。

（三十）研究开发水泥窑用生态环保型耐火材料和耐磨材料。

七、运行与监测

（三十一）按照相关规定，在水泥生产设施安装大气污染物排放自动监测和传输设备，并与环境保护管理部门联网，保证设备正常运行。

（三十二）加强水泥生产企业原（燃）料品质检测与管理，防止挥发性 S、Cl、Hg 等含量较高的原（燃）料进入生产系统。加强生产工艺设备的运行与维护管理，保持生产系统的均衡稳定运行。污染治理设施应与生产工艺设备同时设计、同时建设、同时运行。

附件 4：

挥发性有机物（VOCs）污染防治技术政策

一、总则

（一）为贯彻《中华人民共和国环境保护法》、《中华人民共和国大气污染防治法》等法律法规，防治环境污染，保障生态安全和人体健康，促进挥发性有机物（VOCs）污染防治技术进步，制定本技术政策。

（二）本技术政策为指导性文件，供各有关单位在环境保护工作中参照采用。

（三）本技术政策提出了生产 VOCs 物料和含 VOCs 产品的生产、储存运输销售、使用、消费各环节的污染防治策略和方法。VOCs 来源广泛，主要污染源包括工业源、生活源。

工业源主要包括石油炼制与石油化工、煤炭加工与转化等含 VOCs 原料的生产行业，油类（燃油、溶剂等）储存、运输和销售过程，涂料、油墨、胶粘剂、农药等以 VOCs 为原料的生产行业，涂装、印刷、黏合、工业清洗等含 VOCs 产品的使用过程；生活源包括建筑装饰装修、餐饮服务和服装干洗。

石油和天然气开采业、制药工业以及机动车排放的 VOCs 污染防治可分别参照相应的污染防治技术政策。

（四）VOCs 污染防治应遵循源头和过程控制与末端治理相结合的综合防治原则。在工业生产中采用清洁生产技术，严格控制含 VOCs 原料与产品在生产和储运销过程中的 VOCs 排放，鼓励对资源和能源的回收利用；鼓励在生产和生活中使用不含 VOCs 的替代产品或低 VOCs 含量的产品。

（五）通过积极开展 VOCs 摸底调查、制修订重点行业 VOCs 排放标准和管理制度等文件、加强 VOCs 监测和治理、推广使用环境标志产品等措施，到 2015 年，基本建立起重点区域 VOCs 污染防治体系；到 2020 年，基本实现 VOCs 从原料到产品、从生产到消费的全过程减排。

二、源头和过程控制

（六）在石油炼制与石油化工行业，鼓励采用先进的清洁生产技术，提高原油的转化和利用效率。对于设备与管线组件、工艺排气、废气燃烧塔（火炬）、废水处理等过程产生的含 VOCs 废气污染防治技术措施包括：

1. 对泵、压缩机、阀门、法兰等易发生泄漏的设备与管线组件，制定泄漏检测与修复（LDAR）计划，定期检测、及时修复，防止或减少跑、冒、滴、漏现象；

2. 对生产装置排放的含 VOCs 工艺排气宜优先回收利用，不能（或不能完全）回收利用的经处理后达标排放，应急情况下的泄放气可导入燃烧塔（火炬），经过充分燃烧后排放；

3. 废水收集和处理过程产生的含 VOCs 废气经收集处理后达标排放。

（七）在煤炭加工与转化行业，鼓励采用先进的清洁生产技术，实现煤炭高效、清洁转化，并重点识别、排查工艺装置和管线组件中 VOCs 泄漏的易发位置，制定预防 VOCs 泄漏和处置紧急事件的措施。

（八）在油类（燃油、溶剂）的储存、运输和销售过程中的 VOCs 污染防治技术措施包括：

1. 储油库、加油站和油罐车宜配备相应的油气收集系统，储油库、加油站宜配备相应的油气回收系统；

2. 油类（燃油、溶剂等）储罐宜采用高效密封的内（外）浮顶罐，当采用固定顶罐时，通过密闭排气系统将含 VOCs 气体输送至回收设备；

3. 油类（燃油、溶剂等）运载工具（汽车油罐车、铁路油槽车、油轮等）在装载过程中排放的 VOCs 密闭收集输送至回收设备，也可返回储罐或送入气体管网。

（九）涂料、油墨、胶粘剂、农药等以 VOCs 为原料的生产行业的 VOCs 污染防治技术措施包括：

1. 鼓励符合环境标志产品技术要求的水基型、无有机溶剂型、低有机溶剂型的涂料、油墨和胶粘剂等的生产和销售；

2. 鼓励采用密闭一体化生产技术，并对生产过程中产生的废气分类收集后处理。

（十）在涂装、印刷、黏合、工业清洗等含 VOCs 产品的使用过程中的 VOCs 污染防治技术措施包括：

1. 鼓励使用通过环境标志产品认证的环保型涂料、油墨、胶粘剂和清洗剂；

2. 根据涂装工艺的不同，鼓励使用水性涂料、高固份涂料、粉末涂料、紫外光固化（UV）涂料等环保型涂料，推广采用静电喷涂、淋涂、辊涂、浸涂等效率较高的涂装工艺，应尽量避免无 VOCs 净化、回收措施的露天喷涂作业；

3. 在印刷工艺中推广使用水性油墨，印铁制罐行业鼓励使用紫外光固化（UV）油墨，书刊印刷行业鼓励使用预涂膜技术；

4. 鼓励在人造板、制鞋、皮革制品、包装材料等黏合过程中使用水基型、热熔型等环保型胶粘剂，在复合膜的生产中推广无溶剂复合及共挤出复合技术；

5. 淘汰以三氟三氯乙烷、甲基氯仿和四氯化碳为清洗剂或溶剂的生产工艺，清洗过程中产生的废溶剂宜密闭收集，有回收价值的废溶剂经处理后回用，其他废溶剂应妥善处置；

6. 含 VOCs 产品的使用过程中，应采取废气收集措施，提高废气收集效率，减少废气的无组织排放与逸散，并对收集后的废气进行回收或处理后达标排放。

（十一）建筑装饰装修、服装干洗、餐饮油烟等生活源的 VOCs 污染防治技术措施包括：

1. 在建筑装饰装修行业推广使用符合环境标志产品技术要求的建筑涂料、低有机溶剂型木器漆和胶粘剂，逐步减少有机溶剂型涂料的使用；

2. 在服装干洗行业应淘汰开启式干洗机的生产和使用，推广使用配备压缩机制冷溶剂回收系统的封闭式干洗机，鼓励使用配备活性炭吸附装置的干洗机；

3. 在餐饮服务行业鼓励使用管道煤气、天然气、电等清洁能源；倡导低油烟、低污染、低能耗的饮食方式。

三、末端治理与综合利用

（十二）在工业生产过程中鼓励 VOCs 的回收利用，并优先鼓励在生产系统内回用。

（十三）对于含高浓度 VOCs 的废气，宜优先采用冷凝回收、吸附回收技术进行回收利用，并辅助以其他治理技术实现达标排放。

（十四）对于含中等浓度 VOCs 的废气，可采用吸附技术回收有机溶剂，或采用催化燃烧和热力焚烧技术净化后达标排放。当采用催化燃烧和热力焚烧技术进行净化时，应进行余热回收利用。

（十五）对于含低浓度 VOCs 的废气，有回收价值时可采用吸附技术、吸收技术对有机溶剂回收后达标排放；不宜回收时，可采用吸附浓缩燃烧技术、生物技术、吸收技术、等离子体技术或紫外光高级氧化技术等净化后达标排放。

（十六）含有机卤素成分 VOCs 的废气，宜采用非焚烧技术处理。

（十七）恶臭气体污染源可采用生物技术、等离子体技术、吸附技术、吸收技术、紫外光高级氧化技术或组合技术等进行净化。净化后的恶臭气体除满足达标排放的要求外，还应采取高空排放等措施，避免产生扰民问题。

（十八）在餐饮服务业推广使用具有油雾回收功能的油烟抽排装置，并根据规模、场地和气候条件等采用高效油烟与 VOCs 净化装置净化后达标排放。

（十九）严格控制 VOCs 处理过程中产生的二次污染，对于催化燃烧和热力焚烧过程中产生的含硫、氮、氯等无机废气，以及吸附、吸收、冷凝、生物等治理过程中所产生的含有机物废水，应处理后达标排放。

（二十）对于不能再生的过滤材料、吸附剂及催化剂等净化材料，应按照国家固体废物管理的相关规定处理处置。

四、鼓励研发的新技术、新材料和新装备

鼓励以下新技术、新材料和新装备的研发和推广：

（二十一）工业生产过程中能够减少 VOCs 形成和挥发的清洁生产技术。

（二十二）旋转式分子筛吸附浓缩技术、高效蓄热式催化燃烧技术（RCO）和蓄热式热力燃烧技术（RTO）、氮气循环脱附吸附回收技术、高效水基强化吸收技术，以及其他针对特定有机污染物的生物净化技术和低温等离子体净化技术等。

（二十三）高效吸附材料（如特种用途活性炭、高强度活性炭纤维、改性疏水分子筛和硅胶等）、催化材料（如广谱性 VOCs 氧化催化剂等）、高效生物填料和吸收剂等。

（二十四）挥发性有机物回收及综合利用设备。

五、运行与监测

（二十五）鼓励企业自行开展 VOCs 监测，并及时主动向当地环保行政主管部门报送监测结果。

（二十六）企业应建立健全 VOCs 治理设施的运行维护规程和台账等日常管理制度，并根据工艺要求定期对各类设备、电气、自控仪表等进行检修维护，确保设施的稳定运行。

（二十七）当采用吸附回收（浓缩）、催化燃烧、热力焚烧、等离子体等方法进行末端治理时，应编制本单位事故火灾、爆炸等应急救援预案，配备应急救援人员和器材，并开展应急演练。

中华人民共和国环境保护部
公　告

2013 年　第 59 号

为贯彻《中华人民共和国环境保护法》，防治环境污染，改善空气质量，保障人体健康和生态安全，促进技术进步，我部组织制定了《环境空气细颗粒物污染综合防治技术政策》，现予发布，供有关方面参照采用。

该文件内容可在环境保护部网站（kjs.mep.gov.cn/hjbhbz/）查询。

附件：环境空气细颗粒物污染综合防治技术政策

二〇一三年九月十三日

环境空气细颗粒物污染综合防治技术政策

一、总则

（一）为贯彻《中华人民共和国环境保护法》和《中华人民共和国大气污染防治法》等法律法规，改善环境质量，防治环境污染，保障人体健康和生态安全，促进技术进步，制定本技术政策。

（二）本技术政策为指导性文件，提出了防治环境空气细颗粒物污染的相关措施，供各有关方面参照采用。

（三）环境空气中由于人类活动产生的细颗粒物主要有两个方面：一是各种污染源向空气中直接释放的细颗粒物，包括烟尘、粉尘、扬尘、油烟等；二是部分具有化学活性的气态污染物（前体污染物）在空气中发生反应后生成的细颗粒物，这些前体污染物包括硫氧化物、氮氧化物、挥发性有机物和氨等。防治环境空气细颗粒物污染应针对其成因，全面而严格地控制各种细颗粒物及前体污染物的排放行为。

（四）环境空气中细颗粒物的生成与社会生产、流通和消费活动有密切关系，防治污染应以持续降低环境空气中的细颗粒物浓度为目标，采取"各级政府主导，排污单位负责，社会各界参与，区域联防联控，长期坚持不懈"的原则，通过优化能源结构、变革生产方式、改变生活方式，不断减少各种相关污染物的排放量。

（五）防治细颗粒物污染应将工业污染源、移动污染源、扬尘污染源、生活污染源、农业污染源作为重点，强化源头削减，实施分区分类控制。

二、综合防治

（六）应将能源合理开发利用作为防治细颗粒物污染的优先领域，实行煤炭消费总量控制，大力发展清洁能源。天然气等清洁能源应优先供应居民日常生活使用。在大型城市应不断减少煤炭在能源供应中的比重。限制高硫份或高灰份煤炭的开采、使用和进口，提高煤炭洗选比例，研究推广煤炭清洁化利用技术，减少燃烧煤炭造成的污染物排放。

（七）应将防治细颗粒物污染作为制定和实施城市建设规划的目的之一，优化城市功能布局，开展城市生态建设，不断提高环境承载力，适当控制城市规模，大力发展公共交通系统。

（八）应调整产业结构，强化规划环评和项目环评，严格实施准入制度，必要时对重点区域和重点行业采取限批措施；淘汰落后产能，形成合理的产业分布空间格局。

（九）环境空气中细颗粒物浓度超标的城市，应按照相关法律规定，制定达标规划，明确各年度或各阶段工作目标，并予以落实。应完善环境质量监测工作，开展污染来源解析，编制各地重点污染源清单，采取针对性的污染排放控制措施。应以环境质量变化趋势为依据，建立污染排放控制措施有效性评估和改善工作机制。

三、防治工业污染

（十）应将排放细颗粒物和前体污染物排放量较大的行业作为工业污染源治理的重点，包括：火电、冶金、建材、石油化工、合成材料、制药、塑料加工、表面涂装、电子产品与设备制造、包装印刷等。工业污染源的污染防治，应参照燃煤二氧化硫、火电厂氮氧化物和冶金、建材、化工等污染防治技术政策的具体内容，开展相关工作。

（十一）应加强对各类污染源的监管，确保污染治理设施稳定运行，切实落实企业环保责任。鼓励采用低能耗、低污染的生产工艺，提高各个行业的清洁生产水平，降低污染物产生量。

（十二）应制定严格、完善的国家和地方工业污染物排放标准，明确各行业排放控制要求。在环境污染严重、污染物排放量大的地区，应制定实施严格的地方排放标准或国家排放标准特别排放限值。

（十三）对于排放细颗粒物的工业污染源，应按照生产工艺、排放方式和烟（废）气组成的特点，选取适用的污染防治技术。工业污染源有组织排放的颗粒物，宜采取袋除尘、电除尘、电袋除尘等高效除尘技术，鼓励火电机组和大型燃煤锅炉采用湿式电除尘等新技术。

（十四）对于排放前体污染物的工业污染源，应分别采用去除硫氧化物、氮氧化物、挥发性有机物和氨的治理技术。对于排放废气中的挥发性有机物应尽量进行回收处理，若无法回收，应采用焚烧等方式销毁（含卤素的有机物除外）。采用氨作为还原剂的氮氧化物净化装置，应在保证氮氧化物达标排放的前提下，合理设置氨的加注工艺参数，防止氨过量造成污染。鼓励在各类生产中采用挥发性有机物替代技术。

（十五）产生大气颗粒物及其前体物污染物的生产活动应尽量采用密闭装置，避免无组织排放；无法完全密闭的，应安装集气装置收集逸散的污染物，经净化后排放。

四、防治移动源污染

（十六）移动污染源包括各种道路车辆、机动船舶、非道路机械、火车、航空器等，应按照机动车、柴油车等污染防治技术政策的具体内容，开展相关工作。

防治移动源污染应将尽快降低燃料中有害物质含量，加速淘汰高排放老旧机动车辆和机械，加强在用机动车船排放监管作为重点，并建立长效机制，不断提高移动污染源的排放控制水平。

（十七）进一步提高全国车辆和机械用燃油的清洁化水平，降低硫等有害物质含量，为实施更加严格的移动污染源排放标准、降低在用车辆和机械排放水平创造必要条件。采取措施切实保障各地车用燃油的质量，防止车辆由于使用不符合要求的燃油造成故障或导致排放控制性能降低。

（十八）加强对排放检验不合格在用车辆的治理，强制更换尾气净化装置。升级汽车氮氧化物排放净化技术，采用尿素等还原剂净化尾气中的氮氧化物，并建立车用尿素供应网络。新生产压燃式发动机汽车应安装尾气颗粒物捕集器。用于公用事业的压燃式发动机在用车辆，可按照规定进行改造，提高排放控制性能。

（十九）积极发展新能源汽车和电动汽车，公共交通宜优先采用低排放的新能源汽车。交通拥堵严重的特大城市应推广使用具有启停功能的乘用车。大力发展地铁等大容量轨道交通设施。按期停产达不到轻型货车同等排放标准的三轮汽车和低速货车。

（二十）制定实施新的机动车船大气污染物排放标准，收紧颗粒物、碳氢化合物、氮氧化物等污染物排放限值。开展适合我国机动车辆行驶状况的测试方法的研究。制定、完善并严格实施非道路移动机械大气污染物排放标准，明确颗粒物和氮氧化物排放控制要求。

（二十一）严格控制加油站、油罐车和储油库的油气污染物排放，按时实施国家排放标准。

五、防治扬尘污染

（二十二）扬尘污染源应以道路扬尘、施工扬尘、粉状物料贮存场扬尘、城市裸土起尘等为防治重点。应参照《防治城市扬尘污染技术规范》，开展城市扬尘综合整治，减少城市裸地面积，采取植树种草等措施提高绿化率，或适当采用地面硬化措施，遏止扬尘污染。

（二十三）对各种施工工地、各种粉状物料贮存场、各种港口装卸码头等，应采取设置围挡墙、防尘网和喷洒抑尘剂等有效的防尘、抑尘措施，防止颗粒物逸散；设置车辆清洗装置，保持上路行驶车辆的清洁；鼓励各类土建工程使用预搅拌的商品混凝土。

（二十四）实行粉状物料及渣土车辆密闭运输，加强监管，防止遗撒。及时进行道路清扫、冲洗、洒水作业，减少道路扬尘。规范园林绿化设计和施工管理，防止园林绿地土壤向道路流失。

六、防治生活污染

（二十五）生活污染来源复杂、分布广泛，治理工作应调动社会各界的积极性，鼓励公众参与。应在全社会倡导形成节俭、绿色生活方式，摒弃奢侈、浪费、炫耀的消费习惯。倡导绿色消费，通过消费者选择和市场竞争，促使企业生产环境友好型消费品。

（二十六）治理饮食业、干洗业、小型燃煤燃油锅炉等生活污染源，严格控制油烟、挥发性有机物、烟尘等污染物排放。推广使用具备溶剂回收功能的封闭式干洗机。应有效控制城市露天烧烤。生活垃圾和城市园林绿化废物应及时清运，进行无害化处理，防止露天焚烧。

（二十七）以涂料、粘合剂、油墨、气雾剂等在生产和使用过程中释放挥发性有机物的消费品为重点，开展环境标志产品认证工作，鼓励生产和使用水性涂料，逐渐减少用于船舶制造维修等领域油性涂料的生产和使用，减少挥发性有机物排放量。

（二十八）在城市郊区和农村地区，推广使用清洁能源和高效节能锅炉，有条件的地区宜发展集中供暖或地热等采暖方式，以替代小型燃煤、燃油取暖炉，减轻面源污染。

（二十九）开展环境文化建设，形成有益于环境保护的公序良俗，倡导良好生活习惯。倡导有益于健康的饮食习惯和低油烟、低污染、低能耗的烹调方式。提倡以无烟方式进行祭扫等礼仪活动，减少燃放烟花爆竹。

七、防治农业污染

（三十）提倡采用"留茬免耕、秸秆覆盖"等保护性耕作措施，最大限度地减少翻耕对土壤的扰动，防治土壤侵蚀和起尘。

（三十一）及时、妥善收集处理农作物秸秆等农业废弃物，可采取粉碎后就地还田、收集制备生物质燃料等资源化利用措施，减少露天焚烧。

（三十二）加强对施用肥料的技术指导，合理施肥，鼓励采用长效缓释氮肥和有机肥，有效减少氨挥发。

（三十三）加强规模化畜禽养殖污染防治的监管，推广先进养殖和污染治理技术，减少氨的排放。

八、监测预警与应急

（三十四）严格按照相关标准规定开展环境空气质量监测与评价工作，加快建设环境空气监测网络和环境质量预测预报和评估制度，加强环保、气象部门间的协作和信息共享，建立环境空气质量预警和发布平台。

（三十五）应根据各地气象条件、细颗粒物与前体污染物来源、污染源分布情况，制定环境空气重污染应急预案及预警响应程序，包括紧急限产和临时停产的排污企业和设施名单、车辆限行方案、扬尘管控措施等。

（三十六）建立部门间大气重污染事件应急联动机制，根据出现不利气象条件和重污染现象的预报，及时启动应急方案，采取分级响应措施。应定期评估应急预案实施效果，并适时修订应急预案。

九、强化科技支撑

（三十七）应将科技创新作为防治细颗粒物污染的重要手段。根据我国细颗粒物来源复杂的特点，深入开展大气颗粒物来源解析研究，摸清我国不同区域细颗粒物污染的时空分布特征、形成与区域传输机理，开展细颗粒物总量控制技术与方案的研究。鼓励开展细颗粒物污染相关的健康与生态效应研究。鼓励开展支撑细颗粒物污染防治的经济政策、环保标准等方面的研究。

（三十八）根据实现国家未来环保目标和污染排放控制要求的技术需求，采取措施鼓励研发高效污染治理先导技术，作为确定实施更加严格排放控制要求的技术储备。鼓励采用各种高效污染物净化技术，以及清洁生产技术和资源能源高效利用技术，提高各个行业和污染源的排放控制技术水平，降低污染物排放强度。鼓励研发示范各种细颗粒物及氮氧化物、挥发性有机物等前体污染物的新型高效净化技术，包括袋式除尘、电除尘、电袋复合除尘、湿式电除尘、炉窑选择性催化还原、分子筛吸附浓缩、高效蓄热式催化燃烧、低温等离子体、高效水基强化吸收等。

（三十九）加强细颗粒物污染防治的知识普及和宣传教育，提升全民环境意识和公众参与能力。根据国内改善环境质量和污染防治工作的实际需要，开展细颗粒物防治国际合作。

附：细颗粒物污染防治技术简要说明

附

细颗粒物污染防治技术简要说明

一、工业污染防治技术

（一）有组织排放颗粒物（烟、粉尘）污染防治技术，包括袋式除尘、湿式电除尘技术、电袋复合除尘技术。

（二）前体污染物（NO、SO_2、VOCs、NH_3 等）净化技术，包括各种脱硫技术、氮氧化物的催化还原技术及烟气脱硝技术、挥发性有机物的燃烧净化与吸附回收技术、氨的水洗涤净化技术。

（三）无组织排放颗粒物和前体污染物治理技术，包括适用于大气颗粒物及其前体物污染控制的密闭生产技术、粉状物料堆放场的遮风与抑尘技术。

二、移动源污染防治技术

移动污染源包括各种采用内燃机或外燃机为动力装置，以汽油、柴油、煤油、天然气、液化石油气及其他可燃液体、气体为燃料的交通工具（车辆、船舶、航空器等）、机械、发电装置。防治移动源污染，应针对其使用方式、目前国家污染防治要求，采取不同的技术措施，主要包括：

（一）燃料清洁化技术。降低重金属等影响排放控制装置效能的各种有害物质含量，控制烯烃等光化学活性成分含量。

（二）发动机高效燃烧及燃料精确注入技术。

（三）发动机排气中 NO_x、HC、CO、颗粒物净化技术。

（四）汽油蒸发控制技术，包括在车辆、加油站、油库、油罐车上实施的各种油气回收技术。

（五）车载发动机及排放控制系统诊断技术（OBD）。

三、扬尘污染防治技术

（一）遮风技术，包括适用于各种露天堆场和施工工地遮挡措施。

（二）抑尘技术，包括喷洒水雾和抑尘剂，适用于施工场所、堆场、装卸作业等场地。

（三）施工物料运输车辆清洗技术，适用于上路行驶的物料、渣土运输车辆。

（四）道路清扫技术，包括人工清扫、机械清扫。

四、生活污染防治技术

（一）饮食业油烟净化技术，包括采用各种原理的净化技术。

（二）环境友好产品生产技术，包括各种替代有害物质的消费品生产技术。

（三）密闭式衣物干洗技术。

五、农业污染防治技术

（一）农业耕作和裸土起尘防治技术，包括留茬免耕、秸秆覆盖、固沙技术。

（二）秸秆等农业废物综合利用技术，包括制备沼气、热解气化、生物柴油等技术。

（三）合理施肥技术，包括配方施肥技术和施用硝化抑制剂。

第二篇

污染防治技术指南

HJ-BAT-001

环 境 保 护 技 术 文 件

燃煤电厂污染防治最佳可行技术指南
（试行）

Guideline on Best Available Technologies of Pollution Prevention and
Control for Coal-fired Power Plant Industry（on Trial）

环 境 保 护 部
2010 年 2 月

前　言

为贯彻执行《中华人民共和国环境保护法》，加快建设环境技术管理体系，确保环境管理目标的技术可达性，增强环境管理决策的科学性，提供环境管理政策制定和实施的技术依据，引导污染防治技术进步和环保产业发展，根据《国家环境技术管理体系建设规划》，环境保护部组织制定污染防治技术政策、污染防治最佳可行技术指南、环境工程技术规范等技术指导文件。

本指南可作为燃煤电厂项目环境影响评价、工程设计、工程验收以及运营管理等环节的技术依据，是供各级环境保护部门、设计单位以及用户使用的指导性技术文件。

本指南为首次发布，将根据环境管理要求及技术发展情况适时修订。

本指南由环境保护部科技标准司组织制订。

本指南起草单位：北京市环境保护科学研究院、国电环境保护研究院、中国环境保护产业协会。

本指南由环境保护部解释。

1．总则

1.1 适用范围

本指南适用于单台机组额定容量为 200 MW 及以上的燃煤电厂，200 MW 以下的燃煤电厂可参照执行。

1.2 术语和定义

1.2.1 最佳可行技术

是针对生活、生产过程中产生的各种环境问题，为减少污染物排放，从整体上实现高水平环境保护所采用的与某一时期技术、经济发展水平和环境管理要求相适应、在公共基础设施和工业部门得到应用的、适用于不同应用条件的一项或多项先进、可行的污染防治工艺和技术。

1.2.2 最佳环境管理实践

是指运用行政、经济、技术等手段，为减少生活、生产活动对环境造成的潜在污染和危害，确保实现最佳污染防治效果，从整体上达到高水平的环境保护所采用的管理活动。

1.2.3 现役机组

本指南实施之日前已建成投产的燃煤机组。

1.2.4 新建机组

本指南实施之日起新建、改建、扩建的或已通过环境影响报告书（表）审批但未建成投运的燃煤机组。

2．生产工艺及污染物排放

2.1 生产工艺

燃煤电厂常见生产工艺流程为：原煤运至电厂后碾磨成粉，经气力输送方式以一定风煤比和温度将煤送进锅炉炉膛，经化学处理后的水在锅炉内被加热成高温高压蒸汽推动汽轮机高速运转，汽轮机带动发电机旋转发电。燃煤电站锅炉主要有煤粉炉和循环流化床锅炉两种。

2.2 污染物排放

燃煤电厂生产过程中会向大气、水体、土壤和声环境中排放污染物质，其中大气污染是主要环境问题，燃煤电厂生产工艺及主要产污环节见图 1。

2.2.1 大气污染物排放

燃煤电厂大气污染物排放主要来源于锅炉，从烟囱高空排放，主要污染物包括烟尘、硫氧化物、氮氧化物，此外还有重金属、未燃烧尽的碳氢化合物、挥发性有机化合物等物质。

烟尘排放与锅炉炉型、燃煤灰分及烟尘控制技术有关。煤粉炉烟尘排放的初始浓度大多为 $10\sim30\ \mathrm{g/m^3}$，循环流化床锅炉烟尘排放的初始浓度大多为 $15\sim50\ \mathrm{g/m^3}$。另外，在煤炭、脱硫剂和灰渣等易产生扬尘物料的运输、装卸和贮存过程中会产生扬尘。

硫氧化物排放主要由于煤中硫的存在而产生。燃烧过程中绝大多数硫氧化物以二氧化硫（SO_2）的形式产生并排放。此外还有极少部分被氧化为三氧化硫（SO_3）吸附到颗粒物上或以气态排放。

煤炭燃烧过程中排放的氮氧化物（NO_x）是一氧化氮（NO）、二氧化氮（NO_2）及一氧化二氮（N_2O）

等的总称，其中以一氧化氮为主，约占 95%。电厂燃用煤炭收到基含氮量多在 2%以下。

重金属排放来源于煤炭中含有的重金属成分，大部分重金属（砷、镉、铬、铜、汞、镍、铅、硒、锌、钒）以化合物形式（如氧化物）和气溶胶形式排放。煤中的重金属含量比燃料油和天然气高几个数量级。

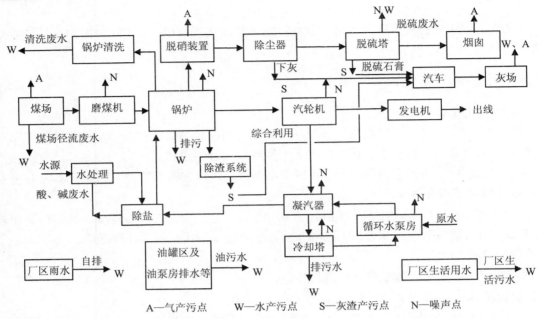

图 1　燃煤电厂生产工艺及主要产污环节

2.2.2 水污染物排放

燃煤电厂排放废水主要为外排冷却水，其中直流冷却水属含热废水，循环冷却水含盐量较高。另外还有少量含油污水、输煤系统排水、锅炉酸洗废水、酸碱废水、冲灰水、冲渣水、脱硫废水、脱硝废水和生活污水等，主要污染物是有机物、金属及其盐类、悬浮物。

2.2.3 固体废物

燃煤电厂生产过程中产生的固体废物主要为飞灰和炉底渣。绝大部分飞灰经除尘器收集并去除，小部分飞灰在锅炉的其他部分，如省煤器和空气预热器灰斗中收集并去除。底灰不可燃，沉降到锅炉底部并保持疏松灰的形式；若燃烧温度超过灰熔点，则以炉底渣形式存在。此外，固体废物还有脱硫副产物、失效催化剂和污水处理产生的污泥等。

2.2.4 噪声排放

燃煤电厂中各类噪声源众多，主要噪声源包括磨煤机、锅炉、汽轮机、发电机、直接空冷的风机和循环冷却的冷却塔，噪声源的声功率级较大。

燃煤电厂关键环境问题见表 1。

表 1　燃煤电厂关键环境问题

污染环节	排放污染物									
	颗粒物	二氧化硫	氮氧化物	有机化合物	酸/碱	挥发性有机化合物	金属及其盐	氯	噪声	固体废物
燃料存储和处理	A			W					N	
水处理	W			W			W		N	S
锅炉及烟气	A	A	A	A			A		N	S

污染环节	排放污染物									
	颗粒物	二氧化硫	氮氧化物	有机化合物	酸/碱	挥发性有机化合物	金属及其盐	氯	噪声	固体废物
现场排水（含雨水）	W			W	W		W			
冷却水排污	W			W		W	W	W	N	
冷却塔									N	

注：A—大气；W—水；S—固体废物；N—噪声。

3．工艺过程污染预防技术

3.1 煤炭及脱硫剂的贮存与输送

3.1.1 煤炭洗选
为提高运输效率并降低污染，应加大动力煤的洗选量，以减少煤炭中的含硫量和灰分。

3.1.2 封闭式煤场
封闭式煤场是以煤炭封闭贮存的方式控制煤堆扬尘的有效措施。煤场内设有多个喷水装置，在煤堆装卸时洒水降尘，可防止煤堆自燃。采用封闭式煤场，煤堆的风蚀和作业扬尘可完全得到控制。
封闭式煤场适用于环境风速较大或环境敏感地区。

3.1.3 防风抑尘网
防风抑尘网通过大幅度降低风速而达到减少露天堆放料场扬尘的目的。采用防风抑尘网，煤场的风蚀和作业扬尘可在一定程度上得到控制，四级以上大风天气情况下的减风率大于60%。
防风抑尘网适用于风速较大或环境较敏感的地区。

3.1.4 石灰及石灰石（粉）的贮存
使用筒仓储存易产生扬尘的石灰及石灰石（粉）脱硫剂，可有效减少石灰及石灰石（粉）产生的风蚀扬尘和作业扬尘。

3.1.5 输煤系统袋式除尘器
煤炭输送过程中扬尘防治措施是：输煤栈桥、输煤转运站应采用密闭措施并配置袋式除尘器。

3.2 锅炉燃烧系统及低 NO_x 燃烧技术

3.2.1 锅炉燃烧系统
燃煤电站锅炉包括煤粉锅炉和流化床锅炉两类，其中流化床锅炉又可分为鼓泡流化床锅炉和循环流化床锅炉，大中型燃煤电站采用循环流化床锅炉。
煤粉锅炉燃烧效率约为99%；流化床锅炉燃烧效率在90%～99%之间，但其燃料适应性广，可燃用各种劣质煤，并可以炉内脱硫，炉内脱硫效率为80%～90%。
在燃料许可的情况下，电厂应优先选用煤粉锅炉；当燃用劣质煤时，应选用流化床锅炉。

3.2.2 低 NO_x 燃烧技术
燃煤电厂低 NO_x 燃烧技术包括低氮燃烧器、空气分级燃烧技术和燃料分级燃烧技术。
国内采用的主要低 NO_x 燃烧技术性能见表2。

表2　国内主要低 NO_x 燃烧技术性能汇总表

技术名称	NO_x 减排率	适用燃料
低 NO_x 燃烧器	20%～50%	烟煤、褐煤
炉内空气分级	10%～50%	烟煤、褐煤

低 NO_x 控制技术可以是单项技术也可是多种技术的组合，其 NO_x 减排率一般在 10%～50%。

各种 NO_x 控制技术仅需对锅炉炉膛进行改造，因此对新建和改造机组均适用。电厂低 NO_x 燃烧技术选择应紧密结合其内部和外部条件，因地制宜、因炉制宜、因煤制宜地综合考虑。

3.3 节水技术

3.3.1 循环冷却水系统节水技术

在燃煤电厂各种用水中，循环冷却水量最大，约占燃煤电厂耗水量的 80%。循环冷却水的损失率由蒸发损失、风吹损失和排污损失三部分组成。

自然通风湿式冷却塔内装设除水器可有效减少循环冷却水的风吹损失。带冷却塔的循环冷却水系统的浓缩倍率应根据水源条件、节水及环保要求、水处理费用、药品来源等因素确定，一般应控制在 3～5 倍，特殊情况下可采用更高的浓缩倍率。提高浓缩倍率的主要方法是使用高性能的缓蚀剂和对环境友好且具有长效稳定性能的阻垢剂，以及降低循环水的碱度、硬度或盐度。可采用加酸处理降低循环水的碱度、采用反渗透膜法处理降低循环水的盐度。

3.3.2 气力除灰和干除渣节水技术

燃煤电厂水力除灰耗水量大，锅炉除灰用水约占电厂耗水量的 15%，因此采用气力除灰和干除渣方式是节水和减少污染的有效途径。

气力除灰系统有压力和自流两种类型，以压力型为主。压力输送系统又可分为负压、正压和负压—正压联合系统三种类型。该技术应用会带来一定的投资和电耗。水资源贫乏地区和新建大中型机组均应采用该技术。

干除渣系统是不用水的干除渣技术，其工艺是由钢带或防磨带输送，同时引入适量自然风有效冷却炽热的炉底粗渣，再用碎渣机将粗渣粉碎后冷却，输送至贮渣仓贮存，供综合利用或运走。

3.3.3 空冷系统节水技术

空冷系统采用空气来替代水作为冷却介质，具有很好的节水效果。由于排汽压力高，其煤耗、厂用电率等均会有所增加，适用于缺水地区和煤炭坑口地区。

3.3.4 城市污水回用技术

将城市污水作为水源，在二级处理的基础上进行深度处理，回用作电厂循环冷却水补充水、锅炉补给水、工业用水等，可大幅度减少新鲜水的取用量，是解决电厂水资源紧缺、防止环境污染的重要途径。根据来水水质及回用水水质要求的不同，可以采用不同的深度处理工艺。一般的水处理方法包括：混凝澄清、石灰处理、深层过滤、超滤、反渗透、曝气生物滤池、膜生物反应器等。

3.4 工艺过程污染预防新技术

整体煤气化联合循环（IGCC）发电技术是把煤气化和燃气-蒸汽联合循环发电系统有机集成的一种洁净煤发电技术。IGCC 由两大部分组成，即煤的气化与净化部分和燃气-蒸汽联合循环发电部分。其典型工艺过程为：煤经气化产生合成煤气，经净化处理的煤气燃烧后驱动燃气透平发电，利用高温排汽在余热锅炉中产生蒸汽驱动汽轮发电机。

该技术将高效、大容量、清洁、节水和综合利用结合在一起，相对其他洁净煤发电技术，其优点是：高效率且具有提高效率的潜力，供电效率可达 42%～46%。随着燃气初温的进一步提高和技术进步，净效率可达 52% 以上；易大型化，单机功率可达到 300～600 MW 以上；脱硫率和除氮率较高；燃烧后的废物产生量少；耗水量比常规汽轮机电站少 30%～50%；能充分综合利用煤炭资源，煤种适应性广；能和煤化工结合成多联产系统，同时生产电、热、燃料气和化工产品，有利于降低生产成本。

4. 大气污染物末端治理技术

4.1 除尘技术

燃煤电厂除尘技术主要包括电除尘、袋式除尘和电袋复合式除尘。上述三种除尘方式都是高效颗粒物去除技术，除尘技术的选择主要取决于环保要求、燃料性质、烟气工况、现场条件、电厂规模和锅炉类型等因素。

4.1.1 电除尘技术

4.1.1.1 工艺原理

电除尘技术是在电极上施加高电压后使气体电离，进入电场空间的烟尘荷电在电场力的作用下向相反电极性的极板移动，通过振打将沉积在极板上的烟尘落入灰斗，实现电除尘的全过程。为电除尘器供电的电源主要有工频电源和高频电源。

4.1.1.2 消耗及污染物排放

电除尘技术的性能与烟尘的比电阻、集尘电极的总表面积、气体的体积流量以及颗粒物的迁移速度等因素有关。电除尘器除尘效率为 99.0%～99.8%、烟尘排放浓度可达 50 mg/m³ 以下。电除尘器消耗主要为电能，占发电量的 0.1%～0.4%。

与使用工频电源供电相比，使用高频电源供电时，在保证除尘效率不变的情况下，电除尘器节能幅度在 70%～90%；在相同本体的情况下，电除尘器烟尘排放可减少 40%～70%。

4.1.1.3 技术适用性及特点

电除尘技术适用于烟尘比电阻在 $1×10^4$～$5×10^{11}$ $\Omega·cm$ 范围内的除尘；适用于新建和改造机组，并可在范围很宽的温度、压力和烟尘负荷条件下运行；当要求除尘器出口烟尘浓度在 100 mg/m³ 以下时，如煤中灰分较低，可选用工频电源供电的电除尘器；当要求除尘器出口烟尘浓度在 60 mg/m³ 以下或煤中灰分相对较高时，可选用高频电源供电的电除尘器。

电除尘器占地面积较大，对制造、安装、运行、维护都有较高要求。

4.1.2 袋式除尘技术

4.1.2.1 工艺原理

袋式除尘技术是利用纤维织物的过滤作用对含尘气体进行过滤，当含尘气体进入袋式除尘器后，颗粒大、比重大的粉尘，由于重力的作用沉降下来，落入灰斗，含有较细小粉尘的气体在通过滤料时，烟尘被阻留，使气体得到净化。电厂应用的袋式除尘器主要为低压脉冲固定行喷吹和旋转喷吹袋式除尘器。

4.1.2.2 消耗及污染物排放

影响袋式除尘器性能的主要因素是滤料性能、过滤风速、清灰方式等。袋式除尘器的除尘效率为 99.5%～99.99%，烟尘排放浓度可控制在 30 mg/m³ 以下。袋式除尘器的运行费用主要是更换滤袋（一般一个大修期全部更换），电耗约占发电量的 0.2%～0.4%；电厂使用的滤料应根据烟气条件进行选择，要求防腐、拒水、防折、耐高温，常用滤料有聚苯硫醚（PPS）、聚酰亚胺（P84）、聚四氟乙烯（PTFE）针刺毡或这些纤维的复合。

4.1.2.3 技术适用性及特点

袋式除尘技术适应性强，不受烟尘比电阻和物化特性等的影响；在新建或改造机组中都适用，在高灰分燃煤电厂锅炉、循环流化床锅炉及干法脱硫装置的烟气治理中应用较广；适用于排放要求严格的环境敏感地区。

该技术可去除烟气中的部分重金属（如汞）。

袋式除尘器占地面积和电除尘器相当；滤袋破损需更换，运行维护工作量较大；对制造、安装、运行、维护都有较高要求。

4.1.3　电袋复合式除尘技术

4.1.3.1　工艺原理

电袋复合式除尘技术有机地结合了电除尘和袋式除尘的优点，前级电场预收烟气中 70%～80% 以上的烟尘量；后级袋式除尘装置拦截、收集剩余烟尘。其中，前级电场的预除尘作用和荷电作用不仅能减少后级袋式除尘器的过滤负荷，同时由于前级的预荷电使细微的烟尘凝聚成较粗颗粒的烟尘，从而提高滤袋的清灰效果，减少滤袋运行阻力，延长滤袋寿命。

4.1.3.2　消耗及污染物排放

电袋复合式除尘技术除尘效率在 99.5%～99.99%，烟尘排放浓度可控制在 30 mg/m³ 以下，系统漏风率宜小于 3%。电袋复合式除尘器电耗占发电量的 0.1%～0.3%。应特别关注电除尘器电晕放电产生的臭氧和烟气中的氮氧化物在高温下对滤料的氧化和腐蚀。

4.1.3.3　技术适用性及特点

电袋复合式除尘技术适应性强，不受煤种、烟尘特性影响，适用于排放要求严格的环境敏感地区及老机组除尘系统改造。

该技术可去除烟气中的部分重金属（如汞）。

电袋复合式除尘器滤袋使用寿命较高，清灰周期长，能耗小；对制造、安装、运行及维护都有较高要求；要选择抗氧化、抗腐蚀性能强的滤料。

4.2　烟气脱硫技术

按脱硫工程是否加水和脱硫产物的干湿状态，烟气脱硫技术又分为湿法和半干法两种工艺。

4.2.1　湿法脱硫技术

湿法脱硫技术成熟，效率高，运行可靠，操作简单，脱硫副产物可综合利用，但烟温降低不利于烟气扩散，脱硫工艺较复杂，占地面积和投资较大。湿法脱硫技术的脱硫效率主要受浆液 pH 值、液气比、停留时间、吸收剂品质及用量的影响，以石灰石/石灰—石膏法应用最广，此外还有镁法脱硫、氨法脱硫和海水脱硫等。

4.2.1.1　石灰石/石灰—石膏法脱硫技术

4.2.1.1.1　工艺原理

石灰石/石灰—石膏法脱硫技术是用石灰石、生石灰或消石灰的乳浊液作为吸收剂吸收烟气中的 SO_2。吸收塔型主要有喷淋塔、液柱塔、填料塔和鼓泡塔。脱硫系统主要包括吸收系统、烟气系统、吸收剂制备系统、石膏脱水及贮存系统和废水处理系统。随着工程技术进步和运行管理的成熟，新建脱硫装置大多取消烟气旁路和换热器，增压风机一般也不再设置。

电石渣脱硫技术与石灰石/石灰—石膏法烟气脱硫技术类似，其吸收剂是利用化工企业生产中产生的大量工业废弃物电石渣[主要成分为 $Ca(OH)_2$]替代石灰石，达到以废治废的目的，特别适合于距化工厂距离较近、电石渣供应稳定的燃煤电厂。

4.2.1.1.2　消耗及污染物排放

石灰石/石灰—石膏法和电石渣脱硫技术需要消耗脱硫剂和电能，电耗占发电量的 1.0%～1.5%。

当钙硫摩尔比在 1.02～1.05，循环液 pH 值在 5.0～6.0 时，脱硫效率一般可达 95% 以上，石膏纯度一般可达 90% 以上。当燃用煤种的含硫量在 0.6%～2.0% 时，SO_2 排放浓度可控制在 75～200 mg/m³。

脱硫系统还产生脱硫废水、脱硫副产物石膏、粉尘污染、风机噪声和水泵噪声。

4.2.1.1.3　技术适用性及特点

石灰石/石灰—石膏法脱硫技术适应性强，对煤种、负荷变化均具有较强的适应性；适用大容量机组、高浓度 SO_2 的烟气脱硫。

该技术可部分去除烟气中的 SO_3、HCl、HF、颗粒物和重金属（如汞）。

4.2.1.2 氨法脱硫技术（回收型）

4.2.1.2.1 工艺原理

氨法脱硫技术主要采用（废）氨水、液氨作吸收剂去除烟气中的 SO_2。氨法工艺过程包括 SO_2 吸收、中间产品处理和副产品制造。根据过程和副产物的不同，氨法又可分为氨—肥法、氨—亚硫酸铵法等。

4.2.1.2.2 消耗及污染物排放

氨法脱硫需要消耗脱硫剂和电能，应有可靠的脱硫剂来源，电耗一般占发电量的 0.4%～1.2%。

氨法脱硫技术的脱硫效率一般在 95% 以上，当燃煤含硫量在 2.0% 以下时，SO_2 排放浓度可控制在 200 mg/m^3 以下。

氨法脱硫会产生氨逃逸。

4.2.1.2.3 技术适用性及特点

氨法脱硫技术适应性强，对煤种、负荷变化均具有较强的适应性；从经济技术角度综合考虑，主要适用于有可靠氨源且氨肥能得到有效利用的电厂，对能以废氨水为脱硫吸收剂的电厂尤为适用。

该技术可去除烟气中的部分 SO_3、HCl、HF、颗粒物和重金属（如汞），占地面积小，同时具有部分脱硝功能。

4.2.1.3 镁法脱硫技术（回收型）

4.2.1.3.1 工艺原理

镁法脱硫技术可分为氧化镁法和氢氧化镁法，分别以氧化镁和氢氧化镁为吸收剂。国内目前没有应用回收型镁法脱硫技术的连续稳定运行的燃煤电厂。

氧化镁法脱硫工艺流程是烟气经预处理后进入吸收塔，在塔内 SO_2 与吸收液 $Mg(OH)_2$ 和 $MgSO_3$ 反应，MgO 被转化成 $MgSO_3$ 和 $MgSO_4$，然后将其溶液脱除干燥。干燥后的 $MgSO_3$ 在 850 ℃ 条件下，再用焦炭还原再生。

氢氧化镁法脱硫工艺流程是烟气中的 SO_2 经过水洗涤生成酸性液，酸性液与再循环浆液中的 $MgSO_3$ 反应生成 $Mg(HSO_3)_2$，其再与 $Mg(OH)_2$ 反应生成 $MgSO_3$，经氧化生成无害的 $MgSO_4$。

4.2.1.3.2 消耗及污染物排放

镁法脱硫运行需要消耗脱硫剂和电能，应有可靠的脱硫剂来源。

镁法脱硫技术的脱硫效率可在 95% 以上，应选择活性好的脱硫剂；脱硫系统阻力一般在 2 000～3 000 Pa；脱硫系统的运行温度一般在 50℃ 左右。当电厂燃煤含硫量在 2.0% 以下时，SO_2 排放浓度可控制在 200 mg/m^3 以下。

镁法脱硫会产生脱硫废水和脱硫副产物硫酸镁。

4.2.1.3.3 技术适用性及特点

镁法脱硫技术具有比较广泛的适用性，对煤种、负荷变化等的适应性强；从技术经济角度考虑，适用于镁资源比较丰富的地区；较适用于排放要求严格的地区。

该技术可去除烟气中的部分 SO_3、HCl、HF、颗粒物和重金属（如汞）。镁法脱硫的副产物应回收，否则会造成资源浪费及对水体的二次污染。

4.2.1.4 海水脱硫技术

4.2.1.4.1 工艺原理

海水脱硫是利用海水的天然碱度来吸收烟气中的 SO_2，再用空气强制氧化为硫酸盐溶于海水中。

4.2.1.4.2 消耗及污染物排放

脱硫系统的运行电耗占发电量的 1.0% 以下。

脱硫系统排水水质需满足《海水水质标准》（GB 3097）中的三类标准，凝汽器出口海水温度应控制在40℃以下。海水脱硫系统阻力一般在900～2 200 Pa；脱硫系统入口烟气的温度一般在110～130℃，海水出口温度在28～40℃；300 MW机组海水脱硫的海水耗量为32 400～43 200 t/h，脱硫海水必须经充分强制曝气后外排。

海水脱硫的脱硫效率一般在90%以上，SO_2排放浓度可控制在150～250 mg/m³。

4.2.1.4.3 技术适用性及特点

海水脱硫技术适用于燃煤含硫量在1.0%以下的沿海电厂，但在选用该技术时，应仔细考察当地条件如海水状况、潮汐、邻近脱硫系统排水口的海水水生生态环境要求等，严格限于GB 3097中规定的第三类和第四类海域，进入脱硫塔的烟气烟尘浓度应控制在30 mg/m³以下，且海水扩散条件较好。该技术的排水会引起局部海水的温升，排水中的重金属对海洋生态系统有潜在影响，因此严禁在环境敏感海域应用。

海水脱硫对SO_3、HCl、HF、颗粒物有不同程度的去除作用。

4.2.2 半干法脱硫技术

半干法烟气脱硫技术是采用干态吸收剂，在吸收塔中单独喷入吸收剂和降温用水，吸收剂在吸收塔中与SO_2反应生成干粉状脱硫产物。半干法脱硫工艺系统较简单，无废水产生，投资低于湿法，但脱硫效率和脱硫剂的利用率较低，脱硫副产物不易综合利用。

国内应用的半干法脱硫技术包括烟气循环流化床脱硫技术和增湿灰循环烟气脱硫技术，其中以前者应用较广泛。

4.2.2.1 烟气循环流化床脱硫技术

4.2.2.1.1 工艺原理

烟气循环流化床脱硫技术是锅炉烟气经过预除尘器（当需要时）后，从循环流化床底部进入吸收塔，烟气经过喷水降温后，在吸收塔内与消石灰粉进行脱硫反应，除去烟气中的SO_2酸性气体。该技术主要以锅炉飞灰、未反应完全的脱硫剂、脱硫副产物做循环物料，在吸收塔内建立高粉尘浓度的流化床。

4.2.2.1.2 消耗及污染物排放

烟气循环流化床脱硫运行时需要消耗脱硫剂和电能。电耗占发电量的0.5%～1.0%。

影响脱硫效率的因素主要包括钙硫比、喷水量、反应温度、停留时间等。烟气循环流化床法的脱硫效率可达85%以上，运行较好的可达90%以上；SO_2排放浓度可控制在250 mg/m³以下；无脱硫废水产生。

脱硫系统会产生脱硫副产物、风机噪声和水泵噪声。

4.2.2.1.3 技术适用性及特点

烟气循环流化床脱硫技术适用于含硫量1.0%以下的低硫煤电厂，机组容量为600 MW及以下；缺水地区的新建和改造机组；一般应采用袋式除尘器除尘。

该技术可部分去除烟气中的SO_3、HCl、HF和重金属（如汞）。

4.2.2.2 增湿灰循环烟气脱硫技术

4.2.2.2.1 工艺原理

增湿灰循环烟气脱硫技术是将消石灰粉与除尘器收集的循环灰在混合增湿器内混合，并加水增湿至5%的含水量，然后导入烟道反应器内进行脱硫反应。

4.2.2.2.2 消耗及污染物排放

烟气循环流化床脱硫运行时需要消耗脱硫剂和电能，电耗占发电量的0.1%～0.3%。

该技术的脱硫效率在85%左右，为保证净化效率，脱硫灰循环倍率和Ca/S比非常重要；脱硫系统阻力较大，一般在2 000～3 000 Pa。反应器出口温度一般在65～80 ℃，Ca/S摩尔比小于1.4。当电厂燃用煤种的含硫量在 1.0%以下时，SO_2 排放浓度可控制在 250 mg/m^3；无脱硫废水产生。一般应采用袋式除尘器除尘。

脱硫系统会产生脱硫副产物、风机噪声和水泵噪声。

4.2.2.2.3 技术适用性及特点

增湿灰循环烟气脱硫技术适用于煤种含硫量在 1.0%以下的中低硫煤脱硫；从技术经济角度考虑，该技术特别适用于机组容量为 200 MW 及以下的中小容量机组脱硫。

该技术可去除烟气中的部分 SO_3、HCl、HF 和重金属（如汞）。

4.2.3 脱硫新技术

4.2.3.1 等离子体烟气脱硫脱硝技术

等离子体烟气脱硫脱硝技术采用烟气中高压脉冲电晕放电产生的高能活性粒子，将烟气中的 SO_2 和 NO_x 氧化为高价态的硫氧化物和氮氧化物，最终与水蒸气和注入反应器的氨反应生成硫酸铵和硝酸铵，属干法脱硫技术。

等离子体烟气脱硫脱硝技术的特点是工程投资及运行费用低，能同时脱硫脱硝、产物可作为肥料，无二次污染。

4.2.3.2 活性焦吸附脱硫脱硝技术

活性焦脱硫脱硝技术原理是：当烟气中有氧和水蒸气时，由于活性焦表面具有催化作用，使其吸附的 SO_2 被烟气中的 O_2 氧化为 SO_3，SO_3 再和水蒸气反应生成硫酸，使其吸附量大为增加。活性焦吸附 SO_2 后，在其表面形成的硫酸存在于活性焦的微孔中，降低其吸附能力，因此需要把存在于微孔中的硫酸取出，使活性焦再生。再生方法包括洗涤和加热再生。活性焦脱硫技术通过加入 NH_3 可实现脱硝功能，即在活性焦的选择性催化作用下，使氮氧化物发生还原反应生成氮气和水。

活性焦脱硫脱硝技术特点是：工艺过程简单，再生过程副反应少；吸附容量有限，常需在低气速（0.3～1.2 m/s）下运行，因而吸附体积较大；活性焦易被废气中的 O_2 氧化而导致损耗；长期使用后，活性焦会产生磨损，并因微孔堵塞丧失活性。

4.2.3.3 生物脱硫技术

生物脱硫与传统脱硫法最大的区别是：从工艺上不是将烟气中的二氧化硫转移到固体废物中，而是以具有经济价值的单质硫的形式分离回收。由于单质硫具有较高的应用价值，因此在消除环境污染的同时还能产生良好的经济效益。同时，生物脱硫的运行成本较传统脱硫方式运行费用至少低 30%以上。

4.3 烟气脱硝技术

4.3.1 选择性催化还原法

4.3.1.1 工艺原理

选择性催化还原法（SCR）是指在催化剂的作用下，利用还原剂（如 NH_3 或尿素）与烟气中的 NO_x 反应生成 N_2 和 H_2O。

选择性催化还原系统一般由氨的储存系统、氨和空气的混合系统、氨喷入系统、反应器系统及监测控制系统等组成。SCR 反应器多为高尘高温布置，即安装在锅炉省煤器与空预器之间。

4.3.1.2 消耗及污染物排放

SCR 脱硝系统需要催化剂和还原剂。脱硝系统采用高温催化剂，反应温度一般为 300～400 ℃，催化剂以 TiO_2 为载体，主要活性成分为 V_2O_5-WO_3（MoO_3）等金属氧化物。SCR 系统中还原剂可选用液氨、尿素或氨水，还原剂比较见表 3。利用尿素作为脱硝还原剂时需要利用专门的设备将尿素转化为氨。

表3 脱硝还原剂比较

还原剂	优 点	缺 点	选用建议
液氨	还原剂和蒸发成本低；体积小	为了防止液氨溢出污染，需要较高的安全管理投资；风险较大	若液氨贮存场地满足国家相关的安全标准、规范要求，并取得危险化学品管理许可，可以使用
氨水	液体溢出后，扩散范围较液氨小；浓度范围较易控制	较高的还原剂成本；较高的蒸发能量；较高的储存设备成本；较大的注入管道	一般不推荐使用
尿素	没有溢出危险；对周围环境要求较低	还原剂能量消耗较大，系统设备投资和还原剂成本较高	当法规不允许使用液氨，或在人口密度高，或特别强调安全的情况下，推荐使用

SCR 脱硝效率为 60%～90%，通常设置一层催化剂时的脱硝效率约为 40%，设置两层催化剂时可大于 70%，设置三层催化剂时可大于 80%。燃煤电厂锅炉采用低氮燃烧装置后燃用烟煤、贫煤和褐煤的 NO_x 初始浓度在 250～650 mg/m^3，燃用无烟煤的 NO_x 初始浓度在 1 300 mg/m^3 左右，当脱硝效率为 80% 时，NO_x 的排放浓度可控制在 50～260 mg/m^3。

另外，脱硝装置的运行会增加电耗，占发电量的 0.1%～0.3%。

SCR 系统会产生氨逃逸和废催化剂。

4.3.1.3 技术适用性及特点

SCR 脱硝技术适应性强，特别适合于电厂煤质多变、机组负荷变动频繁的情况；适用于要求脱硝效率较高的新建和现役机组改造；适用于对空气质量要求较高的敏感区域。

4.3.2 选择性非催化还原法

4.3.2.1 工艺原理

选择性非催化还原法（SNCR）是一种不用催化剂，在 850～1 100 ℃范围内还原 NO_x 的方法，还原剂常用氨或尿素，NH_3 与烟气中的 NO_x 反应生成 N_2 和水。典型的 SNCR 系统由还原剂储槽、多层还原剂喷入装置及相应的控制系统组成。

4.3.2.2 消耗及污染物排放

SNCR 脱硝装置的运行电耗较小，系统阻力不大，影响还原化学反应效率的主要因素是温度、还原剂停留时间、还原剂类型。运行正常状态的氨逃逸在 6～8 mg/m^3，若运行状态不佳，则氨逃逸率显著增加，NH_3 逃逸可达 15 mg/m^3。

SNCR 脱硝效率在 20%～40%，燃煤电厂锅炉采用低氮燃烧装置后燃用烟煤、贫煤和褐煤的 NO_x 初始浓度在 250～650 mg/m^3，燃用无烟煤的 NO_x 初始浓度约为 1 300 mg/m^3，当脱硝效率为 40% 时，NO_x 排放浓度为 150～780 mg/m^3。

4.3.2.3 技术适用性及特点

SNCR 脱硝技术对温度窗口要求十分严格，对机组负荷变化适应性差，对供煤煤质多变、机组负荷变动频繁的电厂，其应用受到限制；该技术的系统简单，只需在现役燃煤锅炉的基础上增加氨或尿素储槽以及氨或尿素喷射装置及其喷射口即可，适用于老机组改造且对 NO_x 排放要求不高的区域。SNCR 技术不适用于无烟煤电厂。在环境敏感区域应选择尿素作为还原剂。

5. 水污染物末端治理技术

5.1 废水处理工艺分类

燃煤电厂废水通常有两种处理方式：一种是集中处理，另一种是分类处理。对于新建燃煤电厂，由于废水的种类很多，水质差异很大，大多数废水需要处理回用，因此大部分电厂采用分类处理与集中处理相结合的处理方案。

5.2 分类处理工艺技术

5.2.1 锅炉停炉保护和化学清洗废水（含有机清洗剂）处理

该类水水质特点是停炉保护废水的联胺含量较高；用柠檬酸或乙二胺四乙酸（EDTA）化学清洗后的废液中残余清洗剂量很高。为降低过高的 COD，在常规的 pH 调整、混凝澄清处理工艺之前增加氧化处理环节。通过加入氧化剂（通常是双氧水、过硫酸铵或次氯酸钠等）氧化，分解废水中的有机物，降低其 COD 值。

5.2.2 空气预热器、省煤器和锅炉烟气侧等设备冲洗排水处理

该类废水为锅炉非经常性排水，其水质特点是悬浮物和铁的含量很高，不能直接进入经常性排水处理系统。处理方法常采用化学沉淀法，即处理时首先进行石灰处理，在高 pH 值下沉淀出过量的铁离子并去除大部分悬浮物，然后再送入中和、混凝澄清等处理系统。

5.2.3 化学水处理工艺废水处理

化学水处理因工艺不同，可产生酸碱废水或浓盐水。

酸碱废水多采用中和处理，即采用加酸或碱调至 pH 值在 6～9 之间，出水直接排放或回用。工艺系统一般包括中和池、酸储槽、碱储槽、在线 pH 计、中和水泵和空气搅拌系统等。运行方式大多为批量中和，即当中和池中的废水达到一定容量后，再启动中和系统。

为尽量减少新鲜酸、碱的消耗，离子交换设备再生时应合理安排阳床和阴床的再生时间及再生酸碱用量，尽量使阳床排出的废酸与阴床排出的废碱相匹配，以减少直接加入中和池的新鲜酸和碱量。

采用反渗透预脱盐系统的水处理车间，由于反渗透回收率的限制，其排水量较大。如果反渗透系统回收率按照 75% 设计，则反渗透装置进水流量的 1/4 以废水的形式排出，废水量远大于离子交换系统。但其水质基本无超标项目，主要是含盐量较高，大都可以直接利用或排放。

5.2.4 煤泥废水处理

煤泥废水一般情况下处理后循环使用。为达到循环使用的水质要求，通常采用混凝沉淀、澄清和过滤处理工艺，以去除废水中的悬浮物和油。

煤泥废水处理系统包括废水收集、废水输送、废水处理等系统。煤场的废水经集水池预沉淀，先将废水中携带的大尺寸的煤粒沉淀下来，然后上清液送经混凝、澄清和过滤处理后回用。

微滤或超滤处理工艺作为一种新技术已开始应用于煤泥废水处理。其优点是出水水质好，尤其是出水浊度很低，可以小于 1 NTU；缺点是要进行频繁的反洗（自动进行）和定期进行化学清洗。

5.2.5 冲灰废水处理

冲灰废水的 pH 值和含盐量较高。通过灰浆浓缩池进行闭路循环的灰水悬浮物也较高；灰场的水经过长时间沉淀，悬浮物浓度一般很低。冲灰废水处理主要解决 pH 值和悬浮物超标问题。其中，只要保证水在灰场有足够的停留时间，并采取措施拦截"漂珠"，悬浮物大多可满足排放要求。pH 值则需要通过加酸（考虑经济性，一般加硫酸），使其降至 6～9 范围内。

冲灰废水一般循环使用，而不用于其他途径。冲灰废水循环使用的处理工艺主要为物理沉淀法。废水中灰渣在自身重力的作用下沉淀，浓缩灰渣返回灰场；上清液贮存于回收水池内。回收水池出水返回循环利用。

5.2.6 含油废水处理

含油废水主要有油罐脱水、冲洗含油废水、含油雨水等。含油废水的处理工艺通常采用气浮法进行油水分离，出水经过滤或吸附后回用或排放。

此外还有活性炭吸附法、电磁吸附法、膜过滤法、生物氧化法等除油方法，但在电厂应用较少。

5.2.7 脱硫废水处理

脱硫废水水质特点是悬浮物浓度高、pH 值呈酸性。其处理工艺是：先通过加石灰浆对脱硫废水进行中和、沉淀处理，后经絮凝、澄清、浓缩等步骤处理，清水回收利用，沉降物经脱水机脱水后用运泥汽车将其运至灰场堆放。

5.2.8 生活污水处理

生活污水的可生化性好，大部分燃煤电厂生活污水的处理工艺是采用生化二级处理，消毒后回用或排放。

此外，膜生物反应器工艺由于具有出水水质优良、性能稳定、占地面积小等优势，在电厂生活污水处理中得到越来越多的应用，特别适用于处理后再利用。

5.3 集中处理工艺技术

废水集中处理站是燃煤电厂规模最大、处理废水种类最多的废水集中处理系统，处理后的废水根据水质情况达标排放或回收利用。废水集中处理站所处理的废水主要是各种经常性排水和非经常性排水。

典型的废水集中处理站设有多个废水收集池，根据水质差异进行分类收集，如高含盐量的化学再生废水、锅炉酸洗废液、空气预热器冲洗废水等，都单独收集。各池之间根据实际用途也可以互相切换，主要设施包括废水收集池、曝气风机、废水泵、酸、碱储存罐，以及清水池、pH 调整槽、反应槽、絮凝槽、澄清器、加药系统等。

6．噪声治理技术

噪声控制应当尽量采用低噪声设备，按照环境功能合理布置声源，采取有效的降噪措施。

6.1 燃料制备系统噪声治理技术

燃料制备系统中的主要噪声设备是磨煤机，可分为低速、中速和高速三种。近年来新建机组大多为中速磨煤机，其噪声主要为排气噪声，噪声水平为 95～110 dB（A）。中速磨的噪声治理主要方法为局部隔声法，在磨机底部排气口噪声能量最大处安装隔声装置，为便于排气口散热，在隔声装置外侧设置低噪声轴流风机和消声器，其降噪量能达到 20 dB（A）。

早期燃煤机组大多采用钢球磨煤机即低速磨，其噪声水平在 100～120 dB（A），对于钢球磨煤机的噪声治理，有效措施主要包括以下三种：

◆ 筒体外壳阻尼层。阻尼材料的厚度一般应为外壁厚度的 2～3 倍，可降噪 10 dB（A）左右。

◆ 隔声套。将多层吸声、隔声阻尼材料组合在一起，把磨煤机筒体紧紧地捆箍起来，与筒体一起旋转。隔声套一般采用组合式结构，可将设备噪声降至 95 dB（A）左右；缺点是增加自重、检修不便等。

◆ 隔声罩。降低钢球磨煤机噪声最常用的措施是隔声罩，需注意的关键是：通风散热要好，便于拆卸与维修，结构材料轻质、高效，隔声量高。磨煤机附属的电动机一般采用能通风、可拆卸的隔声罩，隔声量一般不低于 20 dB（A）。

6.2 燃烧系统噪声治理技术

燃烧系统中的最主要噪声源是锅炉排汽噪声，高达 130 dB（A）以上，频谱呈中高频特性。锅炉排汽噪声是电厂影响面较大的高空突发噪声，一般排汽时间几分钟，其影响范围可达方圆几公里。

锅炉排汽噪声控制是在喷口安装具有扩张降速、节流降压、变频或改变喷注气流参数等功能的排气放空消声器。一般采用消声量 25 dB（A）以上的小孔（喷注）消声器，电厂应用的节流降压消声器消声量可达 30 dB（A）以上。

燃烧系统中锅炉及炉后部分连续噪声是较突出的空气动力噪声，噪声水平为 85～115 dB（A）。应对锅炉送、引风机及管路系统空气动力噪声加以治理，主要采用阻尼复合减振降噪法，该方法作用于风机及管路系统的外层，通过阻尼复合材料的减振隔声作用，可有效降低噪声 15～20 dB（A）。

6.3 发电系统噪声治理技术

发电系统中的主要噪声源是汽轮机、发电机及励磁机等，运行噪声可达 90 dB（A）。很多电厂的发电机组在设备出厂时就已同时配置隔声罩，一般有 20 dB（A）左右的降噪效果。主厂房内声源设备众多，使得厂房内噪声偏高，加之建筑围护结构的降噪量一般仅在 10 dB（A）左右，因此应注意厂房的密闭性和隔声性能，控制噪声对外辐射。汽机房主体建筑的隔声降噪措施，主要采用隔声门窗，在面对办公区的厂房立面安装可调节通风型消声百叶窗。

6.4 冷却系统噪声治理技术

冷却系统中最大的噪声是自然通风冷却塔的淋水噪声，一般采用下述两种噪声治理措施：

◆ 部分进风口安装冷却塔通风消声器。自然通风冷却塔附近的噪声敏感区大多集中在塔的某一侧，因此可以在冷却塔底部的部分进风口区域安装由若干通风导流消声片组成的通风消声器，一般可使冷却塔的设备噪声级降低 15 dB（A）以上。设计中要控制通风消声器的压力损失，确保其不影响冷却效果。

◆ 隔声屏障。冷却塔采用隔声屏障降噪，隔声屏障应尽量靠近塔体，防止阻挡噪声敏感区的通风和日晒等。屏障高度应高于冷却塔进风口高度，结构可采用高效轻质隔声型、土坡型、钢筋混凝土型等，从抗震、抗风等方面予以严格设计。

6.5 脱硫系统噪声治理技术

脱硫系统主要噪声源为氧化风机、增压风机噪声，其噪声水平一般为 85～110 dB（A）。氧化风机的噪声治理一般采用加装隔声罩和室内布置，隔声量一般为 20 dB（A）。增压风机的降噪一般采用和锅炉送、引风机相同的阻尼复合减振降噪措施，其降噪量为 15～20 dB（A）。

7. 固体废物综合利用及处置技术

燃煤电厂产生的固体废物主要为粉煤灰，此外还有脱硫副产物、污水处理污泥、失效脱硝催化剂等，采用适当的处理处置方法有利于资源化利用，避免二次污染。

7.1 粉煤灰综合利用技术

粉煤灰综合利用是指采用成熟工艺技术对粉煤灰进行加工，将其用于生产建材、回填、建筑工程、提取有益元素制取化工产品等用途。

7.1.1 粉煤灰磨细加工技术

粉煤灰磨细加工是指改进粉煤灰的细度和均匀性。粉煤灰磨细后细度增大，烧失量变化不大，密度增大，需水量比减小，抗压强度比提高。

7.1.2 粉煤灰分级技术

粉煤灰分级一般采用干法多级离心分离器，分离出符合商品要求的产品，便于综合利用。

7.1.3 利用高铝粉煤灰提炼硅铝合金技术

利用电厂产生的高铝粉煤灰为原料，通过电热法冶炼硅铝系列合金及从高铝粉煤灰中提取氧化铝并可联产白炭黑等产品。

7.1.4 综合利用

粉煤灰综合利用途径很多，利用价值大，主要可用于生产粉煤灰水泥、粉煤灰砖、建筑砌块、混凝土掺料、道路路基处理、土壤改良等。

7.2 脱硫渣综合利用及处置技术

7.2.1 脱硫石膏的应用

脱硫石膏的纯度取决于脱硫装置的 Ca/S 比、石灰石纯度和除尘器的除尘效率。在参数合理配比运行的情况下，脱硫石膏的纯度能够达到 90%。脱硫石膏主要用作水泥缓凝剂或制作石膏板，还可用于生产石膏粉刷材料、石膏砌块、矿井回填材料及改良土壤等。

7.2.2 半干法脱硫灰渣的应用

半干法脱硫灰渣主要成分是 $CaSO_4$、$CaSO_3$ 等，具有强碱性和自硬性，国内应用尚不普遍，主要用于筑路和制砖。

7.2.3 循环流化床脱硫灰渣的应用

与煤粉炉粉煤灰相比，循环流化床脱硫灰渣具有烧失量较高、CaO 含量高、SO_3 质量浓度高、玻璃体较少、有一定自硬性等特点，可综合利用于废弃矿井、采空区回填和筑路等。

7.3 污泥处理处置技术

电厂废水处理产生的污泥主要包括给水、工业废水、脱硫废水等处理过程产生的污泥，经检定后确定为危险废物的，按照《危险废物安全填埋污染控制标准》（GB 18598）处置；经检定后确定为一般废物的，按照《一般工业固体废物贮存、处置场污染控制标准》（GB 18599）处置。

7.4 失效脱硝催化剂处置技术

失效催化剂应再生或回收处理。处理时首选催化剂再生，处理方法为水洗再生、热再生和还原再生。其中主要是水洗再生，即把失去活性的催化剂通过浸泡洗涤、添加活性组分以及烘干等程序使催化剂恢复大部分活性。再生过程会产生少量含有重金属的废水，属危险废物，应集中处理。

失效催化剂应作为危险固体废弃物来处理。对于蜂窝式催化剂，一般的处理方法是压碎后进行填埋，填埋过程中应严格遵照危险固体废物的填埋要求。对于板式催化剂，由于其中含有不锈钢基材，故除填埋外可送至金属冶炼厂进行回用。

8. 燃煤电厂污染防治最佳可行技术

8.1 燃煤电厂污染防治最佳可行技术概述

燃煤电厂污染防治最佳可行技术包括工艺过程污染防治最佳可行技术和污染物末端治理最佳可行技术，前者包括煤炭选择、煤炭和脱硫剂储存与输送、锅炉燃烧系统和工艺节水技术；后者包括烟尘排放控制、SO_2 排放控制、NO_x 排放控制、废水处理与回用、噪声控制和固体废物处理处置的最佳可行技术等，详见 8.2 节及 8.3 节。煤粉炉燃煤电厂污染防治最佳可行技术组合见图 2，循环流化床锅炉燃煤电厂污染防治最佳可行技术组合见图 3。

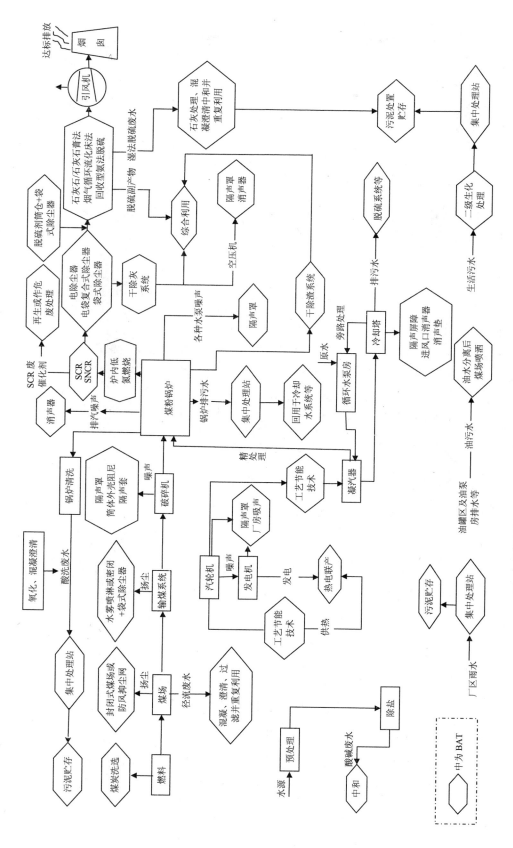

图 2　煤粉炉燃煤电厂污染防治最佳可行技术示意图（循环冷却）

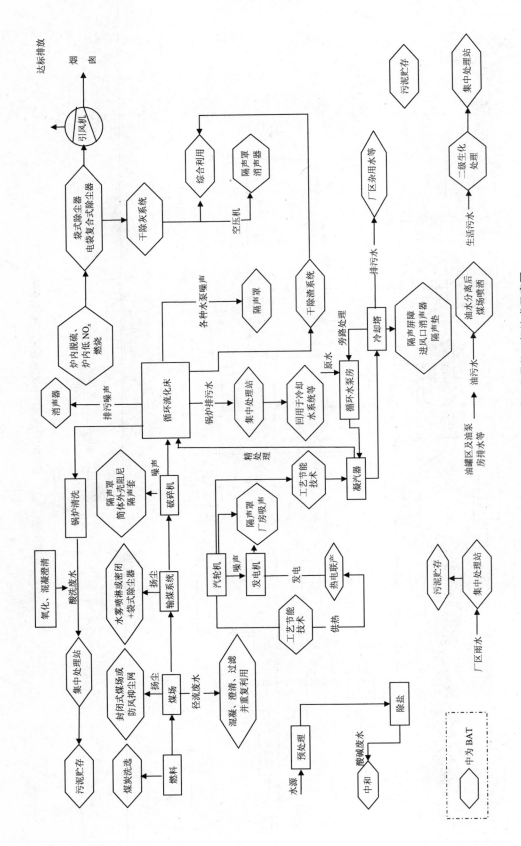

图 3　循环流化床锅炉燃煤煤电厂污染防治最佳可行技术示意图

8.2 工艺过程污染防治最佳可行技术

8.2.1 煤炭选择最佳可行技术

燃煤电厂煤炭选择最佳可行技术见表 4。

表 4　燃煤电厂煤炭选择最佳可行技术

最佳可行技术	污染控制环节	技术适用性
煤炭洗选：燃用经洗选的热值高，以及水分、硫分、灰分、氟化物及氯化物含量低的高品质煤	降低烟气中大气污染物浓度	高硫和高灰分煤
燃用适用煤种：燃用设计煤种或校核煤种	提高锅炉燃烧效率	新建或现役燃煤机组

8.2.2 煤炭装卸、储存与输送过程扬尘控制最佳可行技术

煤炭装卸、储存与输送过程扬尘控制最佳可行技术见表 5。

表 5　煤炭装卸、储存与输送过程扬尘控制最佳可行技术

最佳可行技术	污染控制环节	技术适用性
降低高度与喷雾	煤炭装卸作业过程扬尘	新建或现役燃煤机组
水雾喷淋、密闭与袋式除尘器	输煤栈桥、输煤转运站及碎煤机室输送过程扬尘	新建或现役燃煤机组
露天煤场设喷洒装置＋干煤棚＋周边绿化	贮煤场扬尘	适用于南方多雨、潮湿的地区且煤场周围无环境敏感目标
露天煤场设喷洒装置＋周边绿化		适用于北方地区且煤场周围无环境敏感目标
储煤筒仓		适用于贮煤量较小、配煤要求高的电厂
喷洒装置＋防风抑尘网	贮煤场扬尘	适用于风速较大或环境敏感区域
喷洒装置＋封闭式煤场		适用于环境敏感区域

8.2.3 脱硫剂石灰或石灰石（粉）储存与输送过程扬尘污染防治最佳可行技术

脱硫剂石灰或石灰石（粉）储存与输送过程扬尘污染防治最佳可行技术见表 6。

表 6　脱硫剂石灰或石灰石（粉）储存与输送过程扬尘污染防治最佳可行技术

最佳可行技术	污染控制环节	技术适用性
密闭罐车	石灰石（粉）或石灰的运输扬尘	新建或现役燃煤机组
筒仓	石灰石（粉）或石灰的储存扬尘	新建或现役燃煤机组
密闭罐车配置的卸载设备	石灰石（粉）或石灰的装卸作业扬尘	新建或现役燃煤机组
袋式除尘器	石灰石（粉）仓受料时排气中粉尘的分离与收集	新建或现役燃煤机组

8.2.4 锅炉燃烧系统污染预防最佳可行技术

8.2.4.1 最佳可行技术

对于有条件的地区，应发展能源利用效率高的高参数、大容量燃煤机组；建设热电联产机组，实现电厂热能的梯级有效利用。

在确保锅炉安全燃烧和效率的前提下，各种低 NO_x 燃烧技术是通过燃烧控制降低氮氧化物排放的最佳可行技术。低 NO_x 燃烧技术主要包括采用低 NO_x 燃烧器和炉内空气分级。

锅炉燃烧系统污染预防最佳可行技术见表 7。

表7　锅炉燃烧系统污染预防最佳可行技术

炉型	最佳可行技术	技术适用性
煤粉锅炉	高参数、大容量机组燃烧控制和管理 热电联产 低 NO_x 燃烧技术	适用于常规燃煤； 切向燃烧、对冲燃烧等适用于烟煤、褐煤或贫煤的燃烧； W 火焰锅炉适用于低挥发分的贫煤、无烟煤的燃烧
循环流化床锅炉	高参数、大容量机组燃烧控制和管理 热电联产	适用于劣质燃煤，如高灰煤、煤矸石、煤泥等； 适用于 300 MW 及以下机组； 适用于劣质煤产区

8.2.4.2 最佳环境管理实践

加强燃烧控制和管理，保证锅炉安全稳定燃烧的最佳环境管理实践包括：

◆ 燃烧优化控制：合理送风、配风，优化煤/风比，提高过热蒸汽/再热蒸汽品质。

◆ 提高煤粉炉锅炉热效率：燃烧设计煤种；控制空气过剩系数在最佳氧量±0.5%范围内；根据负荷变化进行必要的燃烧调整，使锅炉处于较佳的热效率状态并有利于抑制 NO_x 生成。

◆ 提高循环流化床锅炉热效率：在一次返料的基础上设计二次返料，加大一次和二次返料量；优化一、二次风量配比。

8.2.5 工艺节水最佳可行技术

8.2.5.1 最佳可行技术

工艺节水最佳可行技术见表8。

表8　工艺节水最佳可行技术

最佳可行技术		技术适用性
城市污水回用技术	曝气生物滤池+石灰处理+混凝澄清+深层过滤	用于处理 COD、BOD、氨氮等浓度较高的城市二级排水，出水可回用于循环冷却水补充水
	石灰处理+混凝澄清+深层过滤	用于处理城市二级达标排放水，出水可回用于循环冷却水补充水
	预处理+超滤+反渗透	主要用于需要除盐的情况，出水可回用于对除盐要求不高的用途；也可以作为预除盐措施
循环冷却水节水技术	除水器+提高循环水浓缩倍率	适用于新建机组和现役机组改造
干除灰干除渣技术		适用于水资源贫乏地区的新建机组和现役机组改造
空冷节水技术		适用于水资源短缺富煤地区的新建机组

8.2.5.2 最佳环境管理实践

为保证最佳可行技术的应用效果，采取如下最佳环境管理实践：

◆ 加强全厂节水管理，减少各种汽水损失，合理降低排污率；做好机、炉等热力设备疏水、排污及启停时排汽和放水的回收工作，逐步降低单位发电量的取水量。

◆ 加强各类废水的处理与回用，根据用水水质要求实现废水梯级利用，尽量减少排水。

◆ 重视水质检测和水量计量管理工作，定期进行全厂水平衡测试。

◆ 建立健全记录和档案制度。

8.3 污染物排放控制最佳可行技术

8.3.1 烟尘排放控制最佳可行技术

8.3.1.1 电除尘技术

8.3.1.1.1 最佳可行工艺参数

根据燃煤灰分和环保要求确定电除尘器的除尘效率，一般电除尘器除尘效率为 99.5%～99.8%；

电除尘器入口气体风速为 10～15 m/s，进入电除尘器后电场风速为 0.7～1.2 m/s；极板间距为 25～45 cm；清灰应及时彻底，气流分布应均匀；系统阻力应小于 300 Pa；除尘系统漏风率小于 5%。

应根据处理烟气量选用相应功率的高频电源作为电除尘器的供电电源。

8.3.1.1.2 污染物削减和排放

烟尘排放浓度可达 50 mg/m³ 以下。电除尘器消耗主要为电能，占发电量的 0.1%～0.4%。

8.3.1.1.3 二次污染及防治措施

电除尘器除尘下来的粉煤灰应外运综合利用。

8.3.1.1.4 技术经济适用性

电除尘器适用于烟尘比电阻在 1×10^4～5×10^{11} Ω·cm 范围内的除尘；适用于新建和改造机组；宜优先选用高频电源供电。

电除尘器的一次投资费用为 50～100 元/kW，电除尘器的运行和维护成本较低，使用电除尘的治理成本为 30～80 元/t 烟尘。

8.3.1.2 袋式除尘技术

8.3.1.2.1 最佳可行工艺参数

袋式除尘器的除尘效率应在 99.7%～99.99%之间；气布比为 0.8～1.2 m/min；系统阻力应小于 1 500 Pa；运行温度宜在 160 ℃以下；系统漏风率小于 3%。

8.3.1.2.2 污染物削减和排放

袋式除尘器烟尘排放浓度可控制在 30 mg/m³ 以下，并可去除烟气中的部分重金属（如汞）。

8.3.1.2.3 二次污染及防治措施

袋式除尘器除尘下来的粉煤灰应外运综合利用。

8.3.1.2.4 技术经济适用性

袋式除尘器不受烟尘比电阻和物化特性等的影响；在新建或改造机组中都适用，尤其适用于高灰分燃煤电厂锅炉、循环流化床锅炉及干法脱硫装置的烟气治理和排放要求严格的地区。

袋式除尘器一次投资约为 100 元/kW，运行费用包括运行电耗、滤料更换及维修费用等。袋式除尘器治理成本约为 300 元/t 烟尘。

8.3.1.3 电袋复合式除尘技术

8.3.1.3.1 最佳可行工艺参数

电袋复合式除尘器的除尘效率应在 99.8%以上；电除尘器电场风速为 0.9～1.1 m/s，袋式除尘器气布比一般为 1.0～1.2 m/min；运行温度宜在 160℃以下；系统总体阻力应小于 1 200 Pa；漏风率应小于 3%。

8.3.1.3.2 污染物削减和排放

电袋复合式除尘器排放浓度应控制在 30 mg/m³ 以下，有时可达 10 mg/m³ 以下；并可去除烟气中的部分重金属（如汞）。

8.3.1.3.3 二次污染及防治措施

电袋复合式除尘器除尘下来的粉煤灰应外运综合利用。

8.3.1.3.4 技术经济适用性

电袋复合式除尘技术适用于高比电阻烟尘、低硫煤烟尘和半干法烟气脱硫后的烟气除尘；对现役电除尘器的改造比较适用；适用于排放要求严格的地区。

8.3.1.4 燃煤电厂烟尘排放控制最佳可行技术适用性

四电场以上电除尘器、袋式除尘器、电袋复合式除尘器是燃煤电厂烟尘排放控制的最佳可行技术，其技术适用性见表 9。

表 9　燃煤电厂烟尘排放控制最佳可行技术适用性

最佳可行技术	除尘效率	适用性
四电场以上电除尘器	＞99.5%	适用于燃煤灰分及飞灰比电阻适中的各种容量的新建、改建和扩建电厂
袋式除尘器	＞99.8%	适用于燃用各种煤质的新建、改建和扩建电厂和对现役电除尘器的改造，适用于 600 MW 及以下的机组，特别适用于半干法烟气脱硫后的烟气除尘。可去除烟气中的部分重金属
电袋复合式除尘器	＞99.8%	适用于燃用各种煤质的新建、改建和扩建电厂和对现役电除尘器的改造，适用于 600 MW 及以下的机组。可去除烟气中的部分重金属

8.3.1.5　燃煤电厂烟尘排放控制最佳可行技术排放水平

燃煤电厂烟尘排放控制最佳可行技术及其排放水平见表 10。

表 10　燃煤电厂烟尘排放控制最佳可行技术及其排放水平

炉型	脱硫工艺	现役机组/新建机组	
		最佳可行技术	排放水平/（mg/m³）
煤粉炉	湿法脱硫	四/五电场电除尘器	＜50
	半干法脱硫		＜80
	湿法脱硫	电袋复合式除尘器（机组容量≤600MW）或袋式除尘器	＜30
	半干法脱硫		＜50
循环流化床锅炉	炉内脱硫	四/五电场电除尘器	＜100
		电袋复合式除尘器	＜50

8.3.1.6　最佳环境管理实践

为保证最佳可行技术的应用效果，采取如下最佳环境管理实践：

◆ 定期检查电除尘器振打系统及驱动装置、电加热或蒸汽加热系统、灰斗及卸（输）灰系统、供电及控制系统、测量和记录仪表等。

◆ 袋式除尘器定期清灰；及时检查滤袋破损情况并更换滤袋。

◆ 对于电袋复合式除尘器，分别按电除尘器和袋式除尘器的管理要求进行相应管理。

◆ 加强人员培训，使其熟悉岗位技能、岗位规程和制度。

◆ 建立健全记录和档案制度，如主要设备的运行和维修情况记录；各种污染物排放数据和烟气连续监测数据记录、各种污染物处理处置情况记录等。

8.3.2　SO_2 排放控制最佳可行技术

8.3.2.1　石灰石/石灰—石膏法脱硫技术

8.3.2.1.1　最佳可行工艺参数

为确保脱硫效率，应选择活性好且 $CaCO_3$ 含量大于 90%的脱硫剂；燃用中低硫煤时石灰石（粉）的细度应保证 250 目 90%过筛率，燃用中高硫煤时石灰石粉的细度应保证 325 目 90%过筛率；当 Ca/S 摩尔比为 1.02～1.05、循环液 pH 值为 5.0～6.0 时，脱硫效率应在 95%以上；脱硫石膏纯度应在 90%以上；未设置换热器时，脱硫系统阻力应小于 2 500 Pa；当设置换热器时，脱硫系统阻力应小于 3 500 Pa。

8.3.2.1.2　污染物削减和排放

石灰石/石灰—石膏法对经除尘后烟气中颗粒物的去除率在 50%以上。当燃煤含硫量为 0.6%～3.0%时，SO_2 排放浓度应在 200 mg/m³ 以下。该技术还可部分去除烟气中的 SO_3、HCl、HF 和重金属（如汞）。

8.3.2.1.3　二次污染及防治措施

脱硫废水应采用石灰处理、混凝澄清和中和处理后回用。

脱硫产生的石膏应外运综合利用。

脱硫系统循环水泵、增压风机、氧化风机等设备应采用隔声处理。

8.3.2.1.4 技术经济适用性

石灰石/石灰—石膏法脱硫工艺适用于燃用各种煤种的新、改、扩建燃煤电厂的 SO_2 治理，尤其适用于大容量机组或燃用中高硫煤的电厂脱硫。

该技术的一次投资为 200 元/kW 左右；运行费用相对较低，吸收剂石灰石价廉易得；该技术脱硫副产物为石膏，高质量石膏具有综合利用价值。该技术的治理成本为 1 000～4 000 元/吨 SO_2，脱硫电价成本为 0.01～0.035 元/kW·h。

8.3.2.2 氨法脱硫技术（回收型）

8.3.2.2.1 最佳可行工艺参数

氨法脱硫技术的脱硫效率应在 95% 以上，脱硫系统阻力应小于 1 600 Pa，脱硫系统的运行温度为 50～60 ℃。脱硫后的副产物应符合资源综合利用要求。

8.3.2.2.2 污染物削减和排放

当燃煤含硫量为 0.6%～3.0% 时，SO_2 排放浓度应在 200 mg/m³ 以下。该技术还可部分去除烟气中的 SO_3、HCl、HF、NO_x、颗粒物和重金属（如汞）。

8.3.2.2.3 二次污染及防治措施

脱硫副产物应全部回收为氨肥或化工原料送至化工厂利用。

脱硫系统循环水泵、风机等设备应采用隔声处理。

8.3.2.2.4 技术经济适用性

氨法脱硫技术对煤种、负荷变化均具有较强的适应性；适用于燃用各种煤种的新、改、扩建燃煤电厂的 SO_2 治理，尤其适用于附近有可靠（废）氨源、机组容量在 300 MW 及以下，燃用中、高硫煤的电厂脱硫。该技术在脱硫的同时可以脱硝。

该技术的一次投资为 150～200 元/kW。

8.3.2.3 烟气循环流化床脱硫技术

8.3.2.3.1 最佳可行工艺参数

烟气循环流化床法的脱硫效率应在 90% 以上；生石灰细度应在 2 mm 以下，加适量水后 4 分钟内温度可升高到 60℃，CaO 含量 80% 以上；系统阻力应在 3 500 Pa 以下（包括吸收塔和除尘器）；脱硫系统烟气入口温度一般为 110～130 ℃，烟气出口温度一般为 70～80 ℃；Ca/S 摩尔比为 1.3～1.5；脱硫系统装置漏风率小于 6%；脱硫系统后应采用袋式除尘器。

8.3.2.3.2 污染物削减和排放

烟气循环流化床脱硫系统后的袋式除尘器对烟气中的 SO_2、SO_3、HCl、HF 和重金属（如汞）等有一定的去除作用；当燃煤含硫量在 1.5% 以下时，锅炉 SO_2 初始浓度为 1 500～3 000 mg/m³，SO_2 排放浓度为 150～300 mg/m³。

8.3.2.3.3 二次污染及防治措施

脱硫产生的脱硫渣应外运综合利用。

脱硫系统风机等设备应采用隔声处理。

8.3.2.3.4 技术经济适用性

烟气循环流化床脱硫技术适用于缺水地区燃用中低硫煤的 600 MW 及以下机组脱硫。

该技术的一次投资约为 150 元/kW，脱硫电价成本为 0.01～0.02 元/kW·h。

8.3.2.4 燃煤电厂 SO_2 排放控制最佳可行技术适用性

石灰石/石灰—石膏法、回收型氨法及烟气循环流化床法脱硫技术是燃煤电厂 SO_2 排放控制的最佳可行技术，其技术适用性见表 11。

表 11　SO₂排放控制最佳可行技术适用性

最佳可行技术	脱硫效率	适用性
石灰石/石灰—石膏法	>95%	适用于各种含硫量的煤种及各种容量的新、改、扩建机组和现役机组的脱硫。可去除烟气中的部分重金属
氨法脱硫	>95%	适用于氨源稳定充足、燃用中高硫煤的 300 MW 及以下容量且产生的副产物能够全部综合利用的新建机组或现役机组脱硫。 可同时脱硫脱硝。可去除烟气中的部分重金属
烟气循环流化床法	>90%	适用于 600 MW 及以下容量、燃用中低硫煤的新建机组或现役机组脱硫。可去除烟气中的部分重金属

8.3.2.5　燃煤电厂 SO₂ 污染防治最佳可行技术排放水平

燃煤电厂 SO₂ 污染防治最佳可行技术及其排放水平见表 12。

表 12　燃煤电厂 SO₂ 污染防治最佳可行技术及排放水平

煤种	容量/MW	炉型	现役机组 最佳可行技术	排放水平/(mg/m³)	新建机组 最佳可行技术	排放水平/(mg/m³)
低硫煤	200~300	煤粉炉	石灰石/石灰—石膏法	<100	石灰石/石灰—石膏法	<100
			烟气循环流化床	<300	烟气循环流化床	<200
			炉内脱硫	<400	炉内脱硫	<200
		循环流化床	石灰石/石灰—石膏法	<150	石灰石/石灰—石膏法	<150
			烟气循环流化床	<200	烟气循环流化床	<200
	>300	煤粉炉	石灰石/石灰—石膏法	<100	石灰石/石灰—石膏法	<100
			烟气循环流化床	<300	烟气循环流化床	<300
中高硫煤	200~300	煤粉炉	石灰石/石灰—石膏法	<200	石灰石/石灰—石膏法	<200
			回收型氨法脱硫	<200	回收型氨法脱硫	<200
		循环流化床	炉内脱硫+石灰石/石灰—石膏法	<200	炉内脱硫+石灰石/石灰—石膏法	<200
			炉内脱硫+烟气循环流化床	<200	炉内脱硫+烟气循环流化床	<200
	>300	煤粉炉	石灰石/石灰—石膏法	<200	石灰石/石灰—石膏法	<200

8.3.2.6　最佳环境管理实践

为保证最佳可行技术的应用效果，采取如下最佳环境管理实践：

- 氨法脱硫应保证副产物硫酸铵的氧化率不小于 95%；氨的逃逸量控制在 10 mg/m³ 以下。
- 脱硫装置的可用率应保证在 95% 以上；新建机组不宜设置烟气旁路。
- 燃煤电站锅炉脱硫系统进出口均应按规定安装烟气连续监测系统。
- 加强人员培训工作。
- 加强对脱硫装置的运行管理。
- 建立健全记录和档案制度。

8.3.3　NOₓ排放控制最佳可行技术

8.3.3.1　选择性催化还原脱硝技术

8.3.3.1.1　最佳可行工艺参数

选择性催化还原脱硝技术（SCR）脱硝效率应在 70% 以上，系统阻力为 800~1 400 Pa；烟气入口温度应为 300~400 ℃；系统漏风率应在 0.4% 以下；NH₃/NOₓ摩尔比为 0.6~1.1；NH₃逃逸控制在 2.5 mg/m³ 以下。

当采用液氨作为氨气来源时，应保证氨含量在 99.5%以上，储氨罐容量宜不小于设计工况下 5 天的氨气消耗量。氨区要求设置一定的安全距离。

8.3.3.1.2 污染物削减和排放

燃煤电厂锅炉采用低氮燃烧装置后燃用烟煤、贫煤和褐煤的 NO_x 初始浓度为 $250 \sim 650$ mg/m³，燃用无烟煤的 NO_x 初始浓度为 1 300 mg/m³ 左右，当脱硝效率为 80%时，NO_x 的排放浓度可控制为 $50 \sim 260$ mg/m³。脱硝装置的运行会增加电耗，占发电量的 0.1%～0.3%。

8.3.3.1.3 二次污染及防治措施

使用选择性催化还原脱硝技术会产生氨逃逸，应采取措施将氨逃逸控制在 2.5 mg/m³ 以下。

失效催化剂应尽可能再生处理，无法再生的失效催化剂按《危险废物安全填埋污染控制标准》（GB 18598）的要求进行处理。

脱硝系统稀释空气风机等设备应采用隔声处理。

8.3.3.1.4 技术经济适用性

选择性催化还原脱硝技术适用于煤质多变、负荷变动频繁的机组；适用于要求脱硝效率较高的新建和现役机组。

新建机组 SCR 的一次投资为 100～150 元/kW，改造机组为 200～300 元/kW；运行成本主要为催化剂更换费用、还原剂费用等。根据脱硝效率的不同，投资费用存在一定差别。

8.3.3.2 选择性非催化还原脱硝技术

8.3.3.2.1 最佳可行工艺参数

选择性非催化还原脱硝技术（SNCR）的脱硝效率为 20%～40%，反应温度为 850～1 100℃；NH_3/NO_x 摩尔比为 0.8～2.5；氨逃逸应控制在 8 mg/m³ 以下。

8.3.3.2.2 污染物削减和排放

燃煤电厂锅炉采用低氮燃烧装置后燃用烟煤、贫煤和褐煤的 NO_x 初始浓度为 $250 \sim 650$ mg/m³，当脱硝效率为 40%时，NO_x 排放浓度为 150～390 mg/m³。

8.3.3.2.3 二次污染及防治措施

使用选择性非催化还原脱硝技术会产生氨逃逸，应采取措施将氨逃逸控制在 8 mg/m³ 以下。

8.3.3.2.4 技术经济适用性

适用于对 NO_x 排放要求不高且电厂运行相对稳定的新、老机组，特别适用于现有电厂的改造。人口稠密区域应选择尿素作为还原剂。

SNCR 占地面积小；一次投资和运行费用低；目前一次投资为 25～50 元/kW。

8.3.3.3 燃煤电厂 NO_x 排放控制最佳可行技术适用性

SCR 脱硝技术及 SNCR 脱硝技术是燃煤电厂 NO_x 排放控制的最佳可行技术，其技术适用性见表 13。

表 13　燃煤电厂 NO_x 排放控制最佳可行技术适用性

最佳可行技术	脱硝效率	适用性
SCR	60%～90%	适用于各种燃煤和各种容量的新、改、扩建和现役机组
SNCR	20%～40%	适用于燃用烟煤和褐煤且排放要求不高、电厂运行相对稳定的 600 MW 及以下的新、改、扩建和现役机组

8.3.3.4 燃煤电厂 NO_x 污染防治最佳可行技术排放水平

燃煤电厂 NO_x 污染防治最佳可行技术及其排放水平见表 14。

表 14　燃煤电厂 NOₓ 污染防治最佳可行技术及其排放水平

容量/MW	煤种	炉型	现役机组/新建机组	
			最佳可行技术	排放水平/（mg/m³）
200～300	无烟煤 贫煤	煤粉炉	低氮燃烧＋SCR	<200
		循环流化床	低温燃烧	<250
	烟煤 褐煤	煤粉炉	低氮燃烧	<400
			低氮燃烧＋SCR	<200
			低氮燃烧＋SNCR	<300
		循环流化床	低温燃烧	<200
>300	无烟煤 贫煤	煤粉炉	低氮燃烧＋SCR	<200
	烟煤 褐煤	煤粉炉	低氮燃烧	<400
			低氮燃烧＋SNCR	<300
			低氮燃烧＋SCR	<100

8.3.3.5 最佳环境管理实践

为保证最佳可行技术的应用效果，采取如下最佳环境管理实践：

◆ SCR 系统应注意进入反应塔的烟气温度及与氨混合的均匀性。

◆ SNCR 系统还原剂喷入炉膛应注意反应区温度及与烟气混合的均匀性。

◆ 加强人员培训。

◆ 加强对脱硝装置的运行管理。

◆ 建立健全记录和档案制度。

◆ 建立应急预案。电厂应对液氨区、油罐区等危险场所制订详细的防爆、防泄漏应急预案及应急措施。

8.3.4 废水处理与回用最佳可行技术

8.3.4.1 最佳可行技术

电厂废水处理与回用最佳可行技术见表 15。

表 15　电厂废水处理与回用最佳可行技术

废水种类	主要污染因子	最佳可行技术	去向或回用途径
锅炉酸洗废水	COD、SS、pH 等	氧化、混凝澄清	集中处理站
锅炉非经常性废水	pH、SS 等	沉淀、中和	集中处理站
酸碱废水	pH	中和	烟气脱硫系统
反渗透浓排水	盐类	—	烟气脱硫系统
含煤废水	SS、胶体	混凝澄清、过滤	重复利用
含油废水	油、SS	油水分离	煤场喷洒
冲渣水	SS、pH	沉淀、中和	重复利用
灰水	SS、pH 等	加阻垢剂	闭路循环
主厂房冲洗水	SS	混凝澄清	集中处理站
脱硫废水	pH、SS、重金属等	石灰处理、混凝澄清、中和	干灰调湿、灰场喷洒、冲渣水、冲灰水
锅炉排污水	温度	—	冷却水系统或化水系统
循环冷却系统排水	盐类	反渗透等除盐工艺	除灰、脱硫、喷洒等利用或除盐后回冷却系统

废水种类	主要污染因子	最佳可行技术	去向或回用途径
生活污水	COD、BOD、SS	二级生化处理	绿化、集中处理站
直流冷却系统	温度	—	直接排入水环境
初期雨水	SS、油等	不处理或混凝澄清	集中处理站

8.3.4.2 最佳环境管理实践

为保证最佳可行技术的应用效果，采取如下最佳环境管理实践：

◆ 电厂应对全厂的水源、用水和排水做全面规划管理，选择最优的全厂用水分配方案，经济合理地处理各种废水，最大限度地提高废水回用率。

◆ 除直流冷却水外，尽量减少各类废水排放。对于新建电厂，尽量实现正常情况下无废水外排；对于现有电厂，根据需要对电厂用、排水系统进行水量平衡测试，必要时实施废水低排放工程。

◆ 进入电厂废水集中处理站的废水处理后用作冷却系统、冲渣系统、输煤系统及煤场、干灰调湿、灰场喷洒、厂区绿化、主厂房及厂区冲洗等补充水。

8.3.5 固体废物处理处置最佳可行技术

8.3.5.1 最佳可行技术

固体废物处理处置最佳可行技术见表 16。

表 16　固体废物处理处置最佳可行技术

最佳可行技术		技术适用性
粉煤灰利用	粉煤灰磨细加工	适用于电除尘器一、二级电场和袋式除尘器收集的粉煤灰
	粉煤灰干法分级	适用于各种粉煤灰
	利用高铝粉煤灰提炼硅铝合金	适用于高铝粉煤灰
脱硫石膏用作水泥缓凝剂		适用于石灰石/石灰—石膏法的脱硫石膏
电厂水处理污泥处置技术		经检定后确定为危险废物的，按照《危险废物安全填埋污染控制标准》（GB 18598）处置；经检定后确定为一般废物的，按照《一般工业固体废物贮存、处置场污染控制标准》（GB 18599）处置

8.3.5.2 最佳环境管理实践

为保证最佳可行技术的应用效果，采取如下最佳环境管理实践：

◆ 粉煤灰实现粗细分排和灰渣分排，把出灰运行、灰渣管理、综合利用结合起来。

◆ 控制脱硫石膏品质，优先用作水泥缓凝剂。

8.3.6 噪声污染防治最佳可行技术

8.3.6.1 最佳可行技术及其降噪水平

噪声污染防治的最佳可行技术及其降噪水平见表 17。

表 17　噪声污染防治最佳可行技术及其降噪水平

噪声源	噪声源声级水平 /dB（A）	最佳可行技术	降噪水平	备注
发电机、励磁机及汽轮机组	76～108	隔声罩 厂房内壁面吸声处理	降噪量 20 dB（A）左右 降噪量 6 dB（A）左右	罩内吸声
引风机、送风机	72～115	消声器 管道外壳阻尼	消声量 25 dB（A）左右 整体噪声降到 85 dB（A）以下	—

给水泵、循环泵、灰浆泵等	82～108	隔声罩	降噪量 25 dB（A）以上	罩内吸声
磨煤机、湿磨机	82～120	隔声罩 筒体外壳阻尼 隔声套	降噪量 20 dB（A）左右 整体噪声降到 95 dB（A）左右 降噪量 10 dB（A）左右	罩内吸声 — 检修不便
冷却塔	70～85	隔声屏障 进风口消声器 消声垫	降噪量 10 dB（A）左右 消声量 15 dB（A）左右 消声量 8 dB（A）左右	尽量靠近塔体
氧化风机、空压机	82～105	隔声罩 消声器	降噪量 20 dB（A）左右 消声量 30 dB（A）以上	罩内吸声
锅炉排汽 （偶发噪声）	115～130	排汽消声器	消声量 30 dB（A）以上	—

8.3.6.2 最佳环境管理实践

为保证最佳可行技术的应用效果，采取如下最佳环境管理实践：

◆　采用低噪声设备，控制噪声源强。

◆　隔声罩做好密封，避免与声源设备刚性连接，注意设备散热。

HJ-BAT-002

环 境 保 护 技 术 文 件

城镇污水处理厂污泥处理处置污染防治
最佳可行技术指南（试行）

Guideline on Best Available Technologies of Pollution Prevention
and Control for Treatment and Disposal of Sludge from
Municipal Wastewater Treatment Plant（on Trial）

环 境 保 护 部

2010 年 2 月

前　言

　　为贯彻执行《中华人民共和国环境保护法》，加快建设环境技术管理体系，确保环境管理目标的技术可达性，增强环境管理决策的科学性，提供环境管理政策制定和实施的技术依据，引导污染防治技术进步和环保产业发展，根据《国家环境技术管理体系建设规划》，环境保护部组织制定污染防治技术政策、污染防治最佳可行技术指南、环境工程技术规范等技术指导文件。

　　本指南可作为城镇污水处理厂污泥处理处置项目环境影响评价、工程设计、工程验收以及运营管理等环节的技术依据，是供各级环境保护部门、设计单位以及用户的指导性技术文件。

　　本指南为首次发布，将根据环境管理要求及技术发展情况适时修订。

　　本指南由环境保护部科技标准司组织制订。

　　本指南起草单位：北京市环境保护科学研究院、清华大学、机科发展科技股份有限公司、山西沃土生物有限公司、杭州环兴机械设备有限公司。

　　本指南由环境保护部解释。

1．总则

1.1 适用范围

本指南中污泥是指在城镇污水处理过程中产生的初沉池污泥和二沉池污泥，不包括格栅栅渣、浮渣和沉砂池沉砂。与城镇污水性质类似的污水在处理过程中产生的污泥，其处理处置可参照执行。列入《国家危险废物名录》或根据国家规定的危险废物鉴别标准和方法认定的具有危险特性的污泥，应严格按照危险废物进行管理，不适用本指南。

1.2 术语和定义

1.2.1 最佳可行技术

是针对生活、生产过程中产生的各种环境问题，为减少污染物排放，从整体上实现高水平环境保护所采用的与某一时期技术、经济发展水平和环境管理要求相适应、在公共基础设施和工业部门得到应用的、适用于不同应用条件的一项或多项先进、可行的污染防治工艺和技术。

1.2.2 最佳环境管理实践

是指运用行政、经济、技术等手段，为减少生活、生产活动对环境造成的潜在污染和危害，确保实现最佳污染防治效果，从整体上达到高水平环境保护所采用的管理活动。

2．城市污水污泥

2.1 污泥的特性及危害

城镇污水处理厂产生的污泥含水率高（75%～99%），有机物含量高，易腐烂。

污泥中含有具有潜在利用价值的有机质，氮、磷、钾和各种微量元素，寄生虫卵、病原微生物等致病物质，铜、锌、铬等重金属，以及多氯联苯、二噁英等难降解有毒有害物质，如不妥善处理，易造成二次污染。

2.2 污泥处理处置技术

2.2.1 污泥处理技术

城镇污水处理厂污泥减容、减量、稳定以及无害化的过程称为污泥处理。本指南中污泥处理技术指污泥厌氧消化和污泥好氧发酵。由于污泥厌氧消化前需浓缩，污泥好氧发酵前需脱水，本指南将污泥浓缩、脱水列为污泥预处理技术。

2.2.2 污泥处置技术

经处理后的污泥或污泥产品在环境中或利用过程中达到长期稳定，并对人体健康和生态环境不产生有害影响的最终消纳方式称为污泥处置。本指南中的污泥处置技术指污泥土地利用和污泥焚烧。

3．污泥预处理及辅助设施

3.1 工艺原理

城镇污水处理厂污泥预处理是指采用重力、气浮或机械等方法提高污泥含固率，减少污泥体积，以利于后续处理与处置。污泥预处理及辅助设施主要包括污水处理系统中初沉池和二沉池的污泥存储、浓缩、脱水、输送和计量等环节的设备、构筑物和相关辅助设施。

3.2 工艺流程及产污环节

污水处理系统产生的初沉污泥和剩余污泥排入集泥池，经提升至污泥浓缩池或浓缩设备。通常规模较大的城镇污水处理厂产生的污泥在浓缩后进入消化池。经浓缩或消化后的污泥机械脱水后存储在堆放间，外运处理或处置。污泥预处理工艺流程及主要产污环节见图1。

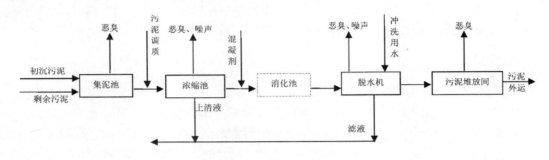

图 1 污泥预处理工艺流程及产污环节

污泥预处理过程中主要污染物为恶臭、污泥浓缩和脱水过程排放的上清液和滤液。

3.3 污泥产生量及计量

城镇污水处理厂污泥产生量的计量是污泥处理处置污染防治的基础，本指南对污泥产生量和计量方法做出规定。城镇污水处理厂应在污泥产生、贮存和处理的各单元设置计量装置。

3.3.1 污泥产生量

各类型污水处理工艺及相关处理单元污泥产生量的计算参见附录A。

3.3.2 污泥计量

3.3.2.1 初次沉淀池污泥计量

初沉池不接收剩余活性污泥时，污泥理论产生量参照附录 A 中公式（A-1）计算。当初沉池间歇排泥时，采用容积法计量污泥产生量，排泥量参照附录 A 中公式（A-8）计算。

3.3.2.2 剩余活性污泥计量

设有初沉池的城镇污水处理厂剩余活性污泥理论产生量参照附录 A 中公式（A-2）计算。剩余活性污泥连续排放时，设置流量计计量污泥产生量；生物膜法中二沉池间歇排泥时，采用容积法计量，排泥量参照附录 A 中公式（A-8）计算。

不设初沉池的城镇污水处理厂剩余活性污泥理论产生量参照附录 A 中公式（A-4）计算。

3.3.2.3 消化池污泥计量

设置计量装置计量厌氧消化池进、出泥量和沼气产量。进泥量为初沉污泥和剩余活性污泥之和，参照附录 A 中公式（A-5）进行计算。连续进出泥时，采用流量计计量污泥产生量，并记录累计流量。采用投配池间歇进泥时，采用容积法计量，并记录每次投泥前后投配池中污泥液位高度和每日进泥次数。

计量污泥消化池产生沼气的计量装置或仪表宜安装在消化池出气管道上，沼气计量装置应具有读取瞬时流量和累计流量的功能。

3.3.2.4 污泥的出厂计量和报告

城镇污水处理厂出厂污泥可采用地衡进行计量。城镇污水处理厂应为出厂污泥计量建立完善的记录、存档和报告制度。污泥在采用好氧发酵、土地利用及焚烧等处理处置方式时，城镇污水处理厂应采用运营记录簿（即台账）制度，并将记录结果提交相关环境保护管理部门和污泥最终处置单位。

3.4 污泥预处理工艺类型

3.4.1 污泥浓缩

污泥浓缩常采用重力浓缩和机械浓缩两种方法。机械浓缩包括离心浓缩、重力浓缩等方式。

3.4.2 污泥脱水

污泥脱水包括自然干化脱水、热干化脱水和机械脱水，本指南中特指机械脱水。常用的污泥机械脱水方式有压滤式和离心式，其中压滤式主要指板框式和带式。

3.5 消耗及污染物排放

3.5.1 预处理过程中药剂及能源消耗

3.5.1.1 药剂消耗

污泥预处理过程中药剂消耗主要为调理剂，常用的调理剂包括无机混凝剂和有机絮凝剂两大类。无机混凝剂适用于板框式压滤，有机絮凝剂适用于带式压滤和离心式机械脱水。无机混凝剂用量通常为污泥干固体重量的5%~20%。有机絮凝剂，如阳离子型聚丙烯酰胺（PAM）和阴离子型聚丙烯酰胺（PAM），用量通常为污泥干固体重量的0.1%~0.5%。

3.5.1.2 能源消耗

离心浓缩比能耗最高。重力浓缩的比能耗通常在10 kW·h/t干物质以下，仅为离心浓缩的1%。

污泥脱水阶段主要能源消耗来自脱水机械主机设备以及冲洗水、药剂添加等驱动力的消耗。板框压滤机、带式压滤机和离心脱水机的比能耗分别为15~40 kW·h/t干物质、5~20 kW·h/t干物质和30~60 kW·h/t干物质。

3.5.2 预处理污染物排放

3.5.2.1 恶臭气体

污泥浓缩池硫化氢和氨气排放浓度分别为1~50mg/m³和2~20mg/m³，臭气浓度（量纲为1）通常为10~60。

污泥脱水机房硫化氢和氨气排放浓度通常均为1~40mg/m³，臭气浓度（量纲为1）通常为10~200。

3.5.2.2 上清液和滤液

污泥浓缩脱水过程中产生的上清液和滤液（包括冲洗水）等废水中氮磷浓度较高，氨氮浓度约为300 mg/L，总磷最大浓度约为100 mg/L。

3.6 污泥脱水新技术

3.6.1 高压和滚压式污泥脱水机

污泥脱水新设备主要有高压污泥脱水机和滚压式脱水机。

高压脱水机的工作原理是将湿污泥（含水率87%左右）投入由高压和低压系统组成的机械挤压系统中，经过多级连续挤压，脱水污泥含水率降至30%~50%。该类型脱水机单位能耗约为125 kW·h/t干物质。

滚压式脱水机的工作原理是将湿污泥（含水率85%~99.5%）投入圆形污泥通道，通道前端为浓缩区，后端为脱水区。浓缩污泥在脱水区经深度挤压后由出口闸门排出，滤液由通道两侧栅格的出水孔排出，并由脱水机下的污水槽收集。脱水后污泥含水率降至60%~75.5%。

3.6.2 水热预处理+机械脱水

水热预处理＋机械脱水指利用过热饱和高温水蒸气对污泥进行预处理后进行机械脱水，水蒸气使污泥中生物体的细胞壁破碎，释放结合水，并降低污泥黏滞性。脱水后污泥含水率降至 50%左右。

4．污泥厌氧消化技术

4.1 工艺原理

污泥厌氧消化是指在厌氧条件下，通过微生物作用将污泥中的有机物转化为沼气，从而使污泥中有机物矿化稳定的过程。厌氧消化可降低污泥中有机物的含量，减少污泥体积，提高污泥的脱水性能。

4.2 工艺流程及产污环节

污泥经过浓缩池浓缩后，利用泵提升进入热交换器，然后进入厌氧消化池，在微生物作用下污泥中有机物得到降解。厌氧消化过程产生的沼气经脱水、脱硫后可作为燃料利用。消化稳定后的污泥经脱水形成泥饼外运处置。污泥厌氧消化工艺流程及产污环节见图 2。

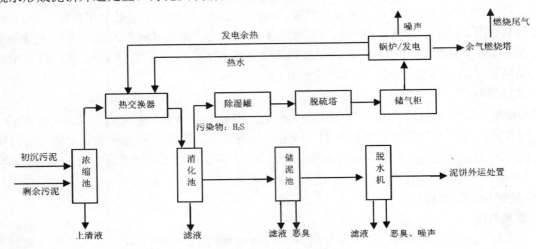

图 2　污泥厌氧消化工艺流程及产污环节

污泥厌氧消化产生的主要污染物包括消化液、沼气利用时排放的尾气以及设备噪声。

4.3 污泥厌氧消化工艺类型

4.3.1 高温厌氧消化

经过浓缩、均质后的污泥（含水率 94%～97%）进入高温（53℃±2℃）厌氧消化池进行厌氧消化，有机物降解率可达 40%～50%，对寄生虫（卵）的杀灭率可达 99%，消化时间为 10～15d。高温厌氧消化池投配率以 7%～10%为宜。

该工艺的特点是微生物生长活跃，有机物分解速度快，产气率高，停留时间短，但需要维持消化池的高温运行，能量消耗较大，系统稳定性较差。

4.3.2 中温厌氧消化

经过浓缩、均质后的污泥（含水率 94%～97%）进入中温（35℃±2℃）厌氧消化池进行厌氧消化。中温厌氧消化分为一级中温厌氧消化（停留时间约 20 d）和二级中温厌氧消化（停留时间约 10 d）。中温厌氧消化池投配率以 5%～8%为宜。

该工艺的特点是消化速率较慢，产气率低，但维持中温厌氧的能耗较少，沼气产能能够维持在较高水平。

4.4 消耗及污染物排放

4.4.1 厌氧消化能源消耗

污泥厌氧消化的能耗主要用于维持厌氧反应温度及维持污泥泵、污水泵（进出料系统）、搅拌设备和沼气压缩机等设备运转。能耗水平取决于厌氧消化搅拌方式，搅拌强度通常为 $3\sim5W/m^3$。

污泥厌氧消化的电耗占城镇污水处理厂全厂用电的 15%～25%；污泥加热的热耗占全厂热耗的 80%以上。如污泥消化产生的沼气全部用于发电，可解决整个城镇污水处理厂内 20%～30%的用电量。

4.4.2 厌氧消化污染物排放

4.4.2.1 沼气利用排放的尾气

沼气中甲烷含量为 60%～65%，二氧化碳（CO_2）含量为 30%～35%，硫化氢（H_2S）含量为 0～0.3%。

沼气燃烧或发电会产生尾气，尾气中主要污染物为氮氧化物（NO_x）、二氧化硫（SO_2）和一氧化碳（CO）。

4.4.2.2 消化液

消化液中化学需氧量（COD_{Cr}）浓度为 300～1 500 mg/L；悬浮物（SS）浓度为 200～1 000 mg/L；氨氮（NH_3-N）浓度为 100～2 000 mg/L；总磷（TP）浓度为 10～200 mg/L。

4.4.2.3 噪声

污泥厌氧消化过程中噪声的主要来源为发电机。在未加隔声罩的情况下，国产发电机距机体 1 m 处噪声约 110 dB（A）。

4.5 污泥厌氧消化前处理新技术

污泥厌氧消化前经过前处理，能够减少污泥消化的停留时间，提高产气量。污泥水热干化技术和超声波处理技术是污泥厌氧消化前处理技术中研究较成熟的两种技术。

污泥水热干化技术是指在一定温度和压力下使加热后污泥中的微生物细胞破碎，释放胞内大分子有机物，同时水解大分子有机物，进而破坏污泥胶体结构，从而改善污泥的脱水性能和厌氧消化性能。

超声波处理技术是指利用极短时间内超声空化作用形成的局部高温、高压条件，伴随强烈的冲击波和微射流，轰击微生物细胞，使污泥中微生物细胞壁破裂，进而减少消化的停留时间，提高产气量。

5．污泥好氧发酵技术

5.1 工艺原理

污泥好氧发酵是指在有氧条件下，污泥中的有机物在好氧发酵微生物的作用下降解，同时好氧反应释放的热量形成高温（＞55℃）杀死病原微生物，从而实现污泥减量化、稳定化和无害化的过程。

5.2 工艺流程及产污环节

污泥好氧发酵通常包括前处理、好氧发酵、后处理和贮存等过程。前处理包括破碎、混合、含水率和碳氮比的调整；好氧发酵阶段通常采用一次发酵方式；后处理主要包括破碎和筛分，有时需要干燥和造粒。污泥好氧发酵工艺流程及产污环节见图3。

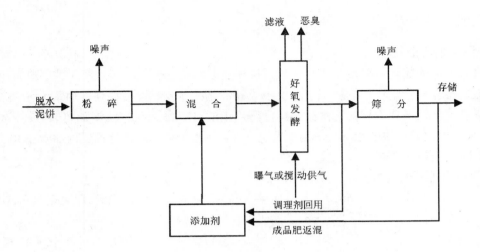

图 3 污泥好氧发酵工艺流程及产污环节

污泥好氧发酵过程中产生的主要污染物是恶臭气体、粉尘及滤液。

5.3 污泥好氧发酵工艺类型

5.3.1 条垛式好氧发酵

条垛式好氧发酵通常采用露天强制通风的发酵方式，经前处理工段处理后的混合物料被堆置在经防渗处理后的地面上，形成梯形断面的长条形条垛。条垛式好氧发酵分为静态和间歇动态两种工艺。

静态好氧发酵是指在污泥混合物料所堆放的地面上铺设供风管道系统，通过强制通风或抽气的方式为好氧发酵过程提供所需氧气。

间歇动态好氧发酵是指采用轮式或履带式等翻（抛）堆设备，定期翻堆，使混合物料与空气充分接触，保持好氧发酵过程所需氧气。

目前通常采用静态强制通风与定期翻堆相结合的条垛式好氧发酵工艺。

5.3.2 发酵槽（池）式好氧发酵

发酵槽（池）式好氧发酵是指在厂房中设置若干发酵槽，槽底设供风管道和排水管道，槽壁顶部设轨道，供翻堆机械移转，定期翻堆。发酵槽（池）式好氧发酵的典型工艺为阳光棚发酵槽。

阳光棚发酵槽是指利用阳光棚的透光和保温性能，提高发酵槽内温度。发酵槽底部安装通风管道系统，通过强制通风来保证好氧发酵过程所需氧气。

5.4 消耗及污染物排放

5.4.1 好氧发酵消耗

条垛式好氧发酵能耗为 $1\sim7\,kW\cdot h/m^3$ 发酵产品。发酵槽（池）式好氧发酵能耗为 $5\sim15\,kW\cdot h/m^3$ 发酵产品。

5.4.2 好氧发酵污染物排放

5.4.2.1 大气污染物

污泥好氧发酵微生物对有机质进行分解时产生恶臭气体，主要包括氨、硫化氢、醇醚类以及烷烃类气体。

污泥好氧发酵的翻堆和通风过程中会产生粉尘。

5.4.2.2 水污染物

污泥好氧发酵过程产生的滤液中化学需氧量（COD_{Cr}）浓度为 2 000～6 000 mg/L，五日生化需氧量（BOD_5）浓度为 60～4 500 mg/L。

条垛式污泥好氧发酵采用露天方式时需考虑场地雨水。

5.4.2.3 噪声

污泥好氧发酵过程中的噪声主要来源于前处理设备、翻堆设备和通风设备等，噪声水平为 70～85dB（A）。

6．污泥土地利用技术

6.1 工艺原理

污泥土地利用是指将经稳定化和无害化处理后的污泥通过深耕、播撒等方式施用于土壤中或土壤表面的一种污泥处置方式。污泥中丰富的有机质和氮、磷、钾等营养元素以及植物生长必需的各种微量元素可改良土壤结构，增加土壤肥力，促进植物的生长。本指南中的污泥土地利用不包括污泥农用。

6.2 工艺流程及产污环节

污泥土地利用工艺流程及产污环节见图 4。

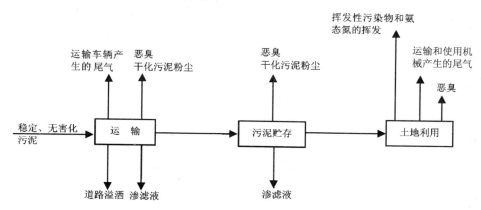

图 4　污泥土地利用工艺流程及产污环节

污泥土地利用过程排放的主要污染物是恶臭气体和粉尘。污泥中重金属、病原体等也会造成环境问题。

6.3 污泥土地利用工艺类型

6.3.1 园林绿化

污泥用于园林绿化是指将污泥用作景观林、花卉和草坪等的肥料、基质和营养土。污泥中矿化的有机质和营养物质提供丰富的腐殖质和可利用度高的营养物质，可改善土壤结构和组成，并使营养物质更易为植物吸收。

污泥用于园林绿化时，须根据树木种类采用不同的污泥施用量。

6.3.2 林地利用

污泥用于林地利用是指将污泥施用于密集生产的经济林，如薪材林或人工杨树林等。

将污泥施予幼林时，会出现与其他植物种类进行竞争的情况，从而降低幼树对营养物质和微量元素的摄入量，并增强杂草生长能力。

6.3.3 土壤修复及改良

土壤修复及改良是指将污泥用作受到严重扰动土地的修复和改良土，从而恢复废弃土地或保护土壤免受侵蚀。污泥可用在采煤场、取土坑、露天矿坑和垃圾填埋场等。

该方法的具体操作方式和环境影响取决于所施用场地的原有用途。

当目标是改善土壤质量时，可采用污泥直接施用或与其他肥料混合施用的方式。

6.4 消耗及污染物排放

6.4.1 土地利用物料消耗

污泥运输车辆和施用机械消耗燃料或电能，其消耗水平与施用量以及施用场地位置、大小和利用情况等有关。

6.4.2 土地利用污染物排放

6.4.2.1 大气污染物

污泥贮存、运输及施用到土壤中后，污泥中的有机组分会持续挥发或降解，产生恶臭物质，以氨、硫化氢和烷烃类气体等形式排放。

污泥原料的贮存、运输、装卸以及污泥土地利用等过程会排放粉尘。

6.4.2.2 水污染物

污泥土地利用时的运输和存储过程有滤液产生。

6.4.2.3 有机污染物

经稳定化工艺（厌氧消化和好氧发酵等）处理后的污泥中仍含有未降解有机物，且含有少量难降解有机化合物，如苯并[a]芘、二噁英、可吸附有机卤化物和多氯联苯等。

6.4.2.4 重金属及其化合物

污泥中主要含有铜、锌、镍、铬、镉、汞和铅等重金属，多以离子化合物形态存在，在土地利用过程中，应特别关注铜、锌和镉造成的环境问题。

6.4.2.5 病原菌

经无害化处理后的污泥中蠕虫卵死亡率通常大于 95%，粪大肠菌群菌值大于 0.01。

6.4.2.6 营养元素（氮、磷、钾等）

土地利用过程中，污泥中的氮、磷、钾等营养元素会随径流以淋失的方式进入地表水，以渗透的方式进入地下水体。

7. 污泥焚烧技术

7.1 工艺原理

污泥焚烧是指在一定温度和有氧条件下，污泥分别经蒸发、热解、气化和燃烧等阶段，其有机组分发生氧化（燃烧）反应生成 CO_2 和 H_2O 等气相物质，无机组分形成炉灰/渣等固相惰性物质的过程。

7.2 工艺流程及产污环节

污泥焚烧系统主要由污泥接收、贮存及给料系统、热干化系统、焚烧系统（包括辅助燃料添加系统）、热能回收和利用系统、烟气净化系统、灰/渣收集和处理系统、自动监测和控制系统及其他公共系统等组成。污泥干化焚烧工艺流程及产污环节见图5。

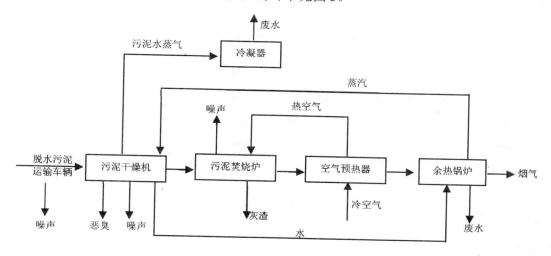

图5　污泥干化焚烧工艺流程及产污环节

　　污泥焚烧过程排放的主要污染物有恶臭气体、烟气、灰渣、飞灰和废水。

7.3 污泥焚烧工艺类型

7.3.1 前处理技术

　　污泥焚烧前处理技术通常指脱水或热干化等工艺，以提高污泥热值，降低运输和贮存成本，减少燃料和其他物料的消耗。

　　热干化工艺有半干化（含固率达到60%～80%）和全干化（含固率达到80%～90%）两种。热干化工艺一般仅用于处理脱水污泥，主要技术性能指标（以单机升水蒸发量计）为：热能消耗 2 940～4 200 kJ/kg H_2O；电能消耗 0.04～0.90kW/kgH_2O。

　　污泥含固率在35%～45%时，热值为4.8～6.5MJ/kg，可自持燃烧，通常后面直接接焚烧工艺。用作土壤改良剂、肥料，或作为水泥窑、发电厂和焚烧炉燃料时，须将污泥含固率提高至80%～95%。

7.3.2 单独焚烧

　　单独焚烧是指在专用污泥焚烧炉内单独处置污泥。

　　流化床焚烧炉是目前单独焚烧技术中应用最多的焚烧装置，主要有鼓泡式和循环式两种，其中尤以鼓泡流化床焚烧炉应用较多。

　　污泥单独焚烧时，在焚烧炉启动阶段，可通过安装启动燃烧器或向焚烧炉膛内添加辅助燃料等方式将炉膛温度预热至850℃以上，然后向焚烧炉炉膛内供给污泥。

7.3.3 混合焚烧技术

7.3.3.1 污泥与生活垃圾混烧

　　在生活垃圾焚烧厂的机械炉排炉、流化床炉、回转窑等焚烧设备中，污泥可以以直接进料或混合进料的方式与生活垃圾混合焚烧。

　　污泥与生活垃圾直接混合焚烧时会增加烟气和飞灰产生量，降低灰渣燃烬率，增加烟气净化系统的投资和运行成本，降低生活垃圾发电厂的发电效率和垃圾处理能力。

7.3.3.2 污泥的水泥窑协同处置

　　经水泥窑产生的高温烟气干化后的污泥进入水泥窑煅烧可替代部分黏土作为水泥原料，达到协同处置污泥的目的。干化后的污泥可在窑尾烟室（块状燃料）或上升烟道、预分解炉、分解炉喂料管（适用于块状燃料）等处喂料。

利用水泥窑系统处置污泥时须控制污泥中硫、氯和碱等有害元素含量，折合入窑生料其硫碱元素的当量比 S/R 应控制为 0.6～1.0，氯元素应控制为 0.03%～0.04%。

利用水泥窑焚烧污泥的直接运行成本为 60～100 元/t（80%湿污泥）。

7.3.3.3 污泥的燃煤电厂协同处置

可利用燃煤电厂的循环流化床锅炉、煤粉锅炉和链条炉等焚烧炉将污泥与煤混合焚烧。为提高污泥处置的经济性，优先考虑利用电厂余热干化污泥后进行混烧。

直接掺烧污泥会降低焚烧炉内温度和焚烧灰的软化点，增加飞灰产生量，增加除尘和烟气净化负荷，降低系统热效率 3%～4%，并引起低温腐蚀等问题。

利用火电厂焚烧污泥的单位运行成本为 100～120 元/t（80%湿污泥），系统改造成本约为 15 万元/t（80%湿污泥）。

7.4 消耗及污染物排放

7.4.1 焚烧物料消耗

污泥焚烧消耗的物料主要是燃料、水、碱性试剂和吸附剂（如活性炭）等。

为加热和辅助燃烧，需添加辅助燃料。将重油作为辅助燃料时，其消耗为 0.03～0.06 m^3/t 干污泥；将天然气作为辅助燃料时，其消耗 4.5～20 m^3/t 干污泥。

污泥焚烧主要用水单元是烟气净化系统，水耗均值约为 15.5 m^3/t 干污泥。其中，干式烟气净化系统基本不消耗水，湿式系统耗水量最高，半湿式系统居于两者之间。

碱性试剂如氢氧化钠消耗为 7.5～33 kg/t 干污泥，熟石灰乳消耗为 6～22 kg/t 干污泥。

7.4.2 焚烧能量消耗

污泥焚烧厂主要消耗热能和电能。热能产出量与污泥低位热值高低密切相关，经由烟气处理和排放造成的热量损失约占污泥焚烧输出热量的 13%～16%。

污泥焚烧厂消耗电能的主要工艺单元是机械设备的运转，电耗通常为 60～100kW·h/t（80%湿污泥）。

7.4.3 污泥焚烧的污染物排放

7.4.3.1 大气污染物

由于国内污泥焚烧大气污染物排放数据较少，根据对国外污泥焚烧厂大气污染物排放统计，污泥焚烧产生的烟气经净化处理后，通常烟尘排放浓度为 0.6～30 mg/m^3；二氧化硫排放浓度为 50 mg/m^3 以下；氮氧化物（以 NO_2 计）排放浓度为 50～200 mg/m^3；二噁英排放浓度在 0.1ngTEQ/Nm^3 以下；重金属镉排放浓度为 0.000 6～0.05 mg/m^3，汞排放浓度为 0.001 5～0.05 mg/m^3。

7.4.3.2 废水

湿式烟气净化系统会产生工艺废水。

灰渣收集、处理和贮存废水：采用湿式捞渣机收集灰渣时，会产生灰渣废水；污泥露天贮存时，雨水进入产生废水。

热干化过程中产生冷凝水，其化学需氧量（COD_{Cr}）含量高（约为 2 000 mg/L），氮也较高（约为 600～2 000 mg/L），还含有一定量的重金属。

7.4.3.3 固体残留物

污泥焚烧产生的飞灰约占焚烧固体残留物总量的 90%（流化床）；灰渣和烟气净化固体残留物合计约占焚烧固体残留物总量的 10%（流化床）。

7.5 污泥焚烧新技术

喷雾干燥＋回转式焚烧炉技术是利用喷雾干燥塔的雾化喷嘴将经预处理的脱水污泥雾化，干燥热源主要为焚烧产生的高温烟气，干化后的污泥被直接送入回转式焚烧炉焚烧。尾气采用旋风除尘器＋喷淋塔＋生物除臭填料喷淋塔处理。

处理每吨含水率为 80%的脱水污泥，平均燃煤消耗量为 30～50 kg/t（煤热值 21 000 kJ/kg），电耗为 50～60 kW·h/t；单位投资成本为 10 万～20 万元/t，单位直接运行成本为 80～100 元/t。

8. 污泥处理处置污染防治最佳可行技术

8.1 污泥处理处置污染防治最佳可行技术概述

本指南选择污泥中温厌氧消化和污泥好氧发酵为污泥处理污染防治最佳可行技术，污泥土地利用和污泥干化焚烧为污泥处置污染防治最佳可行技术。污泥处理处置前采用浓缩、脱水等预处理方式。

对于实际污水处理规模大于 5 万 m³/d 的城镇二级污水处理厂，其产生的污泥宜通过中温厌氧消化进行减量化、稳定化处理，同时进行沼气综合利用。

对于园林和绿地等土地资源丰富的中小型城市的中小型城镇污水处理厂，可考虑采用污泥好氧发酵技术处理污泥，并采用土地利用方式消纳污泥。厂址远离环境敏感点和敏感区域时，宜选用条垛式好氧发酵工艺；厂址附近有环境敏感点和敏感区域时，可选用封闭发酵槽式（池）好氧发酵工艺。

对于大中型城市且经济发达的地区、大型城镇污水处理厂或部分污泥中有毒有害物质含量较高的城镇污水处理厂，可采用污泥干化焚烧组合工艺处置污泥。应充分利用焚烧污泥产生的热量和附近稳定经济的热源干化污泥。污泥干化焚烧厂的选址应采取就近原则，避免远距离输送。

污泥干化技术应和焚烧以及余热利用相结合，不鼓励对污泥进行单独热干化。

8.2 污泥预处理污染防治最佳可行技术

8.2.1 最佳可行工艺流程

污泥预处理污染防治最佳可行技术系统包括收集系统、浓缩系统、消化系统、脱水系统、存储与输送系统、计量系统及相关辅助设施等。污泥预处理污染防治最佳可行技术工艺流程见图 6。

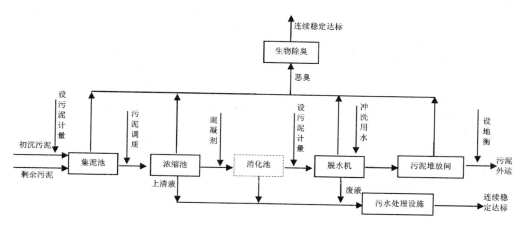

图 6　污泥预处理污染防治最佳可行技术工艺流程

8.2.2 最佳可行工艺参数

污泥预处理构筑物个数采用至少两个系列设计。

初沉污泥采用重力浓缩时，污泥固体负荷为 80～120 kg/m² · d，停留时间宜为 6～8h。

混合污泥采用重力浓缩时，污泥固体负荷为 50～75 kg/m² · d，停留时间宜为 10～12h。

进入脱水机前的污泥通常含水率大于 96%，经脱水后的污泥含水率要求小于 80%。

8.2.3 污染物削减及污染防治措施

城镇污水处理厂污泥预处理阶段的集泥池和浓缩池等构筑物采取加盖密闭并保持微负压，产生的恶臭气体可集中收集后进行生物除臭。脱水机房、泵房和堆放间等建筑物应采用微负压设计，建筑物顶部应设多个吸风口，经由风机和风管收集至集中处理设施进行处理后，使其连续稳定达标运行。

污泥浓缩的上清液及污泥脱水和设备清洗过程产生废水集中收集，单独处理后回流至污水处理厂。

离心脱水设备产生的噪声采取消声、隔声、减震等措施进行防治。

8.2.4 技术经济适用性

机械脱水适用于大、中型城镇污水处理厂。

间歇式重力浓缩适用于小型城镇污水处理厂；连续式重力浓缩适用于大、中型城镇污水处理厂。

有脱氮除磷要求的城镇污水处理厂宜采用机械浓缩。

对采用生物除磷污水处理工艺产生的污泥，宜采用浓缩脱水一体机等设备进行处理。

8.2.5 最佳环境管理实践

城镇污水处理厂附近有环境敏感点或敏感区域时，关键构筑物和建筑物保持微负压设计。

污泥经预处理后及时密闭运输或连接后续处理。

8.3 污泥厌氧消化污染防治最佳可行技术

8.3.1 最佳可行工艺流程

污泥中温厌氧消化污染防治最佳可行技术包括污泥预处理系统、污泥中温厌氧消化系统、沼气综合利用及净化系统、污染物控制系统。污泥浓缩后进入污泥厌氧消化系统，厌氧消化系统包括厌氧消化池、进出料和搅拌系统、加温系统、沼气收集净化和利用系统。

污泥中温厌氧消化污染防治最佳可行技术工艺流程见图 7。

8.3.2 最佳可行工艺参数

污泥中温厌氧消化污染防治最佳可行技术的工艺参数见表 1。

表 1 污泥中温厌氧消化污染防治最佳可行技术的工艺参数

项目		工艺参数
中温厌氧消化	运行温度	最佳温度为 35℃±2℃
	一级消化时间	15～20 d
	二级消化时间	10 d
	pH	7～7.5
	消化池投配率	以 5%～8% 为宜
	产气率	不小于 0.40～0.50m³/kgVS
	搅拌	采用机械搅拌或沼气搅拌。当池内各处污泥温度的变化范围不超过 1℃时，即认为搅拌均匀
沼气综合利用	脱硫要求	采用干法脱硫时，沼气以 0.4～0.6m/min 的速度通过脱硫剂，接触时间通常为 2～3min；采用湿法脱硫时，采用 2%～3% 的碳酸钠溶液从脱硫塔顶喷淋，沼气与吸收剂逆流接触，然后从顶部排出
	硫化氢排放	采用脱硫工艺后 H_2S 小于 20 mg/m³
	热电效率	沼气发电机组电效率应大于 33%，热回收效率应大于 35%，大型机组总效率应大于 80%

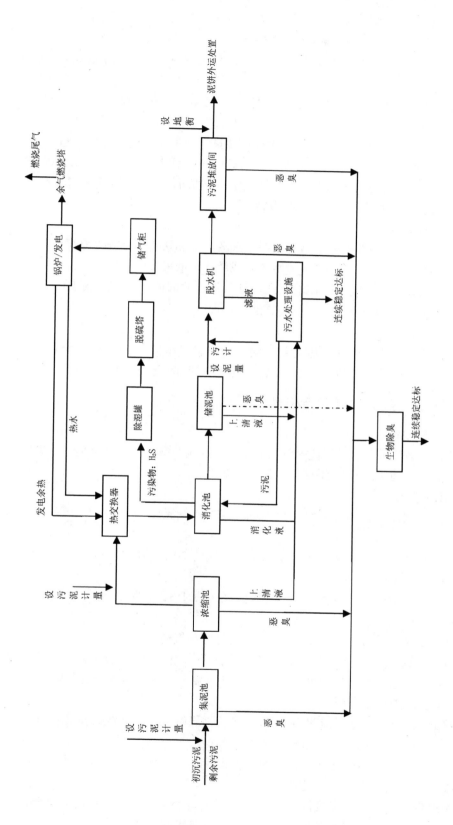

图 7　污泥中温厌氧消化污染防治最佳可行技术工艺流程

8.3.3 污染物削减及污染防治措施

经中温厌氧消化后的污泥有机物降解率不小于40%，蠕虫卵死亡率大于95%。

沼气利用前采用脱水、脱硫等措施进行净化。

厌氧消化产生的消化液单独收集，集中处理，可采用脱氮工艺、化学除磷及鸟粪石结晶等方法处理。

沼气发电机组设备产生的噪声采用消声、隔声、减振等措施进行防治。室外设备须加装隔声罩。

8.3.4 技术经济适用性

城镇二级污水处理厂可采取中温厌氧消化进行减量化、稳定化处理，同时进行沼气综合利用。

通常情况下，污泥厌氧消化系统的工程投资占城镇污水处理厂总投资的 20%～30%。厌氧消化直接运行成本约为 0.05～0.10 元/t 污水（不包括固定资产折旧）。考虑沼气发电回收电量后，采用厌氧消化可降低城镇污水处理厂 20%～30%的电耗。

8.3.5 最佳环境管理实践

消化、脱水后的污泥进行临时堆放或存储时，采取防渗和防臭等措施。集泥池、浓缩池、污泥脱水机房和污泥堆放间等建（构）筑物在环境敏感点或敏感区域采取微负压设计。

沼气利用时制定安全管理制度。在消化池、储气柜、脱硫间周边划定重点防火区，并配备消防安全设施；非工作人员未经许可不得进入厌氧消化管理区内；在可能的泄漏点设置甲烷浓度超标及氧亏报警装置。

在沼气储气柜的运行维护中保证压力安全阀处于正常工作状态；保证冬季气柜内水封不结冰，必要时在气柜迎风面设移动式风障，防止大风对气柜浮盖升降造成影响。

8.4 污泥好氧发酵污染防治最佳可行技术

8.4.1 最佳可行工艺流程

污泥好氧发酵污染防治最佳可行技术包括前处理、好氧发酵、后处理及臭气污染控制。

污泥好氧发酵污染防治最佳可行技术工艺流程见图8。

8.4.2 最佳可行工艺参数

好氧发酵前，污泥混合物料含水率调到 55%～65%，碳氮比（C/N）为 25∶1～35∶1，有机质含量通常不小于 50%，pH 值 6～8。

采用条垛式好氧发酵时，无通风典型动态发酵周期约 20 d；加设通风系统后发酵周期约 15 d，温度 55℃以上持续 5～7 d。

采用发酵槽（池）式好氧发酵时，阳光棚发酵槽每隔 1～2 d 翻堆一次，温度 55℃以上持续 5～7 d，发酵周期约 20 d。

好氧发酵堆体上部铺设 5～10cm 的覆盖物料吸附恶臭气体。

发酵时，静态好氧发酵强制通风，每 1 m^3 物料通风量 0.05～0.2 m^3/min，非连续通风；间歇动态好氧发酵可参考静态工艺并依生产试验的结果确定通风量，保证好氧发酵在最适宜条件下进行。

8.4.3 污染物削减及污染防治措施

经好氧发酵处理后的污泥含水率小于 40%，有机物降解率大于 40%，蠕虫卵死亡率大于 95%，粪大肠菌群菌值大于 0.01，种子发芽指数不小于 70%。

污泥好氧发酵过程中产生的恶臭气体宜集中收集后进行生物除臭。

粉尘集中收集后采用除尘器进行处理。

污泥好氧发酵场产生的滤液以及露天发酵场的雨水集中收集，部分回喷至混合物料堆体，补充发酵过程中的水分要求，其余回流到城镇污水处理厂或自建的处理装置。

对于污泥好氧发酵设备产生的噪声采取消声、隔振、减噪等措施进行防治。

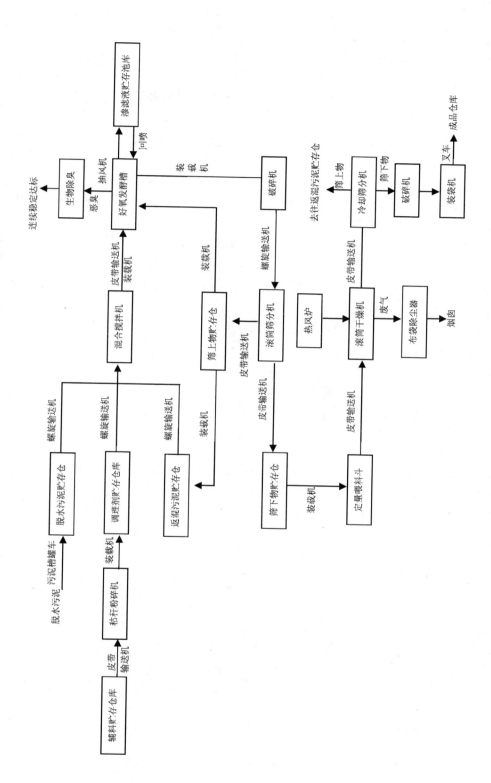

图 8　污泥好氧发酵污染防治最佳可行技术工艺流程

8.4.4 技术经济适用性

在园林和绿地资源丰富的中小城市的中小型城镇污水处理厂，宜选用高温好氧发酵方式集中建设污泥发酵场处理污泥。

厂址远离环境敏感点和敏感区域时，可采用条垛式好氧发酵工艺；厂址附近有环境敏感点或敏感区域时，宜采用封闭发酵槽（池）式好氧发酵工艺。

在中、小规模的条垛宜使用斗式装载机或推土机；在大规模的条垛宜使用垮式翻堆机或侧式翻堆机。

设计完整的污泥好氧发酵系统的投资为 30 万～50 万元/t（80%含水率），经营成本约为 80～150 元/t 脱水污泥。

8.4.5 最佳环境管理实践

设置完善的污泥产品监测系统，严格控制污泥堆肥产品质量。仅允许符合国家相关标准要求的污泥好氧发酵产品出厂、销售或施用。

定期对污泥堆体温度、氧气浓度、含水率、挥发性有机物含量及腐熟度等进行监测。污泥好氧发酵车间可在线监测硫化氢、氨气浓度。

单独建设发酵场或在城镇污水处理厂内建设的污泥发酵场不能满足卫生防护距离时，采用完全封闭的发酵工艺，厂房采用微负压设计。

在好氧发酵车间布设气体收集系统，通过引风机将车间内的恶臭气体送入除臭装置，保证车间及场区内的环境安全和操作人员的健康。

污泥好氧发酵场不在城镇污水处理厂内时，应获得有关部门的许可。采用密封良好的运输车辆或船舶按相关规定输送污泥，并建立应急管理制度。

8.5 污泥土地利用污染防治最佳可行技术

8.5.1 最佳可行工艺流程

污泥土地利用污染防治最佳可行技术主要是将经稳定化和无害化处理后的污泥或污泥产品进行园林绿化、林地利用或土壤修复及改良等综合利用。

污泥土地利用污染防治最佳可行技术工艺流程见图 9。

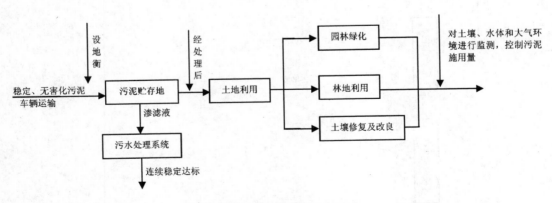

图 9　污泥土地利用污染防治最佳可行技术工艺流程

8.5.2 最佳可行工艺参数

采用土地利用方式处置的污泥应满足表 2 中的要求。

表2　污泥土地利用污染防治最佳可行技术施用污泥的指标要求

项目		相关参数要求
无害化指标	臭度	<2级（六级臭度）
	粪大肠菌群菌值	0.01
	蠕虫卵死亡率	＞95%
	种子发芽指数	≥70%
	pH	5.5～8.5
	含水率	≤45%
稳定化指标	有机物降解率	≥40%
	其他	样品在 20℃继续消化 30d，挥发分组分的减量须少于15%；或比好氧呼吸速率小于 1.5mg O_2/h·g 污泥（干重）
污泥污染物限值（最高容许含量 mg/kg）	镉及其化合物（以 Cd 计）	20
	汞及其化合物（以 Hg 计）	15
	铅及其化合物（以 Pb 计）	1 000
	铬及其化合物（以 Cr 计）	1 000
	砷及其化合物（以 As 计）	75
	硼及其化合物（以 B 计）	150
	矿物油	3 000
	苯并（a）芘	3
	铜及其化合物（以 Cu 计）	500
	锌及其化合物（以 Zn 计）	1 000
	镍及其化合物（以 Ni 计）	200

污泥施用避开降水期和夏季炎热高温气候，施用前将污泥或污泥与土壤的混合物堆置大于 5d。

污泥用作园林绿化草坪或花卉种植介质土时，单位施用量为 6～12kg 干物质/m²；用作小灌木栽培介质土时，单位施用量为 12～24kg 干物质/m²；用作乔木栽培介质土时，单位施用量为 10～80kg 干物质/m²。

施用场地的坡度宜大于 6%，并采取防止雨水冲刷、径流等措施。

污泥林地利用时，在施用污泥期间及施用后 3 个月内，限制人以及与人接触密切的动物进入林地；施用污泥时，氮含量每年每公顷用量不超过 250kg（以 N 计），磷含量每年每公顷用量不超过 100kg（以 P_2O_5 计）。

8.5.3 污染物削减及污染防治措施

污泥堆放、贮存设施和场所进行防渗、防溢流和加盖等措施防止滤液及臭气污染；渗滤液集中收集和处理。

有效控制污泥的施用频率和施用量，同时加强对施用场地的监测。

8.5.4 技术经济适用性

在土地资源丰富的地区可考虑污泥土地利用的方式消纳污泥，处置前应进行稳定化和无害化处理。

污泥土地利用的成本与效益情况因污泥用途而异。利用污泥替代有机肥、常规基质和客土修复材料时，可节省相应的开支。

8.5.5 最佳环境管理实践

采用密闭车辆运输污泥，设置专用污泥堆存、存储设施和场所。

污泥土地利用前，应进行场地环境影响评价和风险评价；委托有资质的监测单位对施用场地的土壤、地下水和大气环境中各项污染物指标背景值进行监测，并定期对施用前的污泥、施用污泥后的土壤和土壤上种植的各种植物等进行取样监测和分析，且保存监测和分析记录 5 年以上。

加强对污泥土地利用的有效管理，确保有效的径流控制，阻止污泥流入地表水域。禁止在敏感水体附近的草坪、森林、沙地、湿地或开垦地施用污泥。

加强对污泥质量和施用污泥后场地的监测，监测项目主要包括重金属（铬、铜、铅、汞、锌等）、总氮、硝态氮、病原菌、蚊蝇密度和细菌总数等。大面积施用污泥前需进行稳定程度测试和重金属含量分析，不合格产品不能直接施用。

污泥林地利用可选择在树木砍伐后的林地、处于树苗期的林地或成树期的林地施用。施用方式可采用穴施、翻土作垄和犁沟等形式。雨季和冰冻期禁止施用污泥。

8.6 污泥焚烧污染防治最佳可行技术

8.6.1 最佳可行工艺流程

污泥焚烧污染防治最佳可行技术主要包括污泥接收、贮存及给料系统，干化系统，焚烧系统，余热回收及热源补充系统，烟气处理系统，臭气收集及处理系统，给排水系统，压缩空气系统，通风和空调系统，电气系统和自控系统等。

污泥干化焚烧污染防治最佳可行技术工艺流程见图 10。

8.6.2 最佳可行工艺参数

污泥焚烧高温烟气在 850℃ 以上的停留时间大于 2 秒，灰渣热灼减率不大于 5%或总有机碳（TOC）不大于 3%。

循环流化床焚烧炉流化速度通常为 3.6～9 m/s，鼓泡流化床焚烧炉流化速度通常为 0.6～2 m/s。

污泥与生活垃圾混合焚烧时，污泥与生活垃圾的质量之比不超过 1：4；利用水泥窑炉混烧的污泥汞含量小于 3 mg/kg 干物质，最大进料比例不超过混合物料总量的 5%。

采用半干法烟气净化处理工艺时，烟气停留时间 10～15s，碱性吸附剂过量系数 1.5～2.5，脱酸效率＞98%。为防止布袋除尘器发生露点腐蚀，入口气体温度应为 130～140℃。

8.6.3 污染物削减及污染防治措施

预除尘＋半干法是最佳烟气净化组合系统之一。预除尘可选用旋风除尘器，半干法可选用喷雾洗涤器与袋式除尘器的组合。添加碱性吸附剂后的脱酸效率可达 90%以上，可去除 0.05～20 μm 的粉尘，除尘效率可达 99%以上。在布袋除尘器后采用选择性非催化还原法（SNCR），可达到 30%～70%的脱硝效率。在标准状态下，干烟气含氧量以 6%计，烟尘排放浓度不大于 30 mg/m³，二氧化硫不大于 350 mg/m³，氮氧化物不大于 450 mg/m³。

为避免二噁英的生成及其前驱物的合成，应通过优化炉膛设计、优化过量空气系数、优化一次风和二次风的供给和分配、优化燃烧区域内烟气停留时间、温度、湍流度和氧浓度等设计和运行控制方式；避免或加快（＜1s）在 250～400℃ 的温度范围内去除粉尘。在除尘器之前的烟气流中喷射含碳物质、活性炭或焦炭等吸附剂，可降低二噁英排放。

污泥焚烧系统产生的废水集中收集处理。

污泥焚烧过程产生的灰渣以及烟气净化产生的飞灰分别收集和储存。灰渣集中收集处置，飞灰经鉴别属于危险废物的，按危险废物进行处置。

8.6.4 技术经济适用性

在大中型城市且经济发达的地区、大型城镇污水处理厂或部分污泥中有毒有害物质含量较高的城镇污水处理厂，可采用污泥干化焚烧技术处置污泥。

污泥焚烧以流化床焚烧炉应用最为普遍。流化床焚烧炉通常适合污泥大规模集中处置。鼓泡流化床适用于焚烧热值较低的污泥，循环式流化床适用于焚烧热值较高的污泥。

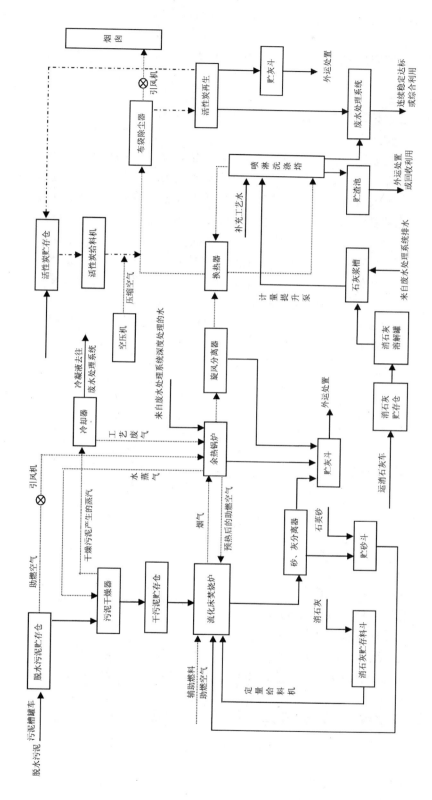

图 10 污泥干化焚烧污染防治最佳可行技术工艺流程

若干化和焚烧系统均采用国产设备，干化焚烧项目的投资成本为 30 万～35 万元/t 脱水污泥（含水率以 80%计）；若全部采用进口设备，干化焚烧项目的投资成本为 40 万～50 万元/t 脱水污泥（含水率以 80%计）。

污泥干化焚烧的直接运行成本约为 100～150 元/t 脱水污泥（含水率以 80%计，不包括固定资产折旧）。

8.6.5 最佳环境管理实践

污泥干化焚烧厂的选址遵循就近原则，优先考虑充分利用污泥焚烧产生的热量和附近稳定的热源对污泥进行干化后再焚烧处置。

建立入厂污泥质量控制系统，并定期对污泥中砷、镉、铬、铅和镍等重金属进行监测。

安装自动辅助燃烧器，使焚烧炉启动和运行期间燃烧室保持 850℃以上的燃烧温度。连续在线监测和调控炉膛温度、氧气含量、压力、烟气出口温度和水蒸气含量等工艺运行参数。

安装大气污染物连续在线监测装置，监测粉尘、氯化氢、二氧化硫、一氧化碳、碳氢化合物和氮氧化物，定期监测重金属和二噁英，每年至少 2～4 次。

脱水污泥贮存区（包括贮存罐和贮存仓）加盖并保持微负压。空气中甲烷含量不应超过 1.25%，并宜将贮存区空气抽做焚烧炉一次风。焚烧炉不运行期间，应避免污泥贮存过量。干化污泥贮存时，其温度不宜高于 40℃，贮存罐须保持良好通风，并设置除臭系统。

制定应急预案，防止事故的发生。污泥焚烧厂安装消防、防爆、自动监测和报警系统，确保焚烧设备安全、稳定、连续达标运行。

附录 A

A.1 污水预处理工艺的污泥产量

污水预处理通常包括初沉池、水解池、AB 法 A 段和化学强化一级处理工艺等，其污泥产量计算公式如下：

$$\Delta X_1 = a \cdot Q(\mathrm{SS}_i - \mathrm{SS}_0) \tag{A-1}$$

式中：ΔX_1——预处理污泥产生量，kg/d；

SS_i——进水悬浮物质量浓度，kg/m^3；

SS_0——出水悬浮物质量浓度，kg/m^3；

Q——设计平均日污水流量，m^3/d；

a——系数，无量纲，初沉池 $a=0.8～1.0$，排泥间隔较长时，取下限；

AB 法 A 段 $a=1.0～1.2$；水解工艺 $a=0.5～0.8$；化学强化一级处理和深度处理工艺根据投药量，$a=1.5～2.0$。

A.2 带预处理系统的活性污泥法及其变形工艺剩余污泥产生量

$$\Delta X_2 = \frac{(aQL_r - bX_vV)}{f} \tag{A-2}$$

式中：ΔX_2——剩余活性污泥量，kg/d；

f——MLVSS/MLSS 之比值，对于生活污水，通常为 0.5～0.75；

$$L_r = L_a - L_e \tag{A-3}$$

L_r——有机物浓度（BOD_5）降解量，kg/m^3；

L_a——曝气池进水有机物（BOD_5）浓度，kg/m^3；

L_e——曝气池出水有机物（BOD_5）浓度，kg/m^3；

V——曝气池容积，m^3；

X_V——混合液挥发性污泥浓度，kg/m^3；

a——污泥产生率系数，$kgVSS/kgBOD_5$，通常可取 $0.5\sim0.65$；

b——污泥自身氧化率，kg/d，通常可取 $0.05\sim0.1$。

A.3　不带预处理系统的活性污泥法及其变形工艺剩余污泥产生量

$$\Delta X_3 = \frac{[YQ(S_o - S_e) - K_d V X_v]}{f} + f_1 Q(SS_o - SS_e) \tag{A-4}$$

式中：ΔX_3——剩余活性污泥量，kg/d；

Y——污泥产率系数，$kgVSS/kgBOD_5$，20℃ 时为 $0.3\sim0.6$；

S_o——生物反应池内进水五日生化需氧量，kg/m^3；

S_e——生物反应池内出水五日生化需氧量，kg/m^3；

K_d——衰减系数，d^{-1}，通常可取 $0.05\sim0.1$；

V——生物反应池容积，m^3；

X_v——生物反应池内混合液挥发性悬浮固体（MLVSS）平均浓度，g/L；

f——MLVSS/MLSS 之比值，对于生活污水，通常为 $0.5\sim0.75$；

f_1——悬浮物（SS）的污泥转化率，宜根据试验资料确定，无试验资料时可取 $0.5\sim0.7gMLSS/gSS$；带预处理系统的取下限，不带预处理系统的取上限；

SS_o——生物反应池内进水悬浮物浓度，kg/m^3；

SS_e——生物反应池内出水悬浮物浓度，kg/m^3。

A.4　带有预处理的好氧生物处理工艺污泥总产量

通常指带有初沉池、水解池、AB 法 A 段等预处理工艺的二级污水处理系统，会产生两部分污泥。带深度处理工艺时，其污泥总产生量计算公式如下：

$$W_1 = \Delta X_1 + \Delta X_2 \tag{A-5}$$

式中：W_1——污泥总产生量，kg/d；

ΔX_1——预处理污泥产生量，kg/d；

ΔX_2——剩余活性污泥量，kg/d。

A.5　不带预处理的好氧生物处理工艺污泥总产量

通常指具有污泥稳定功能的延时曝气活性污泥工艺（包括部分氧化沟工艺、SBR 工艺），污泥龄较长，污泥负荷较低。该工艺只产生剩余活性污泥，其污泥总产生量计算公式如下：

$$W_3 = \Delta X_3 \tag{A-6}$$

式中：W_3——污泥总产生量，kg/d；

ΔX_3——剩余活性污泥量，kg/d。

A.6　消化工艺污泥总产量

通常指城镇污水处理厂采用消化工艺对污泥进行减量稳定化处理，处理后污泥量计算公式如下：

$$W_2 = W_1 \times (1-\eta)\left(\frac{f_1}{f_2}\right) \tag{A-7}$$

式中：W_2——消化后污泥总量，kg/d；

W_1——原污泥总量，kg/d；

η——污泥挥发性有机固体降解率，$\eta = \dfrac{q \times k}{0.35(W \times f_1)} \times 100\%$（0.35 是 COD 的甲烷转化系数，

通常（$W \times f_1$）大于 COD 浓度，且随污泥的性质不同发生变化；q，实际沼气产生量，m³/h；k，沼气中甲烷含量，%；W，厌氧消化池进泥量，干污泥（DSS）计，kg/h；f_1，进泥中挥发性有机物含量）；

f_1——原污泥中挥发性有机物含量，%；

f_2——消化污泥中挥发性有机物含量，%。

A.7 初次沉淀池污泥计量

排泥量计算公式：

$$V_1 = S \sum_{i=1}^{n}(h_{f,i} - h_{a,i}) - Q_i t_i \tag{A-8}$$

式中：V_1——初沉池每日排泥量，m³/d；

n——每日排泥次数（d⁻¹），$n = 24/T$，T 为排泥周期，h；

S——初沉池截面积，m²；

$h_{f,i}$——集泥池中初沉污泥排泥前泥位，m；

$h_{a,i}$——集泥池中初沉污泥排泥后泥位，m；

Q_i——初沉池排泥期间，集泥池（浓缩池）提升泵流量，m³/h；

t_i——初沉池排泥时间，h。

HJ-BAT-003

环 境 保 护 技 术 文 件

钢铁行业采选矿工艺
污染防治最佳可行技术指南（试行）

Guideline on Best Available Technologies of Pollution Prevention and Control for Mining and Mineral Processing of the Iron and Steel Industry (on Trial)

环 境 保 护 部

2010 年 3 月

前　言

　　为贯彻执行《中华人民共和国环境保护法》，加快建设环境技术管理体系，确保环境管理目标的技术可达性，增强环境管理决策的科学性，提供环境管理政策制定和实施的技术依据，引导污染防治技术进步和环保产业发展，根据《国家环境技术管理体系建设规划》，环境保护部组织制定污染防治技术政策、污染防治最佳可行技术指南、环境工程技术规范等技术指导文件。

　　本指南可作为钢铁行业采选矿项目环境影响评价、工程设计、工程验收以及运营管理等环节的技术依据，是供各级环境保护部门、设计单位以及用户使用的指导性技术文件。

　　本指南为首次发布，将根据环境管理要求及技术发展情况适时修订。

　　本指南起草单位：北京市环境保护科学研究院、中国中钢集团天澄环保科技股份有限公司、中国中钢集团马鞍山矿山研究院、中国冶金科工集团建筑研究总院。

　　本指南由环境保护部解释。

1. 总则

1.1 适用范围

本指南适用于钢铁行业采矿、选矿生产企业或具有采选矿工艺的钢铁生产企业，包括铁矿山、钢铁行业辅料矿山等。其他与铁矿开采和选矿工艺相近的冶金行业采选矿工艺可参照执行。

1.2 术语和定义

1.2.1 最佳可行技术

是针对生活、生产过程中产生的各种环境问题，为减少污染物排放，从整体上实现高水平环境保护所采用的与某一时期技术、经济发展水平和环境管理要求相适应、在公共基础设施和工业部门得到应用的、适用于不同应用条件的一项或多项先进、可行的污染防治工艺和技术。

1.2.2 最佳环境管理实践

是指运用行政、经济、技术等手段，为减少生活、生产活动对环境造成的潜在污染和危害，确保实现最佳污染防治效果，从整体上达到高水平的环境保护所采用的管理活动。

2. 生产工艺及主要环境问题

2.1 生产工艺及产污环节

2.1.1 采矿工艺流程及产污环节

对于地下矿体，首先进行开拓和采准，然后通过凿岩、爆破等手段开采矿石。采矿方法主要包括空场法、充填法和崩落法。不同的采矿方法具有不同的回采率、贫化率以及资源利用率。

露天开采分为剥离和采矿两个环节。首先将矿床上方的表土和岩石剥掉，运往排土场堆放；然后将境界内的矿岩划分成具有一定厚度的水平分层，再由上向下逐层进行开采。

地下采矿及露天采矿工艺流程及主要产污环节见图1。

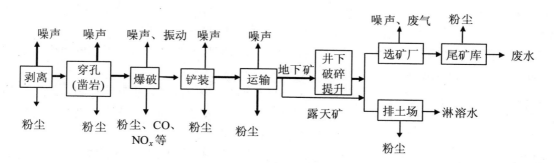

图1　采矿工艺流程及产污环节

2.1.2 选矿工艺流程及产污环节

矿石经过粗碎、中碎、细碎作业后，进行磨矿分级。通过磨矿分离出矿石中的有用矿物颗粒单体，利用矿石颗粒的密度、磁性或对浮选剂亲疏水性不同进行分选，即常用的重选法、磁选法和浮选法。选矿作业的精矿中含有大量水分，应对其进行脱水浓缩作业。尾矿排至尾矿库。

选矿工艺流程及主要产污环节见图2。

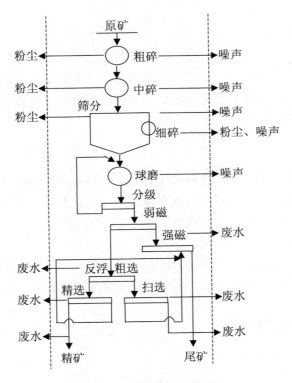

图2　选矿工艺流程及产污环节

2.2 主要环境问题

采选矿工艺的主要环境问题包括生态破坏、大气污染、水污染、噪声污染和固体废弃物污染。

采选矿过程的大气污染物主要为扬尘。采矿过程的穿孔、凿岩、爆破、装卸、井下爆破、矿石运输等作业产生大量粉尘，以及选矿厂的矿石运输、转载、破碎、筛分等环节产生大量粉尘。

采选矿过程的废水主要为露天矿坑水、地下坑道水、废石堆场淋溶水和尾矿库溢流水，以及选矿厂生产废水。矿山废水由于矿石的氧化、水解而呈酸性；选矿过程中产生的废水由于 pH 值不同而溶解汞、镉、铬、铅等不同重金属元素，同时还含有选矿的残余药剂。

采选矿过程的固体废物主要为采矿生产中产生的废石和选矿加工过程中产生的尾矿。废石和尾矿产生量大，排土场和尾矿库的建设影响生态环境。

采选矿工艺的其他环境影响包括植被破坏、扰动土壤、表土破坏、矿井水排泄、地表塌陷以及由此引起的水土流失等问题。同时，采矿生产活动中，由于噪声、扬尘的产生，对周围动植物也产生不良影响，矿山开发对环境产生的综合影响见图3。

采选矿过程产生环境问题的主要原因之一是矿产资源在开采中的损失和浪费。充分利用矿产资源，减少开采损失的办法是：对整体矿块而言选取回采率高、贫化率低的采矿方法；对复杂难采矿体，采用综合方法尽可能地把矿石开采出来，从根本上减少对环境的污染。

矿山开发导致环境污染的另一主要原因是矿产资源回收率低。在选矿工艺中，可选取适宜的破、磨、选别的优化组合工序，提高精矿品位，提高金属回收率，充分利用矿产资源，从源头上控制污染。

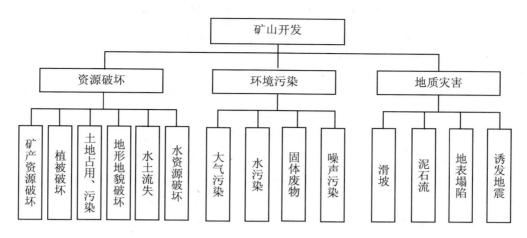

图3　矿山采矿选矿对环境的影响

3. 采选矿工艺污染防治技术

3.1 采矿工艺减少矿产资源损失技术

3.1.1 胶结充填开采技术
3.1.1.1 技术原理

胶结充填开采技术是将尾矿和水泥等固体物料与少量水搅拌制备成充填料浆，充填至采空区的充填开采技术。该技术典型工艺流程见图4。

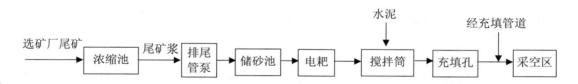

图4　胶结充填工艺流程图

3.1.1.2 技术适用性及特点

该技术回采率高、贫化率低，可防止岩层移动和地表塌陷，同时可处置矿山固体废物。

该技术生产能力较低，约为崩落法的二分之一；使用该技术时，如充填体接顶不实密，会影响顶板稳定性。

该技术适用于品位大于40%的富矿的新建和已建地下矿山。

3.1.2 无底柱分段崩落法开采技术
3.1.2.1 技术原理

无底柱分段崩落法开采技术是指随着回采工作面的推进，崩落顶板，在覆盖岩块下出矿，不留底柱。通常无底柱分段崩落法开采矿石贫化率较高。该技术包括实施集中化、大进路间距、高分段等开采工艺。

3.1.2.2 技术适用性及特点

大间距集中化无底柱分段崩落法开采技术具有实施方便、采准工程量小、采矿强度高、损失贫化指标好等特点，可使贫化率降到约 10%，有效地减少矿产资源损失。

无底柱分段崩落法开采技术适用于厚大矿体的新建和已建地下矿山。

3.1.3 无底柱分段崩落低贫化放矿技术

3.1.3.1 技术原理

无底柱分段崩落低贫化放矿技术打破截止品位放矿时以单个步距为矿石回收指标的考核单元，在上部分层放矿时，在采场内残留部分矿作为"隔离层"，每个步距都按此方式放矿，使上部分层矿岩混合程度减少。该技术从整体上减少矿岩混合量。

3.1.3.2 技术适用性及特点

该技术可使贫化率降至约 10%，从源头削减污染。该技术可减少采出矿石中岩石混入量，降低矿山提升、运输、选矿等日常运行费用，提高选矿回收率；但造成积压部分矿量。

该技术适合于厚大矿体的新建和已建地下矿山。

3.1.4 阶段自然崩落法开采技术

3.1.4.1 技术原理

阶段自然崩落法开采技术是指在拉底空间上依靠矿体自身的软弱结构面，在自重应力、次生构造应力作用下使其进一步失稳，通过底部放矿使上部矿岩逐渐崩落，直至上部分层或崩透地表的过程。

3.1.4.2 技术适用性及特点

该技术可使矿石贫化率小于 10%。

该技术适合于厚大矿体和存在一定程度可崩性矿体的新建和已建地下矿山。对于崩落区的残留矿体和本水平矿柱，也可采用自然崩落法平巷回采。

3.1.5 空场法开采技术

3.1.5.1 技术原理

空场法开采技术是指将矿块划分为矿房和矿柱，在回采过程中既不崩落围岩，也不充填采空区，而是利用空场的侧帮岩石和所留的矿柱来支撑采空区顶板围岩。

3.1.5.2 技术适用性及特点

该技术可提高选矿回收率，但由于需要留矿柱而损失大量的矿产资源。

该技术适用于矿石和围岩稳固的水平或倾斜的地下矿体。对于复杂难采矿体如松软破碎矿体、残留矿体等，其综合回采可采用空场法中的房柱法、全面采矿法等技术。对于矿岩稳固条件较好的边角矿，可采用空场法中的全面采矿法、浅孔爆破落矿、人工装矿等技术。

3.1.6 露天转地下联合开采技术

3.1.6.1 技术原理

露天转地下联合开采技术是指矿床埋藏较深而覆盖层较薄时，矿床上部通常采用露天开采，下部则转为地下开采。地下开采方法根据矿体赋存的特点、露天边坡地压情况和露天坑底是否留设境界矿柱等因素确定。

3.1.6.2 技术适用性及特点

该技术适用于新建和已建露天矿山。

3.1.7 挂帮矿回采技术

3.1.7.1 技术原理

挂帮矿回采技术是指在露天矿开采后期，当底部矿体尖灭无延深条件时，采用深部边坡角加陡方法或露天转地下开采的回采技术。采用深部边坡加陡方法回收挂帮矿时，应适当调整边坡治理方案，当影响边坡稳定时，可采取"以坡养坡"办法。若转地下开采，可选用空场法等。

3.1.7.2 技术适用性及特点

该技术可提高回采率、充分利用矿产资源。

该技术适用于露天闭坑矿山与露天转地下开采矿山挂帮矿开采。

3.2 选矿工艺提高矿产资源综合利用率技术

3.2.1 阶段磨矿、弱磁选—反浮选技术

3.2.1.1 技术原理

采用阳离子反浮选或阴离子反浮选技术，经一次粗选、一次精选后获得最终精矿。反浮选泡沫经浓缩磁选后再磨，再磨产品经脱水糟和多次扫磁选后抛尾，磁选精矿返回反浮选作业再选。

3.2.1.2 技术适用性及特点

阶段磨矿、弱磁选-反浮选技术可提高金属回收率，相对减少开采量，从源头削减污染。

使用该技术可使铁精矿品位接近 69%，SiO_2 降至 4% 以下，浮选尾矿含铁 10%～12%。

该技术适用于要求高质量铁精矿或含杂质多的磁铁矿。

3.2.2 全磁选选别技术

3.2.2.1 技术原理

全磁选选别技术是指在现有阶段磨矿—弱磁选—细筛再磨再选工艺的基础上，再以高效细筛和高效磁选设备进行精选。高效磁选设备主要包括高频振网筛、磁选机、磁选柱、盘式过滤机等。

3.2.2.2 技术适用性及特点

该技术可提高金属回收率，从源头削减污染。

使用该技术可使铁精矿品位达到 67%～69.5%，SiO_2 含量小于 4%。

该技术适用于已建和新建的磁铁矿矿山。

3.2.3 超细碎—湿式磁选抛尾技术

3.2.3.1 技术原理

用高压辊磨机将矿石磨细碎至 5 mm 或 3 mm 以下，然后用永磁中场强磁选机进行湿式磁选抛尾。

3.2.3.2 技术适用性及特点

超细碎-湿式磁选抛尾技术可提高金属回收率，从源头削减污染。

采用该技术可抛出约 40% 的粗尾矿，使入磨物料铁品位提高到约 40%，获得的铁精矿品位 65% 以上，SiO_2 降至 4% 以下，尾矿品位 10% 以下。但该技术对自动化控制程度要求高。

该技术普遍适用于已建和新建磁铁矿矿山，尤其适用于极贫矿。

3.2.4 贫磁铁矿综合选别技术

3.2.4.1 技术原理

贫磁铁矿综合选别技术是指采用高效节能的"多段干式预选—多碎少磨—阶段磁选抛尾—细筛—磁团聚提质—尾矿中磁扫选"整套贫磁铁矿综合利用技术，在破碎系统运用多段磁滑轮预选抛废，提高入磨矿石品位和系统处理能力；利用先进工艺技术和设备，提高破碎产品质量，多破少磨，节能降耗；利用阶段磁选抛尾，充分解离有用矿物与脉石矿物，增产提质；采用"细筛—磁团聚"提质降杂技术，有效分离连生体，提高铁精矿品位；采用尾矿中磁扫选技术，提高金属回收率，减少铁流失；运用高效节能的陶瓷过滤和尾矿输送技术，实现清洁生产。

3.2.4.1 技术适用性及特点

该技术可提高金属回收率，从源头削减污染。

采用该技术可使铁精矿品位达 66.8%，铁回收率 69%。

该技术适用于贫磁铁矿。

3.2.5 连续磨矿、磁选—阴离子反浮选技术

3.2.5.1 技术原理

连续磨矿、磁选—阴离子反浮选技术是指矿石经过连续磨矿，使矿物充分解离，从而进行磁选、浮选等的选别过程。

3.2.5.2 技术适用性及特点

该技术获得的磨矿粒度稳定，选别指标高，可充分利用资源，从源头削减污染。

该技术既可提高进入阴离子反浮选作业物料的铁品位，又可减少矿量，可为浮选作业创造良好的选别条件；浮选作业铁回收率达 90%以上。弱磁选及强磁选精矿合并后给入浮选作业，可避免矿石中 FeO 变化对选别指标的影响；该技术工艺流程紧凑，设备用量较少，便于生产操作管理。

采用该技术可实现铁精矿品位达 67%～68%，尾矿品位可降至 8%～9%。但原矿全部要经过两段连续磨矿，能耗和钢球消耗高，运行成本高。

该技术适用于贫赤铁矿。

3.2.6 阶段磨矿、粗细分选、重选—磁选—阴离子反浮选技术

3.2.6.1 技术原理

阶段磨矿、粗细分选、重选—磁选—阴离子反浮选技术是指对粗粒部分选别采用阶段磨矿、粗细分选、重选—磁选—酸性正浮选流程；对细粒部分选别采用连续磨矿、磁选—阴离子反浮选流程。

3.2.6.2 技术适用性及特点

该技术可充分利用资源，相对减少开采量，从源头削减污染。

采用该技术可实现铁精矿品位达 64%～67%，尾矿品位 11%以下，SiO_2 4%以下。

该技术适用于脉石非石英的赤铁矿或鞍山地区贫赤铁矿。

3.2.7 含稀土元素等共生铁矿弱磁—强磁—浮选技术

3.2.7.1 技术原理

含稀土元素等共生铁矿弱磁—强磁—浮选技术是指对氧化矿矿石采用弱磁—强磁—反浮选流程，对磁铁矿矿石采用弱磁—反浮选流程。矿石首先通过磨矿使磨矿产品中粒径小于 0.074 mm 的占 90%～92%，然后经弱磁选选出磁铁矿，其尾矿在强磁选机磁感应强度 1.4T 条件下进行粗选，将赤铁矿及大部分稀土矿物选入强磁粗精矿中，粗精矿经一次强磁精选（0.6～0.7T），强磁精选铁精矿和弱磁铁精矿合并送去反浮选，脱除萤石、稀土等脉石矿物，最后得到合格铁精矿。

3.2.7.2 技术适用性及特点

该技术可提高资源综合回收率。

采用该技术可使铁精矿品位达到 60%～61%，铁回收率达到 71%～73%；稀土中矿品位 REO34.5%（回收 6.01%），稀土精矿品位 REO50%～60%（回收率 12.55%），稀土总回收率 40.6%。

该技术适用于白云鄂博铁矿石及含稀土元素的铁矿石。

3.2.8 钒钛磁铁矿按粒度分选技术

3.2.8.1 技术原理

钒钛磁铁矿按粒度分选技术是指将选矿尾矿按 0.045 mm 粒度分级，大于 0.045 mm 粒度的部分采用重选—强磁—脱硫浮选—电选流程，小于 0.045 mm 粒度的部分采用强磁—脱硫浮选—钛铁矿浮选流程。

3.2.8.2 技术适用性及特点

该技术可提高资源综合回收率，从源头削减污染，具有较高的经济效益。

使用该技术可使铁精矿品位达到 47.48%，选钛总回收率达 25.01%。

该技术适用于钒钛磁铁矿和钛磁铁矿。

3.2.9 岩石干选技术

3.2.9.1 技术原理

原矿石均匀布料于给矿皮带上，当矿石运转到磁力滚筒时，有用矿物在磁力的作用下吸附在皮带表面，非磁性或磁性很弱的颗粒在惯性作用下脱离磁滚筒表面被抛出。

3.2.9.2 技术适用性及特点

岩石干选技术可提高产品质量，从源头削减污染。

采用该技术时岩石甩出量占出矿量的 6%～8%，混入岩石 90%被甩出。

该技术适用于采用汽车-胶带运输系统的露天矿的磁铁矿石。

3.3 大气污染防治技术

3.3.1 凿岩湿式防尘技术

3.3.1.1 技术原理

通过喷雾洒水捕获粉尘；或对钎杆供水，湿润、冲洗，并排出粉尘，从而从源头抑制产尘。如在水中添加湿润剂，除尘效果更佳。

3.3.1.2 技术适用性及特点

该技术通常用于地下矿山凿岩、爆破、岩矿装运等作业防尘。

3.3.2 穿爆干/湿式防尘技术

3.3.2.1 技术原理

干式防尘技术是指露天矿钻孔牙轮钻和潜孔钻机采用三级干式捕尘系统，压气排出的孔内粉尘经集尘罩收集，粗颗粒沉降后的含尘气流进入旋风除尘器作初级净化，布袋除尘器作末级净化。

湿式防尘技术是指通过喷雾风水混合器将水分散成极细水雾，经钎杆进入孔底，补给粉尘形成泥浆。井口风机的风流将排出的泥浆吹向孔口一侧，并沉积该处。泥浆干燥后呈胶结状，避免粉尘二次飞扬。

3.3.2.2 技术适用性及特点

该技术可减少粉尘和有毒气体等大气污染物的产生，降低作业场所粉尘浓度。

该技术通常用于露天矿穿爆作业防尘。

3.3.3 运输路面防尘技术

运输路面防尘措施主要是沿路铺设洒水器向路面洒水，同时路面喷洒钙、镁等吸湿盐溶液或用覆盖剂处理路面。

3.3.4 覆盖层防尘技术

3.3.4.1 技术原理

通过喷洒系统将焦油、防腐油等覆盖剂喷洒在废石堆表面，利用覆盖剂和废石间的黏结力，在废石表面形成薄层硬壳，从而减少粉尘飞扬。

3.3.4.2 技术适用性及特点

该技术可减少扬尘，降低雨水侵蚀，减少物料流失。

该技术适用于废石场、排土场、尾矿库以及矿石转载点料堆等场所的扬尘控制。

3.3.5 就地抑尘技术

3.3.5.1 技术原理

应用压缩空气冲击共振腔产生超声波，超声波将水雾化成浓密的、直径 1～50 μm 的微细雾滴，雾滴在局部密闭的产尘点内捕获、凝聚细粉尘，使粉尘迅速沉降，实现就地抑尘。

3.3.5.2 技术适用性及特点

就地抑尘系统占据空间少，节省场地；使用该技术无需清灰，避免二次污染。

该技术适用于细尘扬尘大产尘点的防尘。

3.3.6 固体物料浆体长距离管道输送技术

3.3.6.1 技术原理

固体物料浆体长距离管道输送技术是以有压气体或液体为载体，在密闭管道中输送固体物料，从而防止粉尘外排。

3.3.6.2 技术适用性及特点

该技术对地形适应性强，占用土地少，基建及运营成本低，环境影响小。

该技术适用于铁精矿的输送作业。

3.3.7 袋式除尘技术

3.3.7.1 技术原理

利用纤维织物的过滤作用对含尘气体进行过滤，当含尘气体进入袋式除尘器后，颗粒大、比重大的粉尘，由于重力的作用沉降下来，落入灰斗，含有较细小粉尘的气体在通过滤料时，粉尘被阻留，气体得到净化。

3.3.7.2 技术适用性及特点

袋式除尘技术除尘效率高，但运行维护工作量较大，滤袋破损需及时更换。为避免潮湿粉尘造成糊袋现象，应采用由防水滤料制成的滤袋。

对布袋收集的粉尘进行处理时可能产生二次污染。

该技术适用于选矿厂破碎筛分系统的粉尘治理。

3.3.8 高效微孔膜除尘技术

3.3.8.1 技术原理

含尘气体进入除尘器后，大颗粒靠自重沉降，小颗粒随气流通过微孔膜滤料被阻留，清洁空气通过微孔膜后排出。粉尘在膜上积到一定厚度时在重力作用下脱落，粘在膜上的粉尘由 PLC 定时控制的高频振打电机振打脱落。

3.3.8.2 技术适用性及特点

高效微孔膜除尘技术具有阻力低、透气性好、寿命长、耐潮、除尘效率高等特点。

该技术适用于矿山破碎筛分系统的粉尘治理，尤其适用于潮湿性粉尘。

3.3.9 高效湿式除尘技术

3.3.9.1 技术原理

颗粒与水雾强力碰撞、凝聚成大颗粒后被除掉，或通过惯性和离心力作用被捕获。

3.3.9.2 技术适用性及特点

高效湿式除尘技术的除尘效率可达 95%，排放浓度达 50mg/m^3 以下。

该技术运行成本低，适用于新建和已建矿山破碎筛分系统除尘。

3.3.10 旋风除尘技术

3.3.10.1 技术原理

含尘气流沿某一方向作连续旋转运动，粉尘颗粒在离心力作用下被去除。多管旋风除尘器是指通过一组平行的旋风除尘器，应用相同原理而得到较好的效果。

3.3.10.2 技术适用性及特点

多管旋风除尘器结构简单、工作可靠、维护容易、体积小、成本低、管理简便。

旋风除尘技术多用于收集粗颗粒，对于粉尘细微的矿山选矿厂破碎点的粉尘，多管旋风除尘器仅可达 60%～80%的除尘效率。该技术通常作为矿山除尘系统的前级除尘，以提高除尘系统的总除尘效率。

3.3.11 静电除尘技术

3.3.11.1 技术原理

含尘空气进入由放电极和收集极组成的静电场后，空气被电离，荷电尘粒在电场力作用下向收集极运动并集积其上，释放电荷；通过振打极板使集尘落入灰斗，实现除尘。

3.3.11.2 技术适用性及特点

静电除尘技术的除尘效率通常为 90%～95%，在运行良好的情况下可达 99%。

该技术适用于比电阻在 $10^4 \sim 10^9 \Omega$ 范围内的矿尘治理。

使用该技术时，设备清灰过程对环境有一定影响。灰斗收集的干粉尘可直接进入选矿流程。

3.3.12 传统湿式除尘技术

3.3.12.1 技术原理

传统湿式除尘技术是指尘粒与液滴或水膜的惯性碰撞、截留的过程。粒经 1～5 μm 以上颗粒直接被捕获，微细颗粒则通过无规则运动与液滴接触加湿彼此凝聚增重而沉降。湿式除尘器主要包括水膜除尘器、泡沫除尘器和冲激除尘器，以冲击除尘器为主。

3.3.12.2 技术适用性及特点

湿式除尘器对粒径小于 5 μm 的粉尘捕集效率较低。在北方冬季结冻地区，传统湿式除尘技术的使用受到限制。

3.4 废水控制与治理技术

3.4.1 矿坑涌水控制技术

通常采用以下技术措施预防矿山废水的产生：

◆ 留足水岩柱；
◆ 井巷掘进接近含水层、导水断层时，打超前钻孔探水；
◆ 在井下有突水危险的地区设水闸门或水墙；
◆ 矿山边界设排水沟或引流渠，截断地表水进入矿区、露天采场、排土场，防止渗漏而进入井下；
◆ 地下开采时，选择上部顶板不产生或不易产生裂隙的采矿技术，防止地表水进入矿井；
◆ 露天开采时，下边坡应留矿壁，防止地面水流入采场；
◆ 对废弃凹地、与井下相通的裂隙、废弃钻井、溶洞等进行排水、填堵等复地措施；
◆ 对废石堆进行密封或防范处理。

预防和控制矿坑涌水是从源头预防废水产生的重要措施，对已建和新建的矿山均适用。

3.4.2 硫铁矿酸性水控制技术

硫铁矿酸性水是由于硫铁矿（Fe^{2+}）的氧化、水解而产生具有腐蚀性的 H_2SO_4 形成。硫铁矿酸性水来源有地下采场、覆盖岩层剥离后露天采场、废石场等，控制措施有：

◆ 废石场实行分台阶排土，含硫较多的废石或表外矿石集中排放和管理，也可分层掺和石灰粉，废石场储用后及时复垦、植被，以减少硫化矿氧化；
◆ 在采场、排土场、尾矿库周围修截流水沟渠，对酸性水源上游进行截水，既减少与硫铁矿接触，又可清污分流；采矿技术采用陡帮开采，减少矿体暴露和推迟矿体暴露时间；
◆ 对产生的酸性废水设截水沟、蓄水池，部分废水经中和泵送回采场，用于采场降尘用水。

3.4.3 酸性废水处理

酸性废水成分复杂多样，在众多方法中，中和法技术成熟，应用广泛。

中和法处理酸性废水是指以碱性物质作为中和剂，与酸反应生成盐，从而提高废水的 pH 值，同时去除重金属等污染物。对于矿山酸性废水，可直接投加碱性中和剂，在反应池中进行混合，发生中和和氧化反应，将 Fe^{2+} 氧化生成 $Fe(OH)_3$，经沉淀去除。常用的中和剂有石灰石、氧化钙、电石渣和氢氧化钠等。处理工艺有中和反应池、中和滤池、中和滚筒、变速膨胀滤池等。

石灰中和法处理技术具有反应速度快，占地面积小，出水水质好，排泥量小，污泥含水率低等优点。但中和反应后生产泥渣，存在二次污染；适用于已建和新建矿山的酸性废水治理。

3.4.4 选矿废水循环利用技术

该技术是采用循环供水系统，使废水在生产过程中多次重复利用，将尾矿库溢流水闭路循环用作选矿生产用水。选矿厂设置废水沉淀池，洗矿水、碎矿水及尾矿水进入沉淀池，经化学沉淀净化处理后，出水全部循环利用，其底流排入尾矿库。

此技术可使选矿废水全部循环利用，从而节省水资源，减少水环境污染。同时选矿废水循环利用可提高选矿指标；该技术适用于已建和新建矿山选矿厂。

3.4.5 含汞废水处理

含汞废水处理方法主要有铁屑过滤法和硫化沉淀法。

铁屑过滤法是指含汞废水经砂滤后，再经铁屑还原处理，在 pH 为 3.0～3.5 时汞离子被还原成金属汞而被过滤去除。

硫化沉淀法是指将废水中悬浮物除去后，加入硫化钠，生成硫化汞沉淀，并加入铁盐或铝盐使之沉淀，焚烧沉淀物可回收汞。经硫化法处理的出水再经活性炭处理，废水中残留的汞被活性炭吸附去除。

3.4.6 含镉废水处理

含镉废水处理技术主要是化学沉淀法，是指在碱性条件下形成氢氧化镉、碳酸镉或硫化镉沉淀。处理时向废水中加碱或硫化钠，在 pH 值达 10.5～11 时，经沉淀去除镉。

3.4.7 含铅废水处理

含铅废水处理可采用化学沉淀-过滤法，是指向废水中加碱或硫化钠维持 pH 值在 9～10 之间使铅沉淀分离，再经过滤或活性炭吸附进一步除铅。处理过程中严格控制 pH 值，若 pH 值在 11 以上时，则形成亚铅酸离子，沉淀物再度溶解。

3.4.8 含铬废水处理

含铬废水处理通常采用化学还原法、钡盐法、电解还原法。

化学还原法是指利用硫酸亚铁、亚硫酸钠、硫酸氢钠等作为还原剂，使六价铬还原为三价铬，然后加碱调节 pH 值，使三价铬形成氢氧化铬沉淀得以去除。

钡盐法是指向废水中投加碳酸钡、氯化钡，形成铬酸钡沉淀。钡盐法除铬效果好，出水可排放或回用。

电解还原法是指在废水中加入一定量食盐，以铁板为阳极和阴极，通直流电进行电解，析出 Fe^{2+} 把六价铬还原成三价铬，形成三价铬和三价铁的沉淀，电解后的水入沉淀池沉淀分离。

3.5 固体废物处置及综合利用技术

3.5.1 铁尾矿再选技术

3.5.1.1 技术原理

铁尾矿按选矿不同阶段可分为浓缩机前、浓缩机至尾矿库前和尾矿库中的尾矿。尾矿再选技术是指对尾矿进行二次选矿的技术，主要有单一磁选；尾矿初选后再选、再磨，尾矿内部回收流程；单一重选及干/湿尾矿再磨的磁选—重选联合流程。

3.5.1.2 技术适用性及特点

该技术内部回收流程可生产品位大于 66%的铁精矿，单一重选可获得含铁 57%～62%的铁精矿。该技术可提高金属回收率和资源利用率，减少固体废物排放。适用于已建和新建铁矿山的尾矿。

3.5.2 废石、尾矿生产建筑材料技术

3.5.2.1 技术原理

废石、尾矿生产建筑材料技术是以废石、尾矿作为原料生产建材产品，如空心砖、路面砖、饰面砖、免蒸砌块，代替黄砂做混凝土骨料等。

3.5.2.2 技术适用性及特点

该技术能够提高尾矿资源利用率，减少尾矿、废石排放和对水体、大气的污染，保护生态环境。

该技术适用于已建及新建矿山。

3.5.3 尾矿制造微晶玻璃技术

3.5.3.1 技术原理

针对含钛磁铁矿和高铁尾矿含铁高的特点，以尾矿及石灰石、河砂、石英为原料，生产微晶玻璃。

尾矿制造微晶玻璃技术通常采用水淬法，其主要工艺流程如图5。

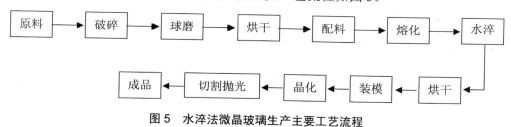

图5　水淬法微晶玻璃生产主要工艺流程

3.5.3.2 技术适用性及特点

微晶玻璃生产的关键技术是热处理工艺，是尾矿微晶玻璃成核和晶体成长的关键，采用阶梯制度微晶化比等温制度微晶化更有利于提高晶化率和产品性能。

该技术能够充分利用矿产资源，可使尾矿得以资源化利用。

3.5.4 固体废物排放采空区技术

3.5.4.1 技术原理

将采选矿固体废物排放于矿山地下采空区、露天矿坑或地表塌陷区等废弃采空空间。

3.5.4.2 技术适用性及特点

该技术可有效利用采空空间，减少了废石、尾矿的堆放空间，消除或减少废石、尾矿对水和大气环境的污染，改善生态环境。

该技术适用于有地下采空区、露天矿坑或地表塌陷区等废弃空间稳定的矿山。

3.6 生态恢复技术

根据矿山开发的不同时段，实施不同的生态恢复技术。

施工期的生态恢复技术包括开拓运输道路、工业广场、露天矿剥离工序等的生态恢复，主要内容为：选址尽量少占土地，设置表土场，将施工的土石方及剥离的表土集中堆放，以便日后复垦时作为覆土利用。运输道路两侧及工业广场四周设置排水沟，防止水土流失。

运营期对露天开采应边采矿边复垦，宜使用采掘机械复垦。对缓倾斜薄矿体，剥离表土可边采边回填采空区，使剥离物不占用土地。

闭坑期，对矿山各类废弃地进行全面复垦，其中包括工业广场、露天采空区、地表塌陷区、排土场、尾矿库等。复垦方式应结合当地具体条件，将破坏的土地复垦成为自然生态系统、农林生态系统和城市生态系统。

3.6.1 复垦植被优化技术

排土场复垦时利用开采初期预先剥离、储存的原有表土层作为复垦的覆土回填；或采用尾矿砂回填，铺垫表土复垦。

覆土应保证植物的种植深度，覆土厚度通常为 0.4～0.5 m。对适生品种应进行筛选和互生植物配置。若种植粮源性植物，必须通过使用物理、化学、生物技术将土壤中有害成分降至安全水平。在植被的选择上，优先选择本地性植被，结构上体现出草、灌、乔搭配的复合型模式；覆土与修坡工作要保持与开采、排弃顺序相协调，尽可能利用矿山的采、装、运设备。

复垦植被优化技术可保护大气和水资源，防止污染，充分利用废弃地、恢复生态环境，形成生态型矿山。该技术适用于已建和新建的矿山。

3.6.2 尾矿库无土植被技术

尾矿库无土植被技术是在不覆盖土层的条件下采用生物稳定技术，直接种植有强大护坡功能的植物，建立植被，形成生物坝，使其达到稳定并同时减少对环境的污染。

根据尾矿库不同基质条件，试验实施培肥熟化的植被基质，确定肥料的用量和品种。筛选适生品种，筛选出抗贫瘠、耐热性强、发芽率高、繁衍快、分蘖快、根系发达的品种。配置互生植物，确定种植方式、密度、方法、施肥等。

尾矿库无土植被技术可节约土源和覆土费用；与有土植被相比，节省投资 50%，适用于已封闭和正在使用的尾矿库。

3.7 新技术

3.7.1 充填采矿新技术

原充填工艺已不能满足回采工艺和进一步降低采矿成本或环境保护的需要，因而发展了高浓度充填、膏体充填、废石胶结充填和全尾砂胶结充填等新技术。

高浓度充填技术是指通过特殊设备和造浆技术，按试验的配比加入水泥和其他辅料，将极细粒级的全尾砂直接制备成高浓度砂浆，用以充填采空区。该技术可有效控制回采区域地压，广泛应用于充填采矿矿山。

膏体充填是指把尾矿等固体废物在地面加工成膏状浆体，利用管道泵送到井下工作面，适时充填采空区的采矿方法。

废石胶结充填采矿技术是指以废石作为充填材料，以水泥浆或砂浆作为胶结介质的一种在采场不脱水的充填技术。

全尾砂胶结充填采矿技术是指尾砂不分级，全部用作矿山充填料，适用于尾砂产率低和需要实现零排放目标的矿山。

3.7.2 选矿新技术

"多破少磨"工艺流程是选矿技术的发展趋势，是指从采矿过程中的爆破开始到选矿的入磨，降低入磨矿石粒度，减少选矿磨矿能耗，如利用挤压爆破技术、高压辊磨机等。

选矿新技术和设备包括浮选柱、旋流器分级机、盘式真空过滤机、带式真空过滤机、陶瓷过滤机、高效浓密机、深锥浓密机、高浓度输送技术等。

3.7.3 矿山酸性废水处理新技术

3.7.3.1 电石渣代替石灰处理酸性矿山废水技术

利用新鲜电石渣（含水率 30%左右）乳化制浆来处理矿山酸性废水。采用电石渣可避免采用人工石灰乳制备时造成的石灰粉尘飞扬及易结钙堵塞管道等恶化作业环境、容易发生人员灼伤事故等问题。

电石渣处理酸性矿山废水只需少量装卸、运输，节省人力、物力及费用，使废水处理成本显著降低。

3.7.3.2 人工湿地处理技术

利用湿地种植水葱、香蒲、芦苇、菖蒲、凤眼莲等抗酸性重金属废水能力较强的植物处理铁矿排放的酸性重金属废水。

人工湿地法具有建设费用低、易管理、工艺流程简捷的特点，处理后的水可回用或农用，可改善和美化环境。

3.7.3.3 利用尾矿分级溢流液处理酸性矿山废水技术

将尾矿浆经旋流器分级产生的尾矿分级溢流液作为中和剂处理酸性矿山废水。该法产生的中和渣存放于尾矿库内，不用另建矿渣库，既节省了建设投资，又不产生二次污染，处理后出水可满足选矿生产用水水质要求。

4. 采选矿工艺污染防治最佳可行技术

4.1 采选矿工艺污染防治最佳可行技术概述

采选矿工艺可分为采矿生产工艺和选矿生产工艺两部分。每部分按整体性原则，从设计时段的源头污染预防、生产时段的污染防治，到闭坑时段的生态恢复，按生产工序的产污节点和技术经济适宜性，确定最佳可行技术组合，以保证生产工艺全过程的污染防治。

图 6 和图 7 分别为采矿工艺和选矿工艺的污染防治最佳可行技术组合。

4.2 采矿工艺减少矿产资源损失最佳可行技术

4.2.1 胶结充填开采技术
4.2.1.1 最佳可行工艺参数

利用胶结充填开采技术采矿时，尾矿充填浆料质量浓度以 68%～75%为宜。

4.2.1.2 环境效益

该技术可提高资源利用率，从源头削减污染；可防止岩层移动和地表塌陷，减少固体废物排放，从而减少二次污染以及对生态环境的影响。

采用该技术可获得回采率 80%～95%，矿石贫化率为 3%～10%。

4.2.1.3 技术经济适用性

该技术充填成本约 30 元/t，胶凝材料占充填成本的 40%～70%。

该技术适用于矿石品位大于 40%的富矿的新建和已建地下矿山。

4.2.2 大间距集中化无底柱分段崩落采矿法开采技术
4.2.2.1 最佳可行工艺参数

采用该技术时，结构参数通常为：分段高度 10～15 m，进路间距 15～20 m，崩矿步距 2.5～3.2 m，一次崩矿量与设备台班效率比 1：（3～4）。通常采用 6m³ 铲运机与之相配套。

4.2.2.2 环境效益

该技术可提高资源利用率，但采用该技术时在顶板崩落后易造成地表塌陷，可能造成生态环境破坏。

根据矿山具体条件选择进路间距，采用该技术可使贫化率降至约 10%，矿石回收率达 85%。

4.2.2.3 技术经济适用性

采用该技术可节省采准工作量，减少采矿循环次数，提高采矿强度，降低成本 20%～25%。

该技术适用于采用不同分段高度的无底柱崩落法开采技术的新建和已建厚大矿体地下矿山，在地表不允许塌陷的矿山不宜采用。

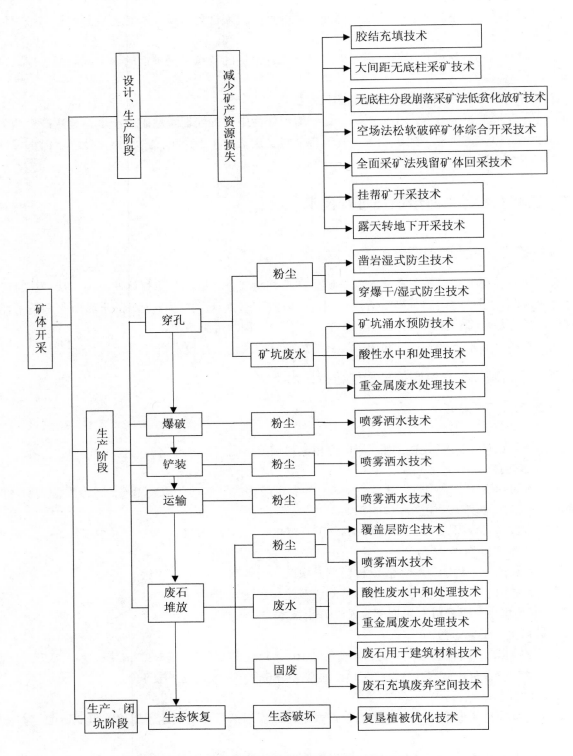

图6　采矿工艺污染防治最佳可行技术组合图

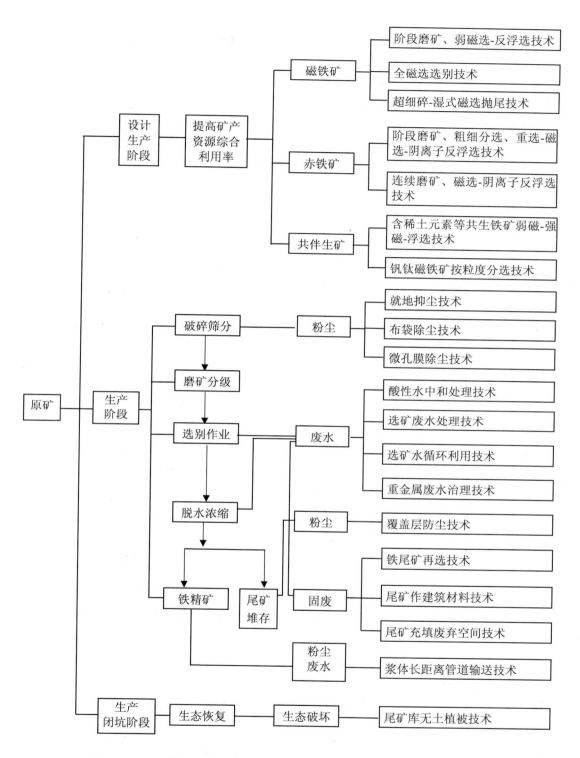

图 7　选矿工艺污染防治最佳可行技术组合图

4.2.3 无底柱分段崩落低贫化放矿技术

4.2.3.1 最佳可行工艺参数

控制不同步距条件下，控制低贫化放矿的出矿量，提高采矿计量的准确性，严格控制爆破参数。

4.2.3.2 环境效益

该技术可提高产品质量，从源头削减污染。

采用该技术可使贫化率达至约 10%。

4.2.3.3 技术经济适用性

采用该技术采出矿石的岩石含量减少，可降低提升、运输、选矿等工序的费用。

该技术适用于厚大矿体的新建和已建矿山。

4.2.4 空场法松软破碎矿体综合开采技术

4.2.4.1 最佳可行工艺参数

在松软破碎矿体的开采中，根据地压活动规律，确定锚杆类型、布局、密度及柱网参数。通常情况，参数为：锚杆长度 2 m，锚杆间距 750 mm×750 mm，网线尺寸 2.1 m×1.2 m，网目 100 mm×100 mm，喷射混凝土厚度 80～100 mm，长螺杆长度（外加）3 m。

4.2.4.2 环境效益

该技术可提高资源利用率，从源头削减污染。

采用该技术可使回采率达 80%～90%，贫化率下降至 7%～8%。

4.2.4.3 技术经济适用性

该技术可提高采场生产能力和巷道利用率。采用该技术时，需加强支护，大大增加支护成本。

该技术适用于已建和新建的松软破碎岩体矿山。

4.2.5 全面采矿法残留矿体回采技术

4.2.5.1 最佳可行工艺参数

矿体厚度为 2～3 m 时，一次采全厚；当矿体厚度大于 3 m 时，分层回采。

4.2.5.2 环境效益

该技术可提高矿产资源利用率，从源头削减污染。

4.2.5.3 技术经济适用性

该技术可回收残矿，适用于薄和中厚（小于 5～7 m）的矿石和围岩均稳固的缓倾斜（倾角小于 30°）的已建和新建矿体（含残留矿体）。

4.2.6 露天转地下联合开采技术

4.2.6.1 最佳可行工艺参数

在采用露天转地下开采技术时，按照露天开采和地下开采矿石生产成本相等的原则确定露天开采的极限深度。

露天矿境界内地下采空区顶板上方的岩层厚度受岩体自身强度等内在因素与爆破震动、雨水侵蚀等外在因素综合决定，根据岩石力学试验计算指标确定。

4.2.6.2 环境效益

该技术可增加采矿量，从源头减少污染。

4.2.6.3 技术经济适用性

采用该技术可缩小露天境界，减少剥离量，增加矿石回收量，节省建设投资。

该技术适用于新建和已建露天矿山。

4.2.7 挂帮矿回采技术

4.2.7.1 最佳可行工艺参数

采用挂帮矿回采技术时，为达到中深部边坡加陡效果，通常在已靠帮的上部边坡不做改动、在未靠帮的下部边坡加陡，形成上缓下陡的凸形边坡，最终边坡并段数为 2～3 个以上；提高并段后阶段坡面角到 70°；在边坡面留有挂帮矿的地段，边坡线向原设计境界线外挂；在无矿地段，边坡线尽量向内移动；对采场内压有大量矿石的原有运输线路，线路改道后将矿石采出。部分挂帮矿体可转地下开采。

4.2.7.2 环境效益

该技术可减少资源损失，从源头削减污染。

4.2.7.3 技术经济适用性

该技术可实现矿产资源回收，增加经济效益。

该技术适用于新建和已建的露天闭坑矿山。

4.2.8 最佳可行技术及适用性

钢铁行业采矿工艺减少矿产资源损失最佳可行技术见表1。

表1　钢铁采矿生产工艺减少矿产资源损失最佳可行技术及适用性

最佳可行技术		环境效益	适用条件
充填法	胶结充填开采技术	回采率80%～95%，矿石贫化率3%～10%；资源利用率高，相对减少开采量	品位大于40%的富矿的新建和已建地下矿山、具有高经济效益的共伴生矿石矿山敏感区
崩落法	大间距集中化无底柱分段崩落采矿技术	矿石回收率85%，贫化率10%，相对减少开采量	采用不同分段高度的无底柱崩落法开采技术的新建和已建厚大矿体地下矿山
	无底柱分段崩落采矿法低贫化放矿技术	贫化率10%左右	厚大矿体的新建和已建矿山
空场法	空场法松软破碎矿体综合开采技术	回采率大于80%，贫化率小于8%；充分利用资源	松软破碎岩体的已建和新建矿山
	全面采矿法残留矿体回采技术	提高资源回收率，减少开采损失率，相对减少开采量	薄和中厚（小于5～7m）的矿石和围岩均稳固的缓倾斜（倾角小于30°）的已建和新建矿体（含残留矿体）
露天转地下开采及联合开采技术		提高矿产资源开发利用率，稳定矿山产量	已建和新建露天矿山
挂帮矿回采技术		提高回采率，充分利用资源	露天闭坑矿山

4.3 选矿工艺提高矿产资源综合利用率最佳可行技术

选矿工艺提高矿产资源综合利用率最佳可行技术见表2。

表2　选矿工艺提高矿产资源综合利用率最佳可行技术及适用性

最佳可行技术	环境效益	适用条件
阶段磨矿、弱磁选-反浮选技术	铁精矿品位69%，SiO_2降至4%以下；金属回收率高	要求高质量铁精矿以及含杂质多的已建和新建磁铁矿矿山
全磁选选别技术	铁精矿品位67%～69%，$SiO_2<4\%$，金属回收率高	已建和新建矿山的磁铁矿
超细碎-湿式磁选抛尾技术	抛出40%粗尾矿，铁精矿品位65%，$SiO_2<4\%$，金属回收率高	已建和新建磁铁矿矿山，具有普遍性，尤其适用于极贫矿
连续磨矿、磁选-阴离子反浮选技术	铁精矿品位67%～68%，尾矿品位8%～9%，金属回收率高	已建和新建的贫赤铁矿
阶段磨矿、粗细分选、重选-磁选-阴离子反浮选技术	铁精矿品位65%～67%，$SiO_2<4\%$，金属回收率高	已建、新建脉石非石英的赤铁矿，鞍山地区贫赤铁矿
含稀土元素等共生铁矿弱磁-强磁-浮选技术	铁精矿品位60%～61%，稀土精矿品位ERO50%～60%，综合回收率高，资源利用率高	已建和新建的含稀土铁矿，白云鄂博铁矿石
钒钛磁铁矿按粒度分选技术	铁精矿品位达到47.48%，选钛总回收率达25.01%，资源综合回收率高	已建和新建的钒钛磁铁矿、钛磁铁矿
岩石干选技术	甩出混合岩石90%，提高产品质量，从源头削减污染	已建和新建的采用露天汽车-胶带运输的磁铁矿石

4.4 大气污染防治最佳可行技术

4.4.1 凿岩湿式防尘技术

4.4.1.1 最佳可行工艺参数

湿式凿岩工艺中水压不低于 304 kPa，风压大于 5.07 MPa；喷雾洒水工艺中喷雾器水雾粒度宜为 100～200 μm。

4.4.1.2 环境效益

该技术从源头减少粉尘产生量并防止粉尘飞扬。

4.4.1.3 技术经济适用性

该技术通常用于地下矿山凿岩、爆破、岩矿装运等作业。

4.4.2 穿爆干/湿式防尘技术

4.4.2.1 环境效益

钻机三级干式捕尘系统的除尘效率达 99.9%，排放粉尘浓度可降为 6 mg/m³；其他措施可减少粉尘和有毒气体产生，减少大气污染。

4.4.2.2 技术经济适用性

该技术适用于新建和已建的露天矿山穿爆作业。

4.4.3 覆盖层防尘技术

4.4.3.1 最佳可行工艺参数

料堆表面形成的硬壳厚度为 10～20 mm，壳体应致密连续、无裂隙。

4.4.3.2 环境效益

该技术可减少扬尘，粉尘浓度达 1 mg/m³ 以下，可减少料堆雨水侵蚀和物料流失，防止水土污染。

4.4.3.3 技术经济适用性

该技术适用于新建和已建矿山排土场、尾矿库以及矿石堆存点等料堆的防尘。

4.4.4 就地抑尘技术

4.4.4.1 最佳可行工艺参数

超声雾化器工作时压缩空气压力为 0.3～0.4 MPa，水压为 0.1～0.15 MPa，耗气量为 0.08～0.1 m³/min，耗水量为 0.3～0.5 L/min。

4.4.4.2 环境效益

该技术显著降低产尘点扬尘浓度，无需清灰，避免二次污染。

4.4.4.3 技术经济适用性

就地抑尘技术比其他除尘系统节省 30%～50%投资，节能 50%，且占据空间小，节省场地。

该技术适用于矿石破碎、筛分、皮带运输转载点等细尘扬尘大的产尘点，对呼吸性粉尘捕获效果更佳。

4.4.5 固体物料浆体长距离管道输送技术

4.4.5.1 最佳可行工艺参数

根据运行要求确定管道输送参数。确定参数时应考虑停泵再启对管道压力、堵管的影响，进行浆体水击及过度过程分析计算，考虑气囊及加速流的产生及预防，进行线路选择及优化等。

对长距离细颗粒黏度高的精矿管道，通常选用隔膜泵。

4.4.5.2 环境效益

由于输送管线埋入地下，不占用或占用土地少；建成后土地可复垦利用；管线沿程污染小。

4.4.5.3 技术经济适用性

该技术的基建投资和运营成本比铁路运输低 30%～50%。

该技术适用于新建和已建矿山输送铁精矿。

4.4.6 袋式除尘技术

4.4.6.1 最佳可行工艺参数

气布比为 0.8～1.2 m/min；系统阻力小于 1 500 Pa；系统漏风系数小于 3%。

4.4.6.2 环境效益

对于粒径 0.5 μm 的粉尘，除尘效率为 98%～99%，总除尘效率可达 99.99%，排放浓度可达 20 mg/m³ 或更低。

4.4.6.3 技术经济适用性

布袋除尘器一次性投资约为 10 元/（m³·h），换料、电耗等运行费约 60 元/万 t 矿石。

该技术适用于已建和新建选矿厂破碎筛分系统除尘。

4.4.7 高效微孔膜除尘技术

4.4.7.1 最佳可行工艺参数

高效微孔膜运行阻力应小于 1 300 Pa，粉膜透气度为 1.2 m·min⁻¹，清灰剥离率达 98.4%～100%。

4.4.7.2 环境效益

除尘效率大于 99%，选矿厂破碎筛分系统中的粉尘排放浓度为 30～50 mg/m³。

4.4.7.3 技术经济适用性

该技术适用于新建和已建的矿山破碎筛分系统粉尘治理，适用于潮湿性粉尘。

4.4.8 最佳可行技术及适用性

钢铁行业采选矿工艺大气污染防治最佳可行技术及适用性见表 3。

表 3　钢铁行业采选矿工艺大气污染防治最佳可行技术及适用性

防治阶段	最佳可行技术	环境效益	适用条件
工艺过程	凿岩湿式防尘技术	从源头减少粉尘产生量，防止粉尘飞扬	已建和新建地下矿山凿岩、爆破、岩矿装运等作业
	穿爆干/湿式防尘技术	钻机三级除尘效率达 99.9%粉尘排放浓度<6mg/m³	已建和新建露天矿山穿爆作业
	覆盖层防尘技术	粉尘浓度<1mg/m³，减少扬尘、雨水侵蚀和物料流失	已建和新建矿山排土场、尾矿库以及矿石堆存点等料堆的防尘
	就地抑尘技术	降低产尘点扬尘浓度，避免二次污染	已建和新建矿山矿石破碎、筛分、皮带运输等扬尘点，对呼吸性粉尘捕获效果更佳
	固体物料浆体长距离管道输送技术	少占用土地，管线沿线无污染	已建和新建矿山铁精矿输送
末端治理	袋式除尘技术	除尘效率>99%，排放浓度<20mg/m³	已建和新建矿山破碎筛分系统除尘
	高效微孔膜除尘技术	除尘效率>99%，排放浓度40～50mg/m³	已建和新建矿山的破碎筛分系统亲水性粉尘

4.5 废水控制与处理最佳可行技术

钢铁行业采选矿工艺废水控制与处理最佳可行技术见表 4。

表4 钢铁行业采选矿工艺废水控制与处理最佳可行技术及适用性

废水来源或种类	最佳可行技术	适用条件
矿坑涌水	采矿矿坑涌水控制技术	已建和新建矿山，敏感区
酸性废水	中和法	已建和新建矿山，敏感区
含汞废水	铁屑过滤法、硫化沉淀法	已建和新建矿山，敏感区
含镉废水	化学沉淀法-硫化法	已建和新建矿山，敏感区
含铅废水	化学沉淀法-硫化法	已建和新建矿山，敏感区
含铬废水	药剂还原沉淀法、电解还原法、钡盐法	已建和新建矿山，敏感区
选矿废水	絮凝-沉淀，循环利用	已建和新建矿山，敏感区

4.6 固体废物处置及综合利用最佳可行技术

4.6.1 铁尾矿再选技术

4.6.1.1 环境效益

减少尾矿固废排放量，提高铁的回收率。通过再选工艺内部回收流程，可提高品位大于66%的铁精矿产量，单一重选可获得含铁57%～62%的铁精矿。

4.6.1.2 技术经济适用性

该技术适用于已建和新建的铁矿山的尾矿。

与只进行处理原矿选矿相比，采用该技术可增加产量，可降低成本。

4.6.2 废石、尾矿用于建筑材料技术

4.6.2.1 最佳可行工艺参数

生产尾矿地面砖时应控制尾矿粒级比例，粒级比例要求可参照表5。

表5 生产尾矿地面砖尾矿粒级比例表

粒级/目	+55	−55+100	−100+200	−200
混合样/%	37.0	31.0	22.5	9.5

尾矿建材地面砖应达到下列质量要求：抗折强度＞40MPa，吸水率＜8%，耐磨耐抗长度＜35 mm，抗冻融损失＜20%。

4.6.2.2 环境效益

提高尾矿资源利用率，减少尾矿、废石排放，消除和减少尾矿、废石环境污染。

4.6.2.3 技术经济适用性

该技术经济效益显著，适用于已建和新建矿山。

4.6.3 尾矿制造微晶玻璃技术

4.6.3.1 最佳可行工艺参数

原料主要为高铁尾矿和含钛磁铁矿。产品应达到以下要求：抗压强度：1.25 t·cm^{-2}，弯曲强度：37.3 MPa，防震能力：2.5，莫氏硬度：6，耐酸性（$1\%H_2SO_4$）：0.11%，耐碱性（$1\%NaOH$）：0.15%，密度：2.63 g·cm^{-3}，光泽度5～100。

4.6.3.2 环境效益

该技术可提高尾矿资源利用率，减少尾矿、废石排放，消除和减少尾矿、废石的环境污染。

4.6.3.3 技术经济适用性

采用尾矿制造微晶玻璃技术可获得显著经济效益。

4.6.4 固体废物排放采空区技术

4.6.4.1 最佳可行工艺参数

采空区固体废物回填量：采出 1 t 矿石可回填 0.25～0.4 m³ 的固废。

4.6.4.2 环境效益

该技术可减少废石、尾矿的排放状况，消除或减少废石、尾矿对环境的污染，改善生态环境。

4.6.4.3 技术经济适用性

该技术可节省尾矿库建设工程投资，适用于有地下采空区、露天采坑或地表塌陷区等废弃空间稳定的新建和已建矿山。

4.6.5 最佳可行技术及适用性

钢铁行业采选矿工艺固体废物处置及综合利用最佳可行技术见表 6。

表 6　钢铁行业采选矿工艺固体废物处置及综合利用最佳可行技术及适用性

最佳可行技术	环境效益	适用条件
铁尾矿再选技术	再选的铁精矿品位 66%，减少固体废物排放，提高资源利用率	已建和新建矿山尾矿，敏感区
废石、尾矿用于建筑材料技术	减少排放，减少和消除对大气和水系污染	已建和新建矿山，敏感区
尾矿制造微晶玻璃技术	减少排放，减少对大气和水系污染	已建和新建矿山
固体废物排放采空区技术	减少排放，减少和消除对大气污染和对水系污染	有地下采空区，露天坑或地表塌陷区等稳定废弃空间的矿山，敏感区

4.7 生态恢复最佳可行技术

钢铁行业采选矿工艺生态恢复最佳可行技术见表 7。

表 7　钢铁行业采选矿工艺生态恢复最佳可行技术及适用性

最佳可行技术	技术指标和环境效益	适用条件
铁矿复垦植被优化技术	保护大气和水资源，恢复采区生态环境，充分利用废弃地	已建和新建矿山 已建和新建矿山的选矿作业，敏感区
尾矿库无土植被技术	植被覆盖率 90%，控制水土流失、抑尘	已建和新建矿山的选矿作业，敏感区

4.8 采选矿工艺污染防治最佳环境管理实践

为保证最佳可行技术的应用效果，采取如下最佳环境管理实践：

- ◆ 矿产资源综合开发规划和设计阶段包含资源开发利用、生态环境保护、地质灾害防治、水土保持和废弃地复垦等内容，充分考虑低污染、高附加值的产业链延伸建设和多元化经营建设。
- ◆ 根据矿山地质条件以及矿石性质，采用适宜的采矿技术，提高资源利用率。
- ◆ 对于采、选矿过程产生的废水，根据用水水质要求实现废水梯级利用。
- ◆ 采选矿生产中采用低噪声设备或采用隔声减震措施，控制噪声源强。
- ◆ 加强采矿点排土场和拦渣坝及选矿厂尾矿库的管理和维护，防止扬尘和溃坝。
- ◆ 坚持开采与恢复并举，根据复垦条件选择不同的复垦模式。
- ◆ 加强生产设备的使用、维护和检修，保证设备正常运行。
- ◆ 重视污染物的监测和计量管理工作，定期进行全厂物料平衡测试。
- ◆ 加强操作管理，建立岗位操作规程，制定应急预案，定期对职工进行技术培训和演练。

HJ-BAT-004

环 境 保 护 技 术 文 件

钢铁行业焦化工艺
污染防治最佳可行技术指南（试行）

Guideline on Best Available Technologies of Pollution Prevention and Control for Coking Process of the Iron and Steel Industry（on Trial）

环 境 保 护 部

2010 年 12 月

前　言

　　为贯彻执行《中华人民共和国环境保护法》，加快建立环境技术管理体系，确保环境管理目标的技术可达性，增强环境管理决策的科学性，提供环境管理政策制定和实施的技术依据，引导污染防治技术进步和环保产业发展，根据《国家环境技术管理体系建设规划》，环境保护部组织制订污染防治技术政策、污染防治最佳可行技术指南、环境工程技术规范等技术指导文件。

　　本指南可作为钢铁行业焦化工艺生产项目环境影响评价、工程设计、工程验收以及运营管理等环节的技术依据，是供各级环境保护部门、规划和设计单位以及用户使用的指导性技术文件。

　　本指南为首次发布，将根据环境管理要求及技术发展情况适时修订。

　　本指南由环境保护部科技标准司提出。

　　本指南起草单位：中冶建筑研究总院有限公司、北京市环境保护科学研究院、中钢集团天澄环保科技股份有限公司。

　　本指南由环境保护部解释。

1．总则

1.1 适用范围

本指南适用于具有焦化工艺的钢铁生产企业，其他具有相近工艺的企业可参照执行。

1.2 术语和定义

1.2.1 最佳可行技术

是针对生产、生活过程中产生的各种环境问题，为减少污染物排放，从整体上实现高水平环境保护所采用的与某一时期技术、经济发展水平和环境管理要求相适应、在公共基础设施和工业部门得到应用、适用于不同应用条件的一项或多项先进、可行的污染防治工艺和技术。

1.2.2 最佳环境管理实践

是指运用行政、经济、技术等手段，为减少生产、生活活动对环境造成的潜在污染和危害，确保实现最佳污染防治效果，从整体上达到高水平环境保护所采用的管理活动。

1.2.3 大型焦炉

是指炭化室高度 6 m 及以上、容积 38.5 m^3 及以上的顶装焦炉和炭化室高度 5.5 m 及以上、捣固煤饼体积 35 m^3 及以上的捣固焦炉。

2．生产工艺及污染物排放

2.1 生产工艺及产污环节

钢铁行业焦化工艺是指将配比好的煤粉碎为合格煤粒，装入焦炉炭化室高温干馏生成焦炭，再经熄焦、筛焦得到合格冶金焦，并对荒煤气进行净化的生产过程。

焦化工艺过程由备煤、炼焦、化产（煤气净化及化学产品回收）三部分组成，所用的原料、辅料和燃料包括煤、化学品（洗油、脱硫剂、硫酸和碱）和煤气。

焦化工艺所用的焦炉主要有顶装焦炉、捣固焦炉和直立式炭化炉。钢铁行业炼焦主要采用顶装焦炉和捣固焦炉，其中顶装焦炉占实际生产焦炉数量的 90%以上。

焦化工艺生产流程及产污环节见图 1。

2.2 污染物排放

焦化工艺产生的污染包括大气污染、水污染、固体废物污染和噪声污染，其中大气污染（颗粒物）和水污染是主要环境问题。

2.2.1 大气污染

焦化工艺产生的大气污染物中含有颗粒物和多种无机、有机污染物。颗粒物主要为煤尘和焦尘，无机类污染物包括硫化氢、氰化氢、氨、二氧化碳等，有机类污染物包括苯类、酚类、多环和杂环芳烃等，多属有毒有害物质，特别是以苯并[a]芘为代表的多环芳烃大多是致癌物质，会对环境和人体健康造成影响。

焦化工艺主要大气污染物及来源见表 1。

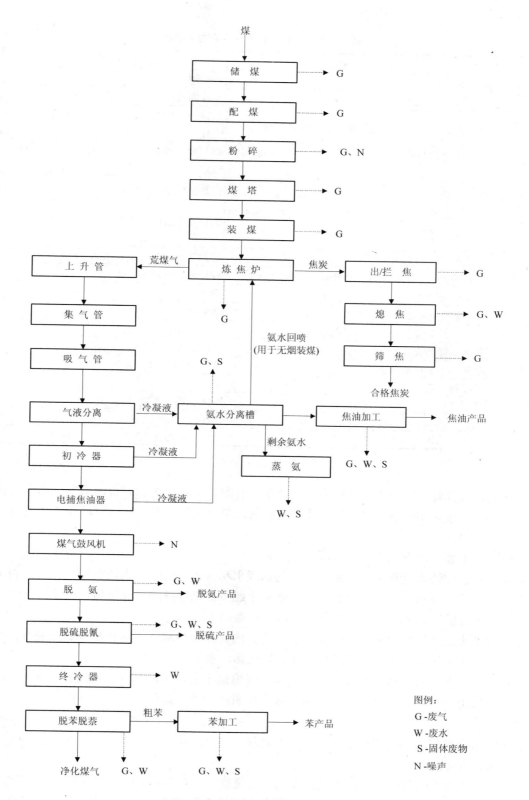

图 1 焦化工艺流程及产污环节

表 1 焦化工艺主要大气污染物及来源

工序	产污节点	主要污染物	源型
备煤 工序	精煤堆存、装卸	颗粒物	面源
	精煤破碎、转运	颗粒物	点源
装煤 工序	装煤孔、上升管、装煤风机放散管等处逸散	颗粒物、PAH、BSO、H_2S、HCN、CO、C_mH_n	点源
炼焦 工序	焦炉本体的装煤孔盖、炉门、上升管盖、炉墙等处泄漏	颗粒物、PAH、BSO、SO_2、H_2S、NH_3、CO	体源
	焦炉燃烧废气	颗粒物、SO_2、NO_x	点源
推焦 运焦 工序	炉门、推焦车、拦焦车、熄焦车、上升管、推焦风机放散管等处逸散	颗粒物、SO_2、PAH、H_2S、HCN	点源
熄焦 工序	湿法熄焦：熄焦塔	颗粒物、PAH、酚、HCN、NH_3、H_2S	点源
	干法熄焦：干熄焦槽顶、排焦口、风机放散管	颗粒物、SO_2	点源
筛贮焦工序	焦炭筛分破碎	颗粒物	点源
	焦炭贮存、小品种焦炭装车	颗粒物	面源
煤气 净化 工序	煤气冷却装置各种槽类设备的放散管	PAH、NH_3、H_2S	点源
	粗苯蒸馏装置各种油槽分离器的放散管	PAH、NH_3、H_2S、C_mH_n 等	点源
	精苯加工及焦油加工	苯、C_mH_n、H_2S 等	点源
	脱硫再生塔	H_2S	点源
	蒸氨系统	NH_3、酚、吡啶盐基	点源
	硫铵干燥系统	颗粒物、NH_3、酚	点源
	管式加热炉	颗粒物、SO_2、NO_x	点源

2.2.2 水污染

焦化废水成分复杂，污染物浓度高，难降解，含有数十种无机和有机污染物，其中无机污染物主要是氨盐、硫氰化物、硫化物、氰化物等；有机污染物除酚类外，还有单环及多环的芳香族化合物、杂环化合物等。

焦化废水主要由以下几类废水组成：

剩余氨水：在炼焦过程中，炼焦煤含有的物理水和解析出的化合水随荒煤气从焦炉引出，经初冷凝器冷却形成冷凝水，称为剩余氨水。剩余氨水经蒸氨工序脱除部分氨后，形成焦化废水。该类废水含有高浓度的氨、酚、氰、硫化物及石油类污染物。

煤气终冷水、蒸汽冷凝分离水：包括煤气终冷的直接冷却水、粗苯和精苯加工的直接蒸汽冷凝分离水。这类废水均含有一定浓度的酚、氰和硫化物，水量不大，但成分复杂。

其他废水：各种槽、釜定期排放的分离水、湿熄焦废水、焦炉上升管水封盖排水、煤气管道水封槽排水及管道冷凝水、洗涤水、车间地坪或设备清洗水等，这些废水多为间断性排水，含酚、氰等污染物。

以上废水全部汇入焦化废水处理站，集中处理后全部回用。

2.2.3 固体废物污染

焦化工艺产生多种固态、半固态及流态的固体废物，主要有焦油渣、酸焦油、洗油再生器残渣、黑萘、吹苯残渣及残液、黄血盐残铁渣、酚和精制残渣、脱硫残渣等，其中焦油渣和各类化产残渣属于危险废物。

2.2.4 噪声污染

焦化工艺中产生的噪声分为机械噪声和空气动力性噪声，主要噪声源包括煤粉碎机、除尘风机、鼓风机、通风机组、干熄焦循环风机和干熄焦锅炉的放散阀等。在采取控制措施前，安全阀排气装置间歇噪声达到 120 dB（A），其他噪声源强通常为 85～110dB（A）。

3. 焦化工艺污染防治技术

3.1 工艺过程污染预防技术

3.1.1 储配煤工序污染预防技术

3.1.1.1 大型筒仓贮煤技术

大型筒仓贮煤技术是以大型筒仓封闭贮存煤炭的方式控制煤堆扬尘，筒仓内设有喷水装置，洒水抑尘并防止煤自燃。

该技术可消除露天贮存煤堆风扬尘，减少装卸作业扬尘。

该技术适用于焦化工艺贮煤工序。

3.1.1.2 风动选择粉碎技术

风动选择粉碎技术是用沸腾床风选器对炼焦用煤进行气力分级预处理，从流化床上层分离出成品煤直接装炉；从下层分离出密度大、颗粒大的煤经粉碎后装炉。

该技术可提高焦炉弱黏结性煤的用量和装炉煤堆比重，相同产量下可减少炼焦炉数和废气排放量。

该技术适用于焦煤资源不丰富地区的焦化工艺配煤工序。

3.1.1.3 入炉煤调湿技术（CMC）

入炉煤调湿技术是通过加热干燥，将入炉煤料水分控制在适宜水平。目前主要有导热油煤调湿工艺、烟道气煤调湿工艺、蒸汽煤调湿工艺。

该技术可分别减少剩余氨水、蒸氨用蒸汽及焦炉加热用煤气量约 30%；但调湿后的煤在输送、装煤过程中的扬尘量增大，需采取加大除尘系统风量、进行密闭等措施。

该技术适用于焦化工艺配煤工序。

3.1.1.4 气流分级分离调湿技术

气流分级分离调湿技术是集风选破碎和煤调湿于一体的技术。

该技术可增加焦炉弱黏结性煤用量，减少煤料水分，提高装炉煤堆比重，减少废气和废水排放。

该技术适用于焦煤资源不丰富地区的焦化工艺配煤工序。

3.1.1.5 配型煤炼焦技术

配型煤炼焦技术是将部分煤在装焦炉前配入黏结剂压成型块，然后与散状煤按比例混合后装炉。

该技术在不降低焦炭强度的情况下，通过多配低灰、低硫弱黏煤的方式降低焦炭的灰分和硫分，减少二氧化硫和粉尘的排放。

该技术适用于焦煤资源不丰富地区的焦化工艺配煤工序。

3.1.2 炼焦工序污染预防技术

3.1.2.1 大型焦炉炼焦技术

大型焦炉炼焦技术是利用炭化室高度 6m 及以上、容积 38.5m³ 及以上顶装焦炉的炼焦技术。

该技术可单独调节加热温度和升温速度，使整个焦饼温度更趋均匀，保证焦炭质量，装煤密度提高约 10%。由于炭化室容积大，炉孔数减少，排放源减少，污染物泄漏和排放量也相应减少；同时高质量冶金焦配合大高炉炼铁可减少工序能耗，并满足高质量铁水生产的要求。

该技术适用于焦化工艺炼焦工序。

3.1.2.2 捣固炼焦技术

捣固炼焦技术是在装煤推焦车的煤箱内用捣固机将已配好的煤捣实后，从焦炉机侧推入炭化室内进行高温干馏的炼焦技术。目前多采用多锤连续捣固技术。

采用该技术，可配入较多的高挥发分煤及弱黏结性煤，煤饼的堆积密度提高；相同生产规模下，可减少炭化室孔数或容积，减少出焦次数，改善操作环境，减少废气无组织排放。

该技术适用于焦煤资源不丰富地区的焦化工艺炼焦工序。

3.1.3 熄焦工序污染预防技术

3.1.3.1 干法熄焦技术

干法熄焦技术是利用惰性气体将焦炭冷却，并回收焦炭显热。

该技术可节约用水，减少湿法熄焦过程中排放的含酚、氢氰酸、硫化氢、氨气的废气和废水；可回收约80%的红焦显热生产蒸汽，间接减少燃煤废气排放。

该技术适用于焦化工艺原有湿熄焦改造和新建焦炉配套熄焦。

3.1.3.2 低水分熄焦技术

低水分熄焦技术是在专门设计的熄焦车内通过喷嘴、凹槽或孔口喷水，水流迅速通过焦炭层将焦炭冷却。残余的水通过底板快速流出熄焦车，在熄焦系统内循环使用。

该技术配套用于高炭化室焦炉熄焦，可一次处理单炭化室产出的全部焦炭；与常规湿法熄焦技术相比，可减少 20%～40%耗水量，但投资略高；与干熄焦技术相比，投资低，但会产生废气和废水。

该技术适用于焦化工艺原有的熄焦塔改造，并作为干熄焦备用熄焦技术。

3.1.3.3 常规湿法熄焦技术

常规湿法熄焦技术是直接通过熄焦塔顶喷洒水将焦炭冷却，熄焦废水在系统内循环使用。

该技术工艺简单、投资省、占地小，但耗水量大，红焦显热没有利用，不利于节能，目前国内钢铁生产企业新建和技改焦炉仅将其用作备用熄焦技术。

3.1.4 煤气净化工序污染预防技术

3.1.4.1 真空碳酸盐法焦炉煤气脱硫脱氰技术

真空碳酸盐法焦炉煤气脱硫脱氰技术是以碳酸钠或碳酸钾溶液为碱源，脱除煤气中的氢氰酸、硫化氢，然后将反应后的溶液送到再生塔内解析出氢氰酸、硫化氢等酸性气体。碳酸盐溶液循环利用，酸性气体可生产硫黄或硫酸产品。

该技术脱硫脱氰效果较好，工艺流程简单，投资较低，硫产品质量好，产生废液少；但由于脱硫装置位于煤气净化末端，煤气净化系统前段设备和管道要耐腐蚀。

该技术适用于焦化工艺大型焦炉煤气净化工序。

3.1.4.2 萨尔费班法焦炉煤气脱硫脱氰技术

萨尔费班法焦炉煤气脱硫脱氰技术是以单乙醇胺水溶液为碱源脱除煤气中的氢氰酸和硫化氢。

该技术脱硫脱氰效率较高，不需要催化剂，脱硫液不需氧化再生，无副产物；但单乙醇胺价格高、消耗量大，工艺控制复杂，脱硫成本比较高。

该技术适用于焦化工艺大型焦炉煤气净化工序。

3.1.4.3 HPF 法焦炉煤气脱硫脱氰技术

HPF 法焦炉煤气脱硫脱氰技术是以煤气中的氨为碱源，以 HPF（对苯二酚、酞氰化合物及硫酸亚铁）为复合催化剂脱除煤气中的氢氰酸和硫化氢的湿式液相催化氧化脱硫脱氰技术。

该技术脱硫脱氰效率高，投资和运行费用低；但处理煤气量较小，硫黄产品质量低，熔硫操作环境差，产生脱硫废液且处理难度大。

该技术适用于焦化工艺煤气净化工序，大型焦炉需多套设备并联使用。

3.2 大气污染治理技术

焦化生产大气污染治理技术主要针对颗粒物，吸附在颗粒物上的多环芳烃等有害污染物可随颗粒物一并脱除。

3.2.1 挡风抑尘网技术

挡风抑尘网技术是通过大幅度降低风速减少露天堆放煤炭产生的煤尘。

该技术适用于焦化工艺储煤工序。

3.2.2 大型地面站干式净化除尘技术

大型地面站干式净化除尘技术是在地面设立大型除尘一体化装置，在各工序产尘点设集气罩，将废气通过集尘管送入地面站，采用大型脉冲袋式除尘器净化。

该技术运行可靠、稳定，除尘效果好；但对制造、安装、运行和维护要求较高。

该技术适用于大型钢铁企业焦化工艺装煤、出焦、干熄焦、筛贮焦等工序。

3.2.3 夏尔客侧吸管集气技术

夏尔客侧吸管集气技术是指装煤时装煤车伸缩筒与装煤孔气密相连，集气系统在装煤口上安装射流增压侧吸管，将炉体内溢出的荒煤气导入相邻的处于成焦后期的炭化室，装煤过程中无废气外排。

该技术净化效率高、不造成二次污染，具有结构简单、不用建地面站、投资低、运行费用低、集气与装煤连锁等特点；但装煤设备投资高。

3.2.4 除雾+折流格子挡板除尘技术

除雾+折流格子挡板除尘技术是通过在熄焦塔或熄焦车顶部设置捕雾装置（除雾器）和木栅式（或百叶窗式）折流格子挡板除尘装置净化含尘废气。

该技术净化效率大于 80%，外排废气含尘浓度低于 70 mg/m³。

该技术适用于钢铁企业焦化工艺湿法熄焦工序。

3.3 水污染治理技术

3.3.1 预处理技术

焦化废水通常采用重力除油法、混凝沉淀法、气浮除油法等预处理技术。

重力除油法是利用油、悬浮固体和水的密度差，依靠重力将油、悬浮固体与水分离。

混凝沉淀法是向废水中投加混凝剂和破乳剂，使部分乳化油破乳并形成絮状体，将重质焦油和悬浮物与水分离。

气浮除油法是投加化学药剂将废水中部分乳化油破乳，通过微小气泡携油上浮出，并在水体表面形成含油泡沫层，然后通过撇油器将油去除。

采用上述预处理技术，可将焦化废水中的石油类污染物从 100～200 mg/L 降低到 10～50 mg/L，可减轻后续生化处理的难度和负荷。

3.3.2 生化法处理技术

3.3.2.1 普通活性污泥法处理技术

预处理后的废水与二次沉淀池回流污泥共同进入曝气池，通过曝气作用在池内充分混合，混合液推流前进，流动过程中利用活性污泥中的微生物对有机物进行吸附、絮凝和降解。

当进水 COD 低于 2 000 mg/L 时，COD 的去除率 70%～85%，出水 COD 300～500 mg/L。

该技术可有效去除废水中的酚、氰；但出水 COD 偏高，占地面积大，对氨氮、COD 及有毒有害有机物的去除率不高，系统抗冲击负荷能力差，运行效果不稳定。

3.3.2.2　A/O（缺氧/好氧）生化处理技术

预处理后的废水依次进入缺氧池和好氧池，利用活性污泥中的微生物降解废水中的有机污染物。通常好氧池采用活性污泥工艺，缺氧池采用生物膜工艺。

当进水 COD 低于 2 000 mg/L 时，酚、氰处理去除率大于 99%，COD 去除率 85%～90%，出水 COD 200～300 mg/L。

该技术可有效去除酚、氰；但缺氧池抗冲击负荷能力差，出水 COD 浓度偏高。

3.3.2.3　A²/O（厌氧—缺氧/好氧）生化处理技术

A²/O 工艺是在 A/O 工艺中缺氧池前增加一个厌氧池，利用厌氧微生物先将复杂的多环芳烃类有机物降解为小分子，提高焦化废水的可生物降解性，利于后续生化处理。

当进水 COD 低于 2 000 mg/L、氨氮低于 150 mg/L 时，酚、氰去除率大于 99.8%，氨氮去除率大于 95%，COD 去除率大于 90%，出水 COD 100～200 mg/L，氨氮 5～10 mg/L。

该技术可有效去除酚、氰及有机污染物；但占地面积大，工艺流程长，运行费用较高。

3.3.2.4　A/O²（缺氧/好氧—好氧）生化处理技术

A/O² 又称为短流程硝化—反硝化工艺，其中 A 段为缺氧反硝化段，第一个 O 段为亚硝化段，第二个 O 段为硝化段。

当进水 COD 低于 2 000 mg/L、氨氮低于 150 mg/L 时，酚、氰去除率大于 99.5%，氨氮去除率大于 95%，COD 去除率大于 90%，出水 COD 100～200 mg/L、氨氮 5～10 mg/L。

该技术可强化系统抗冲击负荷能力，有效去除酚、氰及有机污染物；但占地面积大，工艺流程长，运行费用较高。

3.3.2.5　O-A/O（初曝—缺氧/好氧）生化处理技术

O-A/O 工艺由两个独立的生化处理系统组成，第一个生化系统由初曝池（O）+初沉池构成，第二个生化系统由缺氧池（A）+好氧池（O）+二沉池构成。

当进水 COD 低于 4 500 mg/L、氨氮低于 650 mg/L、挥发酚低于 1 000 mg/L、氰化物低于 70 mg/L、BOD$_5$/COD 为 0.1～0.3 的情况下，出水 COD 100～200 mg/L、氨氮 5～10 mg/L。

该技术可实现短程硝化-反硝化、短程硝化-厌氧氨氧化，降解有机污染物能力强，抗毒害物质和系统抗冲击负荷能力强，产泥量少。

3.3.2.6　其他生化辅助处理技术

固定化细胞技术：通过化学或物理手段，将筛选分离出的适宜于降解特定废水的高效菌种固定化，使其保持活性，以便反复利用。

生物酶技术：在曝气池投加生物酶来提高活性污泥的活性和污泥浓度，从而提高现有装置的处理能力。

粉状活性炭技术：利用粉状活性炭的吸附作用固定高效菌，形成大的絮体，延长有机物在处理系统的停留时间，强化处理效果。

以上几种方法运行成本低，工艺简单，操作方便，可作为生化处理技术的辅助措施，多用于焦化废水现有生化处理工艺的改进。

3.3.3　深度处理技术

焦化废水深度处理技术是指采用物化法将生化法处理后的出水进一步处理，降低废水中的污染物浓度，通常采用混凝沉淀法、吸附过滤法等。

混凝沉淀法是向废水中投加混凝剂和絮凝剂，与废水中污染物形成大颗粒絮状体，经沉淀与水分离。

吸附过滤法是采用活性炭、褐煤、木屑等多孔物质将废水中的有机物和悬浮物吸附脱除。

采用上述深度处理技术，可进一步去除焦化废水中的悬浮物和有机污染物。

3.4 固体废物综合利用及处理处置技术

焦化工艺产生的各类固体废物均进行回收利用；

除尘系统回收的煤尘经集中收集后返回备煤系统再次利用；

除尘系统回收的焦尘经集中收集、加湿后回用于烧结配料工序；

煤气净化系统的机械化氨水澄清槽、焦油氨水分离器、焦油超级离心机产生的焦油渣以及硫酸铵生产过程中产生的酸焦油，粗苯蒸馏装置再生器产生的残渣，蒸氨工段、焦油加工及苯精制过程中产生的各类残渣（包括沥青渣、吹苯残渣、酚和吡啶精制残渣等），其主要成分是各种烃类和颗粒物，可以全部收集后用于配煤或直接制成型煤；

焦炉煤气脱硫工段产生的脱硫废液配入煤中进行炼焦；

焦化废水处理站生化处理污泥经压缩脱水形成泥饼后掺入原料煤中回用。

3.5 噪声污染治理技术

噪声污染主要从声源、传播途径和受体防护三个方面进行防治。尽可能选用低噪声设备，采用消声、隔振、减振等措施从声源上控制噪声；采用隔声、吸声、绿化等措施在传播途径上降噪。

3.6 焦化工艺污染防治新技术

3.6.1 焦炉煤气冷凝净化技术

焦炉煤气冷凝净化技术是用分阶段冷凝冷却和除尘替代传统焦炉煤气净化工艺中用氨水喷淋荒煤气降温。

该技术可减少废水排放量，降低废水处理和后续煤气净化难度，回收利用余热，还可通过深度冷凝来分离纯化焦炉煤气中的硫化氢、氰化物等杂质。

3.6.2 膜分离法废水处理技术

膜分离法是利用天然或人工合成膜，以浓度差、压力差及电位差等为推动力，对二组分以上的溶质和溶剂进行分离提纯和富集的方法。常见的膜分离法包括微滤、超滤和反渗透。

该技术分离效率高，出水水质好，易于实现自动化；但膜的清洗难度大，投资和运行费用较高。

采用超滤-反渗透膜法处理后的焦化废水出水可作为间接冷却循环水补充水。

3.6.3 催化氧化法废水处理技术

催化氧化技术是在一定温度、压力和催化剂的作用下，将焦化废水中的有机污染物氧化，转化为氮气和二氧化碳，催化剂主要采用过渡金属及其氧化物。

该技术处理效率高，氧化速度快，但处理量小。

4. 焦化工艺污染防治最佳可行技术

4.1 焦化工艺污染防治最佳可行技术概述

按整体性原则，从设计时段的源头污染预防到生产时段的污染防治，依据生产工序的产污节点和技术经济适宜性，确定最佳可行技术组合。

钢铁行业焦化工艺污染防治最佳可行技术组合见图2。

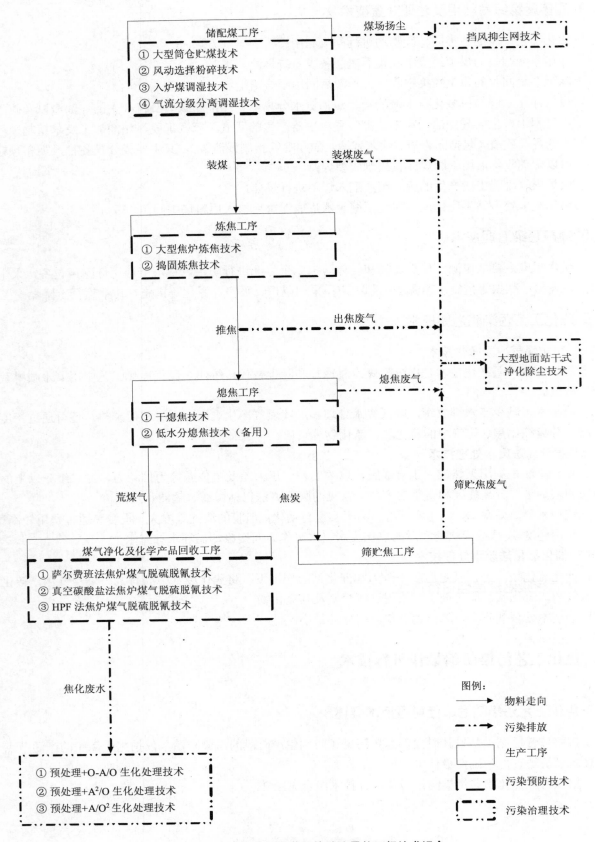

图 2　钢铁行业焦化工艺污染防治最佳可行技术组合

4.2 工艺过程污染预防最佳可行技术

焦化工艺过程污染预防最佳可行技术及主要技术指标见表 2。

表 2　工艺过程污染预防最佳可行技术及主要技术指标

工序	最佳可行技术	主要技术指标	技术适用性
储配煤	大型筒仓贮煤技术	—	焦化工艺储煤工序
	风动选择粉碎技术	焦炭抗碎强度 M_{40} 提高 1.0%～0.5%，耐磨强度 M_{10} 改善 0.5%～0.8%，焦炉生产能力平均提高 1.8%	焦煤资源不丰富地区的焦化工艺配煤工序
	入炉煤调湿技术	将入炉煤水分控制在 6%以内时，焦炉生产能力可提高 7%～11%，焦炭反应后强度可提高 1%～3%	焦化工艺配煤工序
	气流分级分离调湿技术	同风动选择粉碎技术和入炉煤调湿技术	焦煤资源不丰富地区的焦化工艺配煤工序
炼焦	大型焦炉炼焦技术	炭化室高度 6 m 及以上、容积 38.5 m^3 及以上，装煤密度可提高约 10%	焦化工艺炼焦工序
	捣固炼焦技术	装煤密度可由 0.74 t/m^3 提高到 1.05～1.15 t/m^3，焦炭的抗碎强度 M_{40} 可提高 2%～4%，耐磨强度 M_{10} 可改善 3%～5%	焦煤资源不丰富地区的焦化工艺炼焦工序
熄焦	干法熄焦技术	与常规湿法熄焦相比，干熄后的焦炭 M_{40} 和 M_{10} 可分别提高 3%～8%和 0.3%～0.8%	焦化工艺原有湿熄焦工序改造和新建大型焦炉配套熄焦
	低水分熄焦技术	焦炭水分可减少 20%～40%，水分可控制在 2%～4%	焦化工艺原有的熄焦塔改造，并作为干熄焦备用熄焦技术
煤气净化	真空碳酸盐法焦炉煤气脱硫脱氰技术	净化后煤气中 H_2S 和 HCN 浓度可分别降至 300 mg/m^3 和 150 mg/m^3 以下，使用 K_2CO_3 + NaOH 碱源可进一步提高脱硫效率	焦化工艺大型焦炉煤气净化工序，但煤气净化系统前段设备和管道要耐腐蚀
	萨尔费班法焦炉煤气脱硫脱氰技术	净化后煤气中 H_2S 和 HCN 浓度可分别降至 200 mg/m^3 和 100 mg/m^3 以下，投加 NaOH 碱源可进一步提高脱硫效率	焦化工艺大型焦炉煤气净化工序
	HPF 法焦炉煤气脱硫脱氰技术	净化后煤气中 H_2S 和 HCN 浓度可分别降至 50 mg/m^3 和 300 mg/m^3 以下	焦化工艺焦炉煤气净化工序，大型焦炉需多套设备并联使用

4.3 大气污染治理最佳可行技术

4.3.1 挡风抑尘网技术

4.3.1.1 污染物削减和排放

露天料场使用多孔板波纹式组合防风网墙，风速大于 4 m/s 时，可使料场内风速降低 60%以上，在周边 300～3 000 m 范围内抑制粉尘达 85%以上，减少了物料损失和粉尘排放。

4.3.1.2 技术经济适用性

以年储运 200 万 t 煤计算，每年可减少煤尘逸散 1 000 t 以上，减少相应的经济损失。

该技术适用于焦化工艺露天煤场的扬尘治理，尤其适用于风速较大、空气干燥的北方地区。

4.3.2 大型地面站干式净化除尘技术

4.3.2.1 最佳可行工艺参数

采用大型脉冲袋式除尘器，使用耐高温的针刺毡或复合滤料；烟气进入布袋前应经过预喷涂处理，气布比 0.8～1.2 m/min，主除尘干管风速 8～16 m/s，支除尘管风速 6～10 m/s，除尘系统阻力小于 3 000 Pa，系统运行稳定在 120℃以下，系统漏风率小于 3%。

4.3.2.2 污染物削减和排放

废气捕集率大于 95%，除尘效率大于 99.5%，外排废气含尘浓度低于 30 mg/m³。

4.3.2.3 二次污染及防治措施

袋式除尘器收集的粉尘经卸灰后外运，可用于焦化配煤或烧结配料。

4.3.2.4 技术经济适用性

大型地面站干式净化除尘装置具有综合投资低、除尘效果好的特点；但对制造、安装、运行和维护要求较高，可用于大型焦炉、新建焦炉的装煤、出焦、干熄焦、筛贮焦工序含尘废气的治理。

4.4 水污染治理最佳可行技术

4.4.1 预处理+O-A/O 生化处理技术
4.4.1.1 最佳可行工艺参数

A 段采用生物膜法，第一个 O 段采用初曝+生物膜法，第二个 O 段采用接触氧化法。

初曝池温度 20～30℃，pH 6.5～8.5，DO 2～4 mg/L；缺氧池温度 20～30℃，pH 7～8.5，DO 低于 0.5 mg/L；好氧池温度 20～30℃，pH 6.5～8.5，DO 2～4 mg/L。

4.4.1.2 污染物削减和排放

当进水 COD 低于 4 500 mg/L、氨氮低于 650 mg/L、挥发酚低于 1 000 mg/L、氰化物低于 70 mg/L 时，酚、氰去除率大于 99.8%，出水 COD 100～200 mg/L、氨氮 5～10 mg/L。

4.4.1.3 二次污染及防治措施

废水处理产生的污泥为危险废物，压滤后全部回用于焦化配煤工序。

处理出水用于焦化湿熄焦、高炉和转炉冲渣、原料场洒水抑尘。

废水处理过程中产生少量的低浓度氨、硫化氢等恶臭气体，通过设置与办公生活区合理的距离减少对人群的影响。

4.4.1.4 技术经济适用性

该技术处理效率高，耐冲击负荷能力强，产泥量比常规工艺少 70%～90%，适用于焦化工艺废水处理，尤其是缺乏水资源的地区。

4.4.2 预处理+A²/O 生化处理技术
4.4.2.1 最佳可行工艺参数

第一个 A 段采用水解酸化法，第二个 A 段采用生物膜法，O 段采用活性污泥法。

厌氧/缺氧/好氧水力停留时间分别为 10～15 h、10～15 h、18～30 h；好氧段温度 20～30℃，pH 6.5～8.5，DO 2～4 mg/L，污泥回流比 3～6；缺氧段温度 15～35℃，pH 7～8.5，DO 低于 0.5 mg/L，混合液回流比 0.4～1；厌氧段温度 35～38℃，pH 6.5～7.2。

4.4.2.2 污染物削减和排放

当进水 COD 低于 2 000 mg/L、氨氮低于 150 mg/L 时，酚、氰去除率大于 99.8%，氨氮去除率大于 95%，COD 去除率大于 90%，出水 COD 100～200 mg/L、氨氮 5～10 mg/L。

4.4.2.3 二次污染及防治措施

同 4.4.1.3。

4.4.2.4 技术经济适用性

该技术适用于焦化工艺废水处理。

4.4.3 预处理+A/O² 生化处理技术
4.4.3.1 最佳可行工艺参数

A 段采用生物膜法，第一个 O 段采用普通活性污泥法，第二个 O 段采用生物膜法。

缺氧/好氧/好氧水力停留时间分别为 10～15 h、18～30 h、15～25 h；好氧段温度 20～30℃，

pH 6.5~8.5，DO 2~4 mg/L，污泥回流比 3~6；缺氧段温度 15~35℃，pH 7.5~8.2，DO 低于 0.5 mg/L，混合液回流比 0.4~1。

4.4.3.2　污染物削减和排放

当进水 COD 低于 2 000 mg/L、氨氮低于 150 mg/L 时，酚、氰处理率大于 99.8%，氨氮去除率大于 95%，COD 去除率大于 90%，出水 COD 100~200 mg/L、氨氮 5~10 mg/L。

4.4.3.3　二次污染及防治措施

同 4.4.1.3。

4.4.3.4　技术经济适用性

该技术适用于焦化工艺废水处理。

4.4.4　焦化工艺水污染治理最佳可行技术及主要技术指标

焦化工艺水污染治理最佳可行技术及主要技术指标见表 3。

表 3　焦化工艺水污染治理最佳可行技术及主要技术指标

最佳可行技术	主要技术指标	技术适用性
预处理+O-A/O（初曝+生物膜法好氧-生物膜法缺氧-接触氧化法好氧）生化处理技术	进水 COD≤4 500 mg/L、NH₃-N≤650 mg/L、挥发酚≤1 000 mg/L、氰化物≤70 mg/L 时，出水酚、氰去除率＞99.8%、COD 100~200 mg/L、NH₃-N 5~10 mg/L	焦化工艺废水处理，尤其是当地水资源缺乏的企业
预处理+A²/O（水解酸化厌氧-生物膜缺氧-活性污泥好氧）生化处理技术	进水 COD≤2 000 mg/L、NH₃-N≤150 mg/L 时，酚、氰去除率＞99.8%，NH₃-N 去除率＞95%，COD 去除率＞90%，出水 COD 100~200 mg/L、NH₃-N 5~10 mg/L	焦化工艺废水处理
预处理+A/O²（生物膜缺氧-活性污泥好氧-接触氧化法好氧）生化处理技术	进水 COD≤2 000 mg/L、NH₃-N≤150 mg/L 时，酚、氰去除率＞99.8%，NH₃-N 去除率＞95%，COD 去除率＞90%，出水 COD 100~200 mg/L、NH₃-N 5~10 mg/L	焦化工艺废水处理

4.5　固体废物综合利用及处理处置最佳可行技术

焦化工艺固体废物综合利用及处理处置最佳可行技术及主要技术指标见表 4。

表 4　焦化工艺固体废物综合利用及处理处置最佳可行技术及主要技术指标

最佳可行技术	主要技术指标	技术适用性
返回备煤系统利用	—	焦化工艺煤尘的处理
加湿调节后返烧结配料工序利用	—	焦化工艺焦尘的处理
返配煤工序利用或制作型煤	当掺入量≤4%时，不影响焦炭冷强度，且焦炭冷强度随掺入比例增大而提高；当掺入量为 4%时，焦炭冷强度可超过 45%；继续提高掺入比例将影响焦炭质量	焦化工艺化产工序各类化产残渣的处理
压缩、脱水制泥饼后返备煤系统利用	—	焦化工艺废水处理污泥的利用

4.6　最佳环境管理实践

4.6.1　一般管理要求

◆　建立健全各项数据记录和生产管理制度；

◆　加强操作运行管理，建立并执行岗位操作规程，制定应急预案，定期对员工进行技术培训和应急演练；

◆　加强生产设备的使用、维护和维修管理，保证设备正常运行；

◆　按要求设置污染源标志，重视污染物的检测和计量管理工作，定期进行全厂物料平衡测试。

4.6.2 大气污染防治最佳环境管理实践

◆ 采用先进的焦炉机械、加强焦炉密封、煤气净化各类设备及管道的封闭设计；装煤、出焦、干熄焦、筛焦除尘设备安装密闭罩，减少污染物泄漏；干熄焦在倒运过程中加强密封措施；

◆ 各转运站、卸料点、运煤通廊封闭设计；分布的散状抽风点设手动调节阀便于调节风量，必要时设阻力平衡器；系统投运时进行全系统风量平衡和调试工作，采用全自动控制，使各抽风点处于合理风量范围；

◆ 定期检查除尘器的漏风率、阻力、过滤风速、除尘效率和运行噪声等；袋式除尘器定期清灰，及时检查滤袋破损情况并更换滤袋；

◆ 输送含湿度大、易结露的废气时，采取保温措施使其温度保持在露点温度以上；输送高温气体的管道考虑热胀冷缩的补偿措施；

◆ 煤气排送系统的废气送入装有填料的水洗净化塔吸收，洗涤水送入废水处理系统；脱硫系统克劳斯炉尾气送至初冷工段前循环利用；含硫酸铵粉尘的热废气用旋风除尘器或用水洗涤净化；苯蒸馏工段的含苯废气引入脱苯管式炉予以焚烧或引至煤气净化系统；

◆ 各类贮槽顶压入氮气，使贮槽内形成负压，可阻止废气逸散；含污染物的氮气引入煤气系统不外排；贮槽的排气管上设活性炭吸附器；

◆ 焦油、精苯加工过程中分馏装置产生的有机废气和改质沥青产生的沥青烟用排气洗涤塔采用循环洗油洗涤的方法处理；酚盐分解产生的酚类气体经氢氧化钠洗涤后排放；

◆ 采用吸引压送罐车密闭输送技术回收煤尘和焦尘，避免在输送过程中泄漏飞扬。

4.6.3 水污染防治最佳环境管理实践

◆ 贯彻"节约与开源并重、节流优先、治污为本"的用水原则，全面推广"分质用水、串级用水、循环用水、一水多用、废水回用"的节水技术，提高水的重复利用率；

◆ 在焦化生产工艺中，其他排水与含酚、氰的焦化废水分开处理，减少废水处理难度和成本；

◆ 建立污泥培养池，驯化培养微生物，强化焦化废水的治理效果；

◆ 对废水管线和处理设施进行防渗处理，防止有害污染物进入地下水；生产区和污水处理区初期雨水进行收集并治理；

◆ 处理后的焦化废水优先用于原料场抑尘、钢渣水淬、烧结混料、烧结石灰消化或湿法熄焦，废水不外排。

4.6.4 固体废物综合利用及处理处置最佳环境管理实践

◆ 控制送配煤利用的污泥、各类化产残渣比例及其含水量，减少配煤水分波动，避免影响生产设备的正常运行和产品质量；

◆ 各类化产残渣按照危险废物管理要求运输、贮存和处置，并建立健全管理制度。

4.6.5 噪声防治最佳环境管理实践

◆ 焦化生产中采用低噪声设备或采用隔声、减振措施，控制噪声源强；

◆ 对于干熄焦焦炉的安全阀排气装置及各类风机等噪声源，采用消声器等方式降低噪声。

附录：术语及符号

1. PAH——Polynuclear Aromatic Hydrocarbons 多环芳烃
2. BSO——Benzene Soluble Organics 苯可溶物
3. CMC——Coal Moisture Control 入炉煤调湿

HJ-BAT-005

环 境 保 护 技 术 文 件

钢铁行业炼钢工艺
污染防治最佳可行技术指南（试行）

Guideline on Best Available Technologies of Pollution Prevention and
Control for Steel-making Process of the Iron and Steel Industry（on Trial）

环 境 保 护 部

2010 年 12 月

前　言

　　为贯彻执行《中华人民共和国环境保护法》，加快建立环境技术管理体系，确保环境管理目标的技术可达性，增强环境管理决策的科学性，提供环境管理政策制定和实施的技术依据，引导污染防治技术进步和环保产业发展，根据《国家环境技术管理体系建设规划》，环境保护部组织制订污染防治技术政策、污染防治最佳可行技术指南、环境工程技术规范等技术指导文件。

　　本指南可作为钢铁行业炼钢工艺生产项目环境影响评价、工程设计、工程验收以及运营管理等环节的技术依据，是供各级环境保护部门、规划和设计单位以及用户使用的指导性技术文件。

　　本指南为首次发布，将根据环境管理要求及技术发展情况适时修订。

　　本指南由环境保护部科技标准司提出。

　　本指南起草单位：中冶建筑研究总院有限公司、北京市环境保护科学研究院、中钢集团天澄环保科技股份有限公司。

　　本指南由环境保护部解释。

1. 总则

1.1 适用范围

本指南适用于具有炼钢工艺的钢铁生产企业。

1.2 术语和定义

1.2.1 最佳可行技术

是针对生产、生活过程中产生的各种环境问题，为减少污染物排放，从整体上实现高水平环境保护所采用的与某一时期技术、经济发展水平和环境管理要求相适应、在公共基础设施和工业部门得到应用、适用于不同应用条件的一项或多项先进、可行的污染防治工艺和技术。

1.2.2 最佳环境管理实践

是指运用行政、经济、技术等手段，为减少生产、生活活动对环境造成的潜在污染和危害，确保实现最佳污染防治效果，从整体上达到高水平环境保护所采用的管理活动。

2. 生产工艺及污染物排放

2.1 生产工艺及产污环节

炼钢工艺是指以铁水或废钢为原料，经高温熔炼、提纯、脱碳、成分调整后得到合格钢水，并浇铸成钢坯的过程。

炼钢生产工艺工序主要包括铁水预处理、转炉或电炉冶炼、炉外精炼及连铸等。根据工序组合的不同，可生产碳钢、不锈钢和特钢，工艺流程及产污环节基本类似。

炼钢生产方法主要有转炉炼钢和电炉炼钢，其工艺流程及产污环节分别见图1和图2。

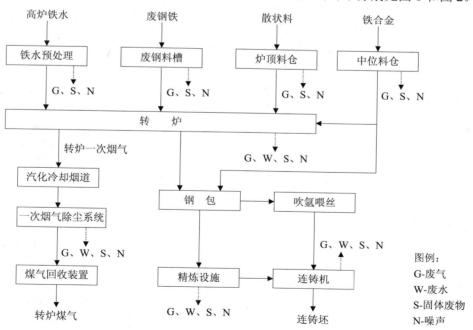

图 1 转炉炼钢工艺流程及产污环节

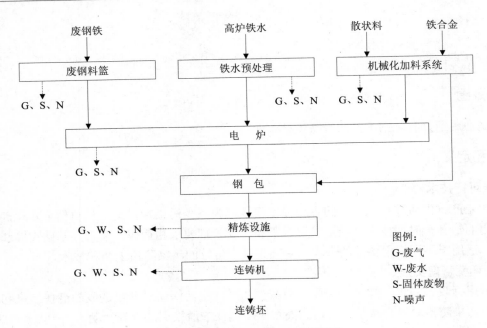

图2 电炉炼钢工艺流程及产污环节

2.2 污染物排放

炼钢工艺产生的污染包括大气污染、水污染、固体废物污染和噪声污染，其中大气污染（颗粒物）是主要环境问题。

2.2.1 大气污染

炼钢工艺产生的大气污染物主要为颗粒物，还包括少量的一氧化碳、氮氧化物、二氧化硫、氟化物（主要成分为氟化钙）、二噁英、铅、锌等。

炼钢工艺主要大气污染物及来源见表1。

表1 炼钢工艺主要大气污染物及来源

工序	产污节点	主要污染物
铁水预处理	铁水倒罐、前扒渣、后扒渣、清罐、预处理过程等	颗粒物
转炉炼钢	吹氧冶炼（一次烟气）	CO、颗粒物、氟化物（主要成分为 CaF_2）
	兑铁水、加废钢、加辅料、出渣、出钢等（二次烟气）	颗粒物
电炉炼钢	吹氧冶炼（一次烟气）	颗粒物、CO、NO_x、氟化物（主要成分为 CaF_2）、二噁英、铅、锌等
	加废钢、加辅料、兑铁水、出渣、出钢等（二次烟气）	
精炼	钢包精炼炉（LF）、真空循环脱气装置（RH）、真空脱气处理装置（VD）、真空吹氧脱碳装置（VOD）等设施的精炼过程	颗粒物、CO、氟化物（主要成分为 CaF_2）
连铸	中间罐倾翻和修砌、连铸结晶器浇铸及添加保护渣、火焰清理机作业、连铸切割机作业、二冷段铸坯冷却等	颗粒物
其他	原辅料输送、地下料仓、上料系统、钢渣处理等	颗粒物
	中间罐和钢包烘烤	SO_2、NO_x

2.2.2 水污染

炼钢工艺产生的废水主要为转炉煤气洗涤废水和连铸废水，主要污染物为悬浮物和石油类污染物，生产废水经处理后循环利用。

2.2.3 固体废物污染

炼钢工艺产生的固体废物主要为钢渣和除尘灰（泥），还包括少量的氧化铁皮、废油、废钢、废耐火材料、脱硫渣等，其中废油属危险废物。

2.2.4 噪声污染

炼钢工艺产生的噪声分为机械噪声和空气动力性噪声，主要噪声源包括转炉、电炉、蒸汽放散阀、火焰清理机、火焰切割机、煤气加压机、吹氧阀站、空压机、真空泵、各类风机、水泵等。在采取噪声控制措施前，各主要噪声源强通常在 $85\sim130\ dB$（A）之间。

3．炼钢工艺污染防治技术

3.1 工艺过程污染预防技术

3.1.1 烟气余热回收技术

烟气余热回收技术是转炉一次高温烟气或电炉烟气进入除尘系统前，通过汽化冷却烟道或余热锅炉回收余热并产生蒸汽。

该技术可回收余热，间接减少污染物排放。

该技术适用于炼钢工艺转炉一次烟气和电炉烟气的余热回收。

3.1.2 蓄热式钢包烘烤技术

蓄热式钢包烘烤技术是利用高温烟气在蓄热体内预热助燃空气和煤气，并进行封闭式钢包烘烤。

该技术可提高煤气利用率，提高钢包温度，缩短烘烤时间，降低能耗，间接减少污染物排放。

该技术适用于炼钢工艺钢水保温烘烤和用耐火材料修补后的钢包烘烤。

3.1.3 连铸坯热送热装技术

连铸坯热送热装技术是直接把热铸坯送至轧机轧制或送加热炉加热后轧制。

该技术可节约能源，缩短生产周期，间接减少污染物排放。

该技术适用于连铸工序与轧钢工艺布局衔接紧密的钢铁生产企业。

3.1.4 废钢分拣预处理技术

通过对废钢进行分选，最大限度地减少含油脂、油漆、涂料、塑料等含氯有机物和放射性物质废钢的入炉量，并对分选出的含有机物的废钢进行除油、焚烧或热解等加工处理，从源头减少电炉工序二噁英的生成量。

该技术适用于电炉炼钢工艺废钢预处理工序。

3.2 大气污染治理技术

3.2.1 烟气捕集技术

根据不同废气来源，采用排烟罩、第四孔排烟、密闭罩、屋顶罩、导流罩、炉盖侧吸罩、半密闭罩、移动式顶吸罩、移动式切割操作室等进行烟气捕集。

3.2.2 除尘技术

3.2.2.1 袋式除尘技术

袋式除尘技术是利用纤维织物的过滤作用对含尘气体进行净化。

该技术除尘效率高，适用范围广，可同时去除烟气中的氟化物、二噁英和重金属。

该技术适用于炼钢工艺中除转炉一次烟气外其他含尘废气的治理。

3.2.2.2 LT 干法除尘技术

LT 干法除尘技术是将转炉一次高温烟气经蒸发冷却器降温、调质及粗除尘后，通过圆筒形静电除尘器进行精除尘，同时回收煤气。

该技术除尘效率高，不产生废水，可回收大量蒸汽，收集的除尘灰可热压块后利用；系统阻损小（8～8.5 kPa），占地面积少，运行费用低，但一次性投资费用高。

该技术适用于炼钢工艺转炉一次烟气除尘和煤气净化回收。

3.2.2.3 第四代 OG 系统除尘技术

第四代 OG 系统除尘技术是将转炉一次高温烟气经蒸发冷却塔降温、调质及粗除尘后，采用 RSW 型环隙式可调喉口的二级文氏管进行精除尘，同时回收煤气。

该技术除尘效率较高，设备国产化程度高，工艺流程简洁，单元设备少，一次性投资费用低；但系统阻损较大（约 15 kPa），运行费用较高，用水量较大，有废水产生。

该技术适用于炼钢工艺转炉一次烟气除尘和煤气净化回收。

3.2.2.4 第三代 OG 系统除尘技术

第三代 OG 系统除尘技术是将转炉一次高温烟气经蒸发冷却塔降温、调质及粗除尘后，采用 R-D 可调喉口的二级文氏管进行精除尘，同时回收煤气。

该技术除尘效率低，外排废气含尘浓度约 100 mg/m³。

该技术的设备国产化程度高，一次性投资费用较低；但单元设备多，系统易结垢、阻损大（约 20 kPa），运行费用高，用水量大，有废水产生。

3.2.3 二噁英治理技术

在确保废钢清洁入炉的前提下，通常采取以下措施减少电炉烟气中二噁英的排放：

最大限度地捕集电炉烟气，减少二噁英的无组织排放。

烟气急冷技术：通过在汽化冷却烟道上设计一段急冷烟道，使用具有双相喷嘴的喷淋冷却装置对电炉烟气进行急冷，使其在不超过 1 秒的停留时间内从约 650℃快速降到 200℃以下，避开二噁英生成的温度区间（200～550℃），避免二噁英的再次合成。

高效过滤技术：利用袋式除尘器的高效过滤作用，在除尘的同时将大部分二噁英截留在粉尘中。

3.3 水污染治理技术

3.3.1 混凝沉淀法废水处理技术

混凝沉淀法是在废水中投加一定量的高分子絮凝剂，使废水中的胶体颗粒与絮凝剂发生吸附架桥作用形成絮凝体，通过重力沉淀与水分离。

该技术适用于炼钢工艺转炉煤气洗涤废水的处理。

3.3.2 三段式废水处理技术

三段式废水处理技术是废水先后流经一次沉淀池（旋流井）和二次沉淀池（平流沉淀池或斜板沉淀池），去除其中的大颗粒悬浮杂质和油质，出水进入高速过滤器，进一步对废水中的悬浮物和石油类污染物进行过滤，最后经冷却塔冷却后循环使用。

该技术适用于炼钢工艺对回用水质要求较高的连铸废水处理。

3.3.3 化学除油法废水处理技术

化学除油法是通过投加化学药剂，使废水中的石油类、氧化铁皮等污染物通过凝聚、絮凝作用与水分离；主要设备是集除油、沉淀于一体的化学除油器。

该技术适用于炼钢工艺对回用水质无特殊要求的连铸废水处理。

3.4　固体废物综合利用及处理处置技术

3.4.1　碳钢钢渣预处理技术

3.4.1.1　热闷法钢渣预处理技术

热闷法是将热熔钢渣从渣罐直接倾翻入热闷装置内，喷淋冷却后加盖热闷，产生的饱和蒸汽使钢渣中的游离态氧化钙和游离态氧化镁充分消解，使钢渣自解粉化，渣铁分离。

该技术利用钢渣自身余热产生蒸汽，节约能源；处理后的钢渣粒度小，降低后续破碎的能耗；金属回收率高，尾渣稳定性好，便于综合利用。

该技术适用于各种碳钢钢渣的处理。

3.4.1.2　滚筒法钢渣预处理技术

滚筒法是将热熔钢渣置于特制的且出旋转状态的滚筒内通水急冷，液态钢渣在滚筒内同时完成冷却、固化、破碎及渣铁分离。

该技术工艺流程短，占地面积小，设备简单，运行费用较低，尾渣稳定性好，但金属回收率较低。

该技术适用于流动性好的碳钢钢渣的处理。

3.4.2　碳钢钢渣综合利用技术

3.4.2.1　钢渣再选技术

钢渣再选技术是将预处理后的碳钢钢渣，经筛分、破碎、磁选、提纯等过程将渣和金属铁分离，回收的金属铁返回炼钢或烧结工艺作为原料利用。

3.4.2.2　钢渣作为钢铁冶炼熔剂利用技术

将钢渣加工到粒度小于 10 mm 时，可代替部分石灰石作为烧结熔剂利用。钢渣用作烧结熔剂可节省熔剂消耗，改善烧结矿强度；但过量添加钢渣会降低烧结矿品位和碱度。

对于需配加石灰石的炼铁高炉，10～40 mm 的钢渣可代替石灰石直接返高炉作熔剂。钢渣用作高炉炼铁熔剂可改善高炉的流动性，增加铁的还原产量。

溅渣护炉时，配加一定量粒度为 5～40 mm 的钢渣替代溅渣剂。溅渣护炉时钢渣和白云石配合使用，可使炼钢成渣滓，减少初期对炉衬的侵蚀，提高炉龄，降低耐火材料消耗。

3.4.2.3　钢渣生产水泥和建材制品技术

钢渣生产钢铁渣复合粉技术是将预处理后的钢渣尾渣与高炉渣、添加剂进行配制、粉磨和复合，生成的钢铁渣复合粉用作混凝土掺合料。

钢渣生产水泥技术是将预处理后的钢渣尾渣与高炉渣、石灰、水泥熟料、少量激发剂等按一定比例配合，生产钢渣矿渣水泥。

钢渣生产建材制品技术是将稳定化处理后的钢渣与粉煤灰或炉渣按一定比例配合，制成地面砖、免烧砖、混凝土预制件等建材制品。

3.4.2.4　钢渣用作筑路和回填工程材料技术

钢渣经稳定化处理后，可用作道路垫层和基层，其强度、抗弯沉性和抗渗性均优于天然石材；可替代细骨料用作沥青混凝土和水泥混凝土路面材料，其防滑性、耐磨性和使用寿命均有所提高；也可用作筑路和回填料，要求钢渣粉化率不高于 5%、级配合适。

3.4.3　不锈钢钢渣预处理及综合利用技术

不锈钢钢渣经自然冷却到一定温度后，经机械破碎和分选，选出废钢铁并返回不锈钢转炉利用，其余尾渣磨细至一定粒径后用于生产土壤改良剂和制砖等。

3.4.4　热压块法含铁除尘灰综合利用技术

热压块法含铁除尘灰综合利用技术是将炼钢工艺各类除尘灰送回转窑加热，利用除尘灰在高温下的塑性，经压球机成型，在氮气密封状态下冷却后输送到烧结机或转炉利用。

3.4.5 其他固体废物综合利用及处理处置技术

连铸工序产生的氧化铁皮经焚烧脱油脱脂预处理后可用作生产还原铁粉原料，经造球后用作炼钢冷却剂或焙烧用作烧结配料；

水处理系统产生的污泥经压滤机脱水处理后焙烧用作烧结配料。

3.5 噪声污染治理技术

噪声污染主要从声源、传播途径和受体三方面进行防治，包括尽可能选用低噪声设备，采用设备消声、隔振、减振等措施从声源上控制噪声；采用隔声、吸声、绿化等措施在传播途径上降噪。

3.6 炼钢工艺污染防治新技术

3.6.1 电炉粉尘综合利用新技术

电炉粉尘综合利用新技术包括湿法工艺和火—湿联合工艺。

湿法工艺是将电炉粉尘在非高温条件下通过酸、碱、盐等溶液的浸出及电解，回收电炉粉尘中有用物质。该方法通常用于锌含量大于15%的电炉粉尘处理；锌含量小于15%的电炉粉尘需经离心或磁选富集后，再采用湿法工艺处理。

火—湿联合工艺是用转底炉对电炉粉尘等物料进行直接还原焙烧（火法工艺），使铁与锌、铅、镉分离，得到的直接还原铁产品返回电炉中回收利用；含铅等金属的粗级氧化锌经热氯化铵浸出净化沉淀（湿法工艺），干燥后得到高纯氧化锌产品。

3.6.2 转底炉法含铁尘泥综合利用技术

转底炉法是将含铁尘泥直接送转底炉焙烧，制取金属化球团，返烧结工艺进行利用。该技术适用于炼钢工艺含铁尘泥和钢铁生产企业其他含铁杂料的集中处理。

3.6.3 新型电弧炉炼钢技术

新型电弧炉本体由废钢熔化室和与熔化室直接连接的预热竖炉组成（可一起倾动），后段设有热分解燃烧室、直接喷雾冷却室和除尘装置。热分解燃烧室可将包括二噁英在内的有机废气全部分解，并能够满足高温区烟气的滞留时间，喷雾冷却室可将高温烟气快速降温，从源头上避免二噁英的再次合成。

3.6.4 二噁英污染治理新技术

物理吸附技术是利用二噁英可被褐煤等多孔介质吸附的特性对其进行物理吸附。物理吸附技术与高效过滤技术相结合，可大幅度提高净化效率。

4. 炼钢工艺污染防治最佳可行技术

4.1 炼钢工艺污染防治最佳可行技术概述

按整体性原则，从设计时段的源头污染预防到生产时段的污染防治，依据生产工序的产污节点和技术经济适宜性，确定最佳可行技术组合。

钢铁行业炼钢工艺污染防治最佳可行技术组合见图3。

4.2 工艺过程污染预防最佳可行技术

炼钢工艺过程污染预防最佳可行技术及主要技术指标见表2。

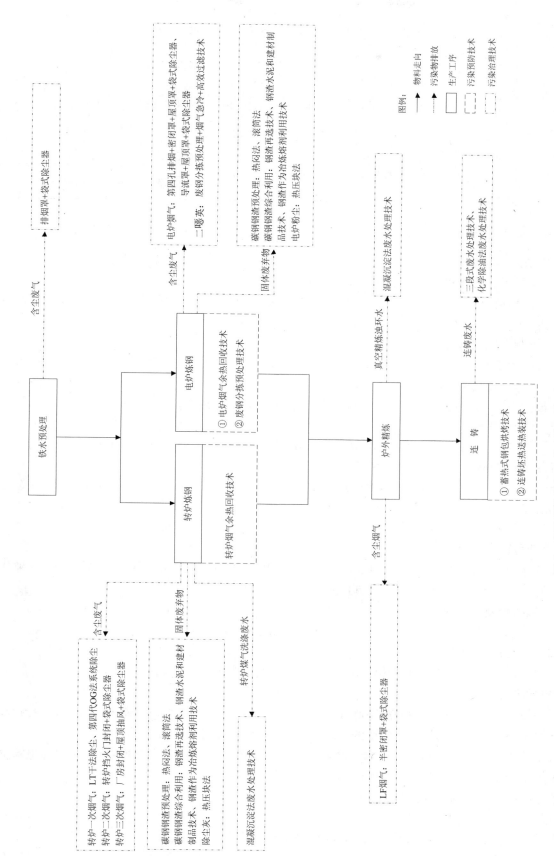

图 3 钢铁行业炼钢工艺污染防治最佳可行技术组合

表 2   炼钢工艺过程污染预防最佳可行技术及主要技术指标

最佳可行技术	主要技术指标	技术适用性
烟气余热回收技术	蒸汽回收量≥50 kg/t 钢，蒸汽压力 0.8MPa～1.6 MPa	炼钢工艺转炉一次烟气和电炉烟气余热回收
蓄热式钢包烘烤技术	钢包烘烤温度可提高 200～300℃，煤气利用率可提高 30%～40%	炼钢工艺钢水保温烘烤和耐火材料修补后的钢包烘烤
连铸坯热送热装技术	热装温度≥400℃，热装比≥50%；可节约 35%，提高成材率 0.5%～1.5%，缩短生产周期 30%以上	连铸工序与轧钢工艺布局衔接紧密的钢铁生产企业
废钢分拣预处理技术	尽量避免含氯源物质和放射性物质的废钢入炉，从源头上预防二噁英的产生	电炉炼钢工艺废钢分拣预处理

4.3 大气污染治理最佳可行技术

4.3.1 LT 干法除尘技术

4.3.1.1 最佳可行工艺参数

汽化冷却烟道出口烟气温度低于 1 000℃，蒸发冷却器出口烟气温度低于 200℃，蒸发冷却器内的喷水比为 0.01～0.04 L/m^3。

4.3.1.2 污染物削减和排放

除尘效率大于 99.9%，外排废气含尘浓度低于 20 mg/m^3。

4.3.1.3 二次污染及防治措施

采用该技术收集的粉尘经热压块后可用作烧结配料或炼钢冷却剂。

4.3.1.4 技术经济适用性

采用该技术，煤气回收量 80～140 m^3/t 钢，粉尘回收量 15～21 kg/t 钢。以 180 t 转炉为例，一次性投资费用约 5 000 万元，年运行费用约 1 000 万元。

该技术适用于炼钢工艺 80 t 及以上转炉一次烟气除尘和煤气净化回收，尤其适用于环境质量要求高的地区。

4.3.2 第四代 OG 系统除尘技术

4.3.2.1 最佳可行工艺参数

汽化冷却烟道出口烟气温度低于 1 000℃，蒸发冷却塔内的喷水比 3.0～3.5 L/m^3，RSW 环隙式可调喉口的二级文氏管的喷水比 2.0～2.5 L/m^3。

4.3.2.2 污染物削减和排放

除尘效率大于 99.5%，外排废气含尘浓度低于 50 mg/m^3。

4.3.2.3 二次污染及防治措施

该技术产生的废水经处理后循环使用，收集的含铁尘泥制球后返烧结工艺利用。

4.3.2.4 技术经济适用性

采用该技术，煤气回收量为 60～100 m^3/t 钢，粉尘回收量为 10～20 kg/t 钢。以 180 t 转炉为例，如全部使用国产设备，一次性投资费用约 3 500 万元，年运行费用约 1 300 万元。

该技术适用于炼钢工艺转炉一次烟气除尘和煤气净化回收。转炉煤气在使用前需采用静电除尘器进一步除尘，将煤气含尘浓度降至 10 mg/m^3 以下。

4.3.3 烟气捕集+袋式除尘技术

4.3.3.1 最佳可行工艺参数

采用长袋低压脉冲袋式除尘器，滤料材质以涤纶针刺毡为主。

袋式除尘器的过滤风速为 0.8～2 m/min，阻力损失小于 2 000 Pa，漏风率小于 5%，运行温度不高于 200℃。

新建炼钢企业电炉烟气采用第四孔排烟+密闭罩+屋顶罩+袋式除尘器工艺；

改扩建炼钢企业电炉烟气采用导流罩+顶吸罩+袋式除尘器工艺；

转炉二次烟气采用转炉挡火门封闭+带式除尘器工艺；

转炉三次烟气采用厂房封闭+屋顶抽风+袋式除尘器工艺。

4.3.3.2 污染物削减和排放

烟气捕集率大于 95%，除尘效率大于 99%，外排废气含尘浓度低于 20 mg/m³。

4.3.3.3 二次污染及防治措施

采用该技术收集的粉尘经卸灰后，碳钢除尘灰经热压块后可用作烧结配料或炼钢冷却剂，不锈钢除尘灰经热压块后用作不锈钢炼钢冷却剂。

4.3.3.4 技术经济适用性

该技术适用于炼钢工艺中除转炉一次烟气外其他含尘废气的治理。

4.3.4 烟气急冷+高效过滤技术

4.3.4.1 最佳可行工艺参数

采用烟气急冷技术时，使用具有双相喷嘴的喷淋冷却装置对电炉烟气进行急冷，烟道内的烟气温度从 650℃左右降到 200℃以下所需停留时间不超过 1 秒。

4.3.4.2 污染物削减和排放

烟气捕集率大于 95%，除尘效率大于 99.9%，外排烟气中的二噁英浓度低于 0.5ng-TEQ/m³。若袋式除尘器采用覆膜滤料，二噁英浓度可进一步降低。

4.3.4.3 二次污染及防治措施

采用该技术收集的粉尘经卸灰后可用作烧结配料或炼钢冷却剂。为避免截留在电炉粉尘中的二噁英等造成二次污染，电炉粉尘必须在厂区内全部综合利用。

4.3.4.4 技术经济适用性

该技术适用于炼钢工艺电炉烟气中二噁英的治理；采用此技术无法回收利用烟气余热。

4.3.5 炼钢工艺大气污染治理最佳可行技术及主要技术指标

炼钢工艺大气污染治理最佳可行技术及主要技术指标见表 3。

表 3　炼钢工艺大气污染治理最佳可行技术及主要技术指标

污染物种类	最佳可行技术	主要技术指标	技术适用性
颗粒物	LT 干法除尘技术	除尘效率＞99.9%，外排废气含尘浓度≤20 mg/m³。转炉煤气回收量为 80～140 m³/t 钢	炼钢工艺 80 t 及以上规模的转炉一次烟气治理和煤气净化回收，尤其是环境质量要求高的地区
	第四代 OG 系统除尘技术	除尘效率＞99.5%，外排废气含尘浓度≤50 mg/m³。煤气回收量为 60～100 m³/t 钢，转炉煤气在使用前采用静电除尘器进一步除尘，将含尘量降至 10 mg/m³ 以下	炼钢工艺转炉一次烟气除尘和煤气净化回收
颗粒物	转炉挡火门封闭+袋式除尘器	除尘效率＞99.9%，外排废气含尘浓度≤20 mg/m³	炼钢工艺转炉二次烟气治理
	厂房封闭+屋顶抽风+袋式除尘器	烟气捕集率＞99.5%，除尘效率＞99.9%，外排废气含尘浓度≤20 mg/m³	炼钢工艺转炉三次烟气治理
	第四孔排烟+密闭罩+屋顶罩+袋式除尘器	烟气捕集率＞99.5%，除尘效率＞99.9%，外排废气含尘浓度≤20 mg/m³	炼钢工艺新建电炉烟气治理
	导流罩+顶吸罩+袋式除尘器	烟气捕集率＞95%，除尘效率＞99.9%，外排废气含尘浓度≤20 mg/m³	炼钢工艺改扩建电炉烟气治理
二噁英	废钢分拣预处理+烟气急冷+高效过滤技术	烟气捕集率＞95%，除尘效率＞99.9%，外排废气含二噁英浓度≤0.5ng-TEQ/m³	炼钢工艺不回收烟气余热的电炉烟气二噁英治理

4.4 水污染治理最佳可行技术

炼钢工艺水污染治理最佳可行技术及其处理控制水平主要技术指标见表4。

表4　炼钢工艺水污染治理最佳可行技术及主要技术指标

废水种类	最佳可行技术	主要技术指标	技术适用性
转炉煤气洗涤废水	混凝沉淀法废水处理技术	水循环率≥95%，排水 SS≤50 mg/L	炼钢工艺转炉煤气洗涤废水处理
连铸废水	三段式废水处理技术	一次沉淀：旋流池水力负荷 25～30 m³/（m²·h），停留时间 8～10 min；二次沉淀：采用平流沉淀池时，水力负荷 1～3 m³/（m²·h），停留时间 1～3 h；采用斜板沉淀池时水力负荷 3～5 m³/（m²·h），停留时间约 30 min；出水 SS 浓度≤20 mg/L	炼钢工艺对回用水水质要求较严的连铸废水处理
	化学除油法废水处理技术	水温≤40℃，出水 SS≤20 mg/L、石油类≤10 mg/L	炼钢工艺对回用水水质无特殊要求的连铸废水处理

4.5 固体废物综合利用及处理处置最佳可行技术

炼钢工艺固体废物综合利用及处理处置最佳可行技术及主要技术指标见表5。

表5　炼钢工艺固体废物综合利用及处理处置最佳可行技术及主要技术指标

污染物种类	最佳可行技术		主要技术指标	技术适用性
钢渣	预处理技术	热闷法	粒度＜20 mm 的钢渣占总量的 60%以上	炼钢工艺各种碳钢钢渣的预处理
		滚筒法	粒度＜15 mm 钢渣约占总量的 97%，钢渣中的游离钙含量 3%～10%	炼钢工艺流动性好的碳钢钢渣的预处理
	综合利用技术	钢渣再选技术	尾渣中金属铁含量＜2%	炼钢工艺钢渣中废钢铁回收
		生产钢铁渣复合粉	钢渣粉比表面积≥400 m²/kg、金属铁含量≤2%、钢渣粉掺入量 30%～35%	碳钢钢渣预处理后的尾渣综合利用
		生产钢渣矿渣水泥	钢渣粉化率＜5%，钢渣掺入量≥30%，钢渣和高炉渣总掺入量≥60%，水泥熟量配入量≤20%	
		生产砖等建材制品	钢渣粉化率＜5%，钢渣掺入量＞60%	
		用作钢铁冶炼熔剂	钢渣粒度＜10 mm 时，可替代部分石灰石作烧结熔剂；钢渣粒度为 10～40 mm 时，可替代石灰石返高炉作熔剂；钢渣粒度为 5～40 mm 时，可替代一定量的转炉溅渣剂	
转炉尘、泥	热压块法		—	炼钢工艺转炉除尘灰综合利用
电炉粉尘	热压块法		粉尘中含 Pb≤0.1%、Zn≤0.2%	炼钢工艺铅、锌含量低的电炉粉尘综合利用
	转底炉法		—	炼钢工艺各类电炉粉尘综合利用

4.6 最佳环境管理实践

4.6.1 一般管理要求

◆ 建立健全各项数据记录和生产管理制度；

◆ 加强运行管理，建立并执行岗位操作规程，制定应急预案，定期对员工进行技术培训和应急演练；

◆ 加强生产设备的使用、维护和维修管理，保证设备正常运行；

◆ 按要求设置污染源标志，重视污染物的检测和计量管理工作，定期进行全厂物料平衡测试。

4.6.2 大气污染防治最佳环境管理实践

◆ 新建除尘器运行 6 个月后，复核各个参数，其数值与原设计值相比衰减不大于 15%；

◆ 汽车运输除尘灰或尘泥时，采用吸引压送罐车密闭输送，避免输送过程中泄漏；

◆ 新、改扩建转炉安装三次烟气除尘系统，或在厂房结构设计上预留安装位；

◆ 连铸中间包在拆包、倾翻时采用洒水抑尘，如条件许可，在建有除尘系统的密闭空间内作业；

◆ 钢渣运输、装卸、堆存和热闷作业过程中产生的粉尘具有间断性和瞬时性，安装高压喷雾管道和高压喷雾喷嘴抑尘；

◆ 合理控制炼钢工艺生产中萤石的用量，从源头削减氟化物。

4.6.3 水污染防治最佳环境管理实践

◆ 贯彻"节约与开源并重、节流优先、治污为本"的用水原则，全面推广"分质用水、串级用水、循环用水、一水多用、废水回用"的节水技术，提高水的重复利用率；

◆ 所有净环水处理系统采用旁滤及水质稳定加药措施，减少系统排污；

◆ 纯水冷却系统采用纯水闭路循环系统；

◆ 炼钢排水做到清污分流，按排水水质设置独立的处理系统；

◆ 连铸废水处理污泥脱水后的出水返连铸废水处理系统，不外排。

4.6.4 固体废物综合利用及处理处置最佳环境管理实践

◆ 炼钢工艺产生的固体废物全部收集，并在全厂范围内或厂外综合利用，严禁乱堆乱弃；

◆ 废油属于危险废物，委托有危险废物经营许可证的机构进行集中处置，并建立健全管理制度；

◆ 连铸工序产生的氧化铁皮经脱油脱脂预处理后返烧结工艺利用；

◆ 炼钢工艺安装在线监测仪，对废钢进行放射性物质监控，杜绝含放射性物质的废钢入炉；

◆ 对于废钢严格执行"三定"（一定场地、二定进/出料分开、三定专用场地专人负责包干）和"三专"（专用场地、专用隔离、专人监控）的操作制度，按品种规格和来源分别堆放管理；分选后的合格废钢和不合格废钢分别堆放；

◆ 对于分选出的不合格废钢（如含有橡胶制品、混凝土块、油质等），按不同的介质分别堆放、分类处理。

HJ-BAT-006

环 境 保 护 技 术 文 件

钢铁行业轧钢工艺
污染防治最佳可行技术指南（试行）

Guideline on Best Available Technologies for Pollution Prevention and
Control for Rolling Process of the Iron and Steel Industry（on Trial）

环 境 保 护 部

2010 年 12 月

前　言

为贯彻执行《中华人民共和国环境保护法》，加快建立环境技术管理体系，确保环境管理目标的技术可达性，增强环境管理决策的科学性，提供环境管理政策制定和实施的技术依据，引导污染防治技术进步和环保产业发展，根据《国家环境技术管理体系建设规划》，环境保护部组织制订污染防治技术政策、污染防治最佳可行技术指南、环境工程技术规范等技术指导文件。

本指南可作为钢铁行业轧钢工艺生产项目环境影响评价、工程设计、工程验收以及运营管理等环节的技术依据，是供各级环境保护部门、规划和设计单位以及用户使用的指导性技术文件。

本指南为首次发布，将根据环境管理要求及技术发展情况适时修订。

本指南由环境保护部科技标准司提出。

本指南起草单位：中冶建筑研究总院有限公司、北京市环境保护科学研究院、中钢集团天澄环保科技股份有限公司。

本指南由环境保护部解释。

1．总则

1.1 适用范围

本指南适用于具有轧钢工艺的钢铁生产企业。

1.2 术语和定义

1.2.1 最佳可行技术

是针对生产、生活过程中产生的各种环境问题，为减少污染物排放，从整体上实现高水平环境保护所采用的与某一时期技术、经济发展水平和环境管理要求相适应、在公共基础设施和工业部门得到应用、适用于不同应用条件的一项或多项先进、可行的污染防治工艺和技术。

1.2.2 最佳环境管理实践

是指运用行政、经济、技术等手段，为减少生产、生活活动对环境造成的潜在污染和危害，确保实现最佳污染防治效果，从整体上达到高水平环境保护所采用的管理活动。

2．生产工艺及污染物排放

2.1 生产工艺及产污环节

轧钢工艺是指以钢坯为原料，经备料、加热、轧制及精整处理，最终加工成成品钢材的生产过程。轧钢工艺主要分为热轧和冷轧，产品包括板带材、棒/线材、型材和管材等。典型的轧钢工艺流程见图1，各主要工序工艺流程及产污环节见图2。

2.2 污染物排放

轧钢工艺产生的污染包括大气污染、水污染、固体废物污染和噪声污染，其中水污染（冷轧废水）是主要的环境问题。

2.2.1 大气污染

轧钢工艺产生的大气污染为少量的燃烧废气（含烟尘、二氧化硫、氮氧化物等）、粉尘、油雾、酸雾、碱雾和挥发性有机废气（VOC）等。

2.2.2 水污染

轧钢工艺产生的废水分为热轧废水和冷轧废水，其中以冷轧废水为主。

热轧废水主要为轧制过程中的直接冷却废水，含有氧化铁皮及石油类污染物等，且温度较高；热轧废水还包括设备间接冷却排水、带钢层流冷却废水，以及热轧无缝钢管生产中产生的石墨废水等。

冷轧废水主要包括浓碱及乳化液废水、稀碱含油废水、酸性废水，还包括少量的光整废水、湿平整废水、重金属废水（如含六价铬、锌、锡等）和磷化废水等。

2.2.3 固体废物污染

轧钢工艺产生的固体废物主要为冷轧酸洗废液（包括盐酸废液、硫酸废液、硝酸-氢氟酸混酸废液），还包括除尘灰、水处理污泥（包括少量含铬污泥、含重金属污泥）、锌渣和废油（含处理含油废水中产生的废滤纸带）等，其中含铬污泥、含重金属污泥、锌渣及废油属危险废物。

2.2.4 噪声污染

轧钢工艺产生的噪声分为机械噪声和空气动力性噪声，主要噪声源包括各类轧机、剪切机、卷取机、矫直机、冷/热锯和鼓风机等。在采取噪声控制措施前，各主要噪声源源强通常在85～130dB（A）之间。

轧钢工艺主要污染物及来源见表1。

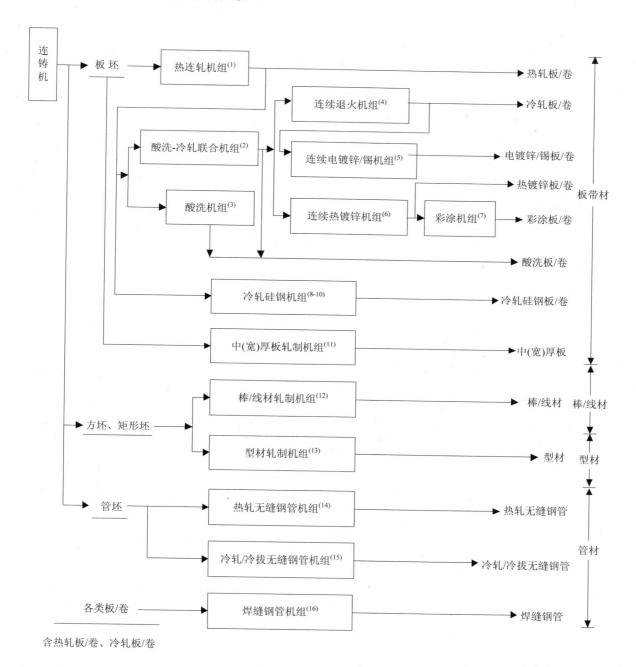

含热轧板/卷、冷轧板/卷

注：图中所示为碳钢产品生产工艺流程；在不锈钢产品生产中，为获得更好的产品质量，通常还需在轧制前/后进行退火、酸洗（硝酸+氢氟酸）等处理。

图1 轧钢工艺流程

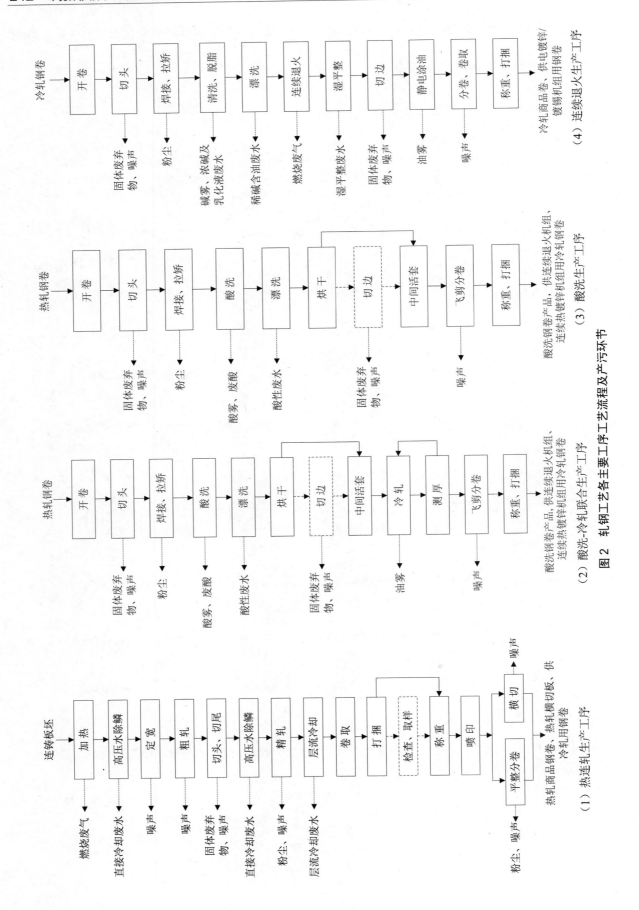

图 2　轧钢工艺各主要工序工艺流程及产污环节

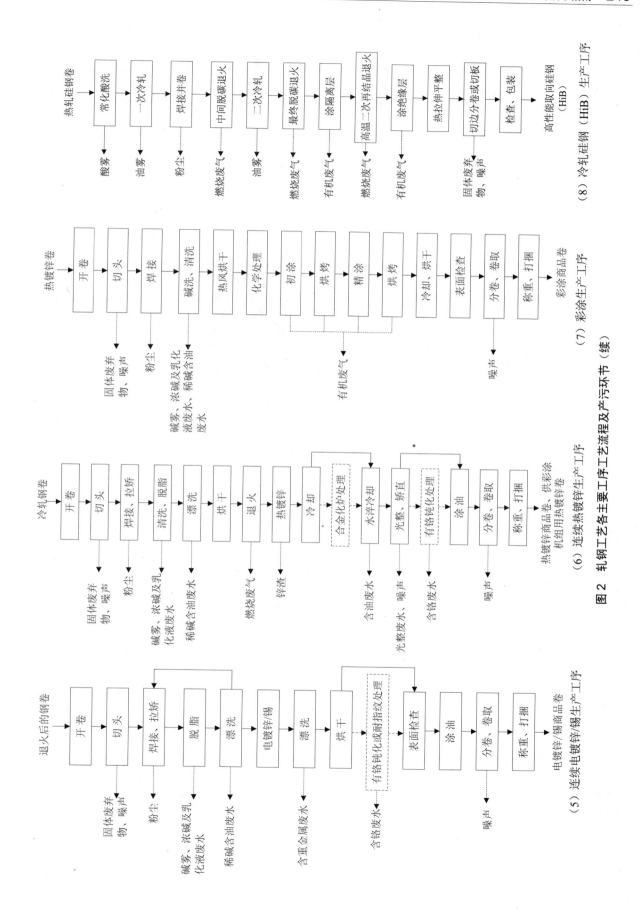

（8）冷轧硅钢（HiB）生产工序

（7）彩涂生产工序

（6）连续热镀锌生产工序

（5）连续电镀锌/锡生产工序

图 2　轧钢工艺各主要工序工艺流程及产污环节（续）

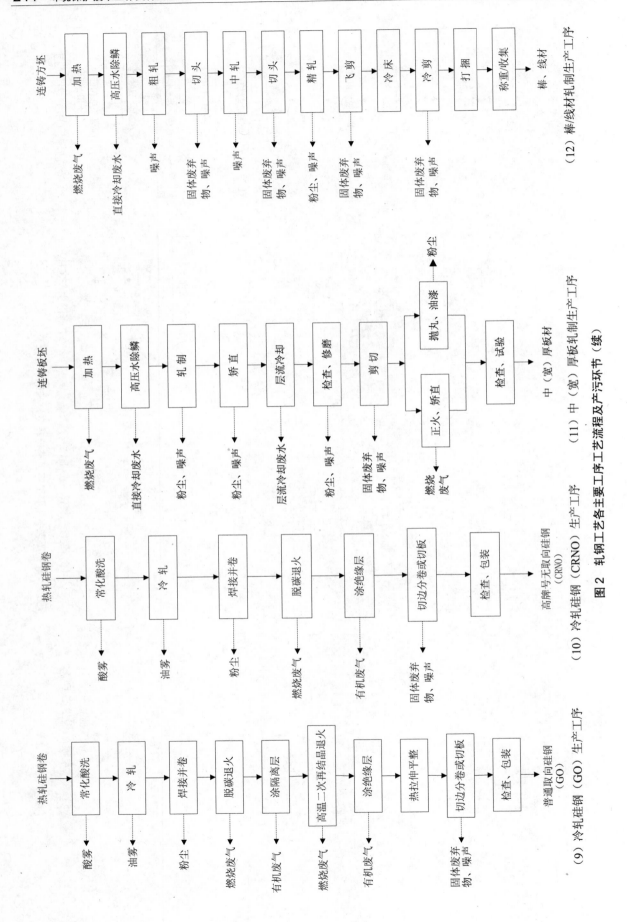

图 2 轧钢工艺各主要工序工艺流程及产污环节（续）

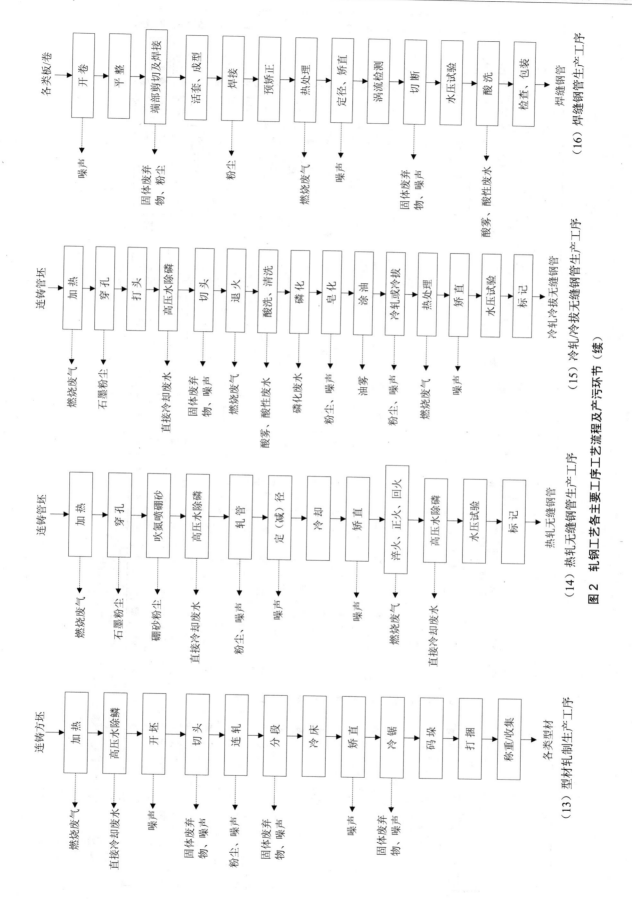

（13）型材轧制生产工序

（14）热轧无缝钢管生产工序

（15）冷轧/冷拔无缝钢管生产工序

（16）焊缝钢管生产工序

图2　轧钢工艺各主要工序工艺流程及产污环节（续）

表 1　轧钢工艺主要污染物及来源

工序		废气						废水											含重金属废水			固体废物					噪声
		燃烧废气[1]	粉尘	油雾	酸雾	碱雾	有机废气	直接冷却废水	间接冷却排水[2]	层流冷却废水	石墨废水	酸性废水	浓碱及乳化液废水	稀碱含油废水	光整废水	湿平整废水	磷化废水	六价铬	Zn	Sn	除尘灰	水处理污泥	废酸	废油	锌渣	
板材	热连轧机组	●	●	●					●	●											●	●		●		●
	酸洗-冷轧联合机组		●	●	●							●	●								●	●	●	●		●
	酸洗机组		●		●							●									●	●	●			●
	废酸再生机组[3]	●	●	●	●							●									●	●	●			●
带材	连续退火机组	●	●	●		●							●	●		●					●	●		●		●
	连续电镀锌机组		●			●							●	●				●[4]			●	●		●		●
	连续电镀锡机组		●			●	●		●				●	●				●[4]			●	●		●		●
	连续热镀锌机组		●	●		●	●	●	●				●		●			●[4]	●		●	●		●	●	●
	彩涂机组	●	●	●	●		●	●	●								●				●	●	●	●		●
	冷轧硅钢机组		●						●													●				●
	中（宽）厚板轧制机组	●	●	●				●	●	●												●		●		●
棒材线材	棒线材轧制机组	●	●	●				●	●													●				●
型材	型材轧制机组		●	●				●														●				●
管材	热轧无缝钢管机组	●	●	●				●													●	●		●		●
	冷轧/冷拔无缝钢管机组		●	●	●							●									●	●	●	●		●
	焊缝钢管机组	●	●	●	●							●					●				●	●	●	●		●
	不锈钢产品		●	●	●	●	●					●		●	●		●	●[4]			●	●	●	●		●

注：
[1] 燃烧废气通过工艺过程预防技术即可得到有效控制，通常无须治理；
[2] 间接冷却排水经冷却处理即可返回系统循环使用；
[3] 废酸再生机组为酸洗废液废水处理处置设备，属环保设备，但运行中有废气产生；
[4] 采用无铬钝化工艺无含铬废水产生。

3．轧钢工艺污染防治技术

3.1 工艺过程污染预防技术

3.1.1 加热炉/热处理炉污染减排技术

　　加热炉/热处理炉污染减排技术是在钢坯加热及热处理过程中，为节省燃料和减少污染物排放采用的一类技术，包括蓄热式燃烧技术、富氧燃烧技术、低氮氧化物燃烧技术和燃用低硫燃料等。各种技术的原理及特点见表2。

　　该类技术适用于轧钢工艺各类加热炉及热处理炉（含退火炉、淬火炉、回火炉、正火炉和常化炉等）。

表2　各种加热炉/热处理炉污染物减排技术原理及特点

技术名称	技术原理及特点
蓄热式燃烧技术	以高风温燃烧技术为核心，利用烟气或废气的余热预热助燃空气，可间接减少污染物排放
富氧燃烧技术	以含氧浓度高于21%的富氧气体替代空气参与燃烧，加快燃烧速度、减少废气排放
低氮氧化物燃烧技术	采用低氮燃烧器、空气或燃料分级燃烧等方式，减少 NO_x 的产生与排放
燃用低硫燃料	燃用含硫率低的燃料，减少 SO_2 产生与排放

3.1.2 浅槽紊流酸洗技术

　　浅槽紊流酸洗技术是在浅槽酸洗的基础上，在槽内形成良好的紊流流态，强化酸洗效果。

　　该技术加强了酸洗中的紊流、热导率和物质传动，可缩短反应时间，减少酸雾的排放。

　　该技术适用于各类冷轧产品的酸洗处理。

3.1.3 低铬/无铬钝化技术

　　低铬/无铬钝化技术是以低浓度铬酸盐或钛盐、硅酸盐、钼盐等替代传统的高浓度铬酸盐进行钝化。

　　该技术可减轻或避免六价铬对环境的污染。

　　无铬钝化技术钝化后膜层的耐蚀性已接近甚至在某些方面超过铬酸盐钝化，但成本相对较高。

3.1.4 水基涂镀技术

　　水基涂镀技术是以水基涂料替代常规有机溶剂进行钢材表面的涂镀处理。

　　该技术可减少有毒有害气体排放，适用于对表面涂层要求不高的冷轧板带的彩涂处理。

3.2 大气污染治理技术

3.2.1 粉尘治理技术

3.2.1.1 塑烧板除尘技术

　　塑烧板除尘技术是利用塑烧板内部的多微孔结构阻留含尘废气中的粉尘，阻留下来的粉尘再经压缩空气反吹，落入灰斗进行收集。

　　该技术除尘效率高，维护费用低，但一次性投资较高。

　　该技术适用于轧钢工艺热轧工序火焰清理机和精轧机等设备的除尘。

3.2.1.2 袋式除尘技术

　　袋式除尘技术是利用纤维织物的过滤作用对含尘气体进行净化。

　　该技术除尘效率高，适用范围广，可附带去除吸附在颗粒物上的重金属。

　　该技术适用于轧钢工艺冷轧工序干式平整机、拉矫机、焊机、抛丸机、修磨机等设备的除尘，以及钢管穿孔吹氮喷硼砂工序、矫直及精整吸灰工序等的除尘。

3.2.1.3 湿式电除尘技术

　　湿式电除尘技术是以放电极和集尘极构成静电场，使进入的含尘气体被电离，荷电的含尘微粒向集尘极运动并被捕集，在集尘极释放电荷，并在水雾作用下冲入灰斗，排入循环水池。

该技术除尘效率大于 95%，外排废气含尘浓度低于 50 mg/m³；但设备耗电量大，且有废水产生。

该技术适用于轧钢工艺热轧工序火焰清理机等设备的除尘。

3.2.2 酸雾、碱雾、油雾治理技术

3.2.2.1 湿法喷淋净化技术

湿法喷淋净化技术是利用水或吸收剂清洗或吸收酸、碱、油雾。

该技术除雾效果好，方法简单，操作方便。

该技术适用于轧钢工艺酸雾、碱雾和油雾的治理。

3.2.2.2 湿法喷淋+选择性催化还原（SCR）净化技术

湿法喷淋+选择性催化还原（SCR）净化技术是在湿法喷淋净化技术的基础上增加选择性催化还原处理来脱除氮氧化物，即利用氨（NH_3）对氮氧化物的还原作用，将氮氧化物还原为氮气和水。

该技术适用于轧钢工艺不锈钢酸洗产生的硝酸-氢氟酸混酸酸雾和混酸再生装置含酸尾气的治理。

3.2.2.3 过滤式净化技术

过滤式净化技术是利用滤网的阻留作用脱除废气中的油类物质。

该技术设备结构简单，操作方便，适用于轧钢工艺油雾的治理。

3.2.3 挥发性有机物（VOCs）净化技术

3.2.3.1 高温焚烧净化技术

高温焚烧净化技术是利用辅助燃料燃烧产生的热量，分解有机废气中的可燃有害物质。

该技术处理效率高，应用范围广，但处理中需消耗辅助燃料。

该技术适用于轧钢工艺有机废气的治理。

3.2.3.2 催化焚烧净化技术

催化焚烧净化技术是在催化剂的作用下，焚烧分解有机废气中的有害物质。

该技术处理效率高，起燃温度低，能耗小，适用于轧钢工艺有机废气的治理。

3.3 水污染治理技术

3.3.1 热轧废水治理技术

3.3.1.1 三段式热轧废水处理技术

三段式废水处理技术是废水先后流经一次沉淀池（旋流井）和二次沉淀池（平流沉淀池或斜板沉淀池）去除其中的大颗粒悬浮杂质和油质，出水进入高速过滤器，进一步对废水中的悬浮物和石油类污染物进行过滤，最后经冷却塔冷却后循环使用。

该技术可去除废水中的大部分氧化铁皮和泥沙，适用于轧钢工艺热轧直接冷却废水的处理。处理后的出水经冷却返回热轧浊环水系统循环使用。

3.3.1.2 稀土磁盘热轧废水处理技术

稀土磁盘热轧废水处理技术是通过磁场力的作用，去除废水中的可磁化悬浮物。

该技术不添加化学药剂，避免二次污染；占地面积小，工艺流程短，投资低。

该技术适用于轧钢工艺热轧直接冷却废水的处理。处理后的出水经冷却返回热轧浊环水系统循环使用。

3.3.1.3 两段式热轧废水处理技术

两段式热轧废水处理技术是利用一次铁皮沉淀池与化学除油器组合的方式进行废水的处理。

该技术出水悬浮物浓度低于 30 mg/L，石油类污染物浓度低于 5 mg/L；但沉降效果不稳定，出水水质波动大。

3.3.1.4 旁滤冷却层流冷却废水处理技术

旁滤冷却层流冷却废水处理技术是针对层流冷却系统对水质要求不高的特点，仅对层流冷却后

的部分废水进行过滤、冷却处理；处理后的出水再与未经处理的层流冷却废水混合，返回层流冷却系统循环使用。

该技术可减少废水中污染物含量、降低水温，出水水质可达到层流冷却回用水要求。

3.3.1.5 混凝沉淀石墨废水处理技术

混凝沉淀石墨废水处理技术是通过投加混凝剂使废水中的悬浮物以絮状沉淀物形式从废水中分离。

该技术处理后的出水悬浮物浓度低于 200 mg/L，出水与清水混合后可返回浊环水系统循环使用。

3.3.2 冷轧废水治理技术

冷轧废水治理通常采用分质预处理与综合处理结合的方式。根据不同水质，通常采用超滤、化学破乳、化学还原沉淀、化学沉淀、中和等预处理技术；综合处理常采用生化处理技术和混凝沉淀处理技术等。

3.3.2.1 超滤预处理技术

超滤预处理技术是利用超滤膜只透过小分子物质的特性，截留废水中的悬浮物、胶体、油类等物质。

该技术适用于轧钢工艺浓碱及乳化液废水、光整废水和湿平整废水的预处理。

3.3.2.2 化学破乳预处理技术

化学破乳预处理技术是通过投加化学药剂使废水中的乳化液脱稳，在混凝剂或气浮作用下从水体中分离。

该技术适用于轧钢工艺浓碱及乳化液废水的预处理，破乳处理前需调节 pH 值。

3.3.2.3 化学还原沉淀预处理技术

化学还原沉淀预处理技术是在酸性条件下，将六价铬还原成三价铬，再调节 pH 值使三价铬以难溶于水的氢氧化铬沉淀形式从废水中分离。

该技术适用于轧钢工艺含铬废水的预处理。

3.3.2.4 化学沉淀预处理技术

化学沉淀预处理技术是将废水中的重金属物质转化为相应的难溶性沉淀从水体中分离。

该技术适用于轧钢工艺重金属（主要是锌、锡）废水的预处理。

3.3.2.5 中和预处理技术

中和预处理技术是向混合后的酸、碱废水中投加碱类或酸类物质，调节废水的 pH 值。

该技术适用于轧钢工艺酸性废水、磷化废水的预处理及各类冷轧废水预处理前的 pH 值调节。

3.3.2.6 生化处理技术

生化处理技术是利用微生物的新陈代谢作用，降解废水中的有机物。轧钢工艺废水处理中常采用的生化处理技术主要有膜生物反应器（MBR）和生物滤池等。

生化处理技术适用于轧钢工艺浓碱及乳化液废水、光整废水和湿平整废水预处理后的综合处理，以及稀碱含油废水的处理。

3.3.2.7 混凝沉淀处理技术

混凝沉淀技术是通过投加絮凝剂，使水体中的悬浮物胶体及分散颗粒在分子力的作用下生成絮状体沉淀从水体中分离。

该技术适用于轧钢工艺冷轧废水的综合处理。

3.4 固体废物综合利用及处理处置技术

3.4.1 酸洗废液再生技术

轧钢产品酸洗中，碳钢产品主要采用盐酸酸洗工艺，酸洗后的废酸采用喷雾焙烧等技术进行再生处理；还有少部分产品采用硫酸酸洗工艺，酸洗后的废酸采用蒸喷真空结晶、冷冻结晶和浸没燃烧等技术回收硫酸亚铁。

不锈钢产品通常采用硝酸-氢氟酸混酸酸洗工艺，酸洗后的废酸采用喷雾焙烧和减压蒸发等技术进行再生处理。

3.4.1.1 喷雾焙烧废酸再生技术

喷雾焙烧废酸再生技术是将废酸液喷入焙烧炉中与高温气体通过逆流方式接触，蒸发分解生成氧化铁粉末和酸性气体，再利用水吸收酸性气体制成再生酸，返回酸洗机组继续使用；氧化铁粉经收集后综合利用。

该技术操作稳定，生成的氧化铁粉呈空心球形，粒径较小，可用作生产磁性材料等。

该技术适用于轧钢工艺废酸（主要为盐酸废液、硝酸-氢氟酸混酸废液）的再生处理。

3.4.1.2 减压蒸发废酸再生技术

减压蒸发废酸再生技术是在真空状态下低温蒸发、冷凝回收混酸酸液，再利用硫酸置换金属盐中的硝酸与氢氟酸并进行回收。

该技术对硝酸和氢氟酸的回收率均大于95%，同时还可回收硫酸亚铁。

该技术适用于轧钢工艺硝酸-氢氟酸混酸废液的再生处理。

3.4.2 其他固体废物综合利用及处理处置技术

轧钢工艺中产生的废钢可用作电炉炼钢原料或转炉炼钢冷却剂；各类干式除尘器收集的除尘灰，可用作烧结工艺配料；高压水除磷产生的氧化铁皮，可用作生产还原铁粉原料、造球用作炼钢冷却剂或焙烧用作烧结配料；水处理中产生的污泥，经板框压滤机脱水处理后，焙烧用作烧结配料。

3.5 噪声污染治理技术

噪声污染主要从声源、传播途径和受体防护三个方面进行防治。尽可能选用低噪声设备，采用设备消声、隔振、减振等措施从声源上控制噪声。采用隔声、吸声、绿化等措施在传播途径上降噪。

3.6 轧钢工艺污染防治新技术

3.6.1 钢带铸造技术

钢带铸造技术是将熔融的钢水引至成对的铸造辊之间进行冷却凝固形成钢带。该技术实现了铸造钢带的直接冷轧，可缩短液态钢到最终产品的生产周期，减少中间环节的污染物排放。

3.6.2 催化氧化废水处理技术

催化氧化废水处理技术是利用强氧化剂的氧化性和活性炭等催化剂的催化作用，将光整废水或湿平整废水中的高分子有机物分解为二氧化碳和水。

该技术适用于光整废水或湿平整废水的处理。

3.6.3 隔膜渗析酸洗废液处理技术

隔膜渗析酸洗废液处理技术是利用离子交换膜只允许通过一种离子的特性分离废酸中的硫酸亚铁，分离后得到的酸液可返回酸洗工段继续使用。

4．轧钢工艺污染防治最佳可行技术

4.1 轧钢工艺污染防治最佳可行技术概述

按整体性原则，从设计时段的源头污染预防到生产时段的污染防治，依据生产工序的产污节点和技术经济适宜性，确定最佳可行技术组合。

钢铁行业轧钢工艺污染防治最佳可行技术组合见图3。

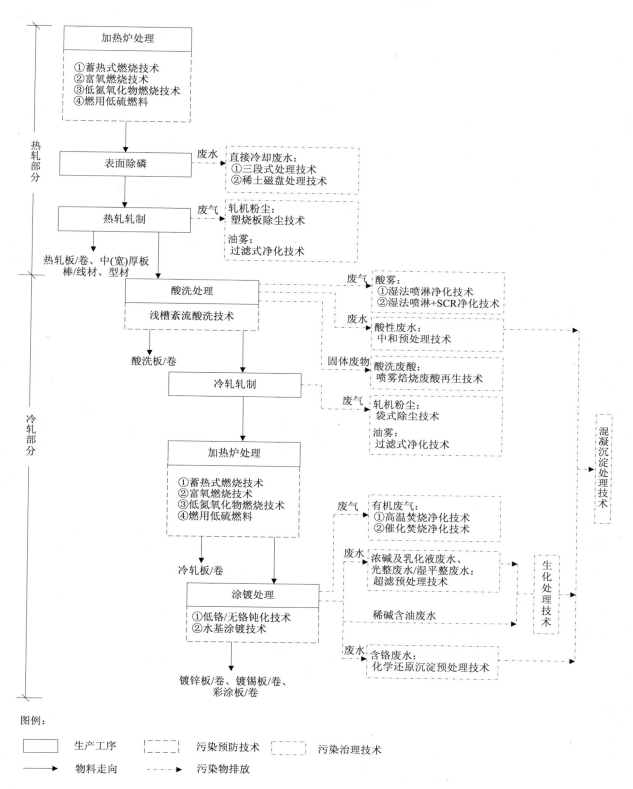

图例：

☐ 生产工序　⌐ ¬ 污染预防技术　⌐ ¬ 污染治理技术

──▶ 物料走向　- - -▶ 污染物排放

图3　钢铁行业轧钢工艺污染防治最佳可行技术组合

4.2 工艺过程污染预防最佳可行技术

轧钢工艺过程污染预防最佳可行技术见表 3。

表 3　轧钢工艺过程污染预防最佳可行技术

最佳可行技术	技术特点	技术适用性
加热炉/热处理炉污染物减排技术（含蓄热式燃烧、富氧燃烧、低氮氧化物燃烧、燃用低硫燃料）	降低燃烧废气中大气污染物浓度，其中使用低硫燃料时要求焦炉煤气含硫率≤200 mg/m³	轧钢工艺各类加热炉及热处理炉
浅槽紊流（喷流）酸洗技术	提高酸洗速度，减少酸雾产生量	轧钢工艺冷轧酸洗处理
低铬/无铬钝化技术	减少或消除含铬废水、含铬污泥的产生量	轧钢工艺镀锌/锡板卷、彩涂板卷的钝化处理
水基涂镀技术	减少挥发性有机废气的产生量	轧钢工艺对表面涂层要求不高的彩涂板生产

4.3 大气污染治理最佳可行技术

4.3.1 粉尘治理最佳可行技术

4.3.1.1 塑烧板除尘技术

4.3.1.1.1 最佳可行工艺参数

烟温低于 200℃，过滤风速 0.8～2 m/min，设备阻力 1 300～2 200 Pa；采用 0.4～0.6 MPa 压缩空气反吹清灰。

4.3.1.1.2 污染物削减和排放

除尘效率大于 99%，外排废气含尘浓度 10～20 mg/m³。

4.3.1.1.3 二次污染及防治措施

采用该技术收集的粉尘经卸灰后，可用作烧结配料。

4.3.1.1.4 技术经济适用性

因塑烧板价格偏高，该技术的一次性投资较湿式电除尘高约 20%；但该技术不用水，无须进行污水处理，运行费用较低。

该技术适用于轧钢工艺热轧工序火焰清理机及精轧机等设备的除尘。

4.3.1.2 袋式除尘技术

4.3.1.2.1 最佳可行工艺参数

脉冲袋式除尘的过滤速度通常为 0.5～2 m/min，设备阻力损失 980～1 700 Pa。

烟气温度低于 120℃时，可选用涤纶绒布和涤纶针刺毡；烟气温度为 120～250℃时，可选用石墨化玻璃丝布；为进一步提高除尘效率，还可选用覆膜滤料。

4.3.1.2.2 污染物削减和排放

对粒径大于 0.1μm 的微粒，去除率大于 99%，外排废气含尘浓度低于 20 mg/m³。

4.3.1.2.3 二次污染及防治措施

采用该技术收集的粉尘经卸灰后，可用作烧结配料。

4.3.1.2.4 技术经济适用性

该技术除尘效率高，适用范围广，并可附带去除吸附在颗粒物上的重金属。

该技术适用于轧钢工艺冷轧工序干式平整机、拉矫机、焊机、抛丸机、修磨机等设备的除尘，以及钢管穿孔吹氮喷硼砂工序中产生的硼砂粉尘、矫直及精整吸灰等的除尘。

4.3.2 酸雾、碱雾、油雾治理最佳可行技术

4.3.2.1 湿法喷淋净化技术

4.3.2.1.1 最佳可行工艺参数

喷淋装置可采用洗涤塔或填料洗涤塔型式，装置内部断面气流速度 0.6～1.5 m/s。

4.3.2.1.2 污染物削减和排放

用水喷淋、清洗的净化效率大于 90%；用碱液净化酸雾的净化效率大于 95%。

外排废气中酸、碱含量低于 10 mg/m³。

4.3.2.1.3 二次污染及防治措施

洗涤后气体中的酸、碱类物质进入洗涤废水，洗涤废水送冷轧废水预处理单元与酸性废水一同处理。

4.3.2.1.4 技术经济适用性

该技术除雾效果好，方法简单，操作方便；适用于轧钢工艺酸雾、碱雾的净化。

4.3.2.2 湿法喷淋+选择性催化还原（SCR）净化技术

4.3.2.2.1 最佳可行工艺参数

湿法喷淋装置采用洗涤塔或填料洗涤塔形式，断面气流速度 0.6～1.5 m/s；SCR 装置以五氧化二钒等作为催化剂，氨的逃逸浓度低于 2.5 mg/m³。

4.3.2.2.2 污染物削减和排放

湿法喷淋装置中氢氟酸净化效率大于 90%，硝酸净化效率大于 60%；SCR 装置的脱硝效率最高可达 90%；处理后外排废气中硝酸雾浓度低于 150 mg/m³，氟化物浓度低于 6 mg/m³。

4.3.2.2.3 二次污染及防治措施

洗涤后气体中的酸、碱类物质进入洗涤废水，洗涤废水送冷轧废水预处理单元与酸性废水一同处理。

4.3.2.2.4 技术经济适用性

该技术适用于轧钢工艺不锈钢产品生产中硝酸-氢氟酸混酸酸雾的治理。

4.3.2.3 过滤式净化技术

4.3.2.3.1 最佳可行工艺参数

滤网规格 60～200 目/cm²，换气次数 5～20 次/h。

4.3.2.3.2 污染物削减和排放

净化效率大于 80%，外排废气中油类物质浓度低于 30 mg/m³。

4.3.2.3.3 二次污染及防治措施

处理中收集的废油属危险废物，用密闭容器收集，委托有危险废物经营许可证的机构集中处置。

4.3.2.3.4 技术经济适用性

该技术设备结构简单，操作方便，适用于轧钢工艺油雾的治理。

4.3.3 有机废气治理最佳可行技术

4.3.3.1 高温焚烧净化技术

4.3.3.1.1 最佳可行工艺参数

焚烧温度高于 700℃，停留时间大于 2 秒；同时控制进入装置有机废气浓度低于其爆炸极限下限的 25%。

4.3.3.1.2 污染物削减和排放

处理效率大于 95%。

4.3.3.1.3 二次污染及防治措施

有机废气完全燃烧后生成二氧化碳和水。

4.3.3.1.4 技术经济适用性

该技术处理效率高，应用范围广，但处理中需消耗辅助燃料。

该技术适用于轧钢工艺有机废气的治理。

4.3.3.2 催化焚烧净化技术

4.3.3.2.1 最佳可行工艺参数

以铂、钯等作为催化剂，催化起燃温度可降至 230～370℃；控制进入装置的有机废气浓度低于其爆炸极限下限的 25%。

4.3.3.2.2 污染物削减和排放

净化效率大于 98%。

4.3.3.2.3 二次污染及防治措施

有机废气燃烧后生成二氧化碳和水。

4.3.3.2.4 技术经济适用性

该技术处理效率高，起燃温度低，能耗小，适用于轧钢工艺有机废气的治理。

4.3.4 轧钢工艺大气污染治理最佳可行技术及主要技术指标

轧钢工艺废气治理最佳可行技术及主要技术指标见表 4。

表 4　轧钢工艺大气污染治理最佳可行技术

污染物	最佳可行技术	主要技术指标	技术适用性
粉尘	塑烧板除尘技术	除尘效率≥99%，出口粉尘浓度≤20 mg/m³，烟气温度≤200℃	热轧机组、中（宽）厚板轧制机组等设备产生的含湿量较高、含油且颗粒较细粉尘的治理
	袋式除尘技术	对粒径大于 0.1 μm 的微粒，去除率≥99%，出口粉尘浓度≤20 mg/m³	酸洗-冷轧联合机组、连续退火机组、热镀锌机组、电镀锌/锡机组、冷轧硅钢机组等设备粉尘的治理
酸雾碱雾油雾	湿法喷淋净化技术	净化效率≥90%；以吸附剂净化酸雾，净化效率≥95%；出口酸、碱类物质浓度≤10 mg/m³	酸洗机组、酸洗-冷轧联合机组、冷轧硅钢机组等设备酸洗工段酸雾的治理；连续退火机组、电镀锌/锡机组、热镀锌机组等设备脱脂工段碱雾的治理；废酸再生机组经吸收塔吸收后的尾气的治理
	湿法喷淋+SCR 净化技术	出口硝酸雾（以 NO_2 计）浓度≤150 mg/m³，氟化物（以 F 计）浓度≤6 mg/m³	不锈钢产品酸洗工段硝酸-氢氟酸混酸酸雾的治理
	过滤式净化技术	净化效率≥80%，出口石油类污染物浓度≤30 mg/m³	冷轧轧机、湿平整机等设备产生油雾的治理
有机废气	高温焚烧技术	焚烧温度高于 700℃，停留时间大于 2 秒；同时控制进入装置有机废气浓度低于其爆炸极限下限的 25%；净化效率大于 95%	彩涂机组、冷轧硅钢机组等设备有机废气的治理
	催化焚烧技术	以铂、钯等作为催化剂，催化起燃温度可降至 230～370℃；控制进入装置有机废气浓度低于其爆炸极限下限的 25%；净化效率大于 98%	彩涂机组、冷轧硅钢机组等设备有机废气的治理

4.4 水污染治理最佳可行技术

4.4.1 热轧废水处理最佳可行技术

4.4.1.1 三段式热轧废水处理技术

4.4.1.1.1 最佳可行工艺参数

一次沉淀：旋流池水力负荷 25～30 m³/（m²·h），停留时间 8～10 min；

二次沉淀：采用平流沉淀池时，水力负荷 1～3 m³/（m²·h），停留时间 1～3 h；采用斜板沉淀池时，水力负荷 3～5 m³/（m²·h），停留时间约 0.5 h。

4.4.1.1.2 污染物削减和排放

出水悬浮物浓度低于 20 mg/L，石油类污染物浓度低于 3 mg/L。

4.4.1.1.3 二次污染及防治措施

处理后收集的污泥经压滤、脱水处理后，焙烧用作烧结配料，避免随意处置对环境的影响。

出水经冷却后返回热轧浊环水系统循环使用。

4.4.1.1.4 技术经济适用性

该技术可去除废水中的大部分氧化铁皮和泥沙，适用于轧钢工艺热轧直接冷却废水的处理。

4.4.1.2 稀土磁盘热轧废水处理技术

4.4.1.2.1 最佳可行工艺参数

磁盘用永磁稀土制成，磁盘转速 0.125～5 r/min，处理量 200～3 000 m³/h，进口悬浮物浓度低于 400 mg/L。

4.4.1.2.2 污染物削减和排放

出水悬浮物浓度低于 30 mg/L，石油类浓度低于 3 mg/L，废水循环利用率大于 95%。

4.4.1.2.3 二次污染及防治措施

处理后收集的污泥经压滤、脱水处理后，焙烧用作烧结配料，避免随意处置对环境的影响；

出水经冷却后应返回热轧浊环水系统循环使用。

4.4.1.2.4 技术经济适用性

该技术不添加化学药剂，可避免二次污染；占地面积小，工艺流程短，投资小；适用于轧钢工艺热轧机组直接冷却废水的处理。

4.4.2 冷轧废水预处理最佳可行技术

4.4.2.1 超滤预处理技术

4.4.2.1.1 最佳可行工艺参数

滤膜采用无机陶瓷膜，操作压力低于 0.8 MPa，渗透率 50～120 L/（m²·h），并在处理前用机械除油设备（如撇油机等）去除表层浮油；进入滤膜的废水温度宜低于 60℃。

4.4.2.1.2 污染物削减和排放

超滤系统出水 COD 浓度低于 400 mg/L。

4.4.2.1.3 二次污染及防治措施

经机械除油设备及超滤装置收集的废油属危险废物，用密闭容器收集，委托有危险废物经营许可证的机构集中处置；出水送冷轧废水生化处理单元继续处理。

4.4.2.1.4 技术经济适用性

该技术适用于轧钢工艺冷轧浓碱及乳化液废水、光整废水和湿平整废水的预处理。

4.4.2.2 化学还原沉淀预处理技术

4.4.2.2.1 最佳可行工艺参数

优先采用碳钢酸洗废酸或亚硫酸氢钠进行还原处理；还原池 pH 值 2～4，停留时间 15～20 min，氧化还原电位（ORP）约 300 mV；并应严格控制投药量，监控反应槽出口处重金属物质的含量，当六价铬浓度低于 0.5 mg/L 时，才能进入中和单元继续处理，否则废水必须返回系统中重新处理。

4.4.2.2.2 污染物削减和排放

出水六价铬浓度可低于 0.5 mg/L。

4.4.2.2.3 二次污染及防治措施

废水处理产生的含铬污泥属危险废物，经压滤、脱水处理后，委托有危险废物经营许可证的机构集中处置；出水送冷轧废水混凝沉淀处理单元继续处理。

4.4.2.2.4 技术经济适用性

该技术适用于轧钢工艺低浓度含铬废水的预处理。

4.4.2.3 中和预处理技术

4.4.2.3.1 最佳可行工艺参数

选用石灰、石灰石、白云石或废酸等作中和剂；小型冷轧厂也可采用氢氧化钠作中和剂。

4.4.2.3.2 污染物削减和排放

出水 pH 值 6～9。

4.4.2.3.3 二次污染及防治措施

处理中产生的污泥经压滤、脱水处理后，分别按一般工业固体废物（碳钢产品水处理污泥）或危险废物（不锈钢产品含重金属的水处理污泥）进行处理处置；出水送冷轧废水混凝沉淀处理单元继续处理。

4.4.2.3.4 技术经济适用性

该技术适用于冷轧酸洗和漂洗工段酸性废水的预处理及各类冷轧废水预处理前的 pH 值调节。

4.4.3 冷轧废水综合处理最佳可行技术

4.4.3.1 生化处理技术

4.4.3.1.1 最佳可行工艺参数

可采用膜生物反应器或生物滤池等生化处理技术，生化池好氧段水温 20～30℃，pH 6.5～8.5。

4.4.3.1.2 污染物削减和排放

出水 COD 浓度低于 70 mg/L。

4.4.3.1.3 二次污染及防治措施

处理中产生的污泥经压滤、脱水处理后，按一般工业固体废物（碳钢产品水处理污泥）或危险废物（不锈钢产品含重金属的水处理污泥）进行处理处置；出水送冷轧废水混凝沉淀处理单元继续处理。

4.4.3.1.4 技术经济适用性

膜生物反应器处理效率高，出水水质好，设备紧凑，占地面积小，易实现自动控制，运行管理简单；但膜组件需要定期清洗和更换，运行成本较高。生物滤池处理效率高，维护方便，能耗低；但系统抗冲击负荷能力较差，运行效果不稳定。

该技术适用于轧钢工艺浓碱及乳化液废水、光整废水和湿平整废水预处理后出水的综合处理，以及稀碱含油废水的处理。

4.4.3.2 混凝沉淀处理技术

4.4.3.2.1 最佳可行工艺参数

絮凝剂通常选用聚丙烯酰胺（PAM），投药量 1～3 mg/L，停留时间 3～5 min。

4.4.3.2.2 污染物削减和排放

出水悬浮物浓度低于 30 mg/L。

4.4.3.2.3 二次污染及防治措施

处理中产生的污泥经压滤、脱水处理后，按一般工业固体废物（碳钢产品水处理污泥）或危险废物（不锈钢产品含重金属的水处理污泥）进行处理处置。

4.4.3.2.4 技术经济适用性

该技术适用于轧钢工艺冷轧废水的综合处理。

4.4.4 轧钢工艺水污染治理最佳可行技术及适用性

轧钢工艺水污染治理最佳可行技术及适用性见表 5。

表5　轧钢工艺水污染治理最佳可行技术及适用性

污染物类别		最佳可行技术	技术适用性
热轧废水	直接冷却废水	三段式处理技术	热连轧机组、中（宽）厚板轧制机组、棒/线材轧制机组、型材轧制机组等设备直接冷却废水的处理
		稀土磁盘处理技术	热连轧机组、中（宽）厚板轧制机组、棒/线材轧制机组、型材轧制机组等设备直接冷却废水的处理
冷轧废水	浓碱及乳化液废水	超滤+生化+混凝沉淀	连续退火机组、热镀锌机组、电镀锌/锡机组、彩涂机组等设备脱脂工段浓碱及乳化液废水的处理
	稀碱含油废水	生化+混凝沉淀	连续退火机组、热镀锌机组、电镀锌/锡机组、彩涂机组等设备漂洗工段稀碱含油废水的处理
	光整废水、湿平整废水	超滤+生化+混凝沉淀	热镀锌机组光整工段光整废水的处理、连续退火机组湿平整工段湿平整废水的处理
	含铬废水	化学还原沉淀+混凝沉淀	热镀锌机组、电镀锌/锡机组等设备钝化工段含铬废水的处理
	酸性废水	中和+混凝沉淀	酸洗机组、酸洗-冷轧联合机组、冷轧/冷拔无缝钢管机组、焊缝钢管机组等设备酸洗及漂洗工段酸性废水的处理

4.5　固体废物综合利用及处理处置最佳可行技术

4.5.1　喷雾焙烧酸洗废液再生技术

4.5.1.1　最佳可行工艺参数

反应炉炉顶温度约 500℃，炉体温度约 650℃。

4.5.1.2　污染物削减和排放

用于盐酸废液的处理，盐酸回收率大于 99%；用于硝酸-氢氟酸混酸废液的处理，氢氟酸回收率大于 97%，硝酸回收率大于 60%，金属盐回收率大于 90%。

4.5.1.3　二次污染及防治措施

酸洗废液经吸收塔吸收后，会有少量酸性尾气（酸雾）排出，此部分尾气需采用湿法喷淋净化技术（盐酸废液再生）或湿法喷淋+SCR 净化技术（硝酸-氢氟酸混酸废液再生）进行治理；回收氧化铁粉末可用于生产磁性材料。

4.5.1.4　技术经济适用性

该技术操作稳定，生成的氧化铁粉呈空心球形，粒径较小，可用作生产磁性材料等；适用于轧钢工艺盐酸和硝酸-氢氟酸混酸酸洗废液的治理。

4.6　最佳环境管理实践

4.6.1　一般管理要求

◆　建立健全各项记录和生产管理制度；
◆　加强运行管理，建立岗位操作规程，制定应急预案，定期对员工进行技术培训和演练；
◆　加强生产设备的使用、维护和维修管理，保证设备运行正常；
◆　按要求设置污染源标志，重视污染物检测和计量管理工作，定期进行全厂物料平衡测试。

4.6.2　大气污染治理最佳环境管理实践

◆　定期检查除尘器的漏风率、阻力、过滤风速、除尘效率和运行噪声等，保证除尘系统处于最佳工况运行；
◆　酸洗及脱脂工段配置独立的抽风系统，并对槽面加盖；

◆　酸液的使用、保存与储藏严格遵守相关规定，使用后的废酸液集中回收，统一处理；

◆　在金属切削液的使用中适当添加高分子聚合物抗雾化剂，控制油雾产生；

◆　在满足工艺要求的前提下，鼓励选用水性漆和粉末涂料，采用辊涂等操作方式，以减少挥发性有机废气（VOC）排放；

◆　在保证处理效果的情况下，鼓励将轧钢工艺有机废气引入加热炉或热处理炉内进行高温焚烧处理。

4.6.3　水污染治理最佳环境管理实践

◆　贯彻"节约与开源并重、节流优先、治污为本"的用水原则，全面推广"分质用水、串级用水、循环用水、一水多用、废水回用"的节水技术，推广蒸汽冷凝水回用技术，提高水的重复利用率；

◆　轧钢排水做到清污分流，按排水水质设置独立的处理系统；

◆　废水管线和处理设施进行防渗处理，防止有害污染物进入地下水；生产区和污水治理区初期雨水进行收集并处理；

◆　在废水进出口安装在线监测装置，对废水中 COD、悬浮物和油类污染物等进行在线监测，用长期监测数据指导工艺操作。

4.6.4　固体废物综合利用及处理处置最佳环境管理实践

◆　轧钢工艺产生的固体废物全部收集，并在全厂范围内或厂外综合利用，严禁乱堆乱弃；

◆　含铬等重金属的污泥、锌渣及废油等属于危险废物，委托有危险废物经营许可证的机构进行集中处置，其贮存和运输按照危险废物管理要求进行，并建立健全管理制度。

4.6.5　噪声污染防治最佳环境管理实践

◆　轧钢生产中采用低噪声设备或采用隔声、减振措施，控制噪声源强；

◆　对各类风机安装消声器；对于鼓风机、离心机、泵类等设备设置减振措施，设备与管道间采用金属软管柔性连接。

环 境 保 护 技 术 文 件

铅冶炼
污染防治最佳可行技术指南（试行）

**Guideline on Best Available Technologies of Pollution Prevention and
Control for Lead Smelting（on Trial）**

环 境 保 护 部

2011 年 12 月

前　言

　　为贯彻执行《中华人民共和国环境保护法》，加快建设环境技术管理体系，确保环境管理目标的技术可达性，增强环境管理决策的科学性，提供环境管理政策制定和实施的技术依据，引导污染防治技术进步和环保产业发展，根据《国家环境技术管理体系建设规划》，环境保护部组织制定污染防治技术政策、污染防治最佳可行技术指南、环境保护工程技术规范等技术指导文件。

　　本指南可作为铅冶炼项目环境影响评价、工程设计、工程验收以及运营管理等环节的技术依据，是供各级环境保护部门、规划和设计单位以及用户使用的指导性技术文件。

　　本指南为首次发布，将根据环境管理要求及技术发展情况适时修订。

　　本指南由环境保护部科技标准司提出。

　　本指南起草单位：中国环境科学研究院、北京矿冶研究总院。

　　本指南由环境保护部解释。

1 总则

1.1 适用范围

本指南适用于以铅精矿、铅锌混合精矿为主要原料的铅冶炼企业。

1.2 术语和定义

1.2.1 最佳可行技术

是针对生产、生活过程中产生的各种环境问题，为减少污染物排放，从整体上实现高水平环境保护所采用的与某一时期技术、经济发展水平和环境管理要求相适应、在公共基础设施和工业部门得到应用、适用于不同应用条件的一项或多项先进、可行的污染防治工艺和技术。

1.2.2 最佳环境管理实践

是指运用行政、经济、技术等手段，为减少生产、生活活动对环境造成的潜在污染和危害，确保实现最佳污染防治效果，从整体上达到高水平环境保护所采用的管理活动。

2 生产工艺及污染物排放

2.1 生产工艺及产污环节

铅冶炼是指将铅精矿熔炼，使硫化铅氧化为氧化铅，再利用碳质还原剂在高温下使氧化铅还原为金属铅的过程。

铅冶炼通常分为粗铅冶炼和精炼两个步骤。粗铅冶炼过程是指铅精矿经过氧化脱硫、还原熔炼、铅渣分离等工序，产出粗铅，粗铅含铅 95%～98%。粗铅中含有铜、锌、镉、砷等多种杂质，再进一步精炼，去除杂质，形成精铅，精铅含铅 99.99%以上。粗铅精炼分为火法精炼和电解精炼，我国通常采用电解精炼。

铅冶炼生产工艺流程及主要产污环节如图 1 所示。

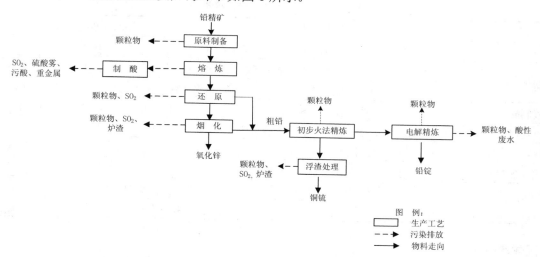

图 1 铅冶炼生产工艺流程及主要产污环节

2.2 污染物排放

铅冶炼过程中产生的污染包括大气污染、水污染、固体废物污染和噪声污染，其中大气污染（颗粒物、二氧化硫、重金属等）和水污染（重金属、污酸及酸性废水）是主要环境问题。

2.2.1 大气污染

铅冶炼产生的大气污染物主要为颗粒物、二氧化硫和重金属（铅、锌、砷、镉、汞及其氧化物）。铅冶炼主要大气污染物及来源见表1。

表1　铅冶炼主要大气污染物及来源

工序	产污节点	主要污染物
原料制备工序	精矿装卸、输送、配料、造粒、干燥、给料等过程	颗粒物、重金属（Pb、Zn、As、Cd、Hg）
熔炼—还原工序	熔炼炉、还原炉排气口；加料口、出铅口、出渣口、溜槽以及皮带机受料点等处泄漏烟气	颗粒物、SO_2、重金属（Pb、Zn、As、Cd、Hg）、CO
烟化工序	烟化炉排气口；加料口、出渣口以及皮带机受料点等处泄漏烟气	颗粒物、SO_2、重金属（Pb、Zn、As）
烟气制酸工序	制酸尾气	SO_2、硫酸雾、重金属（As、Hg）
初步火法精炼工序	熔铅锅	颗粒物、重金属（Pb）、SO_2
浮渣处理工序	浮渣处理炉窑烟气；加料口、放冰铜口、出渣口等处泄漏烟气	颗粒物、SO_2、重金属（Pb、Zn、As）
电解精炼工序	电解槽及其他槽	酸雾
	电铅锅	颗粒物、重金属（Pb）、SO_2

2.2.2 水污染

铅冶炼过程中产生的废水包括炉窑设备冷却水、冲渣废水、高盐水、冲洗废水、烟气净化废水等。铅冶炼主要水污染物及来源见表2。

表2　铅冶炼主要水污染物及来源

工序	产污节点	主要污染物
熔炼—还原工序	炉窑汽化水套或水冷水套、余热锅炉	盐类
烟化工序	炉窑汽化水套或水冷水套、余热锅炉	盐类
	冲渣	固体悬浮物（SS）、重金属（Pb、Zn、As）
烟气制酸工序	制酸系统烟气净化装置	酸、重金属（Pb、Zn、As、Cd、Hg）、SS
浮渣处理工序	炉窑汽化水套或水冷水套、余热锅炉	盐类
电解精炼工序	阴极板冲洗水、地面冲洗水	酸、重金属（Pb、Zn、As）、SS
软化水处理站	软化水处理后产生的高盐水	钙、镁等离子
初期雨水收集	熔炼区、电解区初期雨水	酸、重金属（Pb、Zn、As、Cd、Hg）、SS
废气湿式除尘	湿式除尘器	SS、重金属（Pb、Zn、As、Cd、Hg）

2.2.3 固体废物污染

铅冶炼过程中产生的固体废物主要包括烟化炉渣、浮渣处理炉渣、含砷废渣、脱硫石膏渣及废触媒。铅冶炼主要固体废物及来源见表3。

表3　铅冶炼主要固体废物及来源

工序	产污节点	主要污染物
烟化工序	烟化炉	烟化炉水淬渣（含 Pb、Zn、As、Cu）
烟气制酸工序	污酸处理系统	含砷废渣（含 Pb、Zn、As、Cd、Hg）
	制酸系统	废触媒（主要为五氧化二钒）
浮渣处理工序	铜浮渣处理	浮渣处理炉渣（含 Pb、Zn、As、Cu）
电解精炼工序	电解槽	阳极泥
烟气脱硫系统	烟气脱硫系统	脱硫副产物

2.2.4 噪声污染

铅冶炼过程中产生的噪声分为机械噪声和空气动力性噪声，主要噪声源包括鼓风机、烟气净化系统风机、余热锅炉排气管及氧气站的空气压缩机等。在采取控制措施前，其噪声声级可达到85～120dB（A）。

3 铅冶炼污染防治技术

3.1 工艺过程污染预防技术

3.1.1 原料制备工序

3.1.1.1 封闭式料仓技术

是以封闭储存原辅料的方式控制扬尘。料仓在配料、混料等过程配套除尘设施，物料输送过程采用密闭输送。

该技术可减少原辅料贮存与配制过程中颗粒物的逸散。

该技术适用于铅冶炼原料制备。

3.1.2 熔炼—还原工序

3.1.2.1 富氧底吹熔炼—熔融高铅渣直接还原法熔炼技术

铅精矿、熔剂和工艺返回的铅烟尘经配料、造粒后，送底吹炉进行氧化熔炼，产出一次粗铅和高铅渣。一次粗铅铸锭后送精炼车间，熔融高铅渣经溜槽直接加入到还原炉内。

该技术可有效减少烟气的无组织排放，且粗铅冶炼过程综合能耗低，可实现无焦冶炼，降低粗铅生产成本。

该技术适用于以铅精矿为原料的粗铅冶炼，也可合并处理铅膏泥及锌浸出的铅银渣。

3.1.2.2 富氧底吹熔炼—鼓风炉还原法熔炼技术（水口山法）

铅精矿、熔剂和工艺返回的铅烟尘经配料、造粒后，送底吹炉进行氧化熔炼，产出一次粗铅和高铅渣，一次粗铅铸锭后送精炼车间，高铅渣铸块后送鼓风炉还原。主要设备采用只有氧化段而无还原段的氧气底吹熔炼炉。

该技术综合能耗较低，处理能力大，生产效率高，冶炼过程中烟气泄露点少，硫回收利用率高。

该技术适用于以铅精矿为原料的粗铅冶炼，也可合并处理铅膏泥及锌浸出的铅银渣。

3.1.2.3 富氧顶吹熔炼—鼓风炉还原法熔炼技术（浸没熔炼法）

从炉顶垂直插入渣层的喷枪吹入富氧空气和燃料，熔池中的炉料经富氧空气搅拌，发生熔化、硫化、氧化、造渣等过程，产出粗铅和高铅渣，高铅渣铸块后送鼓风炉还原。

该技术综合能耗较低，处理能力大，生产效率高，冶炼过程中烟气泄露点少，硫回收利用率高。

该技术适用于以铅精矿为原料的粗铅冶炼，也可合并处理铅膏泥及锌浸出的铅银渣。

3.1.2.4 烧结—密闭鼓风炉法熔炼技术（ISP 法）

铅锌混合精矿经配料后进行烧结，形成烧结块送密闭鼓风炉熔炼。

密闭鼓风炉烟气中含有较高浓度的一氧化碳，回收后可作为低热值煤气利用；但该技术返料量大，无组织排放较多。

该技术适用于处理铅锌混合矿以及含铅、锌的二次物料，尤其适用于复杂难选的铅、锌混合精矿的处理。

3.1.2.5 氧气底吹法熔炼技术（QSL 法）

通过浸没底吹氧气，使铅精矿、含铅二次物料与熔剂等原料发生熔化、氧化、交互反应和还原等作用，生成粗铅和炉渣。

该技术为一步炼铅法，流程简单，硫利用率高；但烟尘率高，返料量大，渣含铅量较高。

该技术适用于以铅精矿为原料的粗铅冶炼，也适用于处理含铅废料。

3.1.2.6 卡尔多炉法熔炼技术

精矿、富氧空气由喷枪喷入炉内进行闪速熔炼，溶剂、焦粉加入炉内参与反应，加料、氧化熔炼、还原熔炼和放铅出渣全过程在一个炉子内完成，周期进行。

该技术设备简单，熔炼强度高，能耗低，自动化程度高；但备料和烟气制酸过程复杂，烟尘率高，返料量大，炉龄短，维修工作量大。

该技术适用于以铅精矿为原料的粗铅冶炼。

3.1.3 烟化工序

3.1.3.1 回转窑烟化技术

将还原炉渣和焦粉混合后加热，使铅、锌、铟、锗等有价金属还原而挥发，以氧化物形态回收。

该技术有价金属回收率高，但窑龄短，耐火材料和燃料消耗大。

该技术适用于锌含量大于 8% 的铅还原炉渣中有价金属的回收。

3.1.3.2 烟化炉烟化技术

将还原剂和空气鼓入烟化炉的熔渣内，使其中的铅、锌、铟、锗等有价金属还原而挥发，以氧化物形态回收。

该技术金属回收率高，可用煤作为燃料和还原剂，过程易于控制；但出炉烟气量和烟气温度波动较大，二氧化硫含量低。

该技术适用于还原炉渣中有价金属的回收。

3.1.3.3 烟化炉—余热锅炉一体化技术

烟化炉—余热锅炉采用一体化设计，底部为烟化吹炼池，顶部为余热锅炉。

该技术可增大烟化炉的有效空间，炉体结构紧凑，余热利用率高。

该技术适用于还原炉渣中有价金属的回收及余热利用。

3.1.4 粗铅精炼工序

3.1.4.1 火法精炼技术

利用杂质金属与铅在高温熔体中物理或化学性质的差异，将铅与杂质分离，产生精铅。

该技术设备简单，占地面积小，生产周期短，投资少，生产成本较低；但工序多，铅直收率低，不利于有价金属的回收，精铅纯度较低。

该技术适用于粗铅精炼。

3.1.4.2 初步火法精炼除铜（锡）技术

该技术采用火法精炼工艺去除粗铅中的铜（锡）杂质后，浇铸成阳极板，再送电解精炼。铜以固熔体结晶析出，以浮渣的形态悬浮于铅液表面。

该技术中间物料的产出量小，伴生元素容易回收；但投资较高。

该技术适用于粗铅精炼，尤其适用于处理高铋粗铅。

3.1.4.3 电解精炼技术

利用纯铅制作的阴极板，按一定间距装入盛有电解液的电解槽，在电流的作用下，铅自阳极溶解进入电解液，并在阴极放电析出，电解铅板经电铅锅熔铸为铅锭。电解精炼主要采用小极板技术和大极板技术。

小极板铅电解精炼技术能耗高，装备水平低，劳动强度大；大极板电解精炼技术能耗较低，自动化程度高，劳动强度低。

该技术适用于粗铅初步火法精炼除铜（锡）后的进一步精炼提纯。

3.1.4.4 浮渣处理技术

将初步火法精炼除铜过程产生的浮渣与纯碱、焦炭共同加入到熔炼炉内熔炼，产出铜锍作为产品，粗铅返回生产工艺。

该技术适用于初步火法精炼除铜浮渣的金属回收。

3.2 大气污染治理技术

3.2.1 烟气除尘

3.2.1.1 袋式除尘技术

利用纤维织物的过滤作用对含尘气体进行净化。

该技术除尘效率大于 99.5%，适用范围广，不受颗粒物物理化学性质的影响，粉尘排放浓度可低于 $30mg/m^3$；但对烟气温度、湿度、腐蚀性等要求高，系统阻力大，运行维护费用高。

该技术适用于鼓风炉和烟化炉的烟气除尘，也适用于环境集烟系统的废气除尘等。

3.2.1.2 电除尘技术

利用强电场使气体发生电离，进入电场空间的烟尘荷电，在电场力作用下向相反电极性的极板移动，并通过振打等方式将沉积在极板上的烟尘收集下来。

该技术除尘效率在 99.0%～99.8%，烟尘排放浓度可低于 $50mg/m^3$，能耗低，可应用于高温、高压环境，系统阻力小，运行维护费用低于袋式除尘器；但一次性投资大，应用范围受粉尘比电阻的限制，对细粒子的去除效果低于袋式除尘器。

该技术适用于熔炼—还原工序的烟气除尘。

3.2.1.3 旋风除尘技术

利用离心力的作用，使烟尘在重力和离心力的共同作用下从烟气中分离而加以捕集。

该技术设备结构简单，投资成本低，操作管理方便，可用于高温（450℃）、高含尘量（400～1000g/m³）烟气的除尘；但除尘效率低。

该技术适用于熔炼炉和还原炉的预除尘，尤其适用于 10μm 以上粗粒烟尘的预处理。

3.2.1.4 湿法除尘技术

利用液滴或液膜黏附烟尘净化烟气，包括动力波除尘技术、水膜除尘技术、文丘里除尘技术、冲击式除尘技术等，其中动力波除尘技术在铅冶炼中较常采用。

该技术操作简单、运行稳定、维修费用小，可适应烟气量变化较大的工况。

该技术适用于铅冶炼制酸系统的烟气净化。

3.2.2 烟气制酸

3.2.2.1 绝热蒸发稀酸冷却烟气净化技术

使用稀酸喷淋含二氧化硫的烟气，利用绝热蒸发降温增湿及洗涤的作用使杂质从烟气中分离，达到除尘、除雾、吸收废气、调整烟气温度的目的。

该技术可提高循环酸浓度，减少废酸排放量，降低新水消耗。

该技术适用于所有铅冶炼制酸烟气的湿式净化。

3.2.2.2 低位高效二氧化硫干燥和三氧化硫吸收技术

利用浓硫酸等干燥剂吸收二氧化硫中的水蒸气和三氧化硫，净化和干燥制酸烟气。

净化后的制酸尾气从吸收塔排出，尾气中二氧化硫排放浓度低于 400mg/m³，硫酸雾浓度低于 40mg/m³。

该技术投资少、能耗较低，且可降低尾气中的酸雾含量。

该技术适用于所有制酸烟气的干燥和三氧化硫的吸收。

3.2.2.3 湿法硫酸技术

烟气经过湿式净化后，不干燥直接进行催化氧化，再经水合、冷却生成液态浓硫酸。

该技术可处理传统烟气脱硫工艺无法处理的低浓度二氧化硫烟气，硫回收率大于 99%。

该技术适用于二氧化硫浓度为 1.75%～3.5%的烟气，若二氧化硫浓度低于 1.75%，需要消耗额外的能量，以满足系统热平衡要求，经济性较差。

3.2.2.4 双接触技术

二氧化硫烟气先进行一次转化，生成的三氧化硫在吸收塔（中间吸收塔）被吸收生成硫酸，未转化的二氧化硫返回转化器再进行二次转化，二次转化后的三氧化硫在吸收塔（最终吸收塔）被吸收生成硫酸。通常采用四段转化，根据具体烟气条件也可选择五段转化。

烟气中的二氧化硫以硫酸的形态回收，二氧化硫转化率不低于 99.6%。

该技术适用于二氧化硫浓度 6%～14%的烟气制取硫酸。

3.2.2.5 预转化技术

烟气在未进入正常转化之前，先经预转化器转化，生成三氧化硫，使烟气中的二氧化硫浓度降低到主转化器、触媒能够接受的范围内。

该技术可提高二氧化硫总转化率，降低尾气中污染物的排放浓度及排放量，且在预转化生成的三氧化硫进入主转化器后，起到抑制主转化器第一层触媒二氧化硫氧化反应的作用，避免出现过高的反应温度，损坏触媒和设备。

该技术适用于二氧化硫浓度高于 14%的烟气制取硫酸。

3.2.2.6 三氧化硫再循环技术

将反应后的含三氧化硫烟气部分循环到转化器一层入口，起到抑制转化器第一层触媒处二氧化硫氧化反应的作用，从而控制触媒层温度在允许范围内。

该技术二氧化硫转化率大于 99.9%，可降低尾气中二氧化硫的排放浓度和排放量。

该技术适用于二氧化硫浓度高于 14%的烟气制取硫酸。

3.2.2.7 烟气制酸中温位、低温位余热回收技术

二氧化硫转化和三氧化硫吸收均为放热反应，转化产生的热为中温位热，干吸工段产生的热为低温位热。中温位、低温位余热除满足系统自身热平衡外，还可通过余热锅炉、省煤器或三氧化硫冷却器等设备来生产中低压蒸汽，供生产、采暖通风、卫生热水或余热发电使用。

该技术可使中温位、低温位热的利用率由约 40%提高至 90%以上。

该技术适用于铅冶炼烟气制酸。

3.2.3 烟气脱硫

3.2.3.1 石灰/石灰石—石膏脱硫技术

主要以石灰或石灰石为吸收剂去除烟气中的二氧化硫，生成的副产物为脱硫石膏。

该技术脱硫效率较高，石灰/石灰石来源广且成本低，还可部分去除烟气中的三氧化硫、重金属离子、氟离子、氯离子等；但装置占地面积大，吸收剂消耗大，副产物脱硫石膏综合不易利用，有少量含氯量高的脱硫废水排放。

该技术适用于铅冶炼低浓度二氧化硫烟气的治理，不适用于脱硫剂资源短缺、场地有限的铅冶炼烟气制酸。

3.2.3.2 有机溶液循环吸收脱硫技术

采用以离子液体或有机胺类为吸收剂，添加少量活化剂、抗氧化剂和缓蚀剂，在低温下吸收二氧化硫，高温下再将二氧化硫解析出来，实现烟气中二氧化硫的脱除和回收。该技术可得到纯度99%以上的二氧化硫气体送制酸工序。

该技术流程简单，自动化程度高，副产物二氧化硫可有效回收利用；但一次性投资大，受吸收剂来源限制，能耗高，设备易腐蚀，运行维护成本高。

该技术适用于低压蒸汽供应充足、烟气二氧化硫浓度较高、波动较大的铅冶炼烟气制酸。

3.2.3.3 金属氧化物脱硫技术

将含金属氧化物（如氧化锰、氧化锌、氧化镁等）的粉料加水或利用工艺中返回的脱硫渣的洗液配制成悬浮液，在吸收塔中与烟气中的二氧化硫反应，使烟气中的二氧化硫主要以亚硫酸盐的形式脱除。吸收后的副产物经空气氧化、热分解或酸分解处理，生成硫酸或二氧化硫。

该技术脱硫效率大于90%，吸收剂可循环利用。

该技术适用于有金属氧化物副产物的铅冶炼烟气制酸。

3.2.3.4 活性焦吸附法脱硫技术

利用活性焦的物理、化学作用吸附二氧化硫。活性焦可采用洗涤法和加热法再生，再生回收的高浓度二氧化硫混合气体送入制酸工序。

该技术流程简单，再生过程中副反应少，脱硫效率高，同时可除尘、脱硝；但活性焦吸附容量有限，需要在低气速下运行，吸附设备体积大，且活性焦损耗量大。

该技术适用于蒸汽供应充足、场地宽裕的铅冶炼烟气制酸。

3.2.3.5 氨法脱硫技术

主要以液氨、氨水为吸收剂去除烟气中的二氧化硫。

该技术脱硫效率大于95%，投入和运行费用低，占地面积小，处理率高，氨耗低；但存在氨逃逸问题，同时产生含氯离子酸性废水，易造成二次污染。

该技术适用于液氨供应充足、且对副产物有一定需求的铅冶炼烟气制酸。

3.2.3.6 双碱法脱硫技术

烟气中的二氧化硫在吸收塔内与氢氧化钠溶液反应，生成亚硫酸钠溶液，该溶液被引出反应塔外与投加的氢氧化钙反应，生成氢氧化钠和亚硫酸钙，沉淀分离亚硫酸钙，氢氧化钠溶液循环使用。

该技术可避免设备的腐蚀与堵塞，便于设备运行与保养，提高运行可靠性，运行费用较低。

该技术适用于氢氧化钠来源较充足的铅冶炼烟气制酸。

3.3 废酸及酸性废水治理技术

3.3.1 石灰中和法废水治理技术（LDS 法）

向废酸及酸性废水中投加石灰，使氢离子与氢氧根离子发生中和反应。

该技术可有效中和废酸及酸性废水，同时对除汞以外的重金属离子也有较好的去除效果，重金属去除率可大于98%。该技术对水质有较强的适应性，工艺流程短，设备简单，原料石灰来源广泛，废水处理费用低；但出水硬度高，难以回用；底泥过滤脱水性能差，成分复杂，含重金属品位低，不易处置，易造成二次污染。

该技术适用于铅冶炼废酸及酸性废水的处理。

3.3.2 高浓度泥浆法废水治理技术（HDS 法）

在石灰中和法的基础上，通过将污泥不断循环回流，改进沉淀物形态和沉淀污泥量，提高污泥的含固率。

与石灰中和法相比，该技术可将水处理能力提高 1～3 倍，且易实现对现有石灰中和法处理系统的改造，改造费用低；污泥固体含有率达 20%～30%，可提高设备使用率；可实现全自动化操作，降低药剂投加量，节省运行费用。

该技术适用于铅冶炼废酸及酸性废水的处理。

3.3.3 硫化法废水治理技术

向水中投加碱性物质，形成一定的 pH 条件，再投加硫化剂，使金属离子与硫化剂反应生成难溶的金属硫化物沉淀而去除。

该技术可用于去除水中重金属，去除率高，沉渣量少，便于回收有价金属；但硫化剂费用高，反应过程中会产生硫化氢（H_2S）气体，有剧毒，易对人体造成危害。

该技术适用于含砷、汞、铜离子浓度较高的废酸及酸性废水的处理。

3.3.4 石灰—铁盐（铝盐）法废水治理技术

向废水中投加石灰乳和铁盐或铝盐（废水中含有氟离子时，需投加铝盐），将 pH 调整至 9～11，去除污水中的砷、氟、铜、铁等重金属离子。铁盐通常使用硫酸亚铁、三氯化铁和聚合氯化铁，铝盐通常使用硫酸铝、氯化铝。

该技术除砷效果好，工艺流程简单，设备少，操作方便，可使除汞之外的所有重金属离子共沉；但硫化物须在较严格的酸性条件下才能形成沉淀。各种离子去除率分别为：氟 80%～99%、其他重金属离子 98%～99%。

该技术适用于含砷、含氟废水的处理。

3.3.5 生物制剂法废水治理技术

将具有特定降解能力的复合菌群代谢产物与其他化合物复合制备成重金属废水处理剂，重金属离子与重金属废水处理剂经多基团协同作用，絮凝形成稳定的重金属配合物沉淀，去除水中的重金属离子。

该技术处理效率高，处理设施简单，运行成本低，且可应用于对现有斜板沉淀设施的改造。

该技术适用于粗铅冶炼含重金属废水的处理。

3.3.6 膜分离法废水治理技术

利用天然或人工合成膜，以浓度差、压力差及电位差等为推动力，对二组分以上的溶质和溶剂进行分离提纯和富集。常见的膜分离法包括微滤、超滤和反渗透。

该技术分离效率高，出水水质好，易于实现自动化；但膜的清洗难度大，投资和运行费用较高。

该技术适用于粗铅冶炼废水的深度处理。

3.4 固体废物综合利用及处理处置技术

铅冶炼烟化炉炉渣属于一般固体废物，可用于生产建材，如水泥掺和料或制砖原料等，也可利用一般工业废物处置场进行永久性集中贮存。

在确保环境安全的情况下，废酸处理产生的石膏渣可作为生产水泥的缓凝剂。

有金属回收价值的固体废物，应首先考虑综合利用。阳极泥可用于回收其中的金、银等有价金属；废酸处理产生的硫化渣，可用于回收铅、砷。

对于危险废物，按有关管理要求进行安全处理或处置。

3.5 噪声污染治理技术

铅冶炼企业主要从三个途径减少噪声污染：降低噪声源强、在传播途径上控制噪声、在接受点进行个体防护。

降低噪声源：在满足工艺设计的前提下，尽可能选用低噪声设备。

在传播途径上控制噪声：在设计中，着重从消声、隔声、隔振、减振及吸声方面进行考虑，结合合理布置厂内设施、采取绿化等措施，可降低噪声约 35dB（A）。

3.6 需重点关注的技术

3.6.1 基夫赛特一步炼铅法（Kivcet 法）

该技术的主体设备是基夫赛特炉，由氧化反应塔、贫化段和电炉区等部分组成。炉料和焦粒通过反应塔顶的喷嘴和加料口加入，硫化物在下落过程中快速氧化放热、熔化、造渣。焦粒漂浮在熔池表面形成炽热的焦炭层，在熔体落入熔池的过程中氧化铅被还原成铅并沉入熔池底部，部分氧化铅熔渣从隔墙下部进入电炉区贫化，进一步完成氧化铅熔渣的还原。

该技术工艺流程短，二氧化硫、烟尘等污染物排放量少，自动化和生产效率高；但炉料需要深度干燥，炉体需大量铜水套，投资较高，维修工作量较大，渣含铅较高。

该技术适用于铅锌联产企业。

3.6.2 富氧闪速法

该技术的主体设备由闪速熔炼炉和矿热贫化电炉组成。氧气、粉状炉料经喷枪喷入反应塔，反应后的融熔物料降落到焦炭层，与炽热焦炭层产生的一氧化碳及碳发生反应，被还原成金属铅；含少量铅的炉渣，经溜槽自流至矿热贫化电炉进行深度还原。

该技术炉体结构简单，投资省，物料适应性强，烟气量小，烟尘率低，可以使用廉价的兰碳代替冶金焦炭，生产成本较低。

该技术适用于以铅精矿为原料的粗铅冶炼，同时还可以处理湿法炼锌渣、湿法炼铜渣和铅贵金属系统产生的贵铅炉渣和氧化渣。

4 铅冶炼污染防治最佳可行技术

4.1 铅冶炼污染防治最佳可行技术概述

按整体性原则，从设计时段的源头污染预防到生产时段的污染防治，依据生产工序的产污节点和技术经济适用性，确定最佳工艺。

铅冶炼污染防治最佳可行技术组合见图 2。

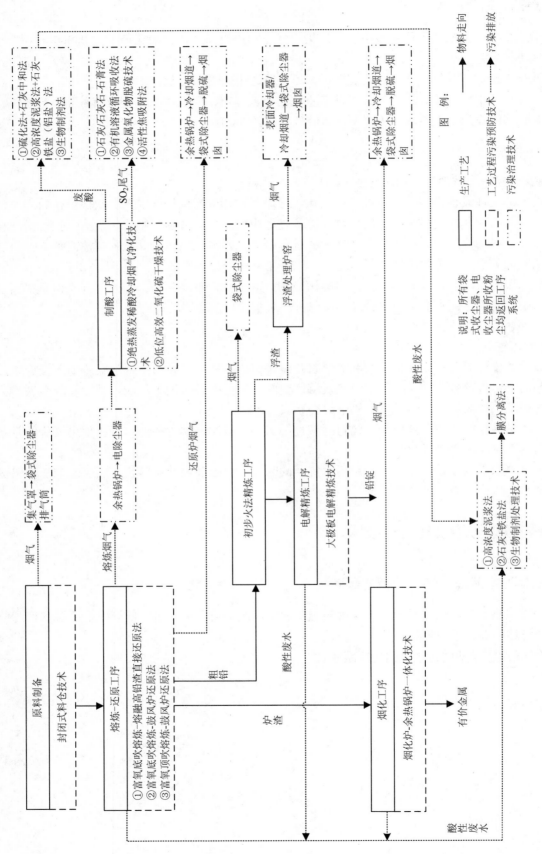

图 2　铅冶炼工艺污染防治最佳可行技术组合

4.2 工艺过程污染预防最佳可行技术

铅冶炼过程污染预防最佳可行技术及主要技术指标见表4。

表4　铅冶炼过程污染预防最佳可行技术

工序	最佳可行技术	主要技术指标	适用性
原料制备工序	封闭式料仓技术	原辅料均采用封闭方式储存	适用于铅冶炼原料制备工序
熔炼—还原工序	富氧底吹熔炼—熔融高铅渣直接还原法熔炼技术	还原炉渣含铅 1.8%，粗铅回收率＞98%，铅冶炼总回收率＞97%，硫回收率＞96%，硫捕集率＞99%；操作区铅含量＜0.03mg/m³，二氧化硫含量＜0.05mg/m³	适用于以铅精矿为原料的粗铅冶炼，也可合并处理铅膏泥及锌浸出的铅银渣
	富氧底吹熔炼—鼓风炉还原法熔炼技术（水口山法）	铅冶炼总回收率＞97%，硫回收率＞96%，硫捕集率＞99%，吨粗铅排放二氧化硫量＜2kg、烟尘排放＜0.5 kg	适用于以铅精矿为原料的粗铅冶炼，也可合并处理铅膏泥及锌浸出的铅银渣
	富氧顶吹熔炼—鼓风炉还原法熔炼技术（浸没熔炼法）	铅冶炼总回收率＞97%，硫回收率＞96%，硫捕集率＞99%，吨粗铅排放二氧化硫量＜2kg、烟尘＜0.5 kg	适用于以铅精矿为原料的粗铅冶炼，也可合并处理铅膏泥及锌浸出的铅银渣
烟化工序	烟化炉—余热锅炉一体化技术	烟化炉终渣锌含量＜2%	适用于还原炉渣中有价金属的回收及余热利用
电解工序	大极板电解精炼技术	铅回收率＞99%	适用于粗铅初步火法精炼除铜（锡）后的进一步精炼提纯

4.3 大气污染治理最佳可行技术

4.3.1 烟气除尘最佳可行技术

4.3.1.1 原料制备系统废气除尘

4.3.1.1.1 最佳可行工艺参数

料仓中给料、输送、配料等工序均会产生粉尘。除尘工艺流程：集气罩→袋式除尘器→排气筒。

4.3.1.1.2 污染物削减和排放

粉尘产生浓度 5g/m³～10g/m³，除尘效率大于 99.5%，外排粉尘浓度低于 50mg/m³。

4.3.1.1.3 二次污染及防治措施

袋式除尘器收下的粉尘返回生产系统。

4.3.1.1.4 技术经济适用性

该技术适用于铅冶炼原料制备系统废气的除尘。

4.3.1.2 熔炼炉烟气除尘

4.3.1.2.1 最佳可行工艺参数

除尘工艺流程：熔炼炉烟气→余热锅炉→电除尘器→制酸工序。

除尘工艺系统阻力：800Pa。

4.3.1.2.2 污染物削减和排放

送制酸工序的烟气含尘浓度小于 0.3g/m³。

4.3.1.2.3 二次污染及防治措施

净化后的烟气送制酸车间制酸，收集的烟尘返回配料工序。

4.3.1.2.4 技术经济适用性

该技术适用于铅冶炼熔炼炉烟气的除尘。

4.3.1.3 还原炉烟气除尘

4.3.1.3.1 最佳可行工艺

除尘工艺流程：还原炉烟气→余热锅炉→冷却烟道→袋式除尘器→脱硫→烟囱。

4.3.1.3.2 污染物削减和排放

烟尘产生浓度为 8g/m³～30g/m³，系统总除尘效率大于 99.9%，外排粉尘浓度低于 30mg/m³。

4.3.1.3.3 二次污染及防治措施

收集的烟尘送至精矿仓配料。

4.3.1.3.4 技术经济适用性

该技术适用于铅冶炼还原炉烟气的除尘。

4.3.1.4 烟化炉烟气除尘

4.3.1.4.1 最佳可行工艺参数

除尘工艺流程：烟化炉烟气→余热锅炉→冷却烟道→袋式除尘器→脱硫→烟囱。

该技术余热锅炉出口温度（350±50）℃，冷却烟道出口温度150℃，余热锅炉除尘效率约30%，余热锅炉阻力损失约400Pa；袋式除尘器阻力损失约2000 Pa。

4.3.1.4.2 污染物削减和排放

烟尘产生浓度 50g/m³～100g/m³，外排粉尘浓度低于 50mg/m³。

4.3.1.4.3 二次污染及防治措施

收集的烟尘作为副产品综合利用。

4.3.1.4.4 技术经济适用性

该技术适用于铅冶炼烟化炉烟气的除尘。

4.3.1.5 熔铅锅/电铅锅烟气除尘

4.3.1.5.1 最佳可行工艺

除尘工艺流程：集气罩→袋式除尘器→排气筒。

4.3.1.5.2 污染物削减和排放

该工序烟尘产生浓度 1g/m³～2g/m³，除尘效率大于 99.6%，外排粉尘浓度低于 8mg/m³，采用该技术可减少车间的无组织铅尘排放。

4.3.1.5.3 二次污染及防治措施

收集下来的铅尘粒径小，极易逸散，应采用密封装置储运，及时返回生产工艺。

4.3.1.5.4 技术经济适用性

该技术适用于铅冶炼精炼工序的烟气除尘。

4.3.1.6 浮渣处理炉窑烟气除尘

4.3.1.6.1 最佳可行工艺参数

除尘工艺流程：烟气→表面冷却器/冷却烟道→袋式除尘器→烟囱。

炉窑烟气约500℃，经表面冷却器或冷却烟道降温到约200℃后进入袋式除尘器。

4.3.1.6.2 污染物削减和排放

该工序烟尘产生浓度 5 g/m³～10g/m³，系统总除尘效率大于99.8%，外排粉尘浓度低于 20mg/m³。

4.3.1.6.3 二次污染及防治措施

收集下来的烟尘粒径小，极易逸散，应采用密封装置储运，及时返回配料工序。

4.3.1.6.4 技术经济适用性

该技术适用于铜浮渣处理工序的烟气除尘。

4.3.1.7 环境集烟烟气除尘

4.3.1.7.1 最佳可行工艺参数

除尘工艺流程：收集烟气→袋式除尘器→烟囱。

4.3.1.7.2 污染物削减和排放

环境集烟烟尘产生浓度 1g/m³～5g/m³，除尘效率大于 99.5%，外排粉尘浓度低于 25mg/m³，采用该技术可减少车间的无组织烟粉尘排放。

4.3.1.7.3 二次污染及防治措施

收集的烟尘送至精矿仓配料。

4.3.1.7.4 技术经济适用性

该技术适用于铅冶炼熔炼炉各炉口、铸渣机、铸锭机、鼓风炉上料口、鼓风炉及电热前床各出铅口及出渣口、烟化炉进料口及其出渣口、反射炉的加料口、放冰铜口、出铅口等无组织烟气排放点的环保通风除尘。

4.3.1.8 烟气除尘最佳可行技术指标及排放水平

铅冶炼烟气除尘最佳可行技术指标及排放水平见表 5。

表5　铅冶炼烟气除尘最佳可行技术及排放水平

工序或设备	含尘量/（g/m³）	最佳可行工艺流程	外排烟粉尘浓度（mg/m³）
原料制备	5～10	集气罩→袋式除尘器→排气筒	＜50
熔炼炉	100～200	熔炼炉烟气→余热锅炉→电除尘器→制酸工序	—
还原炉	8～30	还原炉烟气→余热锅炉→冷却烟道→袋式除尘器→脱硫→烟囱	＜30
烟化炉	50～100	烟化炉烟气→余热锅炉→冷却烟道→袋式除尘器→脱硫→烟囱	＜50
熔铅锅/电铅锅	1～2	集气罩→袋式除尘器→排气筒	＜8
浮渣处理炉窑	5～10	烟气→表面冷却器/冷却烟道→袋式除尘器→烟囱	＜20
环境集烟	1～5	收集烟气→袋式除尘器→烟囱	＜25

4.3.2 烟气制酸最佳可行技术

铅冶炼烟气制酸最佳可行技术见表 6。

表6　铅冶炼烟气制酸最佳可行技术

工序	最佳可行技术	最佳可行工艺参数	污染物削减及排放	技术适用性
烟气净化工序	绝热蒸发稀酸冷却烟气净化技术	一级洗涤进口烟气温度 250℃～280℃，出口烟气温度 55℃～65℃；电除雾器进口烟气温度 40℃～42℃	出口酸雾含量＜5 mg/Nm³；尘含量＜2 mg/Nm³；砷、氯含量＜1 mg/Nm³；氟含量＜0.5mg/Nm³	适用于所有铅冶炼制酸烟气的湿式净化
干燥吸收工序	低位高效二氧化硫干燥和三氧化硫吸收技术	出干燥塔烟气水分 ≤100 mg/Nm³；干燥塔循环酸浓度 93%～95%；干燥塔出塔酸温＜65℃；吸收塔循环酸浓度 98.2%～98.8%；吸收塔循环酸温度 45℃～75℃；吸收塔进塔气温 130℃～180℃	尾气酸雾含量≤40mg/Nm；尾气 SO₂ 含量≤400mg/Nm³；SO₃ 吸收效率 ≥99.99%	适用于所有制酸烟气的干燥和三氧化硫的吸收

工序	最佳可行技术	最佳可行工艺参数	污染物削减及排放	技术适用性
转化工序	湿法硫酸技术	冷凝酸浓度＞93%	冷凝后尾气 SO_2 浓度≤300mg/Nm³	适用于处理 SO_2 浓度 1.75%～3.5%的烟气
	双接触技术	尾气可经脱硫装置处理	SO_2 总转化率 ≥99.6%	适用于处理 SO_2 浓度 6%～14%的烟气
	预转化技术	与双接触技术配合使用；根据平衡转化率确定最佳操作条件，依据尾气 SO_2 排放浓度以及排放总量要求确定总转化率	SO_2 总转化率 ≥99.85%；可采用低温触媒，改变操作温度，确保最终转化率	适用于处理 SO_2 浓度＞14%的烟气
	三氧化硫再循环技术	与双接触技术配合使用。根据实际 SO_2 浓度和换热要求，确定 SO_3 烟气循环量	SO_2 总转化率 ≥99.9%	适用于处理 SO_2 浓度＞14%的烟气
转化、吸收工序	中温位、低温位余热回收技术	—	余热利用率可提高到90%以上	适用于铅冶炼烟气制酸系统

4.3.3 烟气脱硫最佳可行技术

4.3.3.1 石灰/石灰石—石膏法脱硫技术

4.3.3.1.1 最佳可行工艺参数

选择活性好且碳酸钙含量大于 90%的脱硫剂，石灰石粉的细度-250 目大于 90%，脱硫系统阻力小于 2500Pa。

4.3.3.1.2 污染物削减和排放

当钙/硫摩尔比为 1.02～1.05、循环浆液 pH 值为 5～6 时，脱硫效率大于 95%；脱硫石膏纯度高于 90%。

当烟气中二氧化硫含量为 1000～3500mg/m³ 时，二氧化硫排放浓度可低于 200mg/m³。

4.3.3.1.3 二次污染及防治措施

制酸尾气和锅炉烟气脱硫产生的石膏不含有重金属，可进行综合利用；其他烟气中均含有重金属粉尘，产生的石膏不适合综合利用。采用该技术排放的脱硫废水，送厂区污水处理站集中处理。

4.3.3.1.4 技术经济适用性

该技术适用于二氧化硫浓度小于 5000mg/m³ 的烟气治理。

4.3.3.2 有机溶液循环吸收烟气脱硫技术

4.3.3.2.1 最佳可行工艺参数

吸收剂年损失率不大于 10%，系统阻力不大于 1800Pa。

4.3.3.2.2 污染物削减及排放

当烟气中二氧化硫含量为 5000mg/m³ 以下时，二氧化硫排放浓度可低于 200mg/m³，脱硫效率大于 96%，副产物二氧化硫纯度不低于 99%。

4.3.3.2.3 二次污染及防治措施

产生的少量脱硫废水送至厂区污水处理站集中处理。

4.3.3.2.4 技术经济适用性

回收每吨二氧化硫消耗蒸汽 12t～17t，耗电 500kW·h～1000kW·h，回收每吨二氧化硫成本 1500 元～3000 元。主体设备采用不锈钢材质，一次性投资较高。

该技术适用于含硫范围在 0.02%～5%的烟气治理，尤其适用于制酸尾气脱硫。

4.3.3.3 金属氧化物脱硫技术

4.3.3.3.1 最佳可行工艺参数

金属氧化物有效成份含量不低于 50%；配浆用金属氧化物粉的细度-250 目大于 90%。系统阻力小于 2500Pa。

4.3.3.3.2 污染物削减和排放

根据吸收剂的不同选择合适的摩尔比和喷淋密度，循环液 pH 值根据脱硫效率的要求适当调整。该技术系统脱硫效率大于 90%。

4.3.3.3.3 二次污染及防治措施

该技术副产品可回收利用，正常运转时无废物产生。

4.3.3.3.4 技术经济适用性

该技术适用于金属氧化物来源有保障、副产品可回收利用的企业，尤其适用于铅锌联合企业。

4.3.3.4 活性焦吸附法脱硫技术

4.3.3.4.1 最佳可行工艺参数

通过活性焦层的烟气流速 0.3m/s～1.2m/s。

4.3.3.4.2 污染物削减和排放

该技术系统脱硫效率大于 95%，硫酸雾吸收效率大于 90%，烟尘去除效率大于 90%。

4.3.3.4.3 二次污染及防治措施

该技术吸附饱和的活性焦再生后释放出的高浓度二氧化硫混合气体送至烟气制酸装置，用于生产硫酸；再生后的活性焦经筛选后由活性焦输送系统送入活性焦吸附脱硫装置循环使用，筛下的少量小颗粒活性焦可作为冶炼炉等的燃料使用，正常运转时无废物产生。

4.3.3.4.4 技术经济适用性

该技术适用于蒸汽供应充足、场地宽裕、副产物二氧化硫可回收利用的铅冶炼企业。

4.3.3.5 烟气脱硫最佳可行技术及排放水平

烟气脱硫最佳可行技术及排放水平见表 7。

表 7　铅冶炼烟气脱硫最佳可行技术及排放水平

最佳可行技术	二氧化硫排放浓度控制水平	脱硫效率	适用的烟气二氧化硫浓度范围
石灰/石灰石—石膏法烟气脱硫技术	<200mg/m³	>95%	<5000mg/m³
有机溶液循环吸收烟气脱硫技术	<200mg/m³	>96%	<5000mg/m³
金属氧化物脱硫技术	<300mg/m³	>90%	<3000mg/m³
活性焦吸附法脱硫技术	<200mg/m³	>95%	<5000mg/m³

4.4 废酸及酸性废水治理最佳可行技术

4.4.1 废酸处理最佳可行技术

4.4.1.1 硫化法+石灰中和法

4.4.1.1.1 最佳可行工艺参数

一段反应 pH 值控制在 1.5～3.5 之间，二段反应 pH 值控制在 9～11。

4.4.1.1.2 污染物削减和排放

出水 pH 值 6～9、总铜浓度小于 0.5mg/L、总铅浓度小于 0.5mg/L、总砷浓度小于 0.3mg/L、总锌浓度小于 1.5mg/L、总镉浓度小于 0.05mg/L、总汞浓度小于 0.03mg/L。

4.4.1.1.3 二次污染及防治措施

一级、二级沉淀槽的沉渣经板框压滤机压滤成滤饼在砷渣临时堆场暂存，经沉淀池沉淀的中和渣脱水后回用于熔炼系统造渣。一级反应槽、浓密槽、二级反应槽逸出的硫化氢气体用氢氧化钠吸收。

4.4.1.1.4 技术经济适用性

该技术适用于处理含重金属浓度较高的冶炼烟气制酸系统产生的废酸。由于该技术需消耗硫化物，污水处理的运行成本较高。

4.4.1.2 高浓度泥浆法+石灰—铁盐（铝盐）法

4.4.1.2.1 最佳可行工艺参数

反应时间大于 30min，污泥回流比为 1：4，回流污泥浓度大于 25%，污泥与石灰乳混合时间 3～4min，聚丙烯酰胺用量小于 6 g/m³，浓密池表面负荷 1.0～1.5 m³/（m²·h），铁砷比大于 10：1，石灰和铁盐的投加量根据水质计算确定。

4.4.1.2.2 污染物削减和排放

该技术在高浓度泥浆法工序去除80%以上重金属后使用铁盐石灰法进一步去除砷、氟等污染物，出水 pH 值 6～9、总铜浓度小于 0.5mg/L、总铅浓度小于 0.5mg/L、总砷浓度小于 0.3mg/L、总锌浓度小于 1.5mg/L、总镉浓度小于 0.05mg/L、总汞浓度小于 0.03mg/L。

4.4.1.2.3 二次污染及防治措施

该技术污酸处理后产生的污泥属于危险废物，经脱水后应进行安全处置，处理后的污水排入厂区酸性废水处理站进一步处理。

4.4.1.2.4 技术经济适用性

该技术适用于处理含砷量较高的废酸，工程投资约 6000 元/m³。

4.4.1.3 生物制剂法

4.4.1.3.1 最佳可行工艺参数

硫酸含量 2%～6% 的废酸中加入生物制剂，反应时间大于 20min，聚丙烯酰胺用量小于 6g/m³。

4.4.1.3.2 污染物削减和排放

出水 pH 值 6～9、总铜浓度小于 0.5mg/L、总铅浓度小于 0.5mg/L、总砷浓度小于 0.3mg/L、总锌浓度小于 1.5mg/L、总镉浓度小于 0.05mg/L、总汞浓度小于 0.03mg/L。

4.4.1.3.3 二次污染及防治措施

该技术产生的沉淀渣可作为回收汞及铅的原料，产生的水解渣中重金属含量低，经过压滤机脱水压滤后进行安全处置。

4.4.1.3.4 技术经济适用性

该技术适用于处理含重金属浓度较高的冶炼烟气制酸系统产生的废酸。

4.4.2 酸性废水处理最佳可行技术

4.4.2.1 高浓度泥浆法

4.4.2.1.1 最佳可行工艺参数

反应时间大于 30min，底泥回流比为 1：4，底泥与石灰乳混合时间 3～4min，聚丙烯酰胺用量小于 6 g/m³，浓密池表面负荷 1.0～1.5 m³/（m²·h）。

4.4.2.1.2 污染物削减和排放

出水 pH 值 6～9、总铜浓度小于 0.5mg/L、总铅浓度小于 0.5mg/L、总砷浓度小于 0.3mg/L、总锌浓度小于 1.5mg/L、总镉浓度小于 0.05mg/L、总汞浓度小于 0.03mg/L。

4.4.2.1.3 二次污染及防治措施

酸性废水处理产生的污泥属于危险废物，经脱水后应进行安全处置。

4.4.2.1.4 技术经济适用性

该技术是石灰中和法的替代技术，适用于铅冶炼酸性废水的处理。与石灰中和法相比，该技术处理同体积酸性废水可减少石灰消耗 5%～10%。

4.4.2.2 石灰—铁盐（铝盐）法

4.4.2.2.1 最佳可行工艺参数

一级反应 pH 值控制在 6～7，铁砷比 2.5～3，除砷效率 85%～90%，二级反应 pH 值控制在 9～

11，铁砷比 20～30。

4.4.2.2.2 污染物削减和排放

出水 pH 值 6～9、总铜浓度小于 0.5mg/L、总铅浓度小于 0.5mg/L、总砷浓度小于 0.3mg/L、总锌浓度小于 1.5mg/L、总镉浓度小于 0.05mg/L、总汞浓度小于 0.03mg/L。

4.4.2.2.3 二次污染及防治措施

酸性废水处理产生的污泥属于危险废物，经脱水后应进行安全处置。

4.4.2.2.4 技术经济适用性

该技术适用于砷含量较高的酸性废水处理。

4.4.2.3 生物制剂法

4.4.2.3.1 最佳可行工艺参数

pH 值 2～6 的酸性废水中加入生物制剂，反应 30min 后，加碱调节 pH 值至 9～11，使之发生水解反应，水解反应时间 20 min，聚丙烯酰胺用量小于 6 g/m³。

4.4.2.3.2 污染物削减和排放

出水 pH 值 6～9、总铜浓度小于 0.5mg/L、总铅浓度小于 0.5mg/L、总砷浓度小于 0.3mg/L、总锌浓度小于 1.5mg/L、总镉浓度小于 0.05mg/L、总汞浓度小于 0.03mg/L。

4.4.2.3.3 二次污染及防治措施

酸性废水处理产生的污泥为危险废物，经脱水后应进行安全处置。

4.4.2.3.4 技术经济适用性

该技术适用于铅冶炼企业酸性废水的处理。

4.4.2.4 膜分离法技术

4.4.2.4.1 最佳可行工艺参数

超滤过滤精度为 0.01μm，产水污染指数（SDI）稳定在 0.5～1.0，控制进水 pH 值约 6.5，温度 35℃～40℃，进水阻垢剂保持 1.5mg/L 时，纳滤运行压力始终稳定在约 6 kg/cm²，纳滤系统的水回收率稳定控制在 75%，系统脱盐率大于 90%。

4.4.2.4.2 污染物削减和排放

出水水质钙离子浓度 30～200mg/L，悬浮物浓度不高于 20mg/L，氯离子浓度不高于 1000 mg/L，二价铁离子浓度小于 0.5 mg/L，含盐量（以电导率计）不高于 3000mg/L。

4.4.2.4.3 二次污染及防治措施

该技术产生的浓水可返回水淬渣池作为水淬渣冷却补充水。

4.4.2.4.4 技术经济适用性

该技术适用于铅冶炼废水的深度处理后回用。

4.5 固体废物综合利用及处理处置最佳可行技术

铅冶炼固体废物综合利用及处理处置最佳可行技术见表 8。

表 8　铅冶炼固体废物综合利用及处理处置最佳可行技术

固体废物种类	来源	处置方式
烟化炉水淬渣	烟化炉	可作为建筑材料综合利用
含砷废渣	制酸车间	交由有相关资质的单位集中处置
污泥	污水处理站	
废触媒	制酸过程中失效的触媒	
浮渣处理炉窑渣	铜浮渣处理产生炉渣	返回系统

4.6 最佳环境管理实践

4.6.1 一般管理要求

◆ 加强操作管理，建立岗位操作规程，制订应急预案，定期对员工进行技术培训和演练；

◆ 加强生产设备的使用、维护和维修，保证设备正常运行；

◆ 重视污染物的监测和计量管理工作，定期进行全厂物料平衡测试；

◆ 建立重金属污染物产生、排放的台账制度；

◆ 建立健全各项记录和生产管理制度；

◆ 原料发生变化时及时向环保部门报告。

4.6.2 大气污染防治最佳环境管理实践

◆ 除尘设备的进出口设置温度、压力监测装置及含尘量监测孔，送制酸工序的烟气在风机出口处设流量和二氧化硫监测装置；

◆ 采用袋式除尘器或电除尘器时，采取防止烟气结露的可靠措施，防止除尘设备及管道的腐蚀；

◆ 对烟囱入口烟气的温度、压力、流量、含尘量、二氧化硫浓度等进行定期监测或在线连续监测；

◆ 除尘系统在负压下操作，以避免有害气体的溢出；排灰设备密闭良好，防止二次污染。

4.6.3 水污染防治最佳环境管理实践

◆ 重视节水管理，分别设计雨污分流系统、清浊分流系统，并加强各类废水的处理与回用，根据用水水质要求进行水的梯级利用，尽量减少排放；

◆ 废水管线和处理设施做防渗处理，防止有害污染物进入地下水；熔炼区、电解区初期雨水进行收集并治理；

◆ 制订环境监测计划，定期进行监测，监测频率不少于 1 次/天，监测因子至少包括水量、pH 值、铅、镉、汞、砷、镍、铬等。

4.6.4 固体废物综合利用及处理处置最佳环境管理实践

◆ 固体废物分类堆存，暂存场进行地面硬化并加盖雨篷和围墙；

◆ 对固体废物处置场的渗滤液及其处理后的排放水、地下水、大气进行定期监测；

◆ 固体废物处置场使用单位建立日常检查维护制度；

◆ 厂内危险废物暂存场按照有关要求进行建设，并在场外设置标识，采用专用封闭车辆转运危险废物，以防止沿途遗撒；

◆ 制订危险废物管理计划并向环保部门备案。

HJ-BAT-8

环 境 保 护 技 术 文 件

医疗废物处理处置
污染防治最佳可行技术指南（试行）

Guidelines on Best Available Technologies of Pollution Prevention and
Control for Medical Waste Treatment and Disposal（On Trial）

环 境 保 护 部

2011 年 12 月

前　言

为贯彻执行《中华人民共和国环境保护法》，加快建设环境技术管理体系，确保环境管理目标的技术可达性，增强环境管理决策的科学性，提供环境管理政策制定和实施的技术依据，引导污染防治技术进步和环保产业发展，根据《国家环境技术管理体系建设规划》，环境保护部组织制定污染防治技术政策、污染防治最佳可行技术指南、环境保护工程技术规范等技术指导文件。

本指南可作为医疗废物处理处置项目环境影响评价、工程设计、工程验收以及运行管理等环节的技术依据，是供各级环境保护部门、规划和设计单位以及用户使用的指导性技术文件。

本指南为首次发布，将根据环境管理要求及技术发展情况适时修订。

本指南由环境保护部科技标准司提出。

本指南起草单位：沈阳环境科学研究院[国家环境保护危险废物处置工程技术（沈阳）中心]、环境保护部环境规划院、中国科学院高能物理研究所、环境保护部环境保护对外合作中心。

本指南由环境保护部解释。

1 总则

1.1 适用范围

本指南适用于医疗废物的处理处置及其污染防治。

1.2 术语及定义

1.2.1 最佳可行技术

是针对生产、生活过程中产生的各种环境问题，为减少污染物排放，从整体上实现高水平环境保护所采用的与某一时期技术经济发展水平和环境管理要求相适应、在公共基础设施和工业部门得到应用、适用于不同应用条件的一项或多项先进可行的污染防治工艺和技术。

1.2.2 最佳环境管理实践

是指运用行政、经济、技术等手段，为减少生产、生活活动对环境造成的潜在污染和危害，确保实现最佳污染防治效果，从整体上达到高水平环境保护所采用的管理活动。

2 医疗废物的特性和危害

2.1 医疗废物的分类和特性

医疗废物通常分为感染性废物、病理性废物、损伤性废物、药物性废物和化学性废物等，具有感染性、损伤性、生物毒性和化学毒性。

2.2 医疗废物的危害

医疗废物中携带多种病原体，易造成水体、大气、土壤等环境污染，并传播疾病，危害人体健康。

3 医疗废物处理处置技术

3.1 医疗废物焚烧处置技术

3.1.1 技术原理

采用高温热处理方式，使医疗废物中的有机成分发生氧化/分解反应，实现无害化和减量化。该技术主要包括热解焚烧技术和回转窑焚烧技术，热解焚烧技术又分为连续热解焚烧技术和间歇热解焚烧技术。

该技术适用于感染性、损伤性、病理性、化学性和药物性医疗废物的处置。

3.1.2 工艺流程及产污环节

医疗废物焚烧处置技术工艺流程通常包括进料、一次燃烧、二次燃烧、余热回用、残渣收集、烟气净化、废水处理、自动控制等工艺单元，工艺流程及产污环节如图1所示。

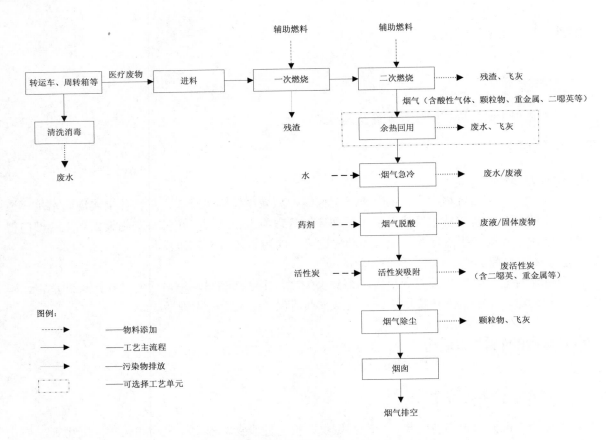

图 1　医疗废物焚烧处置技术工艺流程及产污环节

3.1.3 消耗及污染物排放

3.1.3.1 消耗

按处理吨医疗废物计，采用热解焚烧技术消耗柴油 15～30 kg、电 400～500 kW·h、水 3～6 t；采用回转窑焚烧技术消耗柴油 45～150kg、电 300～400 kW·h、水 10～14 t。

3.1.3.2 污染物排放

医疗废物焚烧处置过程中会产生废气、废水、固体废物和噪声等污染，其中大气污染（酸性气体、重金属和二噁英等）是主要环境问题。

大气污染物主要为医疗废物焚烧过程中产生的烟气，通常含颗粒物、二氧化硫、氮氧化物、氯化氢、氟化氢、重金属（铅、汞、砷、六价铬、镉等）和二噁英等。

水污染物主要来源于转运车辆消毒冲洗废水、周转箱消毒冲洗废水、烟气净化系统废水、卸车场地暂存场所和冷藏贮存间等场地冲洗废水等，通常含有机污染物、氨氮、悬浮性污染物、传染性微生物和病原体，各类污染物浓度均较低。

固体废物主要为焚烧残渣、飞灰和烟气净化装置产生的其他固态物质。

噪声污染主要来源于厂房和辅助车间的各类机械设备和动力设施，如鼓风机、引风机、发电机组、各类泵体、空压机和锅炉安全阀等。

3.2 医疗废物非焚烧处理技术

3.2.1 高温蒸汽处理技术

3.2.1.1 技术原理

利用水蒸气释放出的潜热使病原微生物发生蛋白质变性和凝固，对医疗废物进行消毒处理。该技术主要包括先蒸汽处理后破碎和蒸汽处理与破碎同时进行两种工艺形式。

　　该技术具有投资少、运行费用低、操作简单、对环境污染小等特点。

　　该技术适用于感染性和损伤性医疗废物的处理。

3.2.1.2 工艺流程及产污环节

　　先蒸汽处理后破碎的工艺流程包括进料、预排气、蒸汽供给、消毒、排气泄压、干燥、破碎等工艺单元；蒸汽处理与破碎同时进行的工艺流程包括进料、蒸汽供给、搅拌破碎及消毒、排气泄压、干燥等工艺单元。工艺流程及产污环节分别如图 2、图 3 所示。

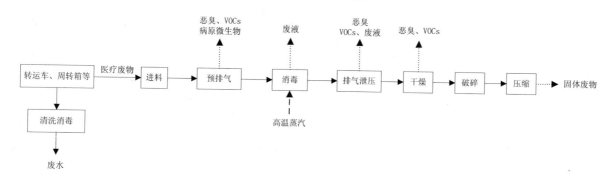

图 2　医疗废物高温蒸汽技术先蒸汽处理后破碎工艺流程及产污环节

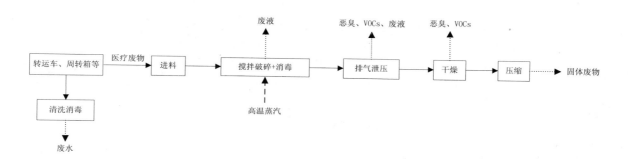

图 3　医疗废物高温蒸汽技术蒸汽处理与破碎同时进行工艺流程及产污环节

3.2.1.3 消耗和污染物排放

3.2.1.3.1 消耗

　　按处理吨医疗废物计，采用该技术消耗电能 70～80 kW·h、蒸汽 300～500kg、水 1～2 t。

3.2.1.3.2 污染物排放

　　医疗废物高温蒸汽处理过程中主要产生废气，以及少量废水、固体废物和噪声等。

　　大气污染物主要为预排气和高温蒸汽处理过程中产生的挥发性有机污染物和恶臭。

　　水污染物主要来源于转运车和周转箱的冲洗废水、卸车场地暂存场所和冷藏贮存间等场地冲洗废水以及高温蒸汽处理过程排出的废液等。

　　固体废物为医疗废物经高温蒸汽消毒处理后产生的废物。

　　噪声污染主要来源于锅炉房、高温蒸汽处理设施和破碎设施等。

3.2.2 化学处理技术

3.2.2.1 技术原理

　　利用化学消毒剂对传染性病菌的灭活作用，对医疗废物进行消毒处理。

该技术具有投资少、运行费用低、操作简单、对环境污染小等特点。

该技术适用于感染性和损伤性医疗废物的处理。

3.2.2.2 工艺流程及产污环节

医疗废物化学处理工艺流程包括进料、药剂投加、化学消毒、破碎、出料等工艺单元。工艺流程及产污环节如图4所示。

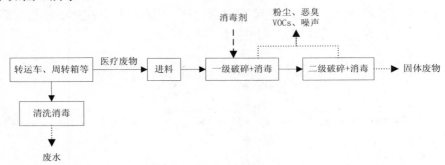

图4 医疗废物化学处理技术工艺流程及产污环节

3.2.2.3 消耗和污染物排放

3.2.2.3.1 消耗

按处理吨医疗废物计，采用该技术消耗电能 40～60kW·h、消毒剂 75～85kg。

3.2.2.3.2 污染物排放

医疗废物化学消毒过程中主要产生废气，以及少量废水、固体废物和噪声等。

大气污染物主要为进料和破碎过程中产生的挥发性有机污染物、恶臭和病原微生物。

水污染物主要来源于转运车和周转箱的冲洗废水、卸车场地暂存场所和冷藏贮存间等场地冲洗废水以及少量化学消毒处理过程排出的废液等。

固体废物为医疗废物经化学消毒处理后产生的废物。

噪声污染主要来源于化学消毒处理设施和破碎设施等。

3.2.3 微波处理技术

3.2.3.1 技术原理

通过微波振动水分子产生的热量实现对传染性病菌的灭活，对医疗废物进行消毒处理。

该技术具有杀菌谱广、无残留物、除臭效果好、清洁卫生等特点。

该技术适用于感染性和损伤性医疗废物的处理。

3.2.3.2 工艺流程及产污环节

医疗废物微波处理技术或微波与高温蒸汽组合技术的工艺流程通常包括进料、破碎、微波（微波+高温蒸汽）消毒、脱水等工艺单元。工艺流程及产污环节如图5、图6所示。

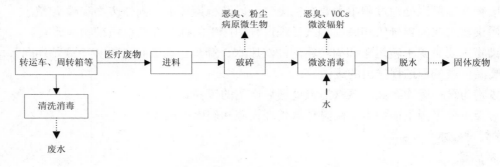

图5 医疗废物微波处理技术工艺流程及产污环节

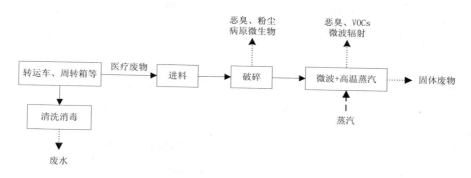

图6　医疗废物微波+高温蒸汽组合处理技术工艺流程及产污环节

3.2.3.3　消耗和污染物排放

3.2.3.3.1　消耗

按处理吨医疗废物计，采用该技术消耗电能50～100kW·h、水0.5～1t、蒸汽10～15kg。

3.2.3.3.2　污染物排放

医疗废物微波处理过程中主要产生废气，以及少量废水、固体废物、噪声和微波辐射等。

大气污染物主要为破碎和微波消毒处理过程中产生的挥发性有机污染物、恶臭和病原微生物。

水污染物主要来源于转运车和周转箱的冲洗废水、卸车场地暂存场所和冷藏贮存间等场地冲洗废水以及微波消毒后脱水干燥产生的废水等。

固体废物为医疗废物经微波消毒处理后产生的废物。

噪声污染主要来源于提升设备、锅炉风机和破碎设施等。

3.3　医疗废物处理处置过程中的污染防治技术

3.3.1　大气污染防治技术

3.3.1.1　湿法脱酸技术

湿法脱酸技术是在湿式吸收塔内使烟气与碱性洗涤溶液在塔内发生接触反应，去除酸性气体。

该技术脱酸效率高，并可协同去除烟气中的重金属（如汞、铅、镉等）；但投资和运行费用较高，且产生的高氯盐水需进一步处理。

该技术适用于焚烧工艺中酸性气体的治理。

3.3.1.2　半干法脱酸技术

半干法脱酸技术是将一定浓度的碱性浆液以喷雾形式送入吸收塔，使其与烟气中的酸性气体发生中和反应，生成固态废渣。

该技术脱酸效率较高，运行费用较低，工艺简单，占地少，无废水排放，并可协同去除烟气中的重金属（如汞、铅、镉等）。

该技术适用于焚烧工艺中酸性气体的治理。

3.3.1.3　干法脱酸技术

干法脱酸技术是直接用固体碱性吸收剂与烟气中的酸性气体发生中和反应，生成固态废渣。

该技术设备简单，投资省，运行费用较低，无废水排放，并可协同去除烟气中的重金属（如汞、铅、镉等）；但固气相传质效果较差，吸收剂的消耗量大。

该技术适用于焚烧工艺中酸性气体的治理。

3.3.1.4　烟气急冷技术

烟气急冷技术是利用热交换、喷淋等方式，使高温烟气急速降温，避开二噁英再合成的温度段，抑制二噁英的再合成。

该技术可将烟气迅速降温，抑制二噁英的再合成，并具有除尘作用。

该技术适用于焚烧工艺中二噁英的治理。

3.3.1.5 活性炭吸附技术

活性炭吸附技术是利用活性炭内部孔隙结构发达、比表面积大、吸附能力强的特性吸附废气中的二噁英、重金属和酸性气体等，按使用方式可分为活性炭喷射吸附、活性炭流化床吸附和活性炭固定床吸附。

该技术吸附效率高，与袋式除尘器联合使用，可进一步提高吸附效率；但运行成本高。

该技术适用于焚烧工艺中二噁英、重金属和酸性气体的治理。

3.3.1.6 催化分解技术

催化分解技术是在一定温度下，利用催化剂的活性将氮氧化物、二噁英进行分解。

该技术催化分解效率高，但对烟气温度及粉尘浓度的控制要求较严格。

该技术适用于焚烧工艺中氮氧化物和二噁英的治理。

3.3.1.7 袋式除尘技术

袋式除尘技术是利用纤维织物的过滤作用对含尘气体进行净化。

该技术除尘效率高，可协同去除吸附在颗粒物上的重金属和二噁英。

该技术适用于焚烧工艺中烟气的除尘。

3.3.1.8 高效过滤+活性炭吸附技术

高效过滤+活性炭吸附技术是利用过滤、吸附原理处理废气，通常选用高效空气过滤器（HEPA）和活性炭吸附等装置，依具体情况可增设除臭装置。

该技术适用于非焚烧工艺中挥发性有机污染物、恶臭的治理。

3.3.2 水污染防治技术

3.3.2.1 一级处理+消毒工艺

一级处理+消毒工艺是采用沉淀、过滤等技术，去除废水中的悬浮物，再通过化学药剂或紫外线辐射等消毒方法对废水中的致病菌进行灭活处理。

该技术适用于处理后出水可纳入市政污水处理系统的废水。

3.3.2.2 二级处理+消毒工艺

二级处理+消毒工艺是在一级处理的基础上采用生物处理方法（如活性污泥法、生物膜法等），进一步去除废水中的溶解性污染物，再进行消毒处理。

该技术适用于处理后出水直接排放的废水。

3.3.2.3 三级处理+消毒工艺

三级处理+消毒工艺是指废水经一级、二级处理后，采用絮凝沉淀法、砂滤法、活性炭法、臭氧氧化法、膜分离法、离子交换法等进行深度处理。

该技术适用于处理后出水直接排放或有回用要求的废水。

3.3.3 固体废物污染防治技术

焚烧残渣和非焚烧固体残留物按相关规定进行处置；飞灰、烟气脱酸副产物等吸附二噁英和重金属的固体物质以及非焚烧处理废气净化设施产生的废弃过滤材料按危险废物进行处置。

3.3.4 噪声污染控制技术

噪声污染主要从声源、传播途径和受体防护三个方面进行防治。通过选用低噪声设备，采用设备消声、隔振、减振等措施从声源上控制噪声；采用隔声、吸声、绿化等措施在传播途径上降噪。

3.4 医疗废物处理处置新技术

3.4.1 电子辐照技术

电子辐照技术是通过高能脉冲破坏活体生物细胞内的脱氧核糖核酸（DNA），改变分子原有的生物学或化学特性，对医疗废物进行消毒。该技术具有成本低、处理量大、无有害物质残留、操作安全、可控性强等特点。该技术目前已应用于医疗用品消毒领域。

3.4.2 高压臭氧技术

高压臭氧技术是以臭氧为消毒剂，在高压作用下进行医疗废物的消毒处理。影响该技术应用的关键因素是臭氧的浓度水平。通过电脑程控装置，确保处置舱的臭氧浓度达 $2000mg/m^3$，消毒时间大于 10min。该技术适用于感染性、损伤性和部分病理性医疗废物的处理。该技术已在一些国家商业化应用。

3.4.3 等离子体技术

等离子体技术通常包括两种方式，一种是通过直流高压产生快脉冲高能电子，达到破膜、分子重组、除臭和杀菌的效果；另一种是通过对惰性气体施加电流使其电离而产生辉光放电，在极短时间内达到高温使医疗废物迅速燃烧完全。该技术具有减容率高、适用范围广、处置效率高、有害物质产生少等特点。该技术的系统稳定性有待验证与提高。

4 医疗废物处理处置污染防治最佳可行技术

4.1 医疗废物处理处置污染防治最佳可行技术概述

医疗废物处理处置污染防治最佳可行技术分为焚烧处置技术和非焚烧处理技术。焚烧处置技术主要包括热解焚烧技术和回转窑焚烧技术；非焚烧处理技术主要包括高温蒸汽处理技术、化学处理技术和微波处理技术。

医疗废物日产生量 10t 以上的地区宜优先选用回转窑焚烧技术；日产生量在 5t～10t 且经济较发达地区可选用热解焚烧技术；医疗废物日产生量 10t 以下（尤其是 5t 以下）的地区，宜选用医疗废物非焚烧技术。医疗废物处理处置技术的选择应综合考虑服务区域的社会经济发展水平、城市生活垃圾和危险废物处置设施布局，医疗废物的产生量和成分特点等因素。

医疗废物处理处置技术对比以及污染防治总体工艺技术选择分别如表 1 和图 7 所示。

表 1　医疗废物处理处置技术对比

技术特点 ＼ 技术名称	热解焚烧	回转窑焚烧	高温蒸汽处理	微波处理	化学处理
适用范围	感染性、病理性、损伤性、药物性和化学性医疗废物	感染性、病理性、损伤性、药物性和化学性医疗废物	感染性和损伤性医疗废物	感染性和损伤性医疗废物	感染性和损伤性医疗废物
适宜处理规模	5～10t	10t 以上	10t 以下	10t 以下	10t 以下
技术可靠性	满足焚毁减量、灭菌要求	满足焚毁减量、灭菌要求	满足灭菌要求	满足灭菌要求	满足灭菌要求
技术成熟度	国产化设备已成熟	国产化设备基本成熟	国产化设备已成熟	主要依靠进口	主要依靠进口
设备要求	耐高温、耐腐蚀	耐高温、耐腐蚀	密闭、保温、耐高温高压	密闭、耐高温、电磁防护	负压操作、耐腐蚀

技术名称 \ 技术特点	热解焚烧	回转窑焚烧	高温蒸汽处理	微波处理	化学处理
技术优点	烟气量低、热利用率高	处置效果好、适应性强、处理量大、燃烧完全、运行效果稳定	运行费用低、适应性强、二次污染少、不产生二噁英等污染物、易于操作管理、运行效果稳定		
技术缺点	不易实现稳定燃烧、尾气系统负荷频繁变化、易产生二噁英	运行费用较高、节能效果较差、易产生二噁英	冷凝液和蒸汽锅炉废气需处理	废物先破碎增加安全风险、需防护电磁辐射	易产生消毒剂的二次污染
作业方式	连续/间歇作业	连续作业	间歇作业	间歇作业	间歇作业
操作要求	操作难度一般、劳动强度大	操作难度较大、劳动强度大	操作难度一般、劳动强度较大	操作难度一般、劳动强度较大	操作难度一般、劳动强度小
污染物排放	酸性气体、重金属、二噁英	酸性气体、重金属、二噁英	VOCs、恶臭	VOCs、微波辐射	VOCs、废弃消毒剂
占地面积	相对较大	相对大	相对较小	相对较大	相对较小
运行维护	运行维护要求较高、成本较高	运行维护要求高、成本高	运行维护要求较高、成本较高	运行维护要求一般、成本较低	运行维护要求高、成本居中

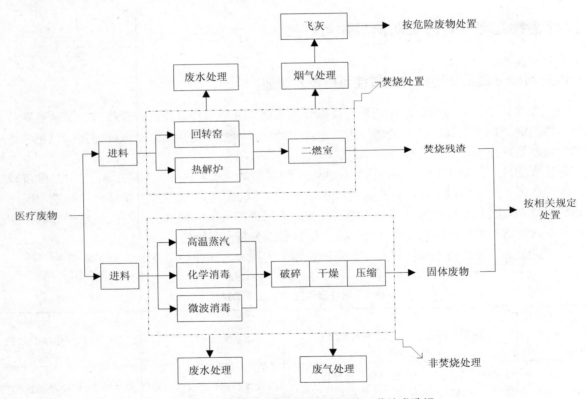

图 7　医疗废物处理处置污染防治总体工艺技术选择

4.2 医疗废物焚烧处置最佳可行技术

4.2.1 最佳可行工艺流程

医疗废物焚烧处置污染防治最佳可行工艺组合如图 8 所示。

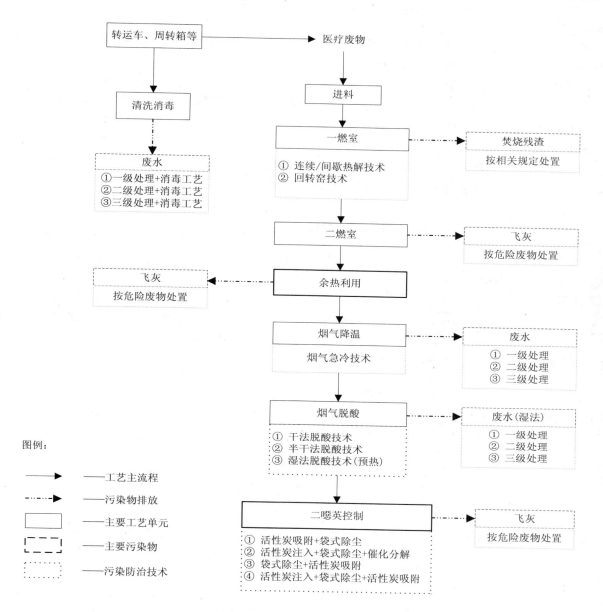

图 8　医疗废物焚烧处置污染防治最佳可行工艺组合

4.2.2 最佳可行工艺参数

采用热解焚烧技术，一燃室温度在还原吸热阶段控制在 35℃～350℃，氧化放热阶段炉内温度不高于 800℃；采用回转窑焚烧技术，一燃室温度控制在 600℃～900℃。

二燃室温度不低于 850℃（对于化学性和药物性医疗废物，二燃室温度不低于 1100℃），烟气停留时间不少于 2s。

医疗废物焚烧设施的燃烧效率不低于 99.9%。

燃烧初期二燃室内压差控制在-10mmH₂O，自燃期压差控制在-12mmH₂O。

高温热烟气进入余热回收装置，回收大部分能量后的烟气温度降至约 600℃。回收的余热可用于袋式除尘器伴热、生活采暖等。

余热回收装置排放的高温烟气应采取急冷措施，使烟气温度在 1s 内降到 200℃以下，减少烟气在 200～500℃温度区的停留时间。

4.2.3 污染物削减及排放

二噁英、酸性气体和重金属等污染物排放浓度达到相应的污染控制要求，废水排放达到消毒和净化要求，焚烧残渣的热灼减率低于 5%。

4.2.4 二次污染及防治措施

焚烧处置后产生的废水经处理后排放或回用；焚烧残渣按相关规定进行处置；飞灰、烟气脱酸副产物等吸附二噁英和重金属的固体物质按危险废物进行处置。

4.2.5 技术经济适用性

焚烧处置技术适用于大中规模医疗废物的集中处置，且对各类医疗废物的处置均具有较好的适应性。医疗废物焚烧处置技术技术经济适用性如表 2 所示。

表 2　医疗废物焚烧处置技术技术经济适用性

技术类型	处置费用		技术适用性
	运行费用（元/t）	投资费用（设备和安装）（万元/t）	
热解焚烧技术	1500～2500	100～150	适用于规模 5t/d～10t/d 所有医疗废物的处置
回转窑焚烧技术	2500～3500	150～200	适用于规模 10t/d 以上所有医疗废物的处置

4.3 医疗废物非焚烧处理最佳可行技术

4.3.1 医疗废物高温蒸汽处理最佳可行技术

4.3.1.1 最佳可行工艺流程

医疗废物高温蒸汽处理污染防治最佳可行工艺组合如图 9 所示。

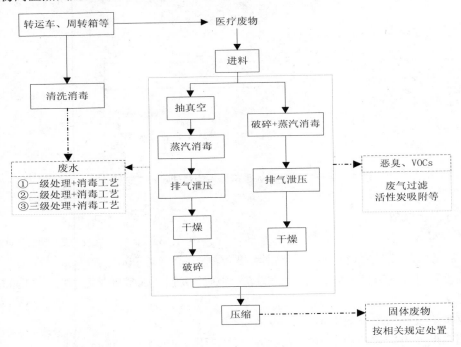

图 9　医疗废物高温蒸汽处理污染防治最佳可行工艺组合

4.3.1.2 最佳可行工艺参数

杀菌室内处理温度不低于 134℃、压力不小于 220KPa（表压）、处理时间不少于 45min。如拟选用 115℃处理 90min、121℃处理 60min 等作为替代处理工况时，应由具有法定检测资质的单位进行性能检测，确保消毒效果合格后方可应用。

蒸汽应为饱和蒸汽，蒸汽源压力为 0.3 MPa～0.6MPa，蒸汽压波动量不大于 10%。

废气净化装置过滤器的过滤尺寸不大于 0.2μm，耐温不低于 140℃，过滤效率应大于 99.999%。

破碎设备应能够同时破碎硬质物料和软质物料，物料破碎后粒径不大于 5cm。

4.3.2 医疗废物化学处理最佳可行技术

4.3.2.1 最佳可行工艺流程

医疗废物化学处理污染防治最佳可行工艺组合如图 10 所示。

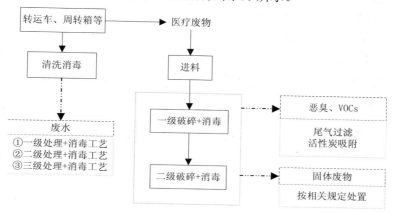

图 10 医疗废物化学处理污染防治最佳可行工艺组合

4.3.2.2 最佳可行工艺参数

化学消毒优先采用干法消毒，宜优先选用石灰粉作为消毒剂，纯度为 88%～95%，反应接触时间大于 120min，石灰粉投加量大于 0.075kg/kg，pH 值控制在 11.0～12.5。

4.3.3 医疗废物微波处理最佳可行技术

4.3.3.1 最佳可行工艺流程

医疗废物微波处理污染防治最佳可行工艺组合如图 11 所示。

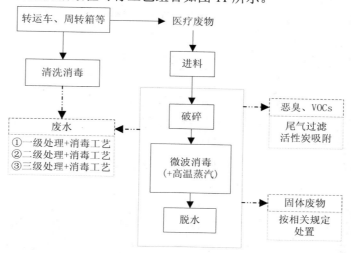

图 11 医疗废物微波处理污染防治最佳可行工艺组合

4.3.3.2 最佳可行工艺参数

微波发生源频率采用 915±25MHz 或 2450±50MHz。

微波处理的温度不低于 95℃，作用时间不少于 45min。若采用加压消毒，微波处理的物料温度应低于 170℃，以避免医疗废物中的塑料等含氯化合物发生分解，造成二次污染。

在蒸汽和微波的共同作用下，温度不低于 135℃时，作用时间不少于 5min。

4.3.4 污染物削减及排放

医疗废物总挥发性有机污染物的排放浓度低于 20mg/Nm³。

4.3.5 二次污染及防治措施

非焚烧处理过程产生的废水经处理后排放或回用，固体残渣按相关规定进行处置。

4.3.6 技术经济适用性

非焚烧处理技术投资成本低，适用于医疗废物产生量较小、分类较好、经济欠发达的地区。采用上述非焚烧技术的地区应考虑该类技术不能处理的医疗废物以及经消毒处理后的废物处置的配套条件。医疗废物非焚烧处理技术技术经济适用性如表 3 所示。

表 3　医疗废物非焚烧处理技术技术经济适用性

处置技术	处置费用		技术适用性
	运行费用/（元/t）	投资费用（设备和安装）/（万元/t）	
高温蒸汽处理	1800～2300	60～80	适用于规模 10t/d 以下（尤其是 5 t/d 以下）感染性和损伤性医疗废物的处置
化学处理	1500～2000	45～55	
微波处理	1200～1500	50～60	

4.4 最佳环境管理实践

4.4.1 通用环境管理要求

◆ 医疗废物处置设施选址应根据《全国危险废物和医疗废物处置设施建设规划》，满足《危险废物焚烧控制标准》、《危险废物填埋控制标准》等相关规定，并满足卫生防护距离要求，选址的环境合理性及环保措施的可行性应经环境影响评价充分论证；

◆ 严格按照《医疗废物管理条例》要求，进行医疗废物分类，从源头减少医疗废物的处置量；

◆ 采取切实有效措施减少高含氯和高含汞的医疗废物的焚烧处置量，为减少二噁英和汞等污染物的排放提供条件；

◆ 加强医疗废物处理处置设施的使用、维护和维修管理，保证设备的正常运行；

◆ 对新建或大修后的设施进行性能测试及综合性能指标评价，确保设施的安全稳定达标运行；

◆ 严格执行医疗废物申请登记制度、转移联单制度、经营许可证制度，建立企业台账制度、交接班制度，并编制医疗废物管理计划及应急预案等，充分考虑运送过程中的风险规避，采取恰当的措施保证医疗废物的运送和贮存；

◆ 医疗废物的处置单位在设施运行期间制定处置设施运行内部监测计划，建立运行参数和污染物排放的监测记录制度；

◆ 积极推进设施运行的远程监控，逐步实现工况参数与当地环保部门联网显示；

◆ 建立、健全操作规范，完善员工操作培训，普及职业安全和劳动卫生教育宣传；

◆ 医疗废物微波处理设施的建设与运行，执行《电磁辐射防护规定》的有关规定和要求。

4.4.2 自动控制

◆ 自动化系统应采用控制技术成熟、可靠性高、性价比高的设备和元件，确保在中央控制室通过分散控制系统实现对医疗废物处置设施各系统的集中监视和分散控制；

◆ 医疗废物处置设施的监控系统设计应包括主体设备工艺系统在各种工况下安全、经济运行的参数，仪表和控制用电源、气源、液动源及其他必要条件的供给状态和运行参数，电动、气动和液动阀门的启闭状态及调节阀的开度，辅机运行状态以及必需的环境参数；

◆ 自控系统应具有一定的独立性和可靠性，设置对处理时间、处理温度、压力等参数的修改权限，具备防止所存储的参数丢失、被随意修改和删除等功能；

◆ 在贮存库房、物料传输过程以及焚烧线等重要位置，设置现场工业电视监视系统；设置独立于分散控制系统的紧急停车系统；对重要参数的报警和显示，可设光字牌报警器和数字显示仪；

◆ 医疗废物焚烧装置应配置自我检测和热工报警系统，其设计应包括工艺系统主要工况参数偏离正常运行范围以及电源、气源、热工监控系统主要辅机设备发生故障等报警内容，全部报警项目应能在显示器上显示并打印输出，紧急状态下应具备停止进料的联锁功能；

◆ 医疗废物非焚烧处理设备的自控系统具有故障自我检测及报警功能，能够实现超温、超压、断电、断水、断汽、空气排空和设备密封性能故障以及误操作等异常情况下报警和紧急停车，并且能够实现操作未完成时处理设备进料门（出料门）的联锁功能；

◆ 医疗废物高温蒸汽处理装置自动控制单元在蒸汽处理过程中能根据杀菌室内温度和压力的波动情况及时把处理温度控制在所预置温度的±1℃范围之内。

4.4.3 大气污染防治最佳环境管理实践

◆ 尽量减少焚烧炉的启动和停炉次数，保持焚烧系统连续稳定运行；

◆ 在线监测内容包括烟气量、二氧化硫、氧气、颗粒物、氮氧化物、温度、压力、氯化氢等参数，二噁英每年至少监测一次，其他污染因子如氟化氢、重金属类等，每季度监测一次；

◆ 定期检查除尘器的漏风率、阻力、过滤风速、除尘效率和运行噪声等；袋式除尘器定期清灰，及时检查滤袋破损情况并更换滤袋；

◆ 设定布袋的清灰过程的压力时应考虑在布袋表面保留适当的灰层，提高除尘效率；

◆ 应采取保温措施使烟气温度保持在露点温度以上以防设备结露、管道堵塞。

4.4.4 水污染防治最佳环境管理实践

◆ 根据医疗废物处置设施产生废水的性质、规模以及排放去向确定废水处理工艺；

◆ 废水管线和处理设施应进行防渗处理，防止有害污染物污染土壤和地下水；

◆ 生产区和废水处理区的初期雨水应进行收集并处理；

◆ 按规定要求对水质进行监测、记录、保存和上报。

4.4.5 固体废物处置最佳环境管理实践

◆ 定期监测医疗废物焚烧处置产生的残渣及飞灰中的重金属和二噁英，其中二噁英的监测频率每年至少1~2次；

◆ 医疗废物焚烧处置产生的飞灰按危险废物进行管理和处置。

4.4.6 噪声防治最佳环境管理实践

◆ 选用低噪声鼓风机、引风机、水泵等设备，并对产生噪声的设备采取基础减振、隔声（单独房间）等措施降低噪声；

◆ 各噪声源每半年监测一次，厂界噪声每年监测一次。

环 境 保 护 技 术 文 件

村镇生活污染防治
最佳可行技术指南(试行)

Guideline on Best Available Technologies of Pollution Prevention and
Control for Township-villages(on Trial)

环 境 保 护 部 发布

前　言

为贯彻《中华人民共和国环境保护法》，防治环境污染，完善环保技术工作体系，制定本指南。

本指南可作为开展农村及村镇生活污染防治工作的参考技术资料。

本指南由环境保护部科技标准司提出并组织制订。

本指南起草单位包括：天津市环境保护科学研究院（中国环境保护产业协会水污染治理委员会）、天津工业大学、北京市环境保护科学研究院、中国城市建设设计研究院。

本指南 2013 年 7 月 17 日由环境保护部批准、发布。

本指南由环境保护部解释。

1 总则

1.1 适用范围

本指南适用于居住人口在 1 万人以下的乡镇、行政村、自然村的生活污染防治。包括生活污水、生活垃圾、人畜粪便和室内空气等污染防治。

农村畜禽养殖专业户畜禽养殖污染防治，可参照《畜禽养殖污染防治最佳可行技术指南》。

1.2 术语和定义

1.2.1 村镇生活污染

指村镇居民生活或为生活提供服务的活动所产生的生活污水、生活垃圾、空气等环境污染，不包括为发展村镇经济而开展的工业生产活动（如村办企业、农产品加工、规模化禽畜养殖等）和卫生院医疗垃圾产生的污染。

1.2.2 村镇生活污水

指村镇居民因日常生活排放的废弃水。其中，水冲式厕所产生的冲厕水，以及家庭圈养禽畜产生的圈舍粪尿冲洗水（即粪便污水），俗称为"黑水"；厨房炊事、洗衣和洗浴等排水，以及黑水经化粪池或沼气池处理后的上清液，俗称为"灰水"。

1.2.3 村镇生活垃圾

指村镇居民因日常生活产生的废弃物和排泄物。包括：废弃的生活物品，厨房炊事产生的厨余垃圾，炉灶、锅炉产生的炉渣，人粪尿以及家庭圈养畜禽产生的畜禽粪便等。

1.2.4 村镇室内空气污染

特指村镇居民住所的室内空气污染。

2 村镇生活污染来源

2.1 村镇生活污水来源

村镇生活污水来源于村镇居民住所的厕所、卫生间、厨房和洗衣机等处的排水。

2.2 村镇生活垃圾来源

村镇生活垃圾来源于村镇居民日常生活废弃的物品、厨余垃圾、炊事及洗浴取暖产生的炉渣（灰烬），以及庭院种植产生的废弃秸秆、污水处理产生的污泥和家庭圈养畜禽产生的畜禽粪便。

2.3 村镇空气污染来源

村镇生活的空气污染主要为室内污染，来源于锅炉、炉灶、暖炕等燃烧燃料产生的含尘废气，以及炊事油烟等。使用氟、砷、硫含量高的煤炭，还会造成氟、砷、硫等氧化物的污染。

3 村镇生活环境污染控制

3.1 村镇生活污水污染控制

3.1.1 村镇生活污水的污染负荷
3.1.1.1 村镇生活污水水量的确定
　　村镇生活污水水量应进行实地测量，或按照表 1 中的参数估算。

表 1　村镇居民人均生活污水量（升/人·天）

类型	黑水	灰水		生活污水 （黑水、灰水的混合水）
		南方	北方	
村庄（人口≤5000 人）	20	45～110	35～80	80
村镇（人口 5000～10000 人）	30	85～160	70～125	100

3.1.1.2 村镇生活污水水质的确定
　　污水水质应按实测值确定，无实测条件时可参考同类型污水水质资料或按照表 2 的参数估算。

表 2　村镇生活污水水质（mg/L）

指　标	黑　水	灰　水		生活污水 （黑水、灰水的混合水）
		南　方	北　方	
COD	1000～2000	150～250	200～350	205
NH_3-N	120～180	7～25	10～40	50
TP	20～60	0.3～4	2～7	5.5

注：根据《全国饮用水源地基础数据调查源强系数》，参考太湖流域农村生活污染源调查数据，农村居民生活污水量排放系数取 80 升/人·日，化学需氧量排放系数取 16.4 克/人·日，氨氮取 4.0 克/人·日。人均 COD 排放量/人均用水量=平均浓度。

3.1.2 村镇生活污水收集系统
3.1.2.1 庭院污水单独收集系统
　　庭院污水收集系统是最基本的污水收集单元。通常人口在 5 人以下的家庭，污水量通常不大于 0.5m³/d。将厕所化粪池（上清液）和厨房、洗衣、洗浴等排放的污水统一收集，并排放至设在庭院内的污水处理设施。庭院收集系统可参见图 1。

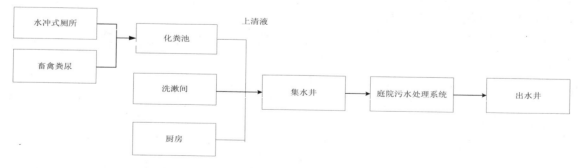

图 1　庭院污水收集系统示意图

3.1.2.2 多户连片污水分散收集系统
　　为降低污水收集系统的建设投资，本着"因地制宜"的污水收集方针，将相互毗邻的农户，在庭院污水收集的基础上，根据村镇庭院的空间分布情况和地势坡度条件，将各户的污水用管道或沟渠成片收集。

多户连片污水分散收集意味着可实行多户连片污水的分散处理，多户连片的污水分散处理设施宜就地布置在村民聚居点或村落的附近。

多户连片污水收集系统收集的污水量通常宜在 0.5 m^3/d 以上，服务人口通常宜在 5～50 人，服务家庭数宜在 2～10 户或根据农户地理地形位置在 10 户以上的一定范围内。

多户连片分散收集系统适用于布局分散的村镇中相对集中分布的聚居点或村落。具体示意于图 2。

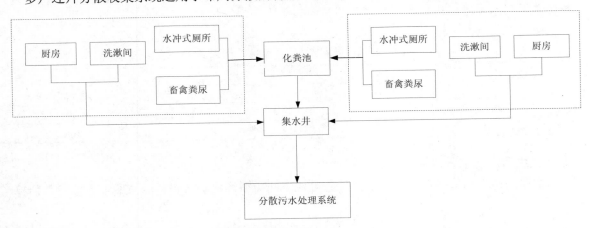

图 2　多户连片污水收集系统示意图

3.1.2.3　污水集中收集系统

集中式污水收集系统是将全村污水进行集中收集后统一处理的污水收集类型，依据村庄或村镇的规模或居住人口数量，村庄污水集中收集规模通常为：服务人口 50～5000 人，服务家庭数 10～1000 户，污水收集量 5～500m^3/d；村镇污水收集规模通常为：服务人口 5000～10000 人，服务家庭数 1000～5000 户，污水收集量 500～1000m^3/d。

村镇建设集中式污水收集系统，宜在庭院收集的基础上，将农户的污水排至村镇公共排水系统进行收集，再排至污水集中处理系统进行处理。集中式污水收集系统宜在北方平原地区或非水网的南方平原地区、村镇居民居住集中、人口相对密集的村镇采用。

村镇污水的集中收集与处理系统应因地制宜，灵活布置，审慎决策。应根据本地区自然地理情况，尽可能减少管网长度，简化污水收集系统，节省管网建设资金。

污水集中收集系统示意于图 3。

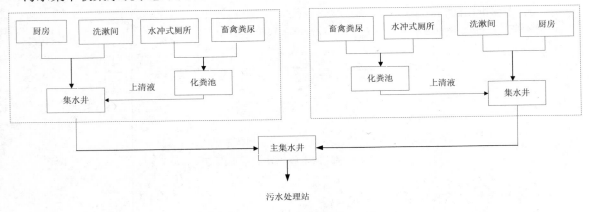

图 3　污水集中收集系统示意图

3.2 村镇生活垃圾收集与污染控制

3.2.1 村镇生活垃圾的污染负荷

村镇生活垃圾产生量,通常应实测确定。如无实测资料,可参照《村镇规划标准》(GB50188-2007)中的参数确定,即人均垃圾产生量为 1～1.2kg/人·天。当实行分类收集时,不计可生物降解的有机垃圾和渣土、砖瓦等惰性垃圾,人均垃圾量实为 0.1～0.3kg/人·天。

村镇生活垃圾污染防治的重点应针对有机垃圾和惰性垃圾以外的固体废弃物。

3.2.2 村镇生活垃圾收集系统

3.2.2.1 建立"户、村、乡、县四位一体"的农村生活垃圾收集与处理处置系统

建立"户、村、乡、县四位一体"的农村生活垃圾收集与处理处置系统,即:实行户分拣,村收集、乡转运、县处理的农村生活垃圾收集与处理处置系统。

农村生活垃圾的污染防治应在村民及农户之间普及垃圾的分拣,农村生活垃圾应优先选择就地处理处置,避免垃圾的无谓运输,只将少量不适合就地处理处置的垃圾送往当地集中处理处置中心处置。

农村垃圾的就地处理和无害化处置,应优先选择填埋(惰性垃圾)方式和垃圾(有机垃圾)发酵堆肥的方式。

3.2.2.2 农户的垃圾分类与分拣

农村生活垃圾的分类分拣,首先应由每户对自家垃圾进行分拣、分装。垃圾的分拣与分装应按照以下分类进行:

(1)可回收利用类垃圾,包括可出售的纸类、金属、塑料、玻璃等;

(2)渣土、砖瓦等惰性垃圾,主要包括煤灰、砖、瓦、石、土、陶瓷等;

(3)可生物降解的有机垃圾(可腐烂的垃圾),主要包括剩饭剩菜、蛋壳果皮、菜帮菜叶以及落叶、秸秆、野草、人畜粪便等;

(4)家庭有毒有害垃圾,主要包括废电池、废日光灯管、废水银温度计、废弃电子产品、农药药瓶等;

(5)其余垃圾,指前四类生活垃圾单独收集后的剩余垃圾,主要包括各类包装废弃物、废弃生活物品以及其他日用品消费后产生的垃圾。

3.2.2.3 村庄的垃圾收集系统

村庄应按以下要求设专人收集各家各户的垃圾:

(1)监督以农户为单位对各类生活垃圾进行分类和分拣、分装;

(2)将渣土、砖瓦等惰性垃圾集中运送到村庄指定地点就地填埋处置或应用于路面硬化;

(3)将可生物降解的有机垃圾集中运送到村庄(或连片)设立的垃圾堆肥场进行堆肥还田处置;

(4)将废品类可回收利用物资集中出售给物资回收部门;

(5)将有毒有害垃圾和其他不可就地处置的生活垃圾集中转运到乡镇政府专门设定的生活垃圾集运站。

3.2.2.4 县、乡垃圾集中收集系统

县或乡级人民政府应根据本地区实际情况,应在确定合理收集半径的前提下,建立生活垃圾集中收集和处理处置系统,并明确本地区村镇生活垃圾集中收集和处理处置系统的布局和服务范围。

县(乡,或若干邻近的乡,或若干邻近的行政村)应建立生活垃圾集中收集服务机构,统一收集服务区域内各村庄(集居点)排放的垃圾;集中收集和处理处置的村镇生活垃圾种类应限于家庭有毒有害垃圾和其他不可就地处置的生活垃圾。

3.3 村镇室内空气污染防治

村庄和村镇的空气污染应重点针对村民居住环境的室内空气污染控制。室内空气污染防治的有效策略在于改革农村居民的燃料结构，废除落后的农户直燃柴灶，发展清洁能源和节能炉灶。包括：民用型煤、低污染燃煤炉、节柴灶、节能炕连灶，以及沼气、太阳能等新能源的使用。

4 村镇生活污染防治最佳可行技术

4.1 村镇生活污水污染防治最佳可行技术

4.1.1 村镇生活污水污染防治最佳可行技术路线

4.1.1.1 村镇生活污水污染防治的主要任务包括污水的收集、处理与利用。村镇生活污水污染防治应优先考虑因地制宜地进行污水的收集、处理和利用，应积极实行污水的资源化利用，在村镇内削减污染负荷，并严格控制污染物向水体环境的排放。

4.1.1.2 为提高污水处理效率，有条件的地方应实行黑水与灰水的分离，分别收集并进行粪便处理；黑水处理排出的上清液宜与厨房炊事、洗衣和洗浴等灰水混合成生活污水，经处理后可农业利用或达标排放。

4.1.1.3 生活污水的处理应优先选择适用于村庄和村镇的污水简易处理工艺；处理出水应以就地利用消纳为主，达到相应排放要求后可回用于农灌、绿化及其他用途。

4.1.1.4 没有条件实现黑水、灰水分离的村庄和村镇，对黑灰混合的生活污水处理应采用具有较高处理效率的污水处理标准技术，处理出水可根据水质和当地环境情况进行就地消纳、回用或排入水体。

4.1.1.5 居住分散的农户可采用庭院式污水处理系统进行就地收集、处理；居住相对集中的若干农户，可在庭院式污水收集系统基础上实行多户连片的污水收集、处理系统；人口密集的村镇、集镇、村庄，可在多户连片收集系统的基础上，建立污水集中收集、处理系统；生活污水处理系统的处理后出水可根据出水水质及当地环境情况进行农灌回用、就地利用消纳或排入环境水体。

4.1.2 村镇生活污水污染防治最佳可行技术体系

4.1.2.1 本指南针对村镇生活污水污染防治提出了三类收集系统和三类（9 种）生活污水污染防治最佳可行单元技术，不同收集系统与相对应的可供选用的生活污水污染防治最佳可行单元技术见图 4。

4.1.2.2 根据地区污水处理排放的环境要求，可以仅选用某一生活污水污染防治最佳可行单元技术，也可对三类单元技术进行工艺组合，从而形成村镇生活污水污染防治最佳可行工艺组合技术。

4.1.3 村镇生活污水污染防治最佳可行单元技术

4.1.3.1 三格式化粪池法

（1）技术说明

三格式化粪池是利用重力沉降和厌氧发酵原理，对粪便污染物进行沉淀、消解的污水处理设施。沉淀粪便通过厌氧消化，使有机物分解，易腐败的新鲜粪便转化为稳定的熟污泥。上清液作为化粪池的出水应进入灰水处理系统进一步处理。

三格式化粪池厌氧运行，不消耗动力，适用于水冲式厕所产生的高浓度粪便污水及家庭圈养禽畜产生的粪尿污水的预处理。

（2）最佳可行工艺参数

污水在三格式化粪池中的停留时间应根据污水量确定，水力停留时间（HRT）宜采用 12～24h。污泥清淘周期应根据污水温度和当地气候条件确定，宜采用 3～12 个月。

化粪池有效深度不小于 1.3m，宽度不小于 0.75m，长度不小于 1.0m，圆形化粪池直径不小于 1.0m。

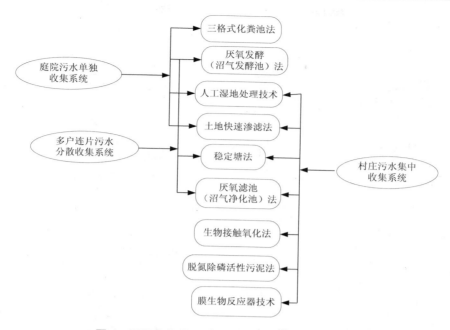

图4　不同收集系统可供选择的污水处理单元技术

（3）污染物削减及排放

三格式化粪池对污染物的去除效率。COD：40%～50%；SS：60%～70%；动植物油：80%～90%；致病菌寄生虫卵：不小于95%；TN：不大于10%；TP：不大于20%。

化粪池处理后出水仍然含有污染物质，不宜直接排入水体，须进入灰水处理系统进一步处理，达到排放要求后方可排入环境水体，如符合农业用水标准可用于农业灌溉。

（4）二次污染及防治措施

在血吸虫病和其他传染病流行地区应进行粪便消毒处理。

（5）技术经济适用性

三格式化粪池投资成本为500～800元/户（个）。化粪池只需农户自行定期清掏，污泥可堆肥，日常运行管理不产生费用。

4.1.3.2　厌氧发酵（沼气发酵池）法

（1）技术说明

厌氧发酵又称为沼气发酵，是指含有大量有机质的污水、污泥和粪便，在一定的温度和厌氧条件下，通过微生物的分解代谢，最终生成甲烷和二氧化碳等气体（沼气）的生物化学过程。

农村建设庭院独户沼气池或多户连片沼气发酵池可参照《沼气工程技术规范》（NY/T1220.1～5—2006）设计和管理。沼气发酵池产生的沼液和沼渣收集后可作为肥料使用。

该技术适用于南方农村地区的人畜粪便及冲厕污水（黑水）的处理，当气温较低时可采取简易的保温措施（如覆盖稻草等），以保持厌氧发酵所需温度。

（2）最佳可行工艺参数

沼气池池型宜采用圆筒形水压式沼气池，沼气池池墙、池底和水压间可采用混凝土结构，拱盖可采用无模拱法砖砌筑。

沼气池容积可根据家庭人口和饲养畜禽数量确定，独户沼气发酵池容积宜为4～8m³，多户连片沼气发酵池容积应根据户数、服务人口和处理规模等情况确定。

沼气发酵池在自然温度下发酵运行时，平均产气率的设计参数可采用0.15m³/m³·d，最大投料量的设计值以不大于发酵池有效容积的90%为宜。

沼气池的主要技术参数如表 3 所示。

表 3 沼气发酵池主要技术参数

主要技术指标		设计与运行参数
产气压力	正常工作气压	≤800Pa 为宜
	池内最大气压	≤1200Pa 为宜
平均产气率（自然温度发酵）		0.15m³/m³·d
贮气池容积		昼夜产气量的 50%
最大投料量		≤发酵池有效池容的 90%
使用寿命		15～20 年

（3）污染物削减及排放

沼气发酵池对污染物的去除效率为 COD：40%～50%；SS：60%～70%；致病菌寄生虫卵不小于 95%。

沼气发酵池作为黑水预处理技术，处理出水仍需进一步处理，直至达标排放。

（4）二次污染及防治措施

沼气发酵池的副产物沼液可收集并作为液肥直接还田利用，沼渣经脱水和好氧发酵等无害化处置后可作为有机肥还田利用。沼液、沼渣不能及时还田时应妥善储存，避免流失进入环境。

（5）技术经济适用性

沼气池投资成本为 250～350 元/m³（池容积）；运行费用低于 0.10 元/m³（发酵料液）。

4.1.3.3 人工湿地处理技术

（1）技术说明

人工湿地技术是模仿天然湿地生态自净效应的一类污水处理工程净化技术，将污水有控制地投配到土壤—植物—微生物构成的复合系统中，污水在该系统内沿一定方向流动过程中，在土壤和耐湿植物联合作用下使污水得到净化处理。

通常采用潜流式人工湿地处理污水，处理后出水可就地利用，如用于庭院浇洒、苗圃、果园或绿地灌溉。人工湿地建设施工方便，构筑物和处理设备配置少；运行费用低廉。选择合适的植物品种还可以美化环境，改善景观。

该技术具体内容参照《人工湿地污水处理工程技术规范（HJ 2005—2010）》执行。

（2）最佳可行工艺参数

潜流式人工湿地的水力负荷为 3.3～8.2 cm/d，南方略高，北方略低；潜流湿地床层深度 0.6～1.0m；水力坡度 0.01～0.02，坡向出水一端；湿地床层自下而上各层填料的分布为：夯实黏土、防水土工膜、土壤、不同粒径和功能的砾石级配区、表层种植土。

（3）污染物削减及排放

人工湿地处理灰水的污染物去除效率 COD：40%～60%，SS：80%～90%，BOD：60%～80%，TN：30%～40%，TP：50%～70%。

处理后出水宜就地利用，如用于庭院浇洒、苗圃、果园或绿地灌溉。

（4）二次污染及防治措施

湿地运行过程中产生的沉淀物、截留物以及剥落的生物膜，需要定期排出。人工湿地种植的植物衰败后应及时收割。

（5）技术经济适用性

人工湿地投资成本为 300～500 元/吨水，运行费用低于 0.1 元/吨水。该技术适用于有较大空闲土地或者坑洼的地区，进行灰水处理或二级生物处理出水的再处理；可应用于农村庭院污水处理系统、小型分散污水处理系统。人工湿地适用于实行黑水与灰水分离的灰水处理，且有土地可以利用、最高地下水位大于 1.0m 的地区，南、北方均适用。湿地应远离地表、地下水源保护区。

4.1.3.4　土地快速渗滤法

（1）技术说明

土地快速渗滤法是将污水有控制地投配到具有良好渗透性能的土地渗滤床，在污水向下渗滤的过程中，通过过滤、沉淀、氧化、还原以及生物氧化、硝化、反硝化等一系列作用，使污水得到净化。

（2）最佳可行工艺参数

土地快速渗滤处理系统应根据应用场地的土质条件进行土壤颗粒组成、土壤有机质含量等调整，使土壤渗透系数达到 0.36～0.6 m/d；淹水期与干化期比值应小于 1，寒冷地区冬季应采用较长的休灌期，淹水期与干化期比值，一般为 0.2～0.3；渗滤层深度 1.5～2m，渗滤池的深度或围堤的高度应比污水设计深度至少多出 30cm，以便有较大的调节余地；年水力负荷为 5～120m³/m² 年。

（3）污染物削减及排放

土地快速渗滤系统对污染物的去除效率 COD：40%～55%，SS：不小于 90%，BOD：55%～75%，TN：40%～50%，NH_3-N：40%～60%，TP：50%～60%。

该系统对环境影响较小，处理出水达到相关标准后可直接用于农田、苗圃、绿地灌溉。

（4）二次污染及防治措施

该工艺不需投加药剂，主要通过生化作用处理污水，不造成二次污染。快速渗滤应因地制宜地采用防渗措施。在集中供水水源防护带、含水层露头地区、裂隙性岩层和熔岩地区，不得使用土地处理系统。

（5）技术经济适用性

土地快速渗滤处理系统投资成本为 300～800 元/吨水，运行费用低于 0.1 元/吨水。

该系统基本不消耗动力，管理简便，操作简单。

该技术适合于有可供利用的渗透性能良好的砂土、沙质土壤或河滩等场地条件，地下水水位大于 1.5m 的地区，进行灰水处理或二级生物处理出水的再处理；可应用于农村庭院污水处理系统、小型分散污水处理系统和大型集中污水处理系统。

4.1.3.5　稳定塘法

（1）技术说明

稳定塘是经过人工修整，设置围堤和防渗层的池塘，主要依靠水生生物自然净化原理降解污水中有机污染物。

稳定塘可充分利用地形，构造简单，无需复杂的机械设备和装置，建设费用低；利用自然充氧，不需要消耗动力，运行费用低廉；产生污泥量少，能承受污水水量大范围的波动；处理出水可直接用于农田、苗圃、绿地灌溉。

（2）最佳可行工艺参数

稳定塘工艺调节池水力停留时间为 12～24h；水力停留时间为 4～10d；有效水深为 1.5～2.5m。

为改善稳定塘的处理效果，美化环境，应在稳定塘内种植水生植物。同时可在塘中放养鱼类、田螺等水生生物。在常规稳定塘的基础上，向塘内投加生物膜填料，或进行鼓风曝气，或设置前置厌氧塘，可以强化稳定塘的处理效率。

（3）污染物削减及排放

稳定塘工艺对污染物的去除效率 COD：50%～65%，SS：50%～65%，BOD：55%～75%，TN：40%～50%，NH_3-N：30%～45%，TP：30%～40%。

处理后出水 COD 不大于 100mg/L，SS 不大于 30mg/L，可直接回用于农田灌溉。

（4）二次污染及防治措施

格栅截留物和调节池底泥应定期清理，注意及时打捞成熟、衰败的水生植物。

（5）技术经济适用性

稳定塘系统投资成本为 200～300 元/吨水，运行费用低于 0.1 元/吨水。

该系统消耗动力少，管理简便，操作简单。

该技术适用于经济欠发达，对水污染防治要求不高的农村地区，用于处理污染负荷不高的灰水，或二级生物处理出水的再处理；尤其适用于有废弃坑塘、洼地的农村。由于气候条件对稳定塘运行效果有一定影响，因此本工艺更适合在南方地区应用。

4.1.3.6 厌氧滤池（沼气净化池）法

（1）技术说明

污水厌氧滤池（沼气净化池）是一种装填滤料的厌氧反应器。厌氧微生物以生物膜的形式生长在滤料表面，污水通过淹没的滤料床，在生物膜的吸附、代谢和滤料的截留作用下，污水中有机污染物得以分解和去除。

（2）最佳可行工艺参数

生活污水厌氧滤池（沼气净化池）的总水力停留时间为 1～2d；前处理区宜组合两级厌氧发酵池，池容占总有效池容的 50%～70%。后处理区应为折流式厌氧生物滤池，宜分为四格，均与大气相通，均安放半软性填料，或安装其他高效填料；填料体积宜为后处理区容积的 30%～70%；污水发酵池进水管道最小设计坡度宜为 0.04，进出水液位差应根据填料形式确定，但不宜小于 60mm。后处理区厌氧滤池应设通风孔，孔径不宜小于 100mm。

为保证污水沼气净化池正常运行，要求冬季水温保持在 10～12℃以上。

（3）污染物削减及排放

生活污水厌氧滤池（沼气净化池）对污染物的去除效率 COD：75%～80%，SS：70%～90%，BOD：80%～90%，寄生虫卵去除量不小于 95 个/L。

（4）二次污染及防治措施

厌氧滤池（沼气净化池）产生的污泥应定期清理。产生的沼气要及时处置，有条件的地区可以考虑沼气收集与利用。

（5）技术经济适用性

该系统建设投资为 1200～1500 元/吨水。运行费低于 0.20 元/吨污水。该技术适用于庭院污水处理系统、多户连片污水处理系统和小型集中处理系统的生活污水处理，也适用于普及水冲式厕所的地区，水冲式厕所产生的黑水可直接进入该处理系统。该系统无需曝气，除进水外基本不消耗动力，运行费用低，建设投资省，适宜在农村推广。处理后出水可直接用于农田、苗圃、绿地灌溉。

4.1.3.7 生物接触氧化法

（1）技术说明

生物接触氧化技术属生物膜法处理技术，由填料和曝气系统两部分组成。在填料表面形成生物膜，污染物通过微生物分解去除，出水经沉淀池固液分离后排出。

该技术动力消耗主要来自好氧池的充氧。出水可直接回用于农田灌溉，或排入水体。

该技术具体内容参照《生物接触氧化法污水处理工程技术规范（HJ 2009—2011）》执行。

（2）最佳可行工艺参数

污水在生物接触氧化池内的停留时间宜为 8～12h，填料宜采用立体弹性填料或组合填料，填料层高度宜为 2.5～3.5m，填料的填充率宜在 50%～70%之间，有效水深宜为 3～5m，超高不宜小于 0.5m。

出水采用堰式出水，出水堰的过堰负荷宜为 2.0～3.0L/s·m，池底应设排泥和放空设施。向池内通入的空气量应满足气水比 15∶1～20∶1。

（3）污染物削减及排放

生物接触氧化技术对污染物去除效率 COD：80%～90%，SS：70%～90%，BOD：85～95%，TN：30%～50%，NH₃-N：40%～60%，TP：20%～40%。

生物接触氧化法抗冲击负荷能力强，当进水氮磷污染物含量较高时，可与厌氧滤池组合使用。

（4）二次污染及防治措施

生物接触氧化一体化污水处理装置排泥量较活性污泥法减少 50%～70%。剩余活性污泥须经妥善处置。曝气鼓风机应加强减噪抗震措施。

（5）技术经济适用性

该技术通常与厌氧滤池形成地埋式组合工艺，用于对出水水质要求较高的村、镇污水集中处理。

小型生物接触氧化污水处理一体化系统的投资成本为 2000～2500 元/吨水，运行费用为 0.3～0.4 元/吨水。

该技术具有普适性。若后续增加人工湿地、土地快速渗滤或污水稳定塘等处理系统，则适用于环境敏感地区或对出水有更高环境要求地区的生活污水处理。

4.1.3.8 脱氮除磷活性污泥法

（1）技术说明

脱氮除磷活性污泥法具有多种不同工艺，各类活性污泥法均具有相当高的有机污染物去除效率，适合村镇使用的作为一体化装置的活性污泥法是序批式活性污泥法（SBR）、厌氧—缺氧—好氧活性污泥法（A²O）。

本技术具体技术内容参照《厌氧—缺氧—好氧活性污泥法污水处理工程技术规范（HJ 576—2010）》、《序批式活性污泥法污水处理工程技术规范（HJ 577—2010）》、《氧化沟活性污泥法污水处理工程技术规范（HJ 578—2010）》、《升流式厌氧污泥床反应器污水处理工程技术规范（HJ 2013—2012）》执行。

（2）最佳可行工艺参数

进水水温 12℃～35℃，进水 pH 值 6～9，营养组合比（五日生化需氧量∶氮∶磷）为 100∶5∶1，反应池 BOD₅ 污泥负荷 0.06～0.20 kg BOD₅/（kgMLVSS·d）或 0.04～0.13 kg BOD₅/（kg MLSS·d），反应池混合液悬浮固体平均浓度 3.0～5.0kgMLSS/m³，TN 负荷率不高于 0.05kgTN/（kgMLSS·d），缺氧水力停留时间占反应时间比例 20%，好氧水力停留时间占反应时间比例 80%，总水力停留时间 15～30h，需氧量 0.7～1.1kgO₂/kgBOD₅，活性污泥容积指数 70～140mL/g，充水比 0.30～0.35。

（3）污染物削减及排放

脱氮除磷活性污泥法污水处理工艺的污染物去除率 COD：80%～90%，BOD：85%～95%，SS：70%～90%。

脱氮除磷活性污泥法污水处理工艺的处理出水水质通常可以满足 COD：不大于 60mg/L，BOD：不大于 20mg/L，SS：不大于 20mg/L，TN：不大于 20mg/L，NH₃-N：不大于 8（15）mg/L（括号外数值为水温＞12℃时的控制指标，括号内数值为水温≤12℃时的控制指标），TP：不大于 1mg/L。

（4）二次污染及防治措施

剩余污泥应设置污泥池并定期清理，曝气鼓风机应加强减噪抗震措施。

（5）技术经济适用性

该技术适用于经济较发达，对水污染防治要求较高的农村地区，对于出水排入敏感地区尤为适用。

在处理设施为构筑物形式时，投资成本约为 1200～2000 元/吨水，采用小型一体化设备形式时，投资成本约为 2000～2500 元/吨水。

本技术适用于生活污水除磷脱氮处理。

4.1.3.9 膜生物反应器技术

（1）技术说明

膜生物反应器污水处理工艺（MBR）是以分离膜（通常采用超滤膜）为过滤介质，将生物降解反应与膜分离技术相结合，在一个反应器内完成生物反应和固液分离过程。

该技术具有处理效率高、出水水质好、设备紧凑、占地面积少、抗冲击负荷能力强，剩余污泥减少50%～70%，并可实现无人值守等优点。

该技术具体内容参照《膜生物法污水处理工程技术规范（HJ 2010—2011）》执行。

（2）最佳可行工艺参数

当调节池进水的动植物油含量大于50mg/L，矿物油大于3mg/L时，应设置除油装置。污水好氧生化处理，进水BOD_5/COD_{Cr}宜大于0.3。膜生物反应池进水pH值宜为6～9。污泥负荷Fw宜为0.1～0.4 kg/kg.d；MLSS宜为3～10 g/L；水力停留时间宜为4～8h。

（3）污染物削减及排放

处理后出水水质可以满足污水排放COD不大于60mg/L，BOD不大于20mg/L，SS不大于20mg/L，TN不大于20mg/L，NH_3-N不大于15mg/L，TP不大于1mg/L的要求。与厌氧滤池组合使用时，出水水质可以满足COD不大于50mg/L，BOD不大于10mg/L，SS不大于10mg/L，TN不大于15mg/L，NH_3-N不大于5（8）mg/L（括号外数值为水温＞12℃时的控制指标，括号内数值为水温≤12℃时的控制指标），TP不大于0.5mg/L的要求。

（4）二次污染及防治措施

剩余污泥应设置污泥池并定期清理，曝气鼓风机应加强减噪抗震措施。

（5）技术经济适用性

该技术适用于经济较发达、对水污染防治要求较高的地区，对于出水去向水体为水源保护区、环境敏感区的地区尤为适用。

MBR一体化装置的建设投资成本约为2500～3000元/吨水，运行费用0.6～1元/吨水。

4.1.4 村镇生活污水污染防治最佳可行单元技术的设计运行参数

村镇生活污水污染防治最佳可行单元技术可分为：庭院式黑水预处理技术（三格式化粪池和沼气发酵池）、人工生态灰水处理技术（人工湿地、土地快速渗滤、稳定塘）和二级生物处理技术（厌氧滤池、生物接触氧化法、脱氮除磷活性污泥法、膜生物反应器）三类。各类单元技术对于处理普通生活污水或其二级生物处理出水的具体性能和设计运行参数见表4。

表4　村镇生活污水污染防治最佳可行单元技术参数表

处理技术	主要技术指标	去除效率	适用范围
三格式化粪池	污水停留时间宜为12～24h；污泥清淘周期宜为3～12个月。化粪池有效深度不小于1.3m，宽度不小于0.75m，长度不小于1.0m	污染物去除效率 COD：40%～50%，SS：60%～70%，动植物油：80%～90%，致病菌寄生虫卵：不小于95%	农户庭院式污水处理系统黑水的预处理（水冲式厕所产生的高浓度粪便污水及家庭圈养禽畜产生的粪尿污水）
沼气发酵池	正常工作气压≤800Pa为宜；平均产气率0.15m³/m³·d；贮气池容积昼夜产气量的50%；最大投料量沼气池池容的90%	污染物去除效率 COD：40%～50%，SS：60%～70%，致病菌寄生虫卵：不小于95%	农户庭院式污水处理系统（气候温暖地区的黑水预处理）
人工湿地	水力负荷3.3～8.2 cm/d；潜流湿地床层深度0.6～1.0m；水力坡度0.01～0.02，坡向出水一端	污染物去除率COD：40%～60%；BOD：60%～80%；SS：80%～90%；TN：30%～40%；TP：50%～70%	各种规模的污水收集和处理系统的灰水处理。可实行黑、灰水分离且有土地可以利用、最高地下水位大于1.0m的地区

处理技术	主要技术指标	去除效率	适用范围
土地快速渗滤	土壤渗透系数达到 0.36～0.6m/d；淹水期与干化期比值应小于 1，淹水期与干化期比值为 0.2～0.3；渗滤层深度 1.5m～2m	污染物去除率 COD：40%～55%；BOD：55%～75%；SS≥90%；TN：40%～50%；NH_3-N：40%～60%；TP：50%～60%	各种规模的污水收集和处理系统的灰水处理。有渗透性能良好的砂土、沙质土壤或河滩，地下水水位大于 1.5m 的地区
稳定塘	调节池水力停留时间为 12～24 h；水力停留时间为 4～10d；有效水深为 1.5～2.5 m	污染物去除率 COD：50%～65%；BOD：55%～75%；SS：50%～65%；NH_3-N：30%～45%；TN：40%～50%；TP：30%～40%	多户连片污水收集系统和集中式污水收集系统。经济欠发达，环境要求不高的村镇地区，拥有坑塘、洼地的村镇
厌氧滤池	总水力停留时间 2～3d；前处理区池容占总有效池容的 50%～70%。后处理区安放填料；填料体积宜为后处理区容积的 30%～70%	污染物去除率 COD：75%～80%；BOD：80%～90%；SS：70%～90%；寄生虫卵≥95（个/L）	多户连片污水收集系统和集中式污水收集系统。普及水冲式厕所的地区
生物接触氧化法	污水停留时间宜为 3～4h，填料层高度宜为 2.5～3.5m，有效水深宜为 3～5m，向池内通入的空气量应满足气水比 5：1～20：1	污染物去除率 COD：80%～90%，BOD：85%～95%；SS：70%～90%；寄生虫卵≥95（个/L）。TN：30%～50%，NH3-N：40%～60%，TP：20%～40%	多户连片污水收集系统和集中式污水收集系统。处理出水水质要求较高的村、镇污水处理
脱氮除磷活性污泥法	进水水温 12～35℃，进水 pH 值为 6～9，营养组合比为 100：5：1，总水力停留时间 15～30h，需氧量 0.7～1.1 kgO_2/$kgBOD_5$，充水比 0.30～0.35	污染物去除率 COD：80%～90%；BOD：85%～95%；SS：70%～90%	多户连片污水收集系统和集中式污水收集系统；对于处理出水排入敏感地表水体的地区尤为适用
膜生物反应器	进水 pH 值宜为 6～9。污泥负荷 Fw 宜为 0.1～0.4 kg/kg.d；MLSS 宜为 3～10 g/L；水力停留时间宜为 4～8h	处理后排放浓度：BOD_5 不高于 20mg/L，COD_{Cr} 不高于 60mg/L，SS 不高于 20 mg/L，NH_3-N 不高于 15mg/L，TN 不高于 20mg/L，TP 不高于 1mg/L	多户连片污水收集系统和集中式污水收集系统；经济发达，对处理出水要求较高，排水去向为水源保护区和环境敏感区的地区尤为适用

4.1.5 村镇生活污水污染防治最佳可行单元技术的污水处理工艺组合

村镇生活污水处理最佳可行工艺技术见表 5。

表 5 村镇生活污水污染防治最佳可行工艺组合技术

序号	工艺组合技术	适用性与排放指标
1	三格式化粪池+人工湿地	农户庭院污水处理（污水排放 COD：不大于 100mg/L，BOD：不大于 30mg/L，SS：不大于 30mg/L，NH_3-N：不大于 25（30）mg/L，TP：不大于 3mg/L）
2	三格式化粪池+土地快速渗滤	
3	沼气发酵池+人工湿地	
4	沼气发酵池+土地快速渗滤	
5	三格式化粪池+厌氧滤池+人工湿地	多户连片污水处理和村镇集中式污水处理[污水排放 COD：不大于 60mg/L，BOD：不大于 20mg/L，SS：不大于 20mg/L，TN：不大于 20mg/L，NH_3-N：不大于 8（15）mg/L，TP：不大于 1mg/L]
6	三格式化粪池+厌氧滤池+土地快速渗滤	
7	三格式化粪池+厌氧滤池+稳定塘	
8	三格式化粪池+厌氧滤池+生物接触氧化	多户连片污水处理和村镇集中式污水处理[污水排放 COD：不大于 50mg/L，BOD：不大于 10mg/L，SS：不大于 10mg/L，TN：不大于 15mg/L，NH_3-N：不大于 5（8）mg/L，TP：不大于 0.5mg/L]
9	三格式化粪池+厌氧滤池+活性污泥法	
10	三格式化粪池+厌氧滤池+膜生物反应器	
11	三格式化粪池+厌氧滤池+生物接触氧化+人工湿地	多户连片污水处理和村镇集中式污水处理[污水排放 COD：不大于 30mg/L，BOD：不大于 5mg/L，SS：不大于 10mg/L，TN：不大于 10mg/L，NH_3-N：不大于 5mg/L，TP：不大于 0.5mg/L]
12	三格式化粪池+厌氧滤池+生物接触氧化+土地快速渗滤	
13	三格式化粪池+厌氧滤池+生物接触氧化+稳定塘	
14	三格式化粪池+脱氮除磷活性污泥法+人工湿地	
15	三格式化粪池+脱氮除磷活性污泥法+土地快速渗滤	
16	三格式化粪池+脱氮除磷活性污泥法+稳定塘	

4.1.6 村镇生活污水污染治理设施运行注意事项

4.1.6.1 水处理设施的所有构筑物均应做好防渗处理，避免污染地下水。鼓励采用生活污水处理组合式一体化装置。

4.1.6.2 格栅截留物、沉砂池浮渣、沉渣、池体底泥宜定期清理，采用简易堆肥进行无害化处置后，可作为农田或林地用肥。注意控制人工湿地、稳定塘中植物的密度，控制水生植物生长，同时宜及时打捞成熟、衰败的水生植物和捕捞鱼类。

4.1.6.3 人工湿地运行中必须注意避免堵塞。北方地区冬季需考虑对人工湿地、沼气净化池等采取保温措施，可采用秸秆覆盖的方式。为保证冬季的运行效果，宜适当延长污水水力停留时间。

4.1.6.4 土地渗滤处理设施，宜定期松土以防止土地渗滤床堵塞和板结。北方寒冷地区在冬季来临之前宜采取措施，使污水稳定、连续渗入。

4.1.6.5 厌氧发酵池宜保持较高的处理效率，每年应做大修维护，应定期检查气密性，应经常检查输气管道是否漏气和堵塞，并及时维修和更换。

4.2 村镇生活垃圾污染防治最佳可行技术

4.2.1 村镇生活垃圾污染防治最佳可行技术路线

4.2.1.1 村镇生活垃圾处理的技术原则

（1）在村镇居民和农户中普及垃圾分类；

（2）对无毒无害的生活垃圾坚持就地处置，使外运的生活垃圾量最小化；

（3）对无毒无害的生活垃圾有针对地采用低成本、低能耗的简易处理技术。

4.2.1.2 村镇生活垃圾分类处理途径示意图

村镇生活垃圾的最佳可行处理处置途径可化归为两类，即：就地处理或资源化回收类和外运集中处理类。村镇生活垃圾分类处理与处置技术途径见图5。

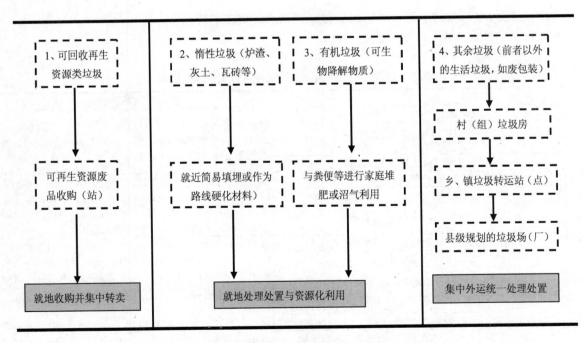

图 5 村镇生活垃圾分类处理与处置的最佳可行技术途径

4.2.2 村镇生活垃圾污染防治最佳可行技术

4.2.2.1 分拣与分类收集技术

（1）应按照村镇生活垃圾分类，加强对村镇居民和农户实施垃圾分类的教育和管理。

（2）应向村民发放垃圾分拣包装物并在小区和村庄设置不同颜色的垃圾分类收集箱。

（3）村镇生活垃圾的收集应做好密封和防渗漏，不宜使用露天垃圾槽堆存垃圾，有毒有害垃圾应采取妥善的收集、存放场所或装置。

4.2.2.2 简易填埋技术

（1）技术说明

简易填埋是针对村镇居民排放或废弃的炉渣、灰土和砖瓦等无毒无害的惰性垃圾，结合村镇生活垃圾处理实际需要，不考虑针对有机物腐败分解污染防治工程措施，进行堆存填埋的垃圾处理特别技术。

简易填埋处理可在县级垃圾处理规划指导下，由乡镇单位进行规划实施。

简易填埋垃圾不应混入包装类垃圾，如有混入，应严格控制在 5%以下。

符合环境管理要求的惰性垃圾可以作为村庄道路硬化的材料直接加以利用。

（2）最佳可行工艺参数

简易填埋处理场的最终处置目标，应结合造地进行林地复垦，实施植树造林。

简易填埋处理，可将垃圾堆高或填平低洼坑塘沟洞，垃圾堆高的高度或填平的深度控制 $\pm 10\,m$ 以内。

简易填埋处理一般采用自然防渗方式，应尽可能选择在土质抗渗透性强、土层厚、地下水位较深、远离居住和人口聚集区、地质较稳定的地方。

就地实施惰性垃圾简易填埋时，场址宜选在村庄主导风向下风向，应优先选用废弃坑地，应选择远离水源地和耕地的适合填埋的场所，如取水井周围，或河滩地等，不可设在村庄水源保护范围内。

（3）二次环境污染控制

惰性垃圾的填埋处置，应因地制宜地使用天然的廉价防渗材料，采用简易防渗处理技术（如铺设黏土层），防止对地下水和地表水的污染。

简易填埋场周围需设置简易的截洪、排水沟，防止雨水侵入。填埋作业时要坚持及时对垃圾覆土，并采取消毒、灭蝇措施。

（4）技术经济适用性

该技术适用于不可腐烂垃圾，包括燃煤炉渣、建筑灰土、废弃砖瓦等惰性垃圾的处理。填埋的惰性垃圾中混入的少量有机垃圾经过 1 年左右基本腐熟，经筛拣后可以作为改良土壤使用。必要时，场地可循环使用。

除了人工成本外，简易填埋处置基本无须建设投资。但应设专人负责填埋场地的日常管理，维护场地使用规则，保持场地环境卫生。

4.2.2.3 庭院堆肥（开放式好氧堆肥）资源化利用技术

（1）技术说明

庭院堆肥采用开放式好氧堆肥方法，可在庭院内圈围成 $1\,m^3$ 左右的空间，用于堆放可腐烂的有机垃圾，围栏材料可就地取材（如荆条、木条、钢筋或其他材料）。

（2）最佳可行工艺参数

简易式堆肥，堆高在 1.5m 左右，断面面积在 $1\,m^2$ 左右；堆肥时间一般 2～3 个月以上。堆肥场地可选择庭院内，用以消纳自家产生的有机垃圾和人畜粪便。堆肥装置底部可作防渗处理，再覆盖 0.1m 的碎石作导气层进行自然通风、供氧。

判断堆肥腐熟程度，可以根据其颜色、气味、秸秆硬度、堆肥浸出液、堆肥体积来判断。堆肥控制：碳氮比，20～30：1；腐化系数，为30%左右；堆肥的起始含水率，一般为50%～60%；密度为350～650kg/m³；含氧量，保持在5%～15%之间比较适宜。腐熟后的堆肥可自然风干，3～4周后即可作为有机肥直接利用。

独户家庭的堆肥处理装置，可就地取材（如木条、树木枝丫、砖石、钢筋或其他材料），在庭院或田间围成1m³左右的空间，用于堆放可堆肥的有机垃圾。堆肥时间一般2个月以上。

（3）消耗及污染物排放

有机垃圾集中堆肥过程中会产生恶臭，在庭院里进行家庭堆肥处理需要远离居室和水井，表面需用土覆盖，堆肥装置宜设在庭院角落；堆肥产生的渗滤液可用于堆肥拌料和就地利用于庭院种植施肥，堆垛应覆盖遮雨材料，防止雨水淋洗堆垛造成环境污染。

（4）技术经济适用性

与集中、大型的好氧堆肥系统相比，庭院式堆肥具有简便实用、无费用和实现源头减量化等特点。

该技术适用于村镇独户家庭产生的可生物降解的有机垃圾（可腐烂的垃圾）的无害化处理和资源化利用。

4.2.2.4 好氧堆肥资源化利用技术

（1）技术说明

好氧堆肥技术是利用微生物高温（不低于65℃）腐熟原理，将有机垃圾降解并转化为有机肥的过程，包括开放式好氧堆肥法和密闭式好氧堆肥法。

开放式好氧堆肥法采用机械或人工方式把堆肥物料堆成长条形或圆形的堆垛，借助翻垛的自然复氧，经过较长时间（2～3个月）堆腐，最终形成有机肥料。

密闭式好氧堆肥法相对于开放式好氧堆肥法而言是一种快速堆肥技术，通过采取强制通风和（或）机械翻堆方式提供堆肥的好氧条件，依靠微生物的吸收、氧化、分解作用，将有机类垃圾分解为植物可利用态，实现有机物稳定化、无害化的过程。

（2）最佳可行工艺参数

在堆肥过程中，微生物对有机物的好氧分解是在堆料间隙中垃圾颗粒表面的一层液态膜中进行的。改善垃圾颗粒间隙生态微环境的主要方法是控制堆体的碳氮比、含水率、温度、孔隙率等；碳氮比：25～40；含水率：40%～55%；含氧量：16%～18%；温度：55℃～65℃；pH值：6.5～7.5。

通常一次发酵时间为7～15天，二次发酵时间为15～30天，整个堆肥周期为30～45天。有机物经过堆肥腐熟后，可进一步加工成有机肥或有机无机复混肥。

（3）能耗及污染物排放

密闭式垃圾堆肥的能源消耗主要是采用机械方式翻堆的设备油耗或电耗，包括维持好氧状态的风机、堆肥物料的粉碎搅拌及自动控制等设备运转所消耗的电力资源。

密闭式垃圾堆肥过程中会产生恶臭气体，包含硫氢化合物、氮氢化合物、甲烷、二氧化碳等，此外，还会产生少量垃圾渗滤液。

（4）技术经济适用性

开放式好氧堆肥资源化利用技术适用于农村生活有机垃圾规模化集中式快速堆肥，处理可腐烂的有机生活垃圾、人畜粪便以及村镇生活污水处理产生的污泥等。产生的堆肥产品是肥效较好的优质有机肥，可施于各种土壤和作物。

堆肥场建设投资省，除需配备必要的垃圾运送、堆肥工具以及日常管理设施外，只需平整一块土地作为堆场。运行成本低，运行费主要是用于收集、分拣人工费、运输车辆油耗及少量清洁用水等；维护费仅用于运输车辆、收集容器、堆肥设施的维护，堆肥过程中无水、电、药耗等。

垃圾堆熟后，有机质结构、颗粒大小、含水率等指标更适合农用，可以生产复混有机肥，即将堆肥产品烘干、粉碎后按一定比例与磷酸铵、氯化钾、过磷酸钙等混合造粒后成为优质缓释复合肥。

4.2.2.5　厌氧发酵产沼气资源化利用技术

（1）技术说明

厌氧发酵产沼气法生活垃圾处理处置技术，与沼气发酵池法处理粪尿污水相同（详见 3.1.3.2），可对村庄单独收集的有机垃圾以及人畜禽粪便一并进行处理。

有机物质（如厨余垃圾、人畜家禽粪便、秸秆、杂草等）在一定的水分、温度和厌氧条件下，通过种类繁多、数量巨大、且功能不同的各类微生物的分解代谢，最终生成甲烷和二氧化碳等混合性气体（沼气）。

该技术具有过程可控、易操作、降解快、过程全封闭，回收利用率高等特点，人畜禽粪、作物秸秆、杂草菜叶、有机污水等都可以作为沼气发酵原料。厌氧消化技术在消纳大量有机废物的同时，可获得高质量的沼气，可作为村镇新能源，实现生物质能的多层次循环利用。

（2）最佳可行工艺参数

厌氧发酵池污泥浓度介于 10～30gvss/L 之间，原液 pH＝6～8，发酵过程有机酸浓度不超过 3000mg/L 为佳（以乙酸计）。当池温在 20℃以上时，产气率可达 0.4m³/m³·d；当池温不低于 15℃时，不低于 0.15m³/m³·d。

（3）能耗及污染物排放

发酵的能源消耗主要用于维持厌氧反应温度和污泥泵、污水泵（进出料系统）、搅拌设备和沼气压缩机等设备的运转。人及畜禽粪便配合一定比例的秸秆等含碳有机物，通过厌氧消化产生沼气，同时副产沼液、沼渣；沼液可直接还田利用，沼渣应进行高温好氧堆肥利用。

（4）技术经济适用性

该技术适用于餐余、人畜禽粪、秸秆、生活污水污泥等有机垃圾的集中处置。当气温较低时可采取保温措施以达到厌氧发酵温度要求。

4.2.2.6　生活垃圾集中处理处置技术

当具备集中运输条件，为了减少污染，应就近集中进行卫生填埋或焚烧处理。卫生填埋处理按照现行生活垃圾卫生填埋场有关标准执行，垃圾焚烧按照现行生活垃圾焚烧厂有关标准执行。

4.2.2.7　村镇生活垃圾污染防治最佳可行技术一览表

村镇生活垃圾污染防治最佳可行技术见表 6。

表 6　村镇生活垃圾污染防治最佳可行技术一览表

最佳可行处置技术	技术参数	适用范围
简易填埋处置技术	场址应选在工程地质条件稳定的地区，应远离村庄，应特别注意避开地质灾害容易发生的地区；垃圾中不允许混入包装类垃圾，应严格控制在 5%以下	炉渣，建筑垃圾、灰土等惰性垃圾填埋
简易（开放）式好氧堆肥资源化利用技术	堆肥腐熟程度根据其颜色、气味、秸秆硬度、堆肥浸出液、堆肥体积来判断。碳氮比：25∶1；腐化系数，为 30%左右；堆肥的起始含水率：50%～60%；含氧量：5%～15%；密度：350kg/m³～650kg/m³	农村生活有机垃圾的村庄集中堆肥或单个农户的庭院堆肥
密闭式高温好氧堆肥资源化利用技术	改善垃圾颗粒间隙生态微环境的主要方法是控制堆体的碳氮比、含水率、温度、孔隙率等；碳氮比：25～40；含水率：40%～55%；含氧量：16%～18%；温度：55℃～65℃；pH 值：6.5～7.5。通常一次发酵时间为 7～15 天，二次发酵时间为 15～30 天，整个堆肥周期为 30～45 天	有机垃圾处理处置规模较大时的村镇集中式垃圾堆肥
厌氧发酵产沼气资源化利用技术	污泥浓度介于 10～30gvss/L 之间，原液 pH＝6～8，发酵过程有机酸浓度不超过 3000mg/L 为佳（以乙酸计）。当池温在 20℃以上时，产气率可达 0.4m³/m³·d；当池温不低于 15℃时，不低于 0.15m³/m³·d	人畜禽粪、秸秆、有机污水、污泥等有机垃圾的集中处置

4.2.3 村镇生活垃圾污染治理设施运行注意事项

4.2.3.1 生活垃圾填埋场建设与管理，把握好场址选择、工程设计、二次污染防治等方面的技术关键。

4.2.3.2 加强对村民实施垃圾分类、分拣和筛选的技术培训和监督管理，控制分类垃圾的成分，建立专业化的生活垃圾分拣、分类和收集与转运的专业化队伍。

4.2.3.3 垃圾处理工艺过程中产生的渗滤液应优先循环利用，不能循环利用的渗滤液应统一收集处理，达标排放。工艺过程中产生的臭气应集中收集并进行除臭处理。

4.3 村镇生活空气污染防治最佳可行技术

4.3.1 村镇生活空气污染防治最佳可行技术路线

村镇生活空气污染防治的重点是减少室内空气污染，调整能源结构和改造用能设施则是减少室内空气污染的基本对策。

村镇能源结构调整应因地制宜地开发推广适合农村的清洁能源技术，包括：沼气、秸秆气等气体燃料和太阳能、微水电、风能等新能源。

改造用能设施应提高锅炉、炉灶、炕等燃烧设施设备的燃烧效率和热利用率，减少污染物产生并提高室内排烟效率，从而有效降低室内污染。

村镇生活空气污染防治途径及最佳技术组合如图6所示。

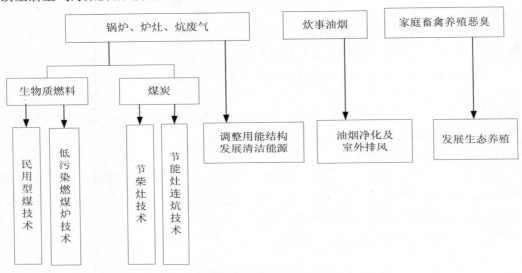

图7　村镇生活空气污染污染防治最佳技术组合

4.3.2 村镇生活空气污染防治最佳可行技术

4.3.2.1 型煤技术

民用型煤技术是将煤与一定比例的黏结剂（石灰、黏土等）、添加剂（包括固硫剂、固氟剂或固砷剂等）混合，加工成一定形状尺寸、并有一定理化性能的块状燃料。

燃用民用型煤安全系数高、高效洁净、使用方便，能有效减少污染、提高热效率，适用于以煤为主要燃料的农村。

4.3.2.2 低污染燃煤炉技术

高效低污染燃煤炉技术是对煤炉的燃烧室、进风口、炉箅等内部结构进行合理改造，加添保温材料、余热利用装置、抽风烟囱等，实现正、反烧和气化，减少煤炉在燃烧和传热过程中产生热量损失，提高热效率，减少空气污染物排放。

该技术具有节约能源，减少污染的作用，与型煤结合使用效果更好。适用于煤炭资源丰富、以煤为主要燃料的农村。

4.3.2.3 节柴灶技术

节柴灶技术是根据薪柴燃烧和热量传递原理，将旧式柴灶的灶膛、锅壁与灶膛之间相对距离与吊火高度、烟道和通风等的设计进行优化改造，并增加保温措施和余热利用装置等，使炉灶结构更合理，以达到提高燃烧效率，减少污染的效果。节柴灶结构改进的基本措施有：加设烟囱或改进烟囱位置；增加炉算，适当缩小灶门尺寸；合理设计燃烧室，适当降低吊火高度；增加拦火圈和回烟道，一般采用控制锅底和燃烧室上沿间的间隙（拦火间隙），使较多的烟气从灶门处较大的间隙进入回烟道。

该技术既省柴又省时间，并且使用方便，可在原柴灶的基础上进行改造，有施工简单，造价低等优点。适用于以秸秆、薪柴、牲畜粪便为主要生活燃料的农村地区，特别是比较贫困的农村。

4.3.2.4 节能炕连灶技术

节能炕连灶一般由柴灶、炕墙、炕内垫土、炕内烟道（炕洞）、进烟口、出烟口和炕面组成，其中灶的部分设计要点与节柴灶相似。典型的节能炕连灶有高效架空炕连灶，是一种非落地式的炕型，改革了炉膛、锅壁与炕膛之间相对距离、吊火高度、烟道等炕内结构，增设保温措施，提高余热利用效率，扩大火炕的受热面和散热面。

节能炕连灶不仅热效率高、污染低，而且温度适宜、安全卫生、外形美观。适用于以生物质为主要燃料的北方寒冷农村地区。

4.3.3 村镇生活空气污染防治最佳可行技术参数表

村镇生活空气污染防治最佳可行技术及其设计运行参数见表 7。

表 7　村镇生活空气污染防治最佳可行技术

最佳可行技术	适用条件	技术参数	
		热效率	节能减排效果
民用型煤技术	以煤为主要燃料的农村	结合高效炉具，民用型煤与散煤相比，炊事炉热效率可达 35%～40%，水暖炉热效率可达 65%～70%	烟气黑度小于 1 级，节煤 20%～30%，烟尘排放量减少 50%～60%，二氧化硫排放可减少 40%～50%（加固硫剂），一氧化碳排放减少 70%～80%
低污染燃煤炉技术	以煤为主要燃料的农村	结合民用型煤技术，炊事炉热效率可达 35%以上，水暖炉热效率在 65%以上	烟气黑度小于 1 级。污染物排放浓度较普通煤炉分别降低 SO_2 40%以上、CO 70%左右、PM_{10} 80%以上
节柴灶技术	以薪柴、秸秆等生物质为主要燃料的农村	节柴灶热效率可达 35%～40%	较老式柴灶减少 CO、PM_{10} 污染物排放 80%左右
节能炕连灶技术	以薪柴、秸秆等生物质为主要燃料且需要取暖的农村	炕灶综合热效率达到 70%以上	节能炕连灶较老式柴炕省柴约 70%；减少 CO、PM_{10} 等污染物排放达到 80%左右

4.3.4 村镇室内空气污染防治其他注意事项

4.3.4.1 民用燃煤锅炉、炉灶应使用符合环保要求的产品；

4.3.4.2 积极推广清洁燃料的使用，鼓励发展先进生物质能利用技术，减少温室气体产生；

4.3.4.3 调整能源结构，应依靠当地可获得的能源资源，选择多元化的能源结构和用能模式；

4.3.4.4 村民居室应保持通风，尤其是炊事期间，减少炉灶废气及炊事油烟对人体健康的危害；

4.3.4.5 加强村庄绿化，减少风沙，保持环境卫生和良好的空气环境；

4.3.4.6 减少家庭散养畜禽，鼓励人畜分离、发展畜禽集中养殖，集中治理畜禽养殖污染。

4.4 鼓励推广应用的村镇生活污染防治技术

4.4.1 分集式生态厕所

分集式生态厕所是源分离技术中的一种，通过将粪尿与污水分离，实现将粪便与尿液分离，可以大大降低污水处理的难度，并利于粪便综合利用。粪尿分集式生态厕所在使用后只需用少量水冲刷，基本无污水排放，可避免对地表（地下）水体的污染。收集的粪便可集中进行堆肥处理，分别制成液肥和固体肥可农田利用。

该技术适用于有粪尿利用习惯的地区，特别是农户分散、污水不易集中处理的村庄；干旱缺水地区宜优先采用粪尿分集式生态厕所。

4.4.2 兼氧膜生物反应器

兼氧（缺氧、好氧）膜生物反应器（MBR），把生物降解与膜分离相结合，以分离膜为过滤介质替代了传统的重力沉淀固液分离池，在一个反应器内完成生化反应和固液分离过程，从而改变了反应进程，提高了污泥龄和污泥浓度，水力停留时间不超过 4 小时，提高了反应效率和处理效果，减少了设施占地和污泥产生量。

该技术具有处理效率高、脱氮除磷效果好、出水水质好、池容小、设备紧凑、占地面积少、抗冲击负荷能力强，剩余污泥可大量减少并接近零排放，可实现无人操作等优点。

4.4.3 兼氧生物膜反应池

兼氧（缺氧、好氧）生物膜反应器采用高效生物膜填料，可大幅度增加生物量，提高反应速率和污染物去除效率，可以改变反应进程，提高污泥龄和污泥浓度，水力停留时间不超过 4 小时，提高反应效率和处理效果，减少占地和污泥产生量。

该技术具有处理效率高、脱氮除磷效果好、出水水质好、池容小、设备紧凑、占地面积少、抗冲击负荷能力强，剩余污泥可大量减少，可实现无人操作等优点。

4.4.4 有机垃圾干式厌氧消化技术

有机垃圾干式厌氧消化技术，又称为固体厌氧发酵工艺，主要针对含水率低的有机物，如农业垃圾或生活垃圾中有机物部分。厌氧消化（发酵）就是在特定的厌氧条件下，微生物将垃圾中的有机质进行分解，其中一部分转化为甲烷和二氧化碳。在这个转化过程中，被分解的有机碳化物中的能量大部分转化贮存在甲烷中，有机质转化为较为稳定的腐殖质。主要特点是在厌氧消化工艺过程中，由于进料垃圾的含水率较低，消化物料的含固率在 20%～40%之间。干法反应器与湿法反应器对比，湿法反应器含固率低，可以应用不同的前处理工艺，清除掉塑料等杂质，同时分离出细玻璃、石子等杂质；但是湿法反应器容易造成挥发份的流失，导致产气率较低。同时湿法相对于干法内部能耗大，一般达到总产能的 50%，而干法内部能耗只占总产能的 20%～30%。

4.4.5 生物质热解气化集中供气技术

生物质热解技术是生物质在缺氧或有限氧供给的条件下热降解为可燃气体、固体生物质炭和液体生物油三个组成部分的过程。热解法制气分为慢速热解、常规热解和闪速热解三种方式。目前达到在农村推广条件的是常规热解（也称为干馏）。该技术产气品质高，可满足国家人工制气的要求，一氧化碳含量一般小于 10%，燃气热值可达 $15000～17000kJ/Nm^3$，燃气使用具有较高的安全性。燃气净化采用一体化四级净化系统，可有效清除燃气中的灰分、水分及焦油等物质，使燃气灰分及焦油含量达到标准要求（小于 $10mg/m^3$），并将木焦油和木醋液分离成副产物，适合新型农村生物质气化站使用，易于运行维护。集中供气可有效减少农户室内空气污染，干净方便，适用于人口集中、经济条件较好且秸秆等生物质资源丰富的农村使用。

4.4.6 户用低排放生物质能技术

户用高效低排放生物质能技术主要指户用生物质高效低排放炉。生物质燃料在炉膛里燃烧，并进行合理配风，伴有气化成分，也称之为准气化炉，这种炉具二次风作用非常明显，一是补氧，二是进一步加强烟气的扰动，使燃烧更加充分。户用高效低排放生物质炉热效率应达到：炊事炉大于35%，炊事采暖炉大于 60%，采暖炉大于 65%；烟尘排放浓度小于 100mg/m³；SO_2 排放浓度小于 30mg/m³；NO_x 排放浓度小于 150mg/m³；CO 排放浓度小于 0.2%。具有火力好，结构简单，造价最低，容易操作等特点，适用于秸秆等生物质丰富的广大农村地区使用。

4.4.7 生物质成型燃料技术

生物质成型燃料技术是将具有一定粒度的农林废弃物（锯屑、稻壳、树枝、秸秆等）干燥后在一定的压力作用下（加热或不加热），连续挤压制成棒状、粒状、块状等各种成型燃料的加工工艺，有些致密成型技术还需要加入添加剂或黏结剂。生物质成型燃料性能较普通生物质有较大改善，具有以下特点：燃料结构致密，孔隙率低，密度远大于原生物质，密度可达 1t/m³ 左右，含水率在 20%以下；提高了燃烧效率，由秸秆直接燃烧的 10%～15%提高到 30%～40%；便于长期储存和长途运输，扩大了应用范围。

4.4.8 新能源利用技术

适用用于农村的新能源利用技术包括太阳能技术、风力发电技术和微水电技术等。目前我国农村使用的太阳能技术主要包括太阳能热水器、太阳灶及简易太阳房。风力发电技术主要用于解决电网覆盖不到的偏远农、牧区用电用能问题。微水电主要用于解决南方偏僻山区无电农民用电用能问题。

5 村镇生活污染防治技术应用中应注意的事项

5.1.1 根据村镇生活污染防治的发展趋势，探索乡镇和村镇及村庄的环境管理体制和环境污染治理运行管理机制。

5.1.2 可实行县（市）、乡镇、村庄一体化的环境污染治理设施专业化运行管理体制。县（市）环境保护行政管理部门对乡镇、村镇、村庄的环境保护设施进行统一监督管理，并根据当地村镇生活污染集中与分散治理的实际情况，建立环境保护设施运行监督管理制度，组建专业化的运行管理队伍，发展农村生活污染连片整治的监督管理技术。

5.1.3 有条件的地区宜引导和鼓励社会力量参与村镇的环境保护设施运行，逐步实现"服务专业化、运作市场化、管理物业化"。设施运行维护和管理的人员上岗前应经过专业技术培训。环境保护设施的运行管理，应建立健全人员培训、岗位责任、运行记录、运行监测报告等制度，制定设施运行操作规程和事故预防与应急措施。

5.1.4 应积极推进面向村镇居民的环保宣传教育，提高居民的环保意识，引导村镇居民依法、理性、有序、积极主动参与环境保护工作。

环 境 保 护 技 术 文 件

规模畜禽养殖场污染防治
最佳可行技术指南（试行）

Guideline on Best Available Technologies for Pollution Preventionand
Control of Livestock and Poultry Farms（on Trial）

环 境 保 护 部 发布

前　言

为贯彻执行《中华人民共和国环境保护法》，防治环境污染，完善环保技术工作体系，制定本指南。

本指南可作为畜禽养殖污染防治工作的参考技术资料。

本指南由环境保护部科技标准司提出并组织制订。

本指南起草单位：清华大学、北京市环境保护科学研究院、北京德青源农业科技股份有限公司。

本指南 2013 年 7 月 17 日由环境保护部批准、发布。

本指南由环境保护部解释。

1 总则

1.1 适用范围

本指南适用于规模畜禽养殖场，畜禽养殖类型以猪、牛、鸡三大类畜禽为主，其他畜禽养殖品种、养殖小区和养殖大户可参照采用。

1.2 术语和定义

本指南中规模养殖场是指经当地农业、工商等行政主管部门批准，具有一定规模的畜禽养殖场。按养殖规模将养殖场分为特大型（存栏大于 50000 头猪单位）、大型（存栏 10000～50000 头猪单位）、中型（存栏 2000～10000 头猪单位）和小型（存栏 500～2000 头猪单位），规模以猪单位（体重 90kg）计量（20 只蛋鸡折算成 1 头猪，35 只肉鸡折算成 1 头猪，1 头奶牛折算成 10 头猪，1 头肉牛折算成 7 头猪）。

2 畜禽养殖污染来源及主要环境影响

2.1 污染物的来源与特性

畜禽养殖生产的污染物包括固体污染物（粪便、病死畜禽尸体）、水污染物（养殖场废水）和大气污染物（恶臭气体）。其中养殖废水和粪便是主要污染物，具有产生量大、成分复杂等特点，其产生量、性质与畜禽养殖种类、养殖方式、养殖规模、生产工艺、管理水平、气候条件等有关。

2.1.1 固体废物污染

畜禽养殖产生的固体污染物主要包括畜禽粪便、垫料和病死畜禽尸体等，产生量及性质见表 1。

表 1 畜禽养殖主要固体污染物产生量及其性质

养殖种类	日排泄量/（kg/头）	COD/（mg/kg）	NH_3-N/（mg/kg）	TP/（mg/kg）	TN/（mg/kg）	TS/%
猪	1.0～3.0	67000	5200	4300	11000	10～15
奶牛	20～30	34000	3500	1400	4400	20
肉牛	15～20					
蛋鸡	0.08～0.15	45000	4800	4400	10000	25
肉鸡	0.02～0.10					

2.1.2 水污染

畜禽养殖废水主要包括尿液、冲洗水及少量生活污水，产生量及其性质见表 2。

表 2 畜禽养殖主要水污染物产生量及其性质

养殖种类	清粪方式	日产生量/（kg/头）	COD_{Cr}/（mg/L）	NH_3-N/（mg/L）	TP/（mg/L）	TN/（mg/L）	pH
猪	干清粪	10	2500～2770	230～290	35～50	320～420	6.3～7.5
	水冲粪	20	15600～46800	130～1780	30～290	140～1970	
牛	干清粪	20	920～1050	40～60	16～20	57～80	7.1～7.5
	水冲粪	50	6000～25000	300～1400	35～50	300～500	
鸡	干清粪	0.1～0.25	2740～10500	70～600	13～60	100～750	6.5～8.5

2.1.3 大气污染

畜禽养殖大气污染物主要来自畜禽粪尿、毛皮、饲料等含蛋白质废物厌氧分解产生的氨气、二甲基硫醚、三甲胺和硫化氢等臭味气体。

2.2 主要环境影响

畜禽养殖污染物中含有丰富的有机质、氮、磷、钾等各种微量元素和活性物质，可被资源化利用。但若处理利用不当，可导致面源污染；畜禽养殖污染物含有大量寄生虫卵、病原微生物等病原体，易导致人畜疾病传播；同时，畜禽养殖所产生的臭气如处理不当，也会对环境造成污染。

3 畜禽养殖污染防治技术

3.1 畜禽养殖污染预防技术

3.1.1 畜禽科学饲喂技术

采用培育优良品种、科学饲养、科学配料、使用无公害绿色添加剂等措施，并利用高新技术改变饲料品质及物理形态（如生物制剂处理技术、饲料颗粒化、饲料热喷技术），提高畜禽饲料的利用率（尤其是氮的利用率），降低畜禽排泄物中氮的含量及恶臭气体的排放。

科学配料畜禽养殖饲料应采用合理配方，在饲料中补充合成氨基酸，提高蛋白质及其他营养的吸收效率，减少氨气排放量和粪便的产生量。

科学饲养分阶段饲喂，即用不同养分组成的日粮饲喂不同生长发育阶段的畜禽，使日粮养分更接近畜禽的需要，可避免养分的浪费和对环境的污染。

使用无公害绿色添加剂畜禽养殖饲料中添加微生物制剂、酶制剂和植物提取液等活性物质，可减少污染物排放和恶臭气体的产生。

3.1.2 干清粪技术

干清粪技术是指畜禽排放的粪便一经产生便通过机械或人工收集、清除，尿液、残余粪便及冲洗水则从排污道排出的清粪方式，根据养殖场规模情况可选择人工或机械清粪工艺。

人工清粪就是利用清扫工具人工将畜禽舍内的粪便清扫收集。该技术具有设备简单、能耗低、投资少等优点，但劳动量大，生产效率低。

机械清粪指采用专用的机械设备进行清粪。机械清粪效率高，但一次性投资较大，运行维护费用较高。

3.1.3 病死畜禽尸体的处理与处置

采用厌氧发酵技术的养殖场可采用高温灭菌方法，将畜禽尸体破碎后进入沼气发酵反应器。

对于未采用厌氧发酵技术的大型养殖场或在养殖密集区的大型养殖场应集中设置焚烧设施，同时焚烧产生的烟气应采取有效的净化措施，防止烟尘、一氧化碳、恶臭等对周围大气环境的污染。

不具备上述条件的养殖场应设置安全填埋井。

3.1.4 养殖场臭气污染控制技术

3.1.4.1 物理除臭技术

向粪便或舍内投（铺）放吸附剂减少臭气的散发。可采用沸石、锯末、膨润土以及秸秆、泥炭等含纤维素和木质素较多的材料。

3.1.4.2 化学除臭技术

向养殖场区和粪污处理厂（站）投加或喷洒化学除臭剂防止臭气的产生。可采用双氧水、次氯酸钠、臭氧等不含重金属的化学氧化剂。

3.1.4.3 生物除臭技术

即微生物降解技术，利用生长在滤料上的除臭微生物对硫化氢、二氧化硫、氨气以及其他挥发性恶臭物进行降解。生物除臭包括生物过滤法和生物洗涤法等。

3.2 畜禽粪便堆肥发酵技术

3.2.1 技术原理

堆肥发酵是指在有氧条件下，微生物通过自身的生物代谢活动，对一部分有机物进行分解代谢，以获得生物生长、活动所需要的能量，把另一部分有机物转化合成新的细胞物质，使微生物生长繁殖，产生更多的生物体；同时好氧反应释放的热量形成高温（＞55℃）杀死病原微生物，从而实现畜禽粪便减量化、稳定化和无害化的过程。

3.2.2 工艺流程及产污环节

堆肥发酵过程通常包括前处理、好氧发酵、后处理和贮存等环节。发酵前需与发酵菌剂、秸秆混合，同时调节水分、碳氮比等指标，发酵过程中不断进行翻堆，从而促使其腐熟。堆肥工艺流程及产污环节见图1。

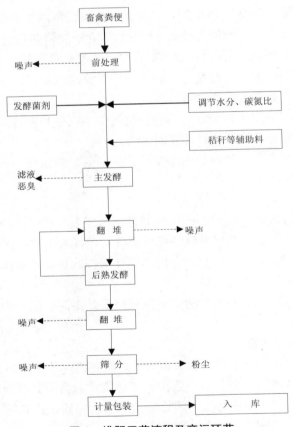

图1 堆肥工艺流程及产污环节

3.2.3 工艺类型及技术经济适用性

3.2.3.1 自然堆肥

自然堆肥是指在自然条件下将粪便拌匀摊晒，降低物料含水率，同时在好氧菌的作用下进行发酵腐熟。

该技术投资小、易操作、成本低。但处理规模小、占地大、干燥时间长，易受天气影响，且堆肥时产生臭味、渗滤液等环境污染。

该技术适用于有条件的小型养殖场。

3.2.3.2 条垛式主动供氧堆肥

条垛式主动供氧堆肥是将混合堆肥物料成条垛式堆放，通过人工或机械设备对物料进行不定期的翻堆，通过翻堆实现供氧。为加快发酵速度，可在垛底设置穿孔通风管，利用鼓风机进行强制通风。条垛的高度、宽度和形状取决于物料的性质和翻堆设备的类型。

该技术成本低。但占地面积较大，处理时间长，易受天气的影响，易对大气及地表水造成污染。

该技术适用于中小型畜禽养殖场。

3.2.3.3 机械翻堆堆肥

机械翻堆堆肥是利用搅拌机或人工翻堆机对肥堆进行通风排湿，使粪污均匀接触空气，粪便利用好氧菌进行发酵，并使堆肥物料迅速分解，防止臭气产生。

该技术操作简单，生产环境较好。但一次性投资较大，运行费用较高。

该技术适用于大中型养殖场。

3.2.3.4 转筒式堆肥

转筒式堆肥是指在可控的旋转速度下，物料从上部投加，从下部排出，物料不断滚动从而形成好氧的环境来完成堆肥。

该技术自动化程度较高，生产环境较好。但一次性投资较大，运行费用较高。

适用于中小型养殖场。

3.2.4 消耗及污染物排放

好氧堆肥能耗由于原料成分、处理规模及配备装置不同而有较大差异，条垛式堆肥能耗通常为 $1\sim7\ kW\cdot h/m^3$ 发酵产品；机械翻堆式堆肥能耗通常为 $5\sim15\ kW\cdot h/m^3$ 发酵产品。

好氧发酵微生物对有机质进行分解时产生恶臭气体，主要包括氨、硫化氢、甲基硫醇以及烷烃类气体。好氧发酵的翻堆和通风过程中会产生粉尘。

好氧发酵过程产生的滤液中通常化学需氧量（COD_{Cr}）浓度为 2000～6000mg/L，五日生化需氧量（BOD_5）浓度为 800～4500mg/L。好氧发酵过程中的噪声主要来源为前处理设备、翻堆设备和通风设备，设备噪声为 70～85dB（A）。

3.3 畜禽养殖生物发酵床技术

3.3.1 技术原理

生物发酵床技术是按一定比例将发酵菌种与秸秆、锯末、稻壳以及辅助材料等混合，通过发酵形成有机垫料，将有机垫料置于特殊设计的猪舍内，利用微生物对粪便进行降解、吸氨固氮而形成有机肥。

3.3.2 工艺流程及产污环节

首先利用高效复合微生物菌，按一定比例将菌种、锯末以及一定量的辅助材料混合、发酵形成有机垫料，将有机垫料填充到经过特殊设计的猪舍里。猪长期生活在有机垫料上，猪的排泄物能够与有机垫料充分混合，并被微生物迅速降解、消化为有机肥料。工艺流程见图2。

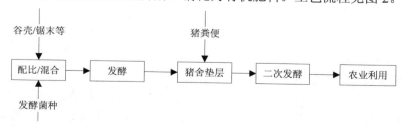

图 2　生物发酵床工艺流程

3.3.3 工艺类型与技术经济适用性

该技术能使猪粪尿在猪圈内充分降解，养殖过程无污染物排放，能够实现养殖过程清洁生产。与传统方法相比，具有操作简单、节约水资源等优点，适用于中小型养猪场。发酵床按建设模式不同可分为地上式、地下式和半地下式。

地上式发酵床优点是能够保持猪舍干燥，防止高地下水位地区雨季返潮，但建设成本较高，适用于南方地区以及江、河、湖、海等地下水位较高的地区；地下式发酵床优点是建设成本相对较低、保温性能好，但透气性较差，且日常养护成本较高，适用于北方干燥或地下水位较低的地区。

3.4 畜禽养殖粪污厌氧消化及发酵产物综合利用技术

3.4.1 技术原理

畜禽粪污厌氧消化技术是指在厌氧条件下，通过微生物作用将畜禽粪污中的有机物转化为沼气的技术。该技术可降低畜禽粪污中有机物的含量，并可产生沼气作为清洁能源。发酵后的沼气经脱硫脱水后可通过发电、直燃等方式实现利用，沼液、沼渣等可以作为农用肥料回田。

3.4.2 工艺流程及产污环节

畜禽粪污经匀浆池（或调节池）调节水质水量后，提升到厌氧消化池。厌氧消化池产生的沼气经净化后再利用，出料经固液分离后，沼渣可制备有机肥后回田利用，沼液除部分回流外，其余部分可作为液体肥料利用或进一步处理，畜禽粪污厌氧消化工艺流程及产污环节见图3。

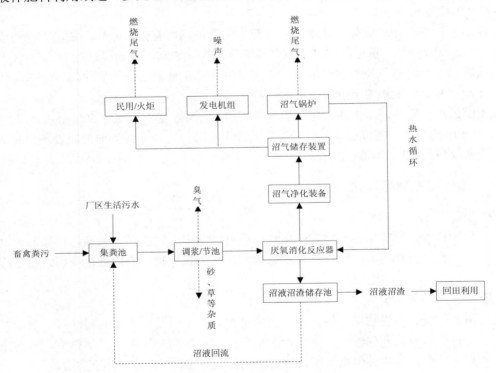

图3 厌氧消化工艺流程及产污环节

3.4.3 工艺类型及技术适用性

3.4.3.1 连续搅拌反应器（CSTR）技术

连续搅拌反应器技术是指在一个密闭厌氧消化池内完成料液的发酵、产生沼气的技术。发酵原料的含固率通常在8%左右，通过搅拌使物料和微生物处于完全混合状态，一般采用机械搅拌。投料方式可采用连续投料或半连续投料方式，反应器一般运行在中温条件（35℃左右），在中温条件下的停留时间为 20～30d。

该技术可以处理高悬浮固体含量的原料，消化器内物料均匀分布，避免了分层状态，增加了物料和微生物接触的机会。该工艺处理能力大，产气效率较高，便于管理，适用于大型和超大型沼气工程。

3.4.3.2 升流式固体厌氧反应器（USR）技术

升流式固体厌氧反应器技术是指原料从底部进入反应器内，与反应器里的厌氧微生物接触，使原料得到快速消化的技术。未消化的有机物和厌氧微生物靠自然沉降滞留于反应器内，消化后的上清液从反应器上部溢出，使固体与微生物停留时间高于水力停留时间，从而提高了反应器的效率。USR 技术对布水均匀性要求较高，需设置布水器（管）。为了防止反应器顶部液位高度发生结壳现象，建议在反应器顶部设置破壳装置。USR 运行温度与停留时间与 CSTR 基本相同，目前国内多采用中温发酵。

该技术优点是处理效率较高，管理简单，运行成本低，适用于中、小型沼气工程。

3.4.3.3 升流式厌氧污泥床（UASB）技术

UASB 由反应区、气液固三相分离器（包括沉淀区）和气室三部分组成。在反应区内存留大量厌氧污泥。污水从厌氧污泥床底部流入，与反应区中的污泥进行混合接触，污泥中的微生物将有机物转化为沼气。污泥、气泡和水一起上升进入三相分离器实现分离。同时，由于畜禽养殖废水中悬浮物含量较高，因此畜禽养殖废水 UASB 有机负荷不宜过高，采用中温发酵时，通常为 5kgCOD/m³·d 左右。

该技术优点是反应器内污泥浓度高，有机负荷高，水力停留时间长，无需混合搅拌设备。缺点是进水中悬浮物需要适当控制，不宜过高，一般在 1500mg/L 以下；对水质和负荷突然变化较敏感，耐冲击力稍差。适用于大中型养殖场污水处理的预处理。

3.4.3.4 沼气脱硫技术

畜禽粪污发酵所产生的沼气中含硫量通常为 0.1%～0.6%，沼气需经过脱硫处理后方可利用。沼气脱硫技术通常包括干法脱硫、湿法脱硫、生物脱硫三类。

干法脱硫是指沼气通过活性炭、氧化铁等构成的填料层，使硫化氢氧化成单质硫或硫氧化物的一种方法。

湿法脱硫是将沼气与添加了催化剂的碱性溶液，或溶解态的脱硫剂充分混合，将硫化氢脱除。

生物脱硫是在生物的作用下，将硫化氢氧化成单质硫、亚硫酸的一种方法。

干法脱硫结构简单，使用方便，工作过程中无需人员值守，但运行费用偏高。湿法脱硫设备可长期连续运行，运行费用相对较低，但工艺复杂，需要专人值守和定期保养。生物脱硫不需催化剂和氧化剂，不需处理化学污泥，能耗低，并可回收单质硫，处理效率高，缺点是过程不易控制，条件要求苛刻。

3.4.3.5 沼气脱水技术

畜禽粪污发酵所产生的粗沼气中含水量很高，沼气均需经过脱除水分后方可利用。常见的脱水方法有冷分离法、溶剂吸收法、固体物理吸水法。

冷分离法是利用压力能变化引起温度变化，使水蒸气从气相中冷凝下来的方法。

溶剂吸收法是利用氯化钙、氯化锂及甘醇类等脱水溶剂实现对水的吸收。

固体物理吸水法是通过固体表面力作用实现水分的脱除。

沼气脱水技术处理效率较高，且投资和运行成本均较低，目前多选用冷分离法脱水。

3.4.3.6 沼气热电联产技术

沼气热电联产技术是指利用以沼气为燃料的发电机组，以及配套的余热回收系统，将沼气转化为电能和热能的技术。一般沼气 30%～40%可利用的能量以电能形式回收，1Nm³ 沼气发电 1.5～

2.0kW·h。剩余能量大部分以热能形式回收，一般占沼气40%～50%可利用的能量。

该技术适用于大中型养殖场发电自用或发电并网，发电前需对沼气进行脱硫、脱水处理。

3.4.3.7 沼气直燃技术

沼气直燃技术是指采用沼气直接燃烧以产生热能，通过锅炉或专用灶具实现沼气能量的利用。该技术适用于中小型养殖场或沼气工程沼气自用或居民集中供气，利用前需对沼气进行脱硫、脱水处理。

3.4.3.8 沼渣、沼液土地利用技术

沼渣、沼液养分含量较为全面，含有丰富的氮、磷、钾、钙、镁、硫等微量元素以及各种水解酶、有机酸和腐殖酸等生物活性物质，具有刺激作物生长、增强作物抗逆性及改善产品品质的作用，是优质的有机肥料，可广泛应用于农业、园林绿化、林地、土壤修复和改良等领域。

3.4.4 消耗及污染物排放

中温厌氧发酵对有机物的降解率通常可以达到50%以上，畜禽粪污厌氧消化会产生沼气，通常产气能力为0.2～0.4L/kgTS，沼气中甲烷含量为50%～70%，二氧化碳含量为30%～50%，硫化氢含量为0.1%～0.6%。畜禽粪污厌氧消化能耗主要用于维持厌氧反应温度及维持泵、搅拌等设备运转。其中搅拌的能耗水平取决于厌氧消化搅拌方式，通常为0.005～0.008kW·h/m³。沼渣、沼液利用过程的主要能源消耗来自固液分离设备、泵等驱动力消耗。沼气净化与综合利用过程的能耗主要用于维持各级设备的运转，如风机等。沼气净化与综合利用过程的消耗主要包括脱硫剂、脱水剂、脱碳溶剂等。

发酵产物沼渣、沼液体积较大，含固率较高，通常在1%～2%之间，并且沼液中含有大量未降解的有机物和氮、磷等营养元素，其中化学需氧量为8000～20000mg/L、氨氮为1000～5000mg/L、总磷为50～200mg/L。如不妥善处理会造成二次污染。沼渣、沼液处理过程会产生少量恶臭气体；沼渣制取有机肥过程中会产生粉尘。沼气净化过程排放的主要污染物为更换的脱硫药剂，以及排放的单质硫。沼气燃烧或发电会产生尾气，尾气中主要污染物为氮氧化物、二氧化硫和一氧化碳。

3.5 畜禽养殖废水治理技术

3.5.1 技术原理

畜禽养殖废水处理技术是指依赖有氧条件下优势菌种的生化作用完成污水处理的工艺。废水中的污染物在微生物的作用下，转化为二氧化碳、氮气、硝酸盐氮等无机物。

3.5.2 工艺流程及产污环节

采用粪便堆肥技术而排放的废水，应利用厌氧+好氧的方式进行处理。废水依次经过初次沉淀池、厌氧反应器、好氧反应器、二沉池等处理设施，出水排放或回用。其中厌氧技术部分见3.4节。

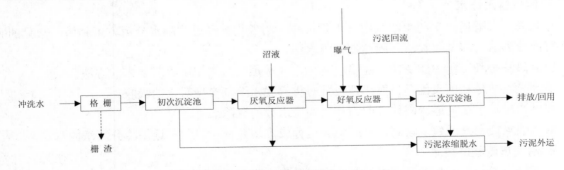

图4 养殖废水处理工艺流程及产污环节

畜禽养殖废水自然处理及好氧处理过程所产生的主要污染物包括栅渣、剩余污泥以及曝气过程产生的恶臭、二氧化碳等。

3.5.3 工艺类型与技术经济适用性

3.5.3.1 畜禽养殖废水自然处理技术

畜禽废水自然处理技术包括土地处理技术和氧化塘处理技术。按运行方式的不同，土地处理技术可分为慢速渗滤处理、快速渗滤处理、地表漫流处理和湿地处理等技术。氧化塘按照优势微生物种属和相应的生化反应的不同，可分为好氧塘、兼性塘、曝气塘和厌氧塘四种类型。

好氧塘的水深通常在 0.5m 左右，BOD_5 去除率高，在停留 2～6 天后可达 80%以上。兼性塘较深，一般在 1.2～2.5m，可分为好氧区、厌氧区和兼性区，在多种微生物的共同作用下去除废水中的污染物。厌氧塘有单级厌氧塘和二级厌氧塘。在处理畜禽废水时，二级厌氧塘比一级厌氧塘处理效果好。曝气塘一般水深 3～4m，最深可达 5m，塘内总固体悬浮物浓度应保持在 1%～3%之间。

自然处理法基建投资少，运行管理简单，耗能少，运行管理费用低；但是，自然处理工艺占地面积大，净化效率相对较低，适用于具备场地条件的中小型养殖场污水处理。

3.5.3.2 完全混合活性污泥法

完全混合活性污泥法是一种人工好氧生化处理技术。废水经初次沉淀池后与二次沉淀池底部回流的活性污泥同时进入曝气池，通过曝气废水中的悬浮胶状物质被吸附，可溶性有机物被微生物代谢转化为生物细胞，并被氧化成为二氧化碳等最终产物。曝气池混合液在二次沉淀池内进行分离，上层出水排放，污泥部分返回曝气池，剩余污泥由系统排出。完全混合活性污泥法停留时间一般为 4～12d，污泥回流比通常为 20%～30%。BOD_5 有机负荷率一般为 0.3～0.8 kg·BOD_5/m³·d，污泥龄约 2～4d。

完全混合活性污泥法的特点是：承受冲击负荷的能力强，投资与运行费用低，便于运行管理。缺点是：易引起污泥膨胀，出水水质一般。该技术适用于中小型养殖场污水处理。

3.5.3.3 序批活性污泥法（SBR）

序批活性污泥法是集均化、初沉、生物降解、二沉等功能于一池，无污泥回流系统的一种处理工艺。序批活性污泥法（SBR）停留时间一般为 3～5d，污泥回流比通常为 30%～50%。BOD_5 有机负荷率通常为 0.13～0.3 kg·BOD_5/m³·d，污泥龄约 5～15d。

该工艺可有效去除有机污染物，工艺流程简单，占地少，管理方便，投资与运行费用较低，出水水质较好，适用于大中型养殖场污水处理。

3.5.3.4 接触氧化工艺

生物接触氧化法也称淹没式生物滤池，其在反应器内设置填料，经过充氧的废水与长满生物膜的填料相接触，在生物的作用下，污水得到净化。接触氧化工艺停留时间通常为 2～12d，BOD_5 有机负荷率通常为 1.0～1.8 kg BOD_5/m³·d。

生物接触氧化法具有体积负荷高，处理时间短，占地面积小，生物活性高，微生物浓度较高，污泥产量低，不需要污泥回流，出水水质好，动力消耗低等优点；但由于生物膜较厚，脱落的生物膜易堵塞填料，生物膜大块脱落时易影响出水水质。该技术适用于大中型养殖场污水处理。

3.5.4 消耗及污染物排放

畜禽养殖废水自然处理技术 BOD_5 去除率通常在 50%～80%之间，对总氮、总磷的去除效果较差。

完全混合活性污泥法、序批活性污泥法、接触氧化工艺 COD 去除率通常在 65%～95%左右。

养殖废水好氧处理技术的主要能源消耗来自提升泵、鼓风机、污泥浓缩脱水设备等驱动力消耗。能耗与废水水质、出水标准有较大关系。通常能耗为 0.3～1 kW·h/m³。

养殖废水好氧处理过程所产生的主要污染物包括栅渣、剩余污泥等。污泥浓缩脱水后仍残余大量泥饼，需进行安全处置。

3.6 畜禽养殖粪污处理及综合利用新技术

3.6.1 畜禽粪便干发酵技术

干发酵技术是将高含固率的畜禽粪便直接作为发酵原料，利用厌氧微生物发酵产生沼气，反应体系中的固体含量（TS）通常在 20%～40%左右。

干发酵技术具有系统稳定、处理量大、占地面积小等优势，其容积产气率较传统湿式发酵高 2～3 倍，且发酵残余物含固率较高，避免了发酵沼液处理处置困难等问题。但是，由于干发酵底物固体含量较高，接种物与底物混合困难，因此导致发酵过程传质、传热均存在一定问题。

3.6.2 沼液高值利用技术

沼液高值利用是指采用浓缩技术减少沼液产出量，提高液肥中有机质和营养物质含量。在浓缩过程中，浓缩液营养成分不损失，通过性质稳定化、营养元素复配以及添加植物促生剂和微生物防菌剂，生产有机沼液营养液；清液回流到厌氧消化，减少工艺需水量和排放量。沼液浓缩比例一般在 4～5 倍左右。

沼液高值利用技术适用于大型养殖场沼气工程，可有效实现沼液的减量化，大大降低了运输成本，具有较好的经济效益，缺点是一次性投资较大。

3.6.3 沼渣高值利用技术

沼渣高值利用是指通过沼渣改性、添加生物菌剂、进行养分的配比调控，制造兼有肥效和防病特性的优质复合有机肥和沼渣人工基质。

3.6.4 沼气提纯技术

畜禽粪污发酵所产生沼气的二氧化碳含量通常为 30%～45%，通过沼气提纯技术可将沼气的甲烷浓度提高。沼气提纯技术通常包括水洗法、化学吸收法和变压吸附法（PSA），去除率一般在 95%以上。化学吸收法是利用吸收液（通常为碱性）吸收沼气中的二氧化碳的方法；变压吸附法主要利用分子筛对混合气体中的二氧化碳和甲烷进行分离；水洗法是利用二氧化碳在水中的溶解度与甲烷的差异，通过物理吸收过程，实现二氧化碳和甲烷的分离。

适用于大型养殖场沼气工程，一次性投入较大，但经济效益较好，沼气提纯后可作为天然气并入城市燃气管网或车用燃料，脱碳前需对沼气进行脱硫、脱水处理。

4 畜禽养殖污染防治最佳可行技术

4.1 畜禽养殖污染防治最佳可行技术概述

畜禽养殖污染防治最佳可行技术根据养殖规模、畜禽种类和地域特性等特点分为畜禽粪污厌氧消化最佳可行技术、畜禽粪污堆肥处理最佳可行技术以及发酵床畜禽养殖污染防治最佳可行技术。

4.2 畜禽粪污厌氧消化最佳可行技术

4.2.1 最佳可行技术工艺流程

畜禽粪污厌氧消化最佳可行技术主要包括畜禽养殖生产中的污染防治技术、粪污的预处理技术、粪污厌氧消化技术、沼气净化与综合利用技术、沼液沼渣处理及综合利用技术等。

畜禽粪污厌氧消化最佳可行技术工艺流程见图 5、图 6。

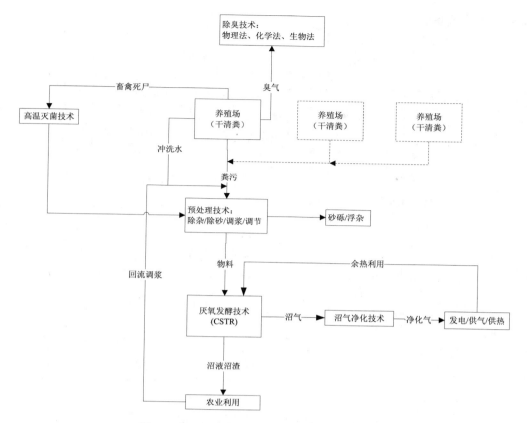

图5　畜禽粪污厌氧消化最佳可行技术组合一

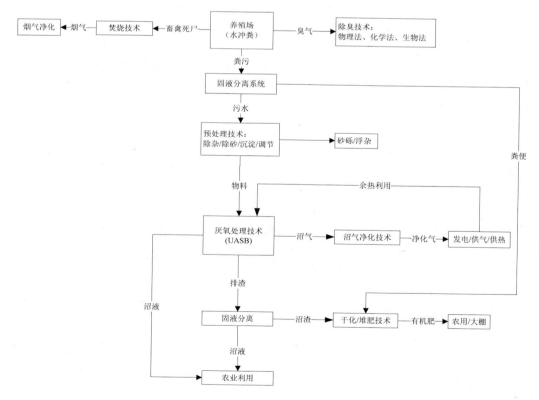

图6　畜禽粪污厌氧消化最佳可行技术组合二

4.2.2 最佳可行工艺参数

畜禽粪污厌氧消化最佳可行技术指标见表3。

表3 畜禽粪污厌氧消化最佳可行技术指标

处理工艺	技术环节	最佳可行技术指标
预处理	除草、除毛	采用机械格栅，同时定期采取机械或人工方式对调浆池进行清捞处理；养牛场应设置机械破碎装置，对牛粪进行破碎预处理；养鸡场应特别考虑除毛问题
	调浆	采用厂区生活污水、养殖场冲洗水或回流沼液调浆，一般含固率8～12%为宜；搅拌应采用机械搅拌方式，搅拌器以中心搅拌为宜
	除砂	采用机械除砂，根据原料含砂程度不同，1～2周除砂一次；对于养鸡场、养牛场应特别考虑除砂问题
	调节	应采用蒸汽或热水盘管等方式进行增温，厌氧段采用CSTR，应设置机械搅拌装置，以实现物料均质；调节池停留时间一般为1～2d
	水解	大型畜禽养殖场粪污处理工程宜设置水解池，停留时间一般为2～4d，水解池内pH应维持在5～6
厌氧消化	反应器类型	连续搅拌反应器（CSTR）
	罐体型式	应采用全地上式发酵装置
	运行温度	中温（35℃）
	罐体增保温	应采用热水盘管加热物料，热水盘管应设置在罐体内部；罐体外应设保温层，保温层厚度应根据地区气候状况确定
	厌氧消化时间	20～25d
	pH	7.0～7.5
	产气率	1.0～1.2m³/m³
	压力	应设置正负压保护装置，维持罐体内压力小于5000Pa
	搅拌	宜采用机械间歇搅拌方式，搅拌形式可以选择顶搅拌、侧壁搅拌等方式，当池内各处温度的变化范围不超过1℃时认为搅拌均匀
厌氧废水处理	反应器类型	采用升流式厌氧污泥床（UASB）
	罐体型式	应采用全地上式发酵装置
	运行温度	中温（35℃）
	增保温	应采用热水盘管加热物料，热水盘管应设置在罐体内部；罐体外应设保温层，保温层厚度应根据地区气候状况确定
	污泥床高度	3～8m
	沉淀区表面负荷	0.7m³/m²·h
	沉淀槽底流速	不大于2m³/m²·h
	有机负荷	5kgCOD/m³·d
沼气净化及综合利用	脱水	一般采用冷分离法或固体物理吸水法
	脱硫	大型可采用生物脱硫或化学脱硫。采用干法脱硫时，接触时间不低于2～3min；采用湿法脱硫时，宜采用2%～3%的碳酸钠溶液吸收，沼气用于直燃时，H_2S应小于20mg/Nm³，沼气用于发电时，H_2S含量应根据发电机组的设备要求而定
	沼气储存	可根据气候、投资情况选择干式双膜压储气装置或湿式常压储气装置；沼气用于发电或燃烧锅炉使用时，应根据沼气供应平衡曲线确定容积。沼气供居民使用时，储气柜容积不应低于总供气量的40%～60%
	沼气输配	沼气管网宜采用低压供气
沼液沼渣处理及综合利用	沼液储存	沼气工程应建设沼液储存及利用设施；在具备沼液后处理设施时，沼液站内储存时间不应低于5d，沼液回用于农田时，储存时间不低于90d
	沼渣堆肥	沼渣经固液分离后含水率小于85%，堆肥时间不小于2周

4.2.3 污染物削减和防治措施

经厌氧消化后畜禽粪便有机物降解率不小于70%。

采用脱水、脱硫等措施对沼气进行净化处理，采用生物脱硫所产生的单质硫应妥善处置，沼气经净化后应采用直燃或发电的方式进行利用。

沼气发电机组等设备产生的噪声应采用消声、隔声、减振等措施进行防止，室外设备须加装隔声罩。

沼液（渣）池的建设须布设防渗材料。沼气发酵产生的沼液（渣）经沉淀后单独收集，沼渣、沼液储存后回用于周边农田，不具备回田能力的应建设后续污水处理系统。

4.2.4 技术经济适用性

该技术适用于中型及以上且周边具有土地利用条件的畜禽养殖场或畜禽养殖密集区粪污的厌氧处理，采用干清粪生产工艺的中型养殖场亦可选用 USR 工艺；养殖场发酵剩余液经处理后农业利用。

工程投资费用约 15～20 万元/吨鲜粪，以存栏 1 万养猪场为例，日产粪便约 20 吨，按照收集系数 0.8 计算，日可收集粪便约 16 吨。建设厌氧发酵工程投资约 240～320 万元，日运行费用约 70～100 元，日产沼气约 1000 立方，日发电量为 1500～2000kW·h，则每日收益约 1000 元左右。

4.2.5 技术应用注意事项

（1）采用水冲粪、水泡粪等湿法清粪工艺的养殖场要逐步改为干法清粪工艺，尽量推广高压水枪等节水设施。

（2）粪污处理厂（站）应制定全面的运行管理、维护保养制度和操作规程，各类设施、设备应按照设计的工艺要求使用。

（3）运行管理人员上岗前均应进行相关法规、专业技术、安全防护、紧急处理等理论知识和操作技能培训，熟悉沼气站处理工艺和设施、设备的运行要求与技术指标，做到持证上岗。

（4）沼气利用时制定安全管理制度。在消化池、储气柜、脱硫间周边划定重点防火区，并配备消防安全设施；非工作人员未经许可不得进入厌氧消化管理区内；在可能的泄漏点设置甲烷浓度超标及氧亏报警装置。

（5）在沼气贮气柜的运行维护中保证压力安全阀处于正常工作状态；保证冬季气柜内水封不结冰，必要时在气柜迎风面设移动式风障，防止大风对气柜浮盖升降造成影响。

（6）采用还田综合利用的，应达到农业利用相关标准的要求。粪肥用量不能超过作物当年生长所需养分的需求量。在确定粪肥的最佳施用量时，需要对土壤肥力和粪肥肥效进行测试评价，并满足当地环境容量的要求。

4.3 畜禽养殖粪污堆肥处理最佳可行技术

4.3.1 最佳可行技术工艺流程

畜禽养殖粪污堆肥处理最佳可行技术工艺流程见图 7。

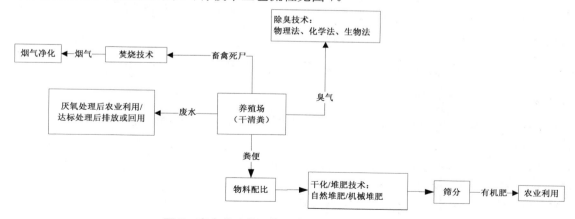

图 7　畜禽养殖粪污堆肥处理最佳可行技术组合

4.3.2 最佳可行工艺参数

畜禽养殖粪污堆肥处理最佳可行技术指标见表 4。

表 4　畜禽养殖粪污堆肥处理最佳可行技术指标

处理工艺	技术环节	最佳可行技术指标
粪便堆肥处理	初始有机物含量	20%～60%
	初始含水率	40%～65%
	发酵温度	50～70℃（高温维持时间 7 天以上）
	初始碳氮比	20～40∶1
	初始 pH	中性或弱碱性
	一次发酵	10～30d
	翻堆频率	2～10d/次，发酵过程不少于 7 次

4.3.3 污染物削减和防治措施

经堆肥处理后的物料含水率小于 40%，蠕虫卵死亡率大于 95%，粪大肠菌群菌值大于 0.01，种子发芽指数不小于 70%。

堆肥过程中产生的恶臭气体应集中收集后进行除臭处理。硫化氢排放浓度应小于 0.06 mg/m³，氨排放浓度应小于 1.5 mg/m³，臭气浓度小于 20（无量纲）。

粉尘集中收集后采用除尘器进行处理。

堆肥场产生的滤液以及露天发酵场的雨水集中收集处理，部分回喷至混合物料堆体，补充发酵过程中的水分要求，回流到城镇污水处理厂或自建处理装置。

对于堆肥设备产生的噪声采取消声、隔振、减噪等措施。

4.3.4 技术经济适用性

该技术适用于采用干清粪生产工艺的畜禽养殖场粪便的堆肥处理，尤其适用于鸡、牛养殖场；具有土地利用条件的，污水部分可经厌氧处理后农业利用，无土地利用条件的应经过达标处理后回用或排放。

以日处理 100 吨粪便堆肥处理工程为例，投资约 2000 万元，运行成本约 430 元/吨，肥料销售价一般为 600～900 元/吨。

4.3.5 技术应用注意事项

（1）设置完善的堆肥产品监测系统，严格控制堆肥产品的质量。仅允许符合国家相关标准要求的好氧发酵产品出厂、销售或施用。

（2）定期对粪便堆体温度、氧气浓度、含水率、挥发性有机物含量及腐熟度等进行监测。

（3）在好氧发酵车间布设气体收集系统，通过引风装置将车间内的恶臭气体送入除臭装置，保证车间及场区内的环境安全和操作人员的健康。

4.4 以发酵床养殖工艺为核心的污染防治最佳可行技术

4.4.1 最佳可行技术工艺流程

以发酵床养殖工艺为核心的污染防治最佳可行技术工艺流程见图 8。

4.4.2 最佳可行工艺参数

以发酵床养殖工艺为核心的污染防治最佳可行技术指标见表 5。

4.4.3 污染物削减和防治措施

应严格按相关要求设置病死畜禽尸体安全处理设施。

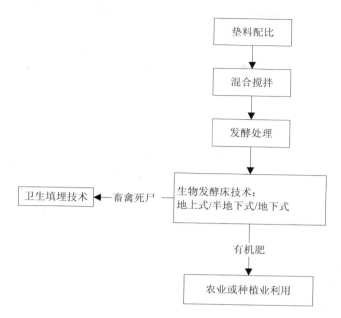

图8　以发酵床养殖工艺为核心的污染防治最佳可行技术组合

表5　以发酵床养殖工艺为核心的污染防治最佳可行技术指标

处理工艺	技术环节	最佳可行技术指标
生物发酵床技术	圈体	单个圈体宜在 20～40m²，高度为 2.5～3.5m，圈舍跨度 9～13m
	饲养密度	小猪 0.75～1.0 m²/头，大猪 1.2～1.5 m²/头
	垫料原料	保水性原料（锯末等）与通透性原料（稻壳、花生壳等）重量比例一般为 1∶1，并经发酵后使用
	垫料深度	垫料深度为小猪 60～80cm，大猪 40～50cm，当垫料下沉超过 10cm 时及时补料
	地面湿度	60%左右
	垫料管理	翻床深度一般为 25～30cm，翻床时间 7～15 天/次，并适量施用微生物原种与营养剂
	采食饮水台	宜设置自动料槽及饮水器，水泥台宽度宜为 1.2～1.5m，台面面积一般为猪栏面积的 20%
	通风控制	应配备强制通风装置，换气率为 1～1.25 次/分钟；风速为 2.0m/秒以下

4.4.4 技术经济适用性

该技术适用于大型及以下养殖场的清洁生产。

采用发酵床生产工艺的养殖场，通常造价在 150～200 元/m²；运行成本主要包括：锯末 12～15 元/m²，菌种 4～10 元/m²。

4.4.5 技术应用注意事项

（1）采用发酵床技术的养殖场的应委托专业的设计单位进行设计。

（2）猪舍宜坐北朝南建设，保证舍内外空气的充分交换，南方地区应考考虑通风降温设施，北方地区应考虑除湿保温设施。

（3）严格按照要求控制养殖密度，避免床体超负荷工作。

（4）垫料要完全发酵腐熟后利用，并保持垫料含水率适宜，垫料的使用年限一般为 2～3 年。

（5）外购猪进发酵床前，须进行严格的隔离和消毒处理。

（6）对采用喂食酵素工艺的，应取得有关部门的认可方可实施。

环 境 保 护 技 术 文 件

电镀污染防治最佳可行技术指南（试行）

Guideline on Best Available Technologies of Pollution Prevention and Control for Electroplating（on Trial）

环 境 保 护 部 发布

前　言

为贯彻执行《中华人民共和国环境保护法》，防治环境污染，完善环保技术工作体系，制定本指南。

本指南可作为电镀污染防治工作的参考技术资料。

本指南由环境保护部科技标准司提出并组织制订。

本指南起草单位：江西金达莱环保研发中心有限公司、南昌航空大学、中国环境科学学会、中国环境科学研究院。

本指南 2013 年 7 月 17 日由环境保护部批准、发布。

本指南由环境保护部解释。

1 总则

1.1 适用范围

本指南适用于电镀企业和拥有电镀设施的企业以及具有化学镀、阳极氧化、磷化等工序的其他生产企业。

1.2 术语和定义

1.2.1 电镀

指利用电化学方法在制件表面形成均匀、致密、结合良好的金属或合金沉积层的过程。

1.2.2 化学镀

指镀液中金属离子在经过活化处理的制件表面上被催化还原形成金属镀层的过程。

1.2.3 阳极氧化

是指金属制件作为阳极在电解液中进行电解，使其表面形成一层具有某种功能（如防护性，装饰性或其他功能）的氧化膜的过程。

1.2.4 磷化

是指把制件浸入磷酸盐溶液中，在表面沉积一层不溶于水的结晶型磷酸盐转换膜的过程。

2 生产工艺及污染物排放

2.1 生产工艺及产污环节

电镀分为单层金属电镀和多层（复合）金属电镀。电镀生产工艺流程分为镀前、电镀和镀后三个阶段，以镀锌和装饰性电镀为例，典型的电镀生产工艺流程及产污环节见图1。

电镀生产工艺流程主要包括：工件机械处理（抛光、吹砂）→空气吹扫→人工擦拭→上挂具→化学脱脂→热水洗→电解脱脂→热水洗→冷水洗→酸洗→冷水洗→弱酸洗→冷水洗（2级）→电镀锌→回收→热水洗→冷水洗→出光→冷水洗→钝化→冷水洗→封闭→热水洗→烘干等生产过程。

2.2 污染物排放

电镀工艺产生的污染包括水污染、大气污染、固体废物污染和噪声污染，其中水污染（主要含重金属离子、氰化物、酸碱和有机污染物）、大气污染（主要含各类酸雾和粉尘）和电镀废水处理污泥污染（主要含重金属和氰化物）是主要环境问题。

2.2.1 水污染

电镀废水含有数十种无机和有机污染物，其中无机污染物主要为铜、锌、铬、镍、镉等重金属离子以及酸、碱、氰化物等；有机污染物主要为化学需氧量、氨氮、油脂等。

电镀废水主要分为以下几类：

酸碱废水：包括预处理及其他酸洗槽、碱洗槽的废水，主要污染物为盐酸、硫酸、氢氧化钠、碳酸钠、磷酸钠等。

含氰废水：包括氰化镀铜，碱性氰化物镀金，中性和酸性镀金、银、铜锡合金，仿金电镀等氰化电镀工序产生的废水，主要污染物为氰化物、络合态重金属离子等。该类废水剧毒，须单独收集、处理。

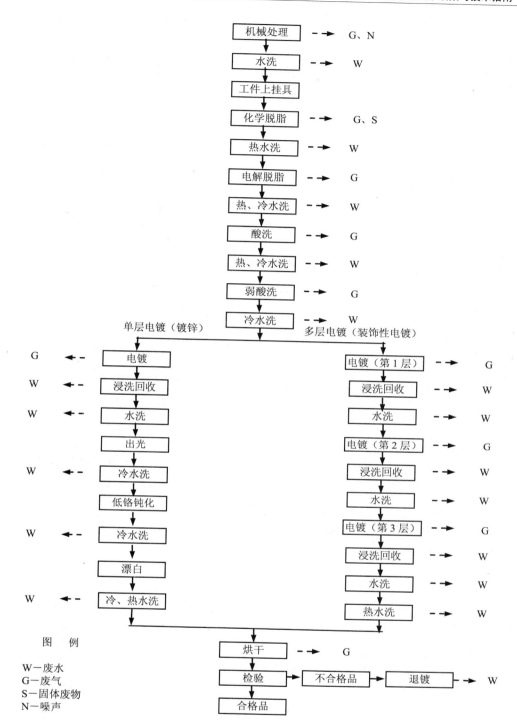

机械处理 - - → G、N

水洗 - - → W

工件上挂具

化学脱脂 - - → G、S

热水洗 - - → W

电解脱脂 - - → G

热、冷水洗 - - → W

酸洗 - - → G

热、冷水洗 - - → W

弱酸洗 - - → G

冷水洗 - - → W

单层电镀（镀锌）　　　　　　多层电镀（装饰性电镀）

G ← - 电镀　　　　　　电镀（第1层） - - → G

W ← - 浸洗回收　　　　浸洗回收 - - → W

W ← - 水洗　　　　　　水洗 - - → W

　　　 出光　　　　　　电镀（第2层） - - → G

W ← - 冷水洗　　　　　浸洗回收 - - → W

　　　 低铬钝化　　　　水洗 - - → W

W ← - 冷水洗　　　　　电镀（第3层） - - → G

　　　 漂白　　　　　　浸洗回收 - - → W

W ← - 冷、热水洗　　　水洗 - - → W

　　　　　　　　　　　热水洗 - - → W

图　例

W－废水
G－废气
S－固体废物
N－噪声

烘干 - - → G

检验 → 不合格品 → 退镀 → W

合格品

图 1　典型的电镀生产工艺流程及产污环节

含铬废水：包括镀铬、镀黑铬、退镀以及塑料电镀前处理粗化、铬酸阳极化、电抛光等工序产生的废水。主要污染物为六价铬、总铬等。该类废水毒性大，须单独收集、处理。

重金属废水：包括镀镍、镉、铜、锌等金属及其合金产生的废水，焦磷酸盐镀铜废水，钯镍合金电镀废水，化学镀废水以及阳极氧化，磷化工艺产生的废水。主要污染物为铬、镍、镉、铜、锌等金属盐，金属络合物和有机络合剂（如柠檬酸、酒石酸和乙二胺四乙酸等）。

有机废水：包括工件除锈、脱脂、除蜡等电镀前处理工序产生的废水。主要污染物为有机物、悬浮物等。

混合废水：包括多种工序镀种混排的清洗废水和难以分开收集的地面废水。组分复杂多变，主要污染物因厂而异，一般含有镀种配方的成分材料，如镀种金属离子、添加剂、络合剂、分散剂等物质。

2.2.2 大气污染

电镀工艺产生的大气污染物包括颗粒物和多种无机污染废气。无机污染废气包括酸性废气、碱性废气、含铬酸雾、含氰废气等。电镀工艺大气污染物及来源见表1。

表 1　电镀工艺大气污染物及来源

废气种类	产污环节	主要污染物
含尘废气	抛光（喷砂、磨光等）	沙粒、金属氧化物及纤维性粉尘
酸性废气	酸洗，出光和酸性镀液等	氯化氢、磷酸和硫酸雾等
碱性废气	化学、电化学脱脂，碱性镀液等	氢氧化钠等
含铬酸雾废气	镀铬工艺	铬酸雾
含氰废气	氰化镀铜、镀锌、铜锡合金及仿金等	氰化氢

2.2.3 固体废物污染

电镀工艺产生的固体废物主要为处理电镀废水的过程中产生的电镀废水处理污泥及电镀槽维护产生的"滤渣"，还有化学脱脂工序产生的少量油泥。对固体废物应按照相关标准做危险废物浸出测试，并采用相应的管理措施。

2.2.4 噪声污染

电镀工艺产生的噪声分为机械噪声和空气动力性噪声，主要噪声源包括磨光机、振光机、滚光机、空压机、水泵、超声波、电镀通风机、送风机等设备以及压缩空气吹干零件发出的噪声。噪声源强通常为65～100dB（A）。

3 电镀工业污染防治技术

3.1 电镀工艺过程污染预防技术

3.1.1 有毒原辅材料替代技术

3.1.1.1 无氰镀锌技术

无氰镀锌技术是以氯化物或碱性锌酸盐替代氰化物的镀锌技术。

该技术由于不使用氰化物，因此，电镀过程不产生含氰污染物。氯化物镀锌技术已经广泛应用于电镀锌工艺。

该技术适用于电镀锌工艺。

3.1.1.2 无氰无甲醛酸性镀铜技术

无氰无甲醛酸性（CDS）镀铜技术是在酸性（pH1.0～3.0）溶液条件下，为钢铁工件电（或化学）镀铜。镀液由五水硫酸铜、阻化剂、络合剂、还原剂等组成。其原理是：选择适合镀铜液的酸盐与阻化剂合理配位，抑制铜离子与钢铁的置换反应；以葡萄糖等组成的复合还原剂，使二价铜离子（Cu^{2+}）在金属表面形成结合力牢固的镀层。

该技术镀层结晶细致牢固、电流效率高、沉积速度快、镀液稳定、电镀成本低。镀液不含氰化物、甲醛及强络合剂等有害成分，生产中无有毒、有害气体挥发。要求工件镀前电解脱脂表面无油污。

该技术适用于钢铁、铜、锡基质工件直接镀铜工艺。可替代氰化闪镀铜工艺和复合镀层中铜锡合金工艺。

3.1.1.3 羟基亚乙基二膦酸镀铜技术

羟基亚乙基二膦酸（HEDP）镀铜技术是在碱性（pH 9～10）条件下，在铜、铁工件上电镀铜，镀液成分简单、分散能力好，镀层细密半光亮，结合力良好。加入特种添加剂，电流密度扩大至 $3A/dm^2$，可提高整平性能。

该技术深镀能力较好。要求工件表面无油污，无盐酸活化后酸性残留液。该技术适用于钢铁、铜基质工件装饰性镀铜工艺。

3.1.1.4 亚硫酸盐镀金技术

亚硫酸盐镀金技术是以亚硫酸盐镀金液替代氰化物的镀金工艺。

该技术电流效率高，镀层细致光亮，沉积速度快，孔隙少，镀层与镍、铜、银等金属结合力好，镀液中如果加入铜盐或钯盐，硬度可达到350HV；但镀液稳定性不如含氰镀液，且硬金耐磨性差，接触电阻变化较大。阳极不溶解，需经常补加溶液中的金。

该技术适用于装饰性电镀金工艺。

3.1.1.5 三价铬电镀技术

三价铬电镀采用了氨基乙酸体系和尿素体系镀液，镀层质量、沉积速度、耐腐蚀性、硬度和耐磨性等都与六价铬镀层相似，且工艺稳定，电流效率高，节省能源，同时还具有微孔或微裂纹的特点；但铬层颜色与六价铬有差别，且镀层增厚困难，还不能取代功能性镀铬。

三价铬镀液毒性小，可有效防治六价铬污染，对环境和操作人员的危害比较小。

该技术适用于装饰性电镀铬工艺。

3.1.1.6 纳米合金复合电镀技术

纳米合金复合电镀技术是通过电沉积的方法，在镍－钨、镍－钴等合金镀液中添加经过特殊制备、分散的纳米铝粉材料，合金与纳米材料共沉积于钢铁基件，生成纳米合金复合镀层。

纳米合金复合镀层的耐腐蚀性能、耐烧蚀性能、耐磨性能等综合指标均超过硬铬镀层，且可全部自动化控制。该技术不使用含铬化工原料，因此无重金属铬排放。该技术电流效率达80%，材料利用率大于95%。但原材料成本高于硬铬电镀约20%。

该技术适用于替代功能性电镀铬工艺。

3.1.1.7 无镉电镀技术

无镉电镀技术是以锌镍合金镀层部分替代镀镉工艺。

锌镍合金镀层的防护性能优良，具有高耐磨性，且无重金属镉的排放；但仍需进行适当的钝化处理，否则表面容易氧化和腐蚀，破坏镀层的外观和使用性能。

该技术适用于汽车部件的部分替代电镀镉工艺。

3.1.2 电镀清洗水减量化技术

3.1.2.1 多级逆流清洗技术

多级逆流清洗技术是由若干级清洗槽串联组成清洗自动线，从末级槽进水，第一级槽排出清洗废水，其水流方向与镀件清洗移动方向相反。

该技术可大大减少镀件清洗的用水量，并减少化学品的用量；但该技术需要更多的空间，且总投资增加（增加槽、工件传输设备和控制设备）。

该技术适用于挂镀、滚镀自动化生产工艺，不适用于钢卷及体积大于清洗槽的大型镀件电镀。

3.1.2.2 间歇逆流清洗技术

间歇逆流清洗技术也称清洗废水全翻槽技术。当末级清洗槽里的镀液（或某离子）含量高于该镀件清洗水的标准含量时，对电镀清洗槽逐级向前更换清洗水（全翻槽）一次。即把第一清洗槽清洗液全部注入备用槽，把第二清洗槽清洗液全部注入第一清洗槽，以此类推，在最后一个空槽中加满水，就可继续电镀一个翻槽周期。

该技术节水率大于90%；与传统清洗工艺比较，金属回收利用率明显提高，可有效防止电镀污染。

该技术适用于单一镀种的电镀工艺。

3.1.2.3 喷射水洗技术

喷射水洗技术分为喷淋水洗和喷雾水洗。喷淋水洗是通过水泵使水经喷管、喷嘴、喷孔等喷淋装置进行清洗；喷雾水洗是采用压缩空气的气流使水雾化，通过喷嘴形成汽水雾冲洗镀件。工件可集中到2~3处进行冲洗；清洗水经收集和针对性处理后循环利用。

该技术由于喷嘴可调到任意需要的角度，可提高冲洗效率，对品种单一、批量较大的镀件有一定的优越性；但对于复杂工件的水洗效果较差。

该技术适用于自动或半自动电镀生产线，与生产线动作协调控制。

3.1.2.4 废水的分质分级利用技术

电镀生产线上的用水点很多，不同的用水点有不同的水质标准。根据不同用水要求分级使用废水，实现分质用水，一水多用。

该技术具有投资省、运行成本低、操作简单等特点。可获得约30%的节水效果。

该技术适用于绝大多数电镀企业。

3.1.3 清洗废水槽边回收技术

3.1.3.1 逆流清洗－离子交换技术

逆流清洗－离子交换技术是在逆流清洗基础上，应用离子交换树脂（或纤维）将第一级清洗废水分离处理，处理后的清水回用于镀槽，补充镀液的损耗。树脂再生过程中回收贵重金属。

该技术比一般的并联清洗系统省水，可减少废水的排放，且各槽间水是以重力方式连续逆流补给，不需要动力提升。

连续逆流清洗适用于生产批量大、用水量较大的连续生产车间；间歇逆流清洗适用于间歇、小批量生产的电镀车间。

该技术适用于镀镍等电镀贵重金属生产线。

3.1.3.2 逆流清洗－离子交换－蒸发浓缩技术

逆流清洗－离子交换－蒸发浓缩技术是通过蒸发浓缩装置将经过阳离子交换柱分离的第一级清洗槽液蒸发浓缩，浓缩液补充回镀槽，蒸馏水返回末级清洗槽循环使用。

该技术可有效回收水及镀液，操作简单，且减少废水和镀液的排放；但蒸发浓缩要消耗能量，离子交换树脂（纤维）饱和后需进行再生处理。

该技术适用于用水量较大的电镀生产线的贵重金属回收。

3.1.3.3 逆流清洗－反渗透薄膜分离技术

逆流清洗－反渗透薄膜分离技术是在逆流清洗基础上，应用反渗透系统将第一级清洗水过滤分离，浓缩液返回镀槽，淡水用于末级清洗槽循环使用。

该技术不消耗化学药品，不产生废渣，无相变过程，操作简便易自动化、可靠性高、无二次污染。但设备投资较高，能耗较高。

该技术适用于电镀镍等贵重金属清洗废水的在线回收利用。

3.1.3.4 槽边电解回收技术

槽边电解回收技术是将回收槽的溶液引入电解槽，经电解回收后返回回收槽。当处理含铜废水时，电解槽采用无隔膜、单极性平板电极，直流电源。电解槽的阳极材料为不溶性材质，阴极材料为不锈钢板或铜板；在直流电场的作用下，铜离子沉积于阴极。铜回收率可达到90%以上。

当处理含银废水时，采用无隔膜、单极性平板电极电解槽或同心双筒电极旋流式电解槽。直流或脉冲电源。

该技术适用于酸性镀铜、氰化镀铜、氰化镀银等工艺。

3.1.3.5 槽边化学反应技术

槽边化学反应技术是在镀液槽后面设置一台化学反应槽和一台清洗水槽。镀件进入化学反应槽时，带出液在化学反应槽中发生反应（如氧化、还原、中和、沉淀等），转变成无污染的物质。镀件进入清水槽时，已基本无污染物质，清洗水可以循环利用。

化学反应槽中含有大量的化学药品，可保证每一次都能实现完全的化学反应，回收化学反应槽沉淀的重金属盐。

该技术适用于六价铬镀铬等工艺。

3.1.3.6 废镀铬液回收利用技术

废镀铬液回收利用技术是采用高强度、选择性阳离子交换树脂处理带出的镀铬液和受到金属污染的废镀铬液，当溶液中铬酐浓度低于 150g/L 时，使用树脂消除其中的铜、锌、镍、铁等金属杂质，再经过蒸发浓缩，，即可全部回用于镀铬槽。

该技术可大量节省材料，镀铬液及其废液中铬酸回用率大于 95%。

该技术适用于传统的镀铬工艺生产线改造和新建电镀铬生产线。

3.1.3.7 溶剂萃取—电解还原法回收废蚀刻液技术

溶剂萃取—电解还原法回收废蚀刻液技术是使用萃取剂将废蚀刻液中的铜取出，使废蚀刻液分成油、水两相：铜进入萃取剂成为富铜油相，已不含铜的废蚀刻液成为水相。水相只需补充氨水即可恢复蚀刻功能，，成为再生蚀刻液，循环使用。

该技术的特点是回收利用废蚀刻液的同时，还可全部回收利用电解液、萃取剂和油相清洗水。

该技术适用于废蚀刻液的再生利用。

3.2 水污染治理技术

3.2.1 化学法处理技术

3.2.1.1 碱性氯化法处理技术

废水中含有氰化物时，将废水调控在碱性（pH 9.5～11）条件下，加入适量的氧化剂氧化废水中的氰化物，消除氰的毒性。经过两次破氰，氰化物被完全氧化。氧化剂多采用次氯酸钠、二氧化氯、液氯等。

该技术具有稳定、可靠、易于实现自动控制等特点。

该技术适用于电镀企业含氰废水的处理。

3.2.1.2 化学还原法处理技术

化学还原法是在酸性（pH 2.5～3.0）条件下，加入一定量的还原剂（如亚硫酸氢钠）将废水中的六价铬还原成低毒的三价铬，再调整 pH 值至 8～9.5，使其以氢氧化铬形态沉淀去除。

该技术可消除含铬废水的毒性，具有稳定、可靠、易于实现自动控制等特点。

该技术适用于电镀企业含铬废水的处理。

3.2.1.3 化学沉淀法处理技术

化学沉淀法处理技术是通过向废水中投加化学药剂，使其与水中的某些溶解物质产生反应，生成难溶于水的盐类沉淀，从而使污染物分离除去的方法。常用的化学药剂有氢氧化钠和硫化钠等。各种金属氢氧化物或硫化物沉淀的 pH 值不同，选取各自的最佳沉淀的 pH 范围才能取得最佳沉淀效果。

该技术处理效果好，但是工艺流程较长、控制复杂、污泥量大。

该技术适用于电镀企业重金属废水和混合废水的处理。

3.2.1.4 臭氧法处理技术

臭氧法处理技术是利用臭氧的强氧化性能，在碱性（pH9～11）条件下，将含氰废水中的游离氰根氧化为二氧化碳和氮气，氧化接触时间 15～20min，游离氰根去除率 97%～99%。投加亚铜离子催化剂，可缩短反应时间。反应池尾气须收集并经碱液吸收后排放。

该技术处理含氰废水时，实际投药量通常要比理论值大，设备复杂，较难控制。

该技术适用于含氰废水的处理。

3.2.2 物化法处理技术

3.2.2.1 化学法+膜分离法处理技术

含氰废水经化学破氰、含铬废水经化学还原后与其他重金属废水混合，在碱性状态下，形成金属氢氧化物沉淀，再采用膜分离技术截留沉淀并收集重金属。

微滤/超滤膜作为固液分离的介质，可回收含重金属固体物90%以上；水回收率大于60%。该技术省去沉淀池和污泥池，占地少，节省工程总投资；具有污泥量少、运行费用低等特点。

该技术适用于电镀企业重金属废水和混合废水的处理。

3.2.2.2 电解法处理技术

电解法处理技术是应用电化学原理对废水中的污染物进行处理的方法。当处理含氰废水时，调节进水 pH 9～10，按氰浓度的 30～60 倍投加氯化钠，在直流电场的作用下，游离氰根被氧化分解。

当处理含铬废水时，控制进水 pH 2～4，微电解装置出水 pH 值为 8～9。该技术使用铁屑作为电解池中的填料。铁屑极易氧化、板结，影响处理效果。

该技术适用于电镀企业含氰废水、含铬废水、含银废水的处理。

3.2.3 生化法处理技术

3.2.3.1 缺氧/好氧（A/O）生物处理技术

废水在调节池内通过曝气搅拌均匀水质，兼有初曝气作用，然后依次进入缺氧池和好氧池，利用活性污泥中的微生物降解废水中的有机污染物。通常缺氧池采用水解酸化工艺，好氧池采用接触氧化工艺。

当进水 COD_{Cr} 低于 500mg/L 时，COD_{Cr} 去除率大于 80%；出水 COD_{Cr} 低于 100mg/L。

该技术可有效去除有机物。但缺氧池抗冲击负荷能力较差。

3.2.3.2 厌氧－缺氧/好氧（A^2/O）生物处理技术

A^2/O 工艺是在 A/O 工艺中缺氧池前增加一个厌氧池，利用厌氧微生物先将复杂的长链大分子有机物降解为小分子，提高废水的可生物降解性，利于后续生物处理。

当进水 COD_{Cr} 低于 500mg/L、氨氮低于 50mg/L 时，COD_{Cr} 去除率 80%～90%，氨氮去除率 80%～90%；出水 COD_{Cr} 50～100mg/L，氨氮 5～10mg/L。

该技术可有效去除 COD、氨氮等污染物；比 A/O 工艺占地面积稍大，工艺流程稍长。

3.2.3.3 好氧膜生物处理技术

好氧膜生物处理技术是将活性污泥法与膜分离技术相结合，利用膜高效截留的特性，控制生物反应池内污泥浓度 3000～6000mg/L，污水经过好氧生物反应池降解，从而充分地氧化有机物，膜分离代替二沉池，得到高品质出水。

当进水 COD_{Cr} 低于 500mg/L、氨氮低于 50mg/L、总磷低于 5mg/L 时，COD_{Cr} 去除率 90%～95%，氨氮去除率 85%～90%，总磷去除率 70%～75%；出水 COD_{Cr} 50～75mg/L，氨氮 5～7.5mg/L，总磷 1.25～1.5mg/L。

该技术可有效去除 COD_{Cr}、氨氮等有机污染物；但去除总磷效果较差，运行费用较高。

3.2.3.4 缺氧（或兼氧）膜生物处理技术

缺氧膜生物处理技术是使污水不断经受缺氧生物和好氧生物的交替氧化，从而充分地降解有机污染物。膜生物反应池处于缺氧状态，控制溶解氧 0.2～0.5mg/L，膜箱内处于好氧状态，控制溶解氧不低于 2.0mg/L。生物反应池内污泥浓度 8000～12000mg/L，在曝气的搅动下，池内形成旋流，实现高效微生物定向富集培养，增强污泥活性。

与好氧膜生物处理技术相比，该技术湿污泥减量 95%以上，容积负荷提高一倍以上。

当进水 COD_{Cr} 低于 500mg/L、氨氮低于 50mg/L、总磷低于 5mg/L 时，COD_{Cr} 去除率 93%～95%，氨氮去除率 90%～95%，总磷去除率 90%～95%；出水 COD_{Cr} 25～35mg/L，氨氮 2.5～5.0mg/L，总磷小于 0.5mg/L。

该技术可有效去除 COD、氨氮、总磷等污染物。

3.2.3.5 厌氧－缺氧（或兼氧）膜生物处理技术

在缺氧膜生物反应池前增加厌氧池，厌氧池采用水解酸化工艺，生物反应池内污泥浓度 10000 ～15000mg/L，污泥回流 100%～500%，该技术有机污泥排放量少且降解有机污染物的同时具有除磷脱氮、节能降耗等效果。

当进水 COD_{Cr} 低于 500mg/L、氨氮低于 50mg/L、总磷低于 5mg/L、总氮低于 60mg/L 时，COD_{Cr} 去除率 93%～95%，氨氮去除率 90%～95%，总磷去除率 90%～95%，总氮去除率大于 90%；出水 COD_{Cr} 25～35mg/L，氨氮 2.5～5.0mg/L，总磷 0.25～0.5mg/L，总氮小于 6mg/L。

该技术可有效去除 COD、氨氮、总磷、总氮等污染物。

3.2.4 反渗透深度处理技术

反渗透膜分离技术是利用高压泵在浓溶液侧施加高于自然渗透压的操作压力，逆转水分子自然渗透的方向，迫使浓溶液中的水分子部分通过半透膜成为稀溶液侧净化产水的过程。其工艺过程包括盘式过滤器或精密过滤器、微滤或超滤、反渗透等。

反渗透系统产生的淡水回用于生产线，浓水可经独立处理系统处理后排放，也可将浓水排入生化处理系统或混合废水调节池进一步处理。该技术工艺流程短，减少占地面积。全过程均属物理法，不发生相变。

该技术适用于电镀企业各种电镀生产线废水的深度脱盐处理。

3.3 大气污染治理技术

3.3.1 喷淋塔电镀废气治理技术

3.3.1.1 中和法治理酸性废气技术

喷淋塔中和法是根据酸碱中和的原理，将酸性废气在喷淋塔中与碱性材料中和。喷淋塔由塔体、液箱、喷雾系统、填料、气液分离器等构成，废气由进风口进入塔体，通过填料层和喷雾装置使废气被吸收液净化，净化后气体再经气液分离器，由通风机排至大气。

该技术对各种酸性废气均具有高效率吸收净化的特点。

该技术适用于酸洗、钝化、出光等工序产生的酸性气体的净化。

3.3.1.2 凝聚回收法治理铬酸废气技术

喷淋塔凝聚回收法是利用滤网过滤、阻挡废气中的铬酸微粒。铬酸废气通过滤网时，微粒受多层塑料网板的阻挡而凝聚成液体，顺着网板壁流入下导槽，通过导管流入回收容器内。经冷却、碰撞、聚合、吸附等一系列分子布朗运动后，凝成液滴并达到气液分离被回收。残余废气经循环喷淋化学处理达到排放要求后，经由塑料风机排放。

该技术铬酸废气回收率约 95%，具有自动化程度高、铬回收率高的特点。

该技术适用于处理镀铬、镀黑铬、铬酸阳极化、电抛光等工序产生的铬酸废气。

3.3.1.3 吸收氧化法治理氰化物废气技术

喷淋塔吸收氧化法是用 15%氢氧化钠和次氯酸钠溶液或硫酸亚铁溶液，在碱性状态下吸收、氧化氰化物废气，处理后生成氨、二氧化碳和水。

该技术氰化物净化率 90%～96%，具有技术成熟、操作简便、氰化物去除率高的特点。

该技术适用于处理氰化镀铜、碱性氰化物镀金、中性和酸性镀金、氰化物镀银、氰化镀铜锡合金、仿金电镀等含氰电镀生产线产生的氰化物废气。

3.3.2 除尘技术

3.3.2.1 袋式除尘技术

袋式除尘技术是利用纤维织物的过滤作用对含尘气体进行净化。

该技术除尘效率高，适用范围广，可同时去除烟气中的颗粒物。

该技术适用于抛/磨光系统的粉尘治理。

3.3.2.2 高效湿式除尘技术

高效湿式除尘技术是指粉尘颗粒通过与水雾强力碰撞、凝聚成大颗粒后被除掉，或通过惯性和离心力作用被捕获。

该技术运行成本低，适用于抛/磨光系统的粉尘治理。

3.4 电镀废水处理污泥综合利用及处理处置技术

3.4.1.熔炼技术

熔炼技术是将经烘干处理的电镀废水处理污泥和铁矿石、铜矿石、石灰石等辅助材料装入炉内，以煤炭、焦炭为燃料和还原物质进行还原反应，炼出所需重金属。

该技术适用于化学法处理含氰、含铬、含镍、含铜、含镉废水以及退镀废水时产生的电镀废水处理污泥。

3.4.2 氨水浸出技术

氨水浸出技术是指用氨水从电镀废水处理污泥中浸出铜和镍，再用氢氧化物沉淀法、溶剂萃取法或碳酸盐沉淀法将铜和镍分离。

该技术对铜和镍的浸出选择性好，浸出效率高，铜离子和镍离子在氨水中极易生成铜氨和镍氨络合离子，溶解于浸出液中，氨浸出液如只有含铜的铜氨溶液，可直接用作生产氢氧化铜或硫酸铜的原料。

该技术适用于处理处置含铜、镍等重金属废水处理污泥。

3.4.3 硫酸（硫酸铁）浸出技术

硫酸（硫酸铁）浸出技术是指用硫酸或硫酸铁从电镀废水处理污泥中浸出铜和镍，再用溶剂萃取法或碳酸盐沉淀法将铜和镍分离。浸出的铜和镍以硫酸盐的形式存在，该方法反应时间较短，效率较高。

如果电镀废水处理污泥的硫酸浸出液富含铜，不含或只含微量的镍，可直接采用置换反应生产铜金属，即采用与铜有一定电位差的金属如铁、铝等置换铜金属。该技术可得到品位在 90%以上的海绵铜粉，铜的回收率达 95%；但该技术置换效率低，且对铬等其他金属未能有效回收，有一定的局限性。

该技术过程较简单，且废水可循环使用，基本无二次污染；但硫酸具有较强的腐蚀性，对反应容器防腐要求较高；同时，浸出时温度达到 80～100℃时，会产生蒸汽和酸性气体；溶剂萃取法的操作过程和设备较复杂，成本较高。

该技术适用于处理含铜、镍等重金属废水处理污泥。

3.5 噪声污染防治技术

通常从声源、传播途径和受体防护三个方面进行噪声污染防治。尽可能选用低噪声设备，采用消声、隔振、减震等措施从声源上控制噪声；采用隔声、吸声、绿化等措施在传播途径上降噪。

3.6 电镀工业污染防治新技术

3.6.1 生物降解脱脂技术

生物降解脱脂技术是利用微生物的生长特性，净化工件表面上的油污，使油污降解为二氧化碳和水。该技术可替代传统皂化等脱脂方法。其优点是适应范围（pH4～9）广，脱脂温度低，节约能源；使用寿命长，节约资源；脱脂液不含磷，减少了对环境的污染。

该技术必须由一个生物降解装置和脱脂槽连接组成一个循环系统，分离死菌，补充营养，保持微生物的浓度和活性，以满足生产的要求。

该技术适用于镀件单一的新建大型电镀企业。

3.6.2 无氰碱性镀银技术

无氰碱性镀银技术是在碱性（pH 8.8～9.5）及室温（15.5℃～24℃）条件下，采用特殊添加剂，直接在黄铜、铜、化学镍等工件表面镀银的工艺。该技术无需预镀银，镀层与工件的结合力优于氰化物镀银，镀件的颜色洁白、美观。镀液中银的补给来自银阳极，镀液稳定，阳极溶解效率高，具有镀层致密、光滑、结晶细致、极低空隙、焊接性能强等特点。

该技术适用于黄铜、铜、化学镍等工件直接镀银工艺。

3.6.3 吸附交换法回收废酸液技术

吸附交换法回收废酸液技术是利用离子交换树脂（或纤维）的阻滞特性，将废液中的酸吸附，其他金属盐顺利通过，然后利用纯水解析树脂回收酸。第一步除去废酸液中的悬浮固体物，第二步对废酸液净化处理。

该材料有优异的亲酸性，当它与酸接触时，酸被吸附截留。酸液中的其他物质，如金属离子，则流出系统。当离子交换柱酸饱和后，再用水洗掉离子交换柱吸附的酸，成为再生酸液。

该技术适用于废酸液的回收利用。

3.6.4 生物处理含铬废水技术

生物处理含铬废水技术是利用复合菌（由具核梭杆菌、脱氮副球菌、迟钝爱得华氏菌、厌氧化球菌组合而成）在生长过程中，其代谢产物将以 $HCrO_4^-$、$Cr_2O_7^{2-}$、CrO_4^{2-} 形式存在的六价铬还原为三价铬，形成氢氧化铬，与菌体其他金属离子的氢氧化物、硫化物混凝沉淀而被除去。

该技术产生的污泥量仅为化学法的 1%，形成的氢氧化铬、氢氧化铜、氢氧化镍、氢氧化锌沉淀物均可回收。

该技术适用于电镀企业含铬废水的处理。

4 电镀工业污染防治最佳可行技术

4.1 电镀工业污染防治最佳可行技术概述

按整体性原则，从设计时段的源头污染预防到生产时段的污染防治，依据生产工序的产污环节和技术经济适宜性，确定最佳可行技术组合。

电镀工业污染防治最佳可行技术组合见图 2。

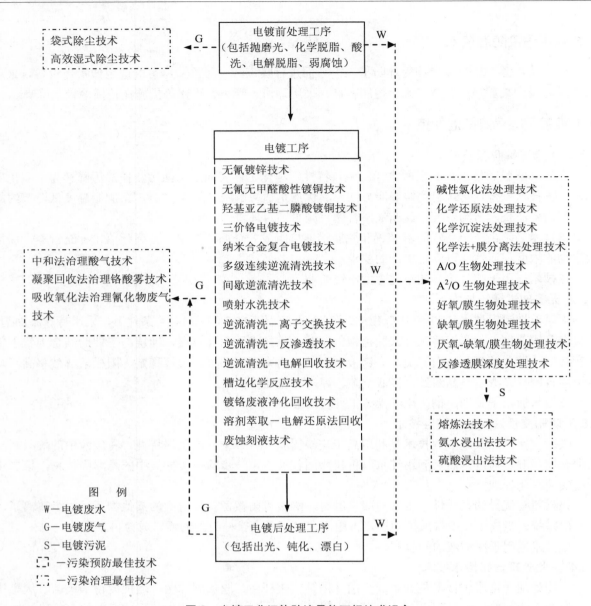

图2 电镀工业污染防治最佳可行技术组合

4.2 电镀工艺过程污染预防最佳可行技术

电镀工艺过程污染预防最佳可行技术及主要技术指标见表2。

表2 电镀工艺过程污染预防最佳可行技术及主要技术指标

项目	最佳可行技术	主要技术指标	技术适用性
有毒材料替代	无氰镀锌技术	无氰化物产生	挂镀生产线电镀锌工艺
	无氰无甲醛镀铜技术	无氰化物，电流效率95%、镀层结合力强	钢铁、铜、锡基件镀铜工艺
	羟基亚乙基二膦酸（HEDP）镀铜技术	无氰化物，分散能力好，镀层细密半光亮，结合力好	钢铁、铜基件直接镀铜工艺
	三价铬电镀技术	毒性小，沉积速度快，耐腐蚀、耐磨性能好	装饰性电镀铬工艺
	纳米合金电镀技术	电流效率80%，材料利用率大于95%	功能型电镀铬工艺

项目	最佳可行技术	主要技术指标	技术适用性
清洗水减量化	多级逆流清洗技术	该技术比单槽清洗法节水 50%以上	挂镀、滚镀自动化生产工艺
	间歇逆流清洗技术	比单槽清洗法节水 90%以上	单一镀种的电镀工艺
	喷射水洗技术	比单槽清洗法节水 50%以上	自动或半自动电镀线
槽边回收技术	逆流清洗—离子交换技术	贵重金属回收率 90%以上	批量大、用水量较大的连续生产车间
	逆流清洗—反渗透技术	贵重金属回收率 90%以上	电镀镍等贵金属清洗废水回收利用
	槽边电解回收技术	氰酸根去除率大于 99%；重金属回收率可达到 90%	酸性镀铜、氰化镀铜、氰化镀银等工艺
	槽边化学反应技术	清洗水循环利用 95%	六价铬镀铬工艺
	镀铬废液回收技术	铬酸回收率 95%以上	镀铬生产线改造和新建电镀铬生产线
	溶剂萃取—电解法回收废蚀刻液技术	废蚀刻液再生利用率大于 90%；电解液、萃取剂油相洗水均实现闭路循环	废蚀刻液再生利用

4.3 水污染治理最佳可行技术

4.3.1 碱性氯化法处理技术

4.3.1.1 最佳可行工艺参数

一级破氰：pH 值 9.5～11、氧化还原电位值 300～350mV、反应时间 10～15min；二级破氰：pH 值 7～8、氧化还原电位值 600～650mV、反应时间＞30min。

宜采用水力或机械搅拌，空气搅拌会逸出刺激性气体。选取氧化剂时应考虑经济性和安全性。

4.3.1.2 污染物削减和排放

氰离子最终可达的排放浓度：总氰化物（以 CN⁻计）低于 0.2mg/L。

4.3.1.3 技术经济适用性

该技术适用于处理氰化物电镀产生的各种含氰废水。

4.3.2 化学还原法处理技术

4.3.2.1 最佳可行工艺参数

废水的 pH 值控制在 2.5～3.0；还原反应时间：20～30min；氧化还原电位（ORP）值 250～300mV。

4.3.2.2 污染物削减和排放

六价铬浓度低于 0.2mg/L。

4.3.2.3 技术经济适用性

该技术适用于六价铬电镀、粗化产生的含铬废水处理。

4.3.3 化学沉淀法处理技术

4.3.3.1 最佳可行工艺参数

根据重金属的种类调整 pH 值 8～11；加药反应时间：15～20min。

4.3.3.2 污染物削减和排放

该技术处理效果好，各种金属氢氧化物或硫化物沉淀的 pH 值不同，按最佳 pH 范围沉淀才能取得最佳效果。但是污水处理工艺流程较长，控制复杂，污泥量大。

4.3.3.3 技术经济适用性

该技术适用于电镀企业重金属废水的处理。

4.3.4 化学法+膜分离法处理技术

4.3.4.1 最佳可行工艺参数

加碱调整 pH 值 6.0～7.0；采用中空纤维膜或平板膜分离，孔径 0.03～0.4μm；压力 -0.01～-0.03MPa。

4.3.4.2 污染物削减和排放

水回用率大于 60%；金属回收率大于 95%。

4.3.4.3 技术经济适用性

该技术工艺流程短（省掉沉淀池、污泥池等），减少占地；节省大量药剂，同时可回收金属，大幅降低运行成本。该技术适用于电镀企业重金属废水的处理。

4.3.5 A/O 生物处理技术

4.3.5.1 最佳可行工艺参数

废水在调节池内通过曝气搅拌均匀水质后进入生化处理，A 段为水解酸化工艺，温度 20～35℃，pH 6.5～8.5，溶解氧（DO）0.2～0.5mg/L；O 段为接触氧化工艺，温度 20～35℃，pH 7～8，DO 不低于 2.0 mg/L。

4.3.5.2 污染物削减和排放

当进水 COD_{Cr} 低于 500mg/L 时，COD_{Cr} 去除率大于 80%，出水 COD_{Cr} 低于 100mg/L。

4.3.5.3 技术经济适用性

该技术适用于低浓度有机废水的处理。

4.3.6 A^2/O 生物处理技术

4.3.6.1 最佳可行工艺参数

第一个 A 段为厌氧（水解酸化）工艺，水力停留时间为 4h，温度 20～35℃，pH6.5～8.5，溶解氧浓度低于 0.2mg/L；第二个 A 段为缺氧工艺，水力停留时间为 2～4h，温度 20～35℃，pH6.5～8.5，溶解氧 0.2 ～0.5mg/L；O 段为接触氧化工艺，水力停留时间为 4h，温度 20～35℃，pH7～8，溶解氧 2.0～4.0mg/L，污泥回流比 100%～300%。

4.3.6.2 污染物削减和排放

当进水 COD_{Cr} 低于 500mg/L、氨氮低于 50mg/L 时，COD_{Cr} 去除率 80%～90%，氨氮去除率 80%～90%，出水 COD_{Cr}50～100mg/L，氨氮 5～10mg/L。

4.3.6.3 技术经济适用性

该技术适用于脱脂、除油、除腊、酸洗等各工序产生的有机废水的处理。

4.3.7 好氧膜生物处理技术

4.3.7.1 最佳可行工艺参数

膜生物反应池污泥浓度 3000～6000mg/L；溶解氧浓度 2.0～4.0mg/L；水泵负压抽吸出水，压力 -0.01～-0.03MPa；水利停留时间（HRT）为 4～6h；污泥回流比 100%～300%；膜孔径 0.03～0.4μm；采用中空纤维膜或平板膜。

4.3.7.2 污染物削减和排放

当进水 COD_{Cr} 低于 500mg/L、BOD_5 低于 200mg/L、氨氮低于 50mg/L、总磷低于 5mg/L、总氮低于 60mg/L 时，COD_{Cr} 去除率约 80%～90%，BOD_5 去除率 90%以上，氨氮去除率 80%～90%，总磷去除率 70%～80%，总氮去除率大于 70%；出水 COD_{Cr}50～100mg/L，BOD_5 小于 20mg/L，氨氮 5.0～10mg/L，总磷 1.0～1.5mg/L，总氮小于 18mg/L。

4.3.7.3 技术经济适用性

该技术适用于电镀前处理废水化学沉淀后及络合废水破络后的有机废水的处理。

4.3.8 缺氧（或兼氧）膜生物处理技术

4.3.8.1 最佳可行工艺参数

膜生物反应池污泥浓度大于 15g/L，溶解氧浓度 0.2～0.5mg/L；膜箱内溶解氧浓度不小于 2.0mg/L；水泵抽吸出水，压力-0.01～-0.03MPa；水力停留时间（HRT）4～5h；污泥回流比 100%～500%；膜孔径 0.03～0.4μm；采用中空纤维膜或平板膜。

4.3.8.2 污染物削减和排放

当进水 COD_{Cr} 低于 500mg/L、BOD_5 低于 200mg/L、氨氮低于 50mg/L、总磷低于 5mg/L、总氮低于 60mg/L 时，COD_{Cr} 去除率约 95%，BOD_5 去除率大于 95%，氨氮去除率 90%～95%，总磷去除率 90%～95%，总氮去除率大于 90%；出水 COD_{Cr} 25～35mg/L，BOD_5 小于 10mg/L，氨氮 2.5～5.0mg/L，总磷小于 0.5mg/L，总氮小于 6mg/L。

4.3.8.3 技术经济适用性

该技术适用于生活污水、油墨废水以及脱脂、除油、除蜡等有机废水的处理。

4.3.9 厌氧－缺氧（或兼氧）膜生物处理技术

4.3.9.1 最佳可行工艺参数

厌氧池采用水解酸化工艺，溶解氧小于 0.2mg/L。生物反应池内工艺参数见 4.3.8.1。

4.3.9.2 污染物削减和排放

当进水 COD_{Cr} 低于 500mg/L、氨氮低于 50mg/L、总磷低于 5mg/L、总氮低于 60mg/L 时，COD_{Cr} 去除率 93%～95%，氨氮去除率 90%～95%，总磷去除率 90%～95%，总氮去除率大于 90%；出水 COD_{Cr} 25～35mg/L，氨氮 2.5～5.0mg/L，总磷 0.25～0.5mg/L，总氮小于 6mg/L。

4.3.9.3 技术经济适用性

该技术适用于去除碳源污染物，并同时脱氮除磷的污水处理工程。

4.3.10 反渗透深度处理技术

4.3.10.1 最佳可行工艺参数

系统回收率 60%～65%；系统脱盐率大于 97%；工作压力 0.9～1.7MPa。

4.3.10.2 污染物削减和排放

当进水金属离子浓度 20～40mg/L 时，出水金属离子浓度小于 0.4mg/L。

4.3.10.3 技术经济适用性

该技术适用于所有电镀企业的各种电镀生产线的废水回用处理。

4.3.11 电镀工业水污染治理最佳可行技术

电镀工业水污染治理最佳可行技术及主要技术指标见表 3。

表 3　电镀工业水污染治理最佳可行技术及主要排放水平

最佳可行技术	主要技术指标	技术适用性
碱性氯化法处理技术	氰化物去除率＞95%，总氰化物（以 CN⁻计）＜0.2mg/L	处理含氰废水
化学还原法处理技术	六价铬去除率＞98%，六价铬浓度＜0.2mg/L	处理含铬废水
化学沉淀法处理技术	重金属去除率＞98%	处理重金属废水
化学法+膜分离法处理技术	固体废物减量 50%；水回用率＞60%；金属回收率＞95%	处理重金属废水
A/O 生化处理技术	当进水 COD_{Cr}≤500mg/L 时，COD_{Cr} 去除率＞80%，出水 COD_{Cr}＜100mg/L	处理低浓度有机废水
A²/O 生化处理技术	当进水 COD_{Cr}≤500mg/L、氨氮≤50mg/L 时，COD_{Cr} 去除率 80%～90%，氨氮去除率 80%～90%，出水 COD_{Cr} 50～100mg/L，氨氮 5～10mg/L	处理有机废水
好氧膜生物处理技术	当进水 COD_{Cr}≤500mg/L、BOD_5≤200mg/L、氨氮≤50mg/L、总磷≤5mg/L、总氮≤60mg/L 时，COD_{Cr} 去除率 80%～90%，BOD_5 去除率＞90%，氨氮去除率 80%～90%，总磷去除率 70%～80%，总氮去除率＞70%；出水 COD_{Cr} 50～100mg/L，BOD_5＜20mg/L，氨氮 5.0～10mg/L，总磷 1.0～1.5mg/L，总氮＜18mg/L	处理有机废水

最佳可行技术	主要技术指标	技术适用性
缺氧膜生物处理技术	当进水 COD_{Cr}≤500mg/L、BOD_5≤200mg/L、氨氮≤50mg/L、总磷≤5mg/L、总氮≤60mg/L 时，COD_{Cr} 去除率约 95%，BOD_5 去除率>95%，氨氮去除率 90%～95%，总磷去除率 90%～95%，总氮去除率>90%，出水 COD_{Cr}25～35mg/L，BOD_5<10mg/L，氨氮 2.5～5.0mg/L，总磷<0.5mg/L，总氮<6mg/L	处理有机废水
厌氧—缺氧膜生物处理技术	当进水 COD_{Cr}≤500mg/L、氨氮≤50mg/L、总磷≤5mg/L、总氮≤60mg/L 时，COD_{Cr} 去除率 93%～95%，氨氮去除率 90%～95%，总磷去除率 90%～95%，总氮去除率>90%，出水 COD_{Cr}25～35mg/L，氨氮 2.5～5.0mg/L，总磷 0.25～0.5mg/L，总氮<6mg/L	去除碳源污染物同时脱氮除磷
反渗透深度处理技术	当进水金属离子浓度 20～40mg/L、电导率小于 1800μS/cm 时，出水金属离子浓度小于 0.4mg/L、电导率小于 50μS/cm	电镀废水资源化工程

4.4 大气污染治理最佳可行技术

电镀工业大气污染治理最佳可行技术及主要技术指标见表 4。

表 4　电镀工业大气污染治理最佳可行技术及主要技术指标

最佳可行技术	主要技术指标	技术适用性
喷淋塔中和法处理技术	10%碳酸钠和氢氧化钠溶液中和硫酸废气，去除率 90%；低浓度氢氧化钠或氨水中和盐酸废气，去除率 95%；5%的碳酸钠和氢氧化钠溶液中和氢氟酸（HF）废气，去除率>85%	适用各种酸性气体净化
凝聚法回收铬雾技术	铬雾回收率>95%	铬酸雾回收
喷淋塔吸收法处理技术	采用次氯酸钠水溶液作吸收液时，应用氢氧化钠调节吸收液 pH 值在弱碱性状态，净化效率>90%；采用硫酸亚铁溶液做吸收液时，将 0.1%～0.2%的硫酸亚铁水溶液送入喷淋塔，吸收 3～4s，净化效率达 96%	氰化物废气处理
袋式除尘法净化技术	除尘效率可达 95%以上，排放浓度<40mg/m³	粉尘治理
湿式除尘法处理技术	除尘效率可达 95%，排放浓度<50mg/m³	粉尘治理

4.5 电镀废水处理污泥综合利用及处理处置最佳可行技术

电镀废水处理污泥综合利用及处理处置最佳可行技术见表 5。

表 5　电镀废水处理污泥综合利用及处理处置最佳可行技术

最佳可行技术	主要技术指标	技术适用性
熔炼法技术	熔炼含铜污泥时炉温≥1300℃，熔出"冰铜"；熔炼含镍污泥时炉温≥1455℃，熔出"粗镍"	电镀污泥处理，回收铜、镍等重金属
氨水浸出法技术	铜氨溶液，可直接用作氢氧化铜或硫酸铜的原料	电镀污泥处理回收铜、镍等重金属
硫酸浸出法技术	不产生二次污染，铜的回收率达 95%	电镀污泥处理回收铜、镍等重金属

4.6 技术应用中的注意事项

（1）建立健全各项数据记录和生产管理制度；

（2）加强操作运行管理，建立并执行岗位操作规程，制订应急预案，定期对员工进行技术培训和应急演练；

（3）合理使用设备，加强设备的维护和维修管理，保证设备正常运转；

（4）按要求设置污染源标志，重视污染物的检测和计量管理工作，定期进行全厂物料平衡测试；

（5）持续开展清洁生产，导入健康安全环境管理体系；

（6）给、排水管道沿电镀槽两侧架空（离地面）铺设，避免管道腐蚀；

（7）采用高效变频开关电源，节省能源；

（8）严格物料管理，减少化学品流失和泄漏，减少废物排放；

（9）加强镀液管理，保证电镀质量，减少污染物产生、降低成本；

（10）加强槽液循环过滤；

（11）镀件出槽时，在镀槽上空停留片刻（一般10~15秒），在不影响镀层质量的前提下，让挂具和工件上的带出液尽可能滴回电镀槽；

（12）电镀清洗用水通常采用流动水洗，在水槽进水口安装可调控的流量计，控制进水量；

（13）采用自动化生产；

（14）在槽体间安装挡板，使镀液或清洗水流回槽内，保持地面清洁；

（15）水洗槽导入空气搅拌，提高水洗效率；

（16）贯彻"节流与开源并重、节流优先、治污为本"的用水原则，全面推广"分质用水、串级用水、循环用水、一水多用、废水回用"的节水技术，提高水的重复利用率；

（17）化学镀镍废水单独处理，并回收利用；

（18）化学或电化学抛光中，如废水中含铬，单独预处理后再进入综合废水处理系统；

（19）采取槽边处理方式进行清洗水回用；

（20）改进清洗方法，如喷雾或喷淋清洗，节约用水；

（21）清洗水自动控制给水，避免浪费，节约用水；

（22）改进挂具和镀件的吊挂方式，减少带出液量，降低清洗水的浓度；

（23）生产线上增设镀液回收槽、滴液器等回收装置，回收电镀液；

（24）工件出镀槽时，增加空气吹脱设施，减少镀液带出量；

（25）电（退）镀废槽液，属危险废物需单独收集后交有资质的单位处理；

（26）废酸或废碱液可作为处理药剂进行废物利用；

（27）定期检测废水中 COD_{Cr}、重金属铜、镍、六价铬、氰化物等指标，发现污染物超标，采用相应的措施及时解决；

（28）按环保部门要求安装在线监控设备，并对在线监控设备定期进行保养、维护和校正，保证设备正常运行；

（29）定期检查喷淋塔的塔体，液箱，喷雾系统、填料，气液分离器等完好性，及时更换填料；

（30）抽风设备风量调试平衡后，采用全自动控制，使各抽风点处于合理风量范围；

（31）定期检查除尘设备的漏风率、阻力、过滤风速、除尘效率和运行噪声等；袋式除尘器定期清灰，及时检查滤袋破损情况并更换滤袋；

（32）对于电镀产生的疑似危险废物，应按照相关标准做危险废物鉴别；

（33）电镀废水处理污泥经压滤脱水后，打包存放于规定的贮存场所，避免雨淋流失；

（34）经鉴别属于危险废物的电镀废水处理污泥按照危险废物管理要求运输、贮存和处置，并建立健全管理制度；

（35）电镀废水处理污泥按照危险废物管理要求运输、贮存和处置，并建立健全管理制度；

（36）电镀废水处理污泥金属含量达到冶炼原料要求时，应进行资源化综合利用；

（37）采用低噪声设备或采用隔声、减震措施，控制噪声源强；

（38）对于各类风机、空压机、水泵等噪声源，采用消声器等方式降低噪声；

（39）按照清洁生产的理念，设计园区的电镀生产线；

（40）采用多级逆流漂洗、喷淋清洗、回收清洗等节水技术；

（41）使用高频开关电源、可控硅电源、脉冲电源，不准高耗能电源入驻；

（42）采用无毒或低毒电镀工艺，逐步替代氰化物镀锌、镀铜、镀金等工艺及六价铬电镀工艺，积极采用三价铬钝化和无铬钝化。逐步采用代铬、代镉和合金镀层等技术；

（43）根据相关政策、标准规定，明确园区与企业污染治理责任，保证污染物达标排放；

（44）园区内企业持续开展清洁生产。

中华人民共和国国家环境保护标准

HJ 2031—2013

农村环境连片整治技术指南

2013-07-17 发布

2013-07-17 实施

环 境 保 护 部 发布

前　言

为防治污染、保护环境，指导农村环境连片整治工作，确保工作成效，制定本指南。

本指南为指导性文件，可作为农村环境连片整治项目建设与管理的参考依据。

本指南由环境保护部规划财务司提出，由科技标准司组织制订。

本指南起草单位：环境保护部环境规划院、中国环境科学研究院、中国科学院生态环境研究中心、

北京国环清华环境工程设计研究院有限公司、天津市环境保护科学研究院。

本指南 2013 年 7 月 17 日由环境保护部批准、发布。

本指南由环境保护部解释。

1 总则

1.1 适用范围

本指南适用于农村环境连片整治项目。

1.2 术语与定义

农村环境连片整治：是以改善区域环境质量为目的，对地域空间上相对聚集的多个村庄实施同步、集中整治的治理方式，主要包括三类方式：一是对地域空间相连的多个村庄通过采取污染防治措施实施综合治理；二是围绕解决同类环境问题或保护相同环境敏感目标，对地域上不相连的多个村庄进行同步治理；三是通过建设集中的大型污染防治设施，利用其服务功能的辐射作用，解决周边村庄的环境问题。

1.3 规范性引用文件

制定本指南主要参考以下文件：
（1）《关于实行"以奖促治"加快解决突出的农村环境问题实施方案》（国办发[2009]11 号）
（2）《全国农村环境连片整治工作指南（试行）》（环办[2010]178 号）
（3）《村庄整治技术规范》（GB 50445—2008）
（4）《集中式饮用水水源环境保护指南》（环办[2012]50 号）
（5）《分散式饮用水水源地环境保护指南（试行）》（环办[2010]132 号）
（6）《饮用水水源保护区划分技术规范》（HJ/T 338—2007）
（7）《农村生活污染防治技术政策》（环发[2010]20 号）
（8）《农村生活污染控制技术规范》（HJ 574—2010）
（9）《农业固体废物污染控制技术导则》（HJ 588—2010）
（10）《畜禽养殖业污染防治技术政策》（环发[2010]151 号）
（11）《畜禽养殖业污染治理工程技术规范》（HJ 497—2009）

2 技术模式选取

农村环境连片整治用于解决区域性农村环境问题，可采取集中式、分散式或集中与分散相结合的技术模式。遵循"源头控制、资源化利用优先"的思路，按照工艺成熟、经济实用、易于管理、运行投入低的原则，综合考虑项目区域的自然气候、地形地貌、经济发展、人口规模等因素，因地制宜地选取适用技术模式。

2.1 农村饮用水水源地环境保护项目

2.1.1 农村集中式地表水源地需参照《饮用水水源保护区划分技术规范》（HJ/T 338—2007）划定一级保护区、二级保护区和准保护区，严格执行各级保护区环境保护要求。
2.1.2 河流、湖泊、水库等农村集中式饮用水水源地，需采用警示标志、隔离防护设施、生态拦截工程等环境保护措施。
2.1.3 水井、水窖、山溪、山涧泉水、坑塘等分散式饮用水水源地，宜采用严格的物理防护措施，保持水源地保护区范围相对隔离，设置必要的警示标志。

2.1.4 饮用水水源地取水口需建设隔离防护构筑物，对饮水净化设施、水泵、电机等配套设施予以必要的保护。

2.1.5 生态拦截工程应结合农业面源污染治理，在平原河网地区宜采用生态沟渠与植被隔离带的组合模式，丘陵和山区宜采用前置库模式。

2.1.6 依据项目建设需求，参照《饮用水水源保护区划分技术规范》（HJ/T 338—2007）、《分散式饮用水水源地环境保护指南（试行）》（环办[2010]132 号）等国家规范性文件因地制宜地选取技术模式。

2.2 农村生活污水连片处理项目

2.2.1 农村生活污水连片处理技术模式选取需综合考虑村庄布局、人口规模、地形条件、现有治理设施等，结合新农村建设和村容村貌整治，参照《农村生活污染防治技术政策》（环发[2010]20 号）、《农村生活污染控制技术规范》（HJ 574—2010）等规范性文件。

2.2.2 污水收集系统建设，需考虑以下因素：（1）污水排放量≤0.5m^3/d、服务人口在 5 人以下的农户，适宜采用庭院收集系统；污水排放量≤10m^3/d，服务人口 100 人以下的农村适宜采用分散收集系统；地形坡度≤0.5%，污水排放量≤3000m^3/d，服务人口 30000 人以上的平原地区宜采用集中收集系统。（2）人口分散、气候干旱或半干旱、经济欠发达的地区，可采用边沟和自然沟渠输送；人口密集、经济发达、建有污水排放基础设施的地区，可采取合流制收集污水。（3）位于城市市政污水处理系统服务半径以内的村庄，可建设污水收集管网，纳入市政污水处理系统统一处理。（4）收集系统建设投资与污水处理厂（站）建设投资比例高于 2.5∶1 的地区，原则上不宜建设集中收集管网。同时，污水收集系统需合理利用现有沟渠和排水系统。

2.2.3 污水处理设施建设，需考虑以下因素：（1）村庄布局紧凑、人口居住集中的平原地区，宜建设污水处理厂（站）、大型人工湿地等集中处理设施，其中服务人口大于 30000 人的集中处理系统，宜建设采用活性污泥法、生物膜法等工艺的市政污水处理设施，服务人口小于 30000 人的集中处理系统，宜建设人工湿地等处理设施。（2）布局分散且单村人口规模较大的地区，适宜以单村为单位建设氧化塘、中型人工湿地等处理设施。（3）布局分散且单村人口规模较小的地区，适宜建设无（微）动力的庭院式小型湿地、污水净化池、小型净化槽等分散处理设施。土地资源充足的村庄，可选取土地渗滤处理技术模式。（4）丘陵或山区，宜依托自然地形，采用单户、联户和集中处理结合的技术模式。

2.3 农村生活垃圾连片处理项目

2.3.1 农村生活垃圾连片处理技术模式选取，需综合考虑村庄布局、人口规模、交通运输条件、垃圾中转和处理设施位置等，推行垃圾分类，同时参照《农村生活污染防治技术政策》（环发[2010]20 号）、《农村生活污染控制技术规范》（HJ 574—2010）等规范性文件。

2.3.2 建有区域性生活垃圾堆肥厂、垃圾焚烧发电厂的地区，需优先开展垃圾分类，配套建设生活垃圾分类、收集、贮存和转运设施，进行资源化利用。

2.3.3 交通不便、布局分散、经济欠发达的村庄，适宜采用生活垃圾分类资源化利用的技术模式，有机垃圾与秸秆、稻草等农业生产废弃物混合堆肥或气化，实现资源化利用，其余垃圾定时收集、清运，转运至垃圾处理设施进行无害化处理。

2.3.4 城镇化水平较高、经济较发达、人口规模大、交通便利的村庄，适宜利用城镇生活垃圾处理系统，实现城乡生活垃圾一体化收集、转运和处理处置。生活垃圾产生量较大时，应因地制宜建设区域性垃圾转运和压缩设施。

2.4 畜禽养殖污染连片治理项目

2.4.1　畜禽养殖污染连片治理项目建设应参照《畜禽养殖业污染防治技术政策》(环发[2010]151 号)、《畜禽养殖污染治理工程技术规范》(HJ 97—2009)等规范性文件，综合考虑畜禽养殖规模、环境承载能力、排水去向等因素，遵循"资源化、减量化、无害化"的原则，充分利用现有沼气工程、堆肥设施进行治理。

2.4.2　畜禽养殖密集区域或养殖专业村，应优先采取"养殖入区(园)"的集约化养殖方式，采用"厌氧处理+还田"、"堆肥+废水处理"和生物发酵床等技术模式，对粪便和废水资源化利用或处理。

2.4.3　养殖户相对分散或交通不便的地区，畜禽粪便适宜采用小型堆肥处理模式，养殖废水通过沼气处理，或者结合生活污水处理设施进行厌氧消化处理后还田。

2.4.4　土地(包括耕地、园地、林地、草地等)充足的地区，应优先采用堆肥等"种养结合"技术模式，对废弃物资源化、无害化处理后进入农田生产系统。

2.4.5　土地消纳能力不足的地区，适宜采用生产有机肥的模式，建立畜禽粪便收集、运输体系和区域性有机肥生产中心。在推行养殖废弃物干湿分离的基础上，养殖户的废水采用"化粪池+氧化塘(人工湿地)"的处理模式，养殖场(小区)的废水采用上流式厌氧污泥床(UASB)、升流式固体厌氧反应器(USR)、连续搅拌反应器(CSTR)、塞流式反应器(PFR)等达标处理模式。

2.4.6　规模化畜禽养殖场、散养户并存的集中养殖区域，应依托规模较大的畜禽养殖场已建治污设施，建立完善区域废弃物收集、运输和废弃物处理系统。

3　工程建设技术要求

开展农村环境连片整治的地区应针对区域性环境问题，统筹安排项目布局，提高治污设施运行负荷率，降低运行维护费用；合理设计治污设施建设规模，突出连片整治设施共建共享的优势，避免项目重复建设和资源闲置；围绕环境问题，对治理项目建设内容进行系统设计，实现污染全过程防控。

3.1 农村饮用水水源地环境保护项目

3.1.1　农村饮用水水源保护区划定需参照《饮用水水源保护区划分技术规范》(HJ/T 338—2007)、《分散式饮用水水源地环境保护指南(试行)》等规范性文件。

3.1.2　农村饮用水水源地环境保护项目建设内容包括：饮用水水源地警示标志、隔离防护设施、生态拦截工程等。

3.1.3　农村饮用水水源地环境保护项目要优先划定饮用水水源保护区(范围)，在划定饮用水水源保护区(范围)的基础上，结合供水、输水工程建设，统筹安排水源地环境保护项目建设，避免建设内容重复和技术要求不一致。

3.1.4　农村饮用水水源地环境保护项目要按照饮用水水源地类型，统一设计和布局标志牌、宣传牌、界标等。同时，清除饮用水水源保护区内的违法排污口、违法建设项目及一级保护区内的违法网箱养殖、旅游、垂钓设施。

3.1.5　河流、湖库等集中式饮用水水源地，应建设"标志＋防护设施＋污染物拦截工程"的系统性水源地环境保护设施；山泉水、水井、塘坝等分散式饮用水水源地，应重点建设水源地警示标志和隔离防护设施；地下水饮用水水源地主要建设警示标志和水源补给区保护设施。

3.1.6　前置库、生态沟渠等拦截工程适宜在河流、湖泊、水库水源地的入水口、汇水口处建设。

3.1.7　项目建设内容、建设位置、防护距离、建设规模、运行管理等具体要求参照《农村饮用水水源地环境保护项目建设与投资技术指南》。

3.2 农村生活污水连片处理项目

3.2.1 集中式农村生活污水处理设施排放标准参考《城镇污水处理厂污染物排放标准》（GB 18918—2002），分散式农村生活污水处理设施排放标准参考《城市污水再生利用农田灌溉用水水质》（GB 20922—2007）标准。

3.2.2 集中式农村生活污水处理工程项目需参考《城市污水处理工程项目建设标准》（建标[2001]77号）。

3.2.3 集中式处理模式

（1）采用多村共建共享处理设施模式的集中连片治理项目，主要建设污水处理厂（站）、大型人工湿地等集中处理设施。污水收集管网管材宜使用缸瓦管、混凝土管等，管径应不小于300mm，每隔30~50m应设置污水检查井。

（2）处理设施的建设选址应综合考虑村庄布局、管网建设投资等，尽可能降低建设成本。人工湿地建设需充分利用现有沟渠、水塘，并铺设防渗系统，填料材质应就近选取。污水收集管网布设应符合地形变化，合理利用现有沟渠，沿主要道路铺设。

（3）处理设施的建设规模应考虑区域农村人口发展趋势、设施运行负荷等因素。采用多村共建共享模式，应适当增加污水提升泵站数量。东部、中部、西部地区管网建设密度应分别不低于4km/km^2、3km/km^2、2km/km^2。

（4）干旱、半干旱地区宜采用合流制排水体系，南方地区宜采用雨污分流制排水体系。污水管道优先考虑自流排水，依据地形坡度铺设，坡度不小于0.3%。污水管道的最小覆土厚度应根据外部荷载和管材强度等条件确定，在机动车道下应不小于0.7m，在绿化带或庭院内不小于0.4m，北方农村地区管道铺设深度应大于土壤冰冻线深度。当污水收集系统不能实现全程重力自流时，应在需要提升的管渠段建污水泵站，建设位置应尽量靠近污水处理设施，集水池可利用现有坑塘，集水池坡底向集水坑的坡度不小于10%。

（5）污泥处理处置系统应与区域市政污水处理厂污泥处理处置系统统一建设，采用污泥厌氧消化处理达到城镇污水处理厂污泥处置无害化标准后排放或综合利用。污泥产生量较大时，亦可建设区域性污泥收集和处理处置中心。污泥处理处置包括污泥脱水、污泥干化、污泥消化、污泥堆肥、污泥消毒等。

3.2.4 分散式处理模式

（1）综合考虑地形条件、人口规模、经济水平等因素，结合沼气、卫生厕所、化粪池等建设，对区域农村生活污水分散式处理设施建设实施统一规划、设计、实施。

（2）采用污水资源化利用的项目，应与农田水利灌溉系统、排洪系统建设相结合，充分利用现有管道、沟渠和池塘，亦可配套建设污水农田回灌的水质深度处理系统。污水收集系统按照地形条件确定，入户管道管径一般应大于75mm，支管管径大于200mm。

（3）以单户或多户为治理单元的项目，宜建设小型人工湿地、污水净化沼气池、氧化塘等，并与三格式化粪池、沼气池配套建设。

（4）针对流域水环境保护的连片污水处理项目，污水处理后需根据水环境功能要求达到相应的排放标准，可建设水质深度处理设施，并结合流域农业面源污染防治项目统筹建设。

3.3 农村生活垃圾连片处理项目

3.3.1 农村生活垃圾需优先开展垃圾分类与资源化利用。农村生活垃圾收集、转运和处理处置项目应统筹考虑人口规模、服务半径、运行管理成本等。农村生活垃圾收集、转运、处理系统的设计，要为项目扩容预留空间。

3.3.2 农村生活垃圾"分类＋资源化利用"模式

（1）农村生活垃圾应优先推行垃圾分类，城镇化水平较高地区亦可在垃圾中转环节增设垃圾分拣站强化分类收集。垃圾分类方法参照下表或《城市生活垃圾分类及评价标准》（CJJ/T 102—2004）执行。

表 1　垃圾资源化利用方式与分类方法

利用方式	垃圾分类	垃圾成分构成
垃圾堆肥	可回收垃圾	文字用纸、包装用纸和其他纸制品等；废容器塑料、包装塑料等塑料制品；各种类别的废金属物品；有色和无色废玻璃制品；旧纺织衣物和纺织制品
	厨余垃圾	剩菜、剩饭、菜叶、果皮、蛋壳、茶渣、骨、贝壳等，泛指家庭生活饮食中所需用的来源生料及成品（熟食）或残留物
	有害垃圾	废电池、废日光灯管、废水银温度计、过期药品等
	其他垃圾	除上述几类垃圾之外的砖瓦陶瓷、渣土等难以回收的废弃物
垃圾焚烧发电（气化）	可燃垃圾	文字用纸、包装用纸和其他纸制品等；废容器塑料、包装塑料等塑料制品；旧纺织衣物和纺织制品
	不可燃垃圾	各种类别的废金属物品；有色和无色废玻璃制品；家庭生活饮食中所需用的来源生料及成品（熟食）残留物等厨余垃圾；废电池、废日光灯管、废水银温度计、过期药品等有害垃圾

（2）需根据农村生活垃圾资源化利用方式，配套建设相应的垃圾分类、收集、贮存和转运设施。在自然村建设分类收集系统、有机垃圾（可燃垃圾）贮存设施和不可回收垃圾贮存设施；在乡镇建设垃圾分拣站、垃圾中转设施和转运车辆。

（3）以单户为治理单元的项目，应结合秸秆、畜禽粪便等堆肥项目开展工程建设，主要建设垃圾分类收集设施、小型垃圾堆肥设施和垃圾贮存设施。堆肥设施应根据垃圾产生量、技术条件确定建设规模，适度提高机械化、自动化水平。不能资源化利用的垃圾要定期清运至乡镇垃圾转运系统，统一无害化处置。

（4）区域内建有垃圾焚烧发电设施、大型有机垃圾堆肥厂的项目，主要建设配套的垃圾分类收集、转运设施。在转运环节进行垃圾分类的治理模式，需增建垃圾分拣站。

（5）要统筹垃圾转运站的建设位置、数量和规模，提高转运站转运效率，避免项目重复建设或建成项目的空置。垃圾转运站的建设规模需根据服务区域内人口总量和运行负荷计算，平原、丘陵、山区的垃圾转运站服务半径宜分别大于15km、12km、9km，东、中、西部地区的垃圾转运站服务人口原则上需分别大于50000人、30000人、10000人。

（6）农村生活垃圾收集能力、清运能力、清运周期应与乡镇垃圾转运能力、转运周期相匹配。

3.3.3 城乡一体化处理模式

（1）城乡一体化处理模式以建设垃圾收集、转运系统为重点，在村庄建设垃圾分类、收集、清运设施，在乡镇建设垃圾转运设施，垃圾处理主要依托现有城镇生活垃圾处理处置设施。

（2）布局集中的村庄应统筹建设垃圾收集和清运设施，建设规模参考以下要求设计：采用常规收集系统（不分类）的，垃圾收集箱 1 个/户，公共场所的垃圾桶主街道 1 套/50m（车站、广场等公共场所 1 套/80m²），垃圾收集车 1 个/20 户，垃圾集中收集池 1 个/50 户，垃圾集中收集池服务半径需在 30m 以上；采用垃圾分类收集模式的，垃圾收集箱 4 个/户，公共场所垃圾桶主街道 1 套/50m（车站、广场等公共场所 1 套/100m²），垃圾分类收集车 3 个/40 户，垃圾集中收集池 3 个/800 户，收集池服务半径需在 50m 以上。

（3）生活垃圾常规转运站的设计能力一般不低于 10t/d。

（4）垃圾转运车额定载重量一般不低于 5t，容积不低于 8m³。垃圾转运站服务人口原则上需在 10000 人以上（压缩转运站需在 30000 人以上），运输半径宜在 40km 以内。

3.4 畜禽养殖污染连片治理项目

3.4.1 畜禽养殖污染治理遵循"资源化、减量化、无害化"原则，优先推荐种养结合、场户结合的治理模式。沼气工程须建设沼渣、沼液处理设施，充分利用附近农田进行消纳。

3.4.2 集中式治理模式

（1）区域内已建有大型规模化畜禽养殖场的项目，应依托养殖场建设粪便堆肥设施和收集设施，养殖散户配备干湿分离机。废水处理应建设厌氧处理设施，亦可依托现有户用沼气池和污水沼气净化池等改造建设。

（2）采用"养殖入区（园）"治理模式的项目，按照可供利用的土地面积和产业化运作条件，选择建设大中型沼气处理设施或"堆肥+废水处理"设施。

（3）采用区域治理设施共建共享模式的项目，重点建设以堆肥厂为核心的粪便收集、集中处理设施和以户用沼气（沼气净化池）为主的废水分散处理设施。堆料场容积一般需能容纳 10 天以上粪便量，同时必须建设防雨、防泄漏设施；贮存塘容积按照计划收集进入堆肥厂的粪便量、日收集粪便量、降雨情况等确定。受发酵场地、时间、运输等因素限制，一般应至少设置容纳 6 个月产生量的贮存设施；发酵池采用一次性发酵工艺的，发酵周期不宜少于 30 天；采用二次性发酵工艺的，一级发酵和二级发酵的发酵时间均不宜少于 10 天，实际堆肥时间根据 C/N、湿度、添加剂等确定。

3.4.3 分散式治理模式

以单户或多户为治理单元的畜禽养殖污染治理项目，主要是配置粪便清扫工具、收集车、户用沼气池（沼气净化池）、小型堆肥设备等。

4 工程运行维护和管理的技术要求

4.1 农村饮用水水源地环境保护项目

4.1.1 农村饮用水水源地界桩、围栏一般每季度检查、维护一次。

4.1.2 农村饮用水水源地取水口防护构筑物一般需每月消毒、灭菌，保持构筑物清洁。

4.1.3 农村饮用水水源地警示牌、宣传牌需定时检查，及时更换破损设施。

4.1.4 农村饮用水水源地植被缓冲带、防护林、前置库等防护设施，需进行定期检查维护，一般按季度进行植被养护、清淤等。

4.2 农村生活污水连片处理项目

4.2.1 污水处理厂（站）、大型人工湿地等集中式治污设施建成后，要明确资产归属和权责划分，并对治污设施进行固定资产登记，应委托专业技术服务机构或专门人员统一负责日常运营、维护和管理。

4.2.2 化粪池、小型湿地、氧化塘等分散治理设施一般可由农户自行负责日常管理，项目管理单位定期委派专业技术人员进行指导和维护。

4.2.3 经济欠发达地区一般可采用"政府补贴"为主的方式保障治污设施初期运行经费，逐步摸索建立适合本地区的运行管理模式；经济较发达地区可采用"政府补贴+适当收费"的方式，并可充分利用市场机制，委托专业公司负责设施运营。

4.2.4 配备格栅、泵房、曝气等动力设备的项目，需对设备进行定期检修，保障设备稳定、安全运行。建设人工湿地、土地渗滤系统的项目，需及时清理堵塞、淤积等问题。

4.3 农村生活垃圾连片处理项目

4.3.1 连片治理村庄一般需配备专职保洁员，负责区域内垃圾清运和日常保洁，清运周期依据垃圾收集量和费用进行确定，一般 1 周不低于 1 次。

4.3.2 需定期组织废弃物回收公司收集纸制品、塑料制品、金属物品、玻璃制品、纺织制品等可回收利用的垃圾；建有垃圾分拣站的村庄，可将废弃物出售所得，用于保洁员工资和设备购置、更换的补贴。

4.3.3 具备条件的地区，应优先引入专业公司或成立专门运营机构，负责辖区内生活垃圾收集、处理系统的运行维护。采用村民自行管理的项目，当地项目管理部门要开展技术指导和委派专业技术人员进行定期维护。

4.3.4 采用生活垃圾城乡一体化处理模式的地区，设施运行可纳入市政环卫系统统一管理，适当收取生活垃圾处理费用。

4.4 畜禽养殖污染连片治理项目

4.4.1 建设分户或联户沼气处理设施的村庄，应聘请专业技术人员定期检查产气池、储气池等设施设备，及时更换破损配件，确保设施正常运行。

4.4.2 区域畜禽粪便收集处理中心建成后，可委托专业运营公司进行管理，确保治污设施长效稳定运行。

4.4.3 依托大型规模化畜禽养殖场治污设施的连片治理项目，项目管理部门要与畜禽养殖场签订协议，确保连片治理区域内养殖散户产生的畜禽粪便得到有效处理。

中华人民共和国国家环境保护标准

HJ 2032—2013

农村饮用水水源地环境保护

技术指南

2013-07-17 发布　　　　　　　　　　　　　　　2013-07-17 实施

环 境 保 护 部 发布

前　言

为防治污染、保护环境，指导农村环境整治工作，确保工作成效，制定本指南。

本指南是指导性文件，可作为农村饮用水水源地环境保护建设与管理的参考依据。

本指南由环境保护部规划财务司提出，由科技标准司组织制订。

本指南起草单位：中国环境科学研究院、中国科学院生态环境研究中心。

本指南 2013 年 7 月 17 日由环境保护部批准、发布。

本指南由环境保护部解释。

1 总则

1.1 适用范围

本指南适用于农村饮用水水源地环境保护工程的建设与管理。

1.2 术语和定义

1.2.1 农村饮用水水源地：指向乡（镇）、村供水、有简易净化措施或无净化措施、并小于一定规模（供水人口一般在 1000 人以下）的现用和规划饮用水水源地。

1.2.2 农村饮用水水源防护区：指农村饮用水水源按照本技术指南要求设定的污染防护区域。

1.2.3 农村连片供水：指向乡（镇）居民、村民提供的相对集中的简易供水方式。

1.2.4 农村分散供水：指乡（镇）居民、村民通过分散设置的水井或其他取水设施直接取水。

1.2.5 集水池：从水源取水向农户供水过程中，用作水量、水压调节的集水容器或构筑物。

1.3 规范性引用文件

本指南主要引用了以下文件，包括：

（1）《地表水环境质量标准》（GB 3838—2002）

（2）《地下水质量标准》（GB/T 14848—93）

（3）《生活饮用水卫生标准》（GB 5749—2006）

（4）《饮用水水源保护区划分技术规范》（HJ/T 338—2007）

（5）《饮用水水源保护区标志技术要求》（HJ/T 433—2008）

（6）《地表水和污水监测技术规范》（HJ/T 91—2002）

（7）《地下水环境监测技术规范》（HJ/T 164—2004）

（8）《村镇供水工程技术规范》（SL 310—2004）

（9）《镇（乡）村给水工程技术规程》（CJJ 123—2008）

（10）关于加强农村环境保护工作意见的通知（国办发[2007]63 号）

（11）关于进一步加强分散式饮用水水源地环境保护工作的通知（环办[2010]32 号）

2 农村饮用水水源分类

农村饮用水水源可以分为地表水源、地下水源和其他等类型，地表水源主要包括河流、湖库、山溪、坑塘等；地下水源主要包括浅层地下水、深层地下水、山涧泉水等类型；其他类型包括水窖、水柜等。

2.1 地表水源

2.1.1 河流型水源

根据水源水体规模、水量受水文、气象条件影响程度、季节变化影响及受区域水环境质量影响的程度，河流型水源可分为大中型河流和小型山溪。

2.1.2 湖库型水源

根据水源水体规模、水量受水文、气象条件影响程度、水质受区域水环境质量影响的程度，湖库型水源可分为大中型湖泊水库和塘坝。

2.2 地下水源

2.2.1 浅层地下水源

指直接从地下潜水含水层取水，易受地下水位变动以及地表水污染影响的水源。

2.2.2 深层地下水源

指从潜水含水层以下的承压含水层取水，水质、水量较为稳定的水源。

2.2.3 山涧泉水水源

指收集山涧出露泉水作为水源，供水量受水文气象条件影响较大，水质好且不易受到污染。

2.3 其他类型或特殊水源

2.3.1 水窖水源

指北方地区利用修建于地面以下并具有一定容积的水窖拦蓄雨水和地表径流作为水源。

2.3.2 水柜水源

指南方地区用于收集雨水或其他来水的小型地表蓄水设施。

3 农村新建饮用水水源地选址工程技术

3.1 新建饮用水水源地选址水质水量技术要求

新、改、扩建水源地，至少进行丰、枯两个季节的水质、水量监测。水质需满足 GB 3838—2002 或 GB 14848—93 中Ⅲ类水质的规定，若无净化措施，则需满足 GB 5749—2006 的要求。水量不低于近、中期需水量的 95%。

当地表和地下水源水质水量均符合要求时，应优先考虑地下水源。

3.2 新建饮用水水源地选址技术经济要求

当有多个水源可供选择时，除水质水量符合要求外，还要考虑供水的可靠性、基建投资、运行费用、施工条件和施工方法等。宜进行全面技术经济分析，作为选址的重要参考依据。

3.3 新建饮用水水源地选址技术

有条件的山区农村应尽量选择山泉水或地势较高的水库为水源，可以靠重力供水；平原地区农村一般选用地下水作为水源，并尽可能适度集中，以便于水源的卫生防护、取水设施工程建设及实施环境管理。

地下水源应选择包气带防污性好的地带，并按照地下水流向，在污染源及镇（乡）村的上游地区建设并应尽量靠近主要用水地区。

连片供水水源优先选择深层地下水，取水深度可根据当地地质结构确定。

设置于村前房后的单户或多户水源井，可以地下潜水作为水源。打井深度应根据当地水文地质条件确定，取水水量应满足正常用水需求，水质应满足饮用水水质要求。

3.4 农村饮用水水源地取水口设置要求

大型河流、湖库水源地取水口应尽量设在河、湖库中间。离岸水平距离应不小于 30 米，垂线方向应在最枯水位线下，且不小于 0.5 米。对于小型山溪和塘坝水源，应尽量避免周边环境对取水口的影响。

有条件地区，宜采用傍河取水方式设置取水井，避免从河道、湖库直接取水。取水井井口设置应高于河流、湖库正常防洪水位线。

3.5 取水工程设计要求

农村饮用水水源地的取水规模依据农村人均用水量及供水人口确定。农村居民人均用水量应包括生活和畜禽养殖等用水需要，有条件的地区，可根据实际计量水量进行确定；无计量条件的地区，可按 50～150 升/人·日进行估算。

集水池设计规模应为取水规模的 0.8～1.5 倍。对于供水水量不稳定或具有备用功能的水源，集水池设计规模至少为取水规模的 3 倍。

4 农村饮用水水源地保护工程技术

4.1 河流、湖库水源保护工程技术

河流、湖库水源保护工程技术包括取水口隔离及取水设施建设、水源标志设置、水源防护区划分、水源污染防治四个子项技术，其示意图见图 1。工程位置参照本指南确定的水源防护区边界确定。采用傍河取水方式时，水源的保护工程参照地下水源保护工程进行。

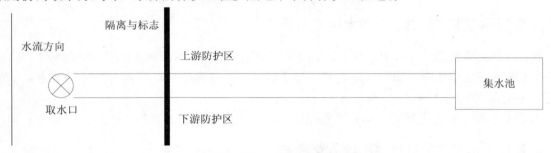

图 1 河流、湖库水源保护工程示意图

4.2 小型塘坝水源保护工程技术

小型塘坝水源保护工程技术包括取水口隔离及取水设施建设、水源标志设置、水源防护区划分、水源污染防护四个子项技术，其示意图见图 2。

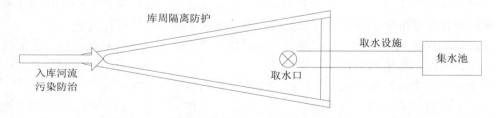

图 2 小型塘坝水源保护工程示意图

4.3 地下水源保护工程技术

小型塘坝水源保护工程技术包括取水口隔离及取水井建设、水源标志设置、水源防护区划分、水源污染防护四个措施，其示意图见图 3。

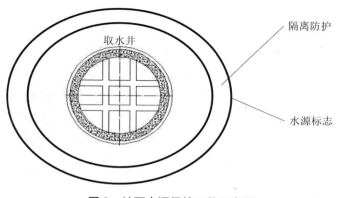

图 3　地下水源保护工程示意图

5　水源防护区划分技术

为了保护农村饮用水水源地环境，防止水源地污染，保障水源水质，划定水源防护区。

大型河流、湖库水源防护区范围：取水口陆侧岸边上游 50 米，下游 30 米、陆域纵深不小于 30 米的区域。

小型塘坝水源防护区范围：不大于库塘水面、正常水位线以上水平距离 50 米范围。

地下水水源防护区范围：应大于井的影响半径，且不小于 30 米。傍河取水水源及相应河流的保护范围参照此要求执行。井的影响半径范围根据水源地所处的水文地质条件、开采方式、开采水量和污染源分布情况确定。

6　水源保护区标志工程建设技术

农村饮用水水源防护区标志主要包括界标、交通警示牌和宣传牌。

6.1　界标

在防护区的地理边界设立界标，用于标识水源地及防护区的范围，并起到警示作用。界标的设置要求可参照 HJ/T 433—2008。

6.2　交通警示牌

交通警示牌分为道路警示牌和航道警示牌，用于警示车辆、船舶或行人进入饮用水水源保护区道路或航道，需谨慎驾驶或谨慎行为。交通警示牌的设置要求参照 HJ/T 433—2008。道路警示牌和航道警示牌的具体设立位置应分别符合《道路交通标志和标线》（GB 5768—2009）和《内河助航标志》（GB 5863—93）的相关要求。

6.3　宣传牌

根据实际需要，为保护当地饮用水水源而对过往人群进行宣传教育所设立的标志。宣传牌的设置要求参照 HJ/T 433—2008。

7 农村饮用水水源污染防护技术

农村大型河流、湖库型水源的污染防护工程依据《集中式饮用水水源环境保护指南（试行）》以及相应的饮用水水源污染防治规划、流域污染防治规划进行设计；生活污水、生活垃圾及畜禽养殖废水的处理处置按照《农村生活污染技术政策》（环发[2010]20号）、《畜禽养殖污染防治技术规范》（HJ/T 81）及相关要求进行；小型河流、塘坝及地下水源其他污染类型的污染防护参照本指南进行。

7.1 小型河流、塘坝水源周边生态隔离技术

针对小型河流、塘坝饮用水水源，主要采取生态隔离措施，由两个子系统组成，即：流域农田减量施肥子系统和生态隔离防护子系统，其中，生态隔离防护子系统包括植物篱、生态沟渠和植被缓冲带等技术，可根据实际需要和水源所处地形选择使用其中一种技术，或几种技术组合使用。

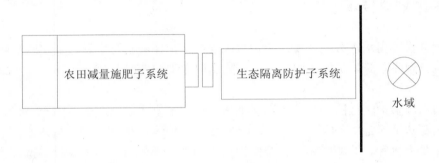

图4 小型河流、塘坝饮用水水源污染防护工程示意图

流域农田减量施肥子系统：在库塘周边农田中实施测土配方、合理施肥，以减少N、P的流失，从而减少农业非点源污染对周围水体的污染。

生态隔离防护带子系统：在库塘周边50米范围内，构建生态防护隔离带，应按照宽度大于50米、高度大于1.5米进行设置，主要起到阻隔人群活动影响的作用，同时减少面源污染的影响。主要技术包括：

植物篱：通过生物吸收作用等再次消耗氮磷养分、净化水质，提高养分资源的再利用率。库塘周边生态隔离系统的最佳结构为"疏林＋灌草"，这一结构可以通过密度控制来实现。需根据当地的气候条件，选取适宜的生物物种。适合水土保持的防护林树种主要有：松树、刺槐、栎类、凯木、紫穗槐等，须选择适合于本地区的树种。

生态沟渠：对沟渠的两壁和底部采用蜂窝状混凝土板材硬质化，在蜂窝状孔中种植对N、P营养元素具有较强吸收能力的植物，用于吸收农田排水中的营养元素，从而减少库塘水质的富营养化。

植被缓冲带：通常设置在下坡位置，植被种类选取以本地物种为主，乔木、灌木、草类等合理配置，布局上也要相互协调，以提高植被系统的稳定性。植被缓冲带要具备一定的宽度和连续性，宽度可结合预期功能和可利用土地范围合理设置。

7.2 塘坝水源入库溪流前置库技术

对于塘坝水源入库溪流，宜采用前置库技术。前置库的库容按照入库溪流日均流量的0.5～1.5倍进行设计。前置库由五个子系统组成，即：地表径流收集与调节子系统；沉降与拦截子系统；生态透水坝及砾石床强化净化子系统；生态库塘强化净化子系统；导流子系统。

地表径流收集与调节子系统：利用现有沟渠适当改造，结合生态沟渠技术，收集地表径流并进

行调蓄，对地表径流中污染物进行初级处理。

图 5　前置库系统的组成结构示意图

沉降与拦截子系统：利用库区入口的沟渠河床，通过适当改造，结合人工湿地原理构建生态河床，种植大型水生植物，建成生物格栅，既对引入处理系统的地表径流中的颗粒物、泥沙等进行拦截、沉淀处理，又去除地表径流中的 N、P 以及其他有机污染物。

生态透水坝及砾石床强化净化子系统：利用砾石构筑生态透水坝，保持调节系统与库区水位差，透水坝以渗流方式过水。砾石床位于生态透水坝后，砾石床种植的植物、砾石孔隙与植物根系周围的微生物共同作用，高效去除 N、P 及有机污染物。

生态库塘强化净化子系统：利用具有高效净化作用的生物浮床、生物操纵技术、水生植物带、固定化脱氮除磷微生物等，强化清除 N、P、有机污染物等。

导流子系统：暴雨时为防止系统暴溢，初期雨水引入前置库后，后期雨水通过导流系统流出。

7.3 地下水源地隔离防护技术

以水井为中心，周围设置坡度为 5% 的硬化导流地面，半径不小于 3 米，30 米处设置导流水沟，防止地表积水直接下渗进入井水。导流沟外侧设置防护隔离墙，高度 1.5 米，顶部向外侧倾斜 0.2 米，或者生物隔离带宽度 5 米，高度 1.5 米。此外，如地下水源位于农业生产区，则需参照 7.1 节小型塘坝水源周边生态隔离技术增设农田减量施肥子系统和生态截留沟渠子系统，以防止农药或化肥经灌渗进入地下蓄水层。

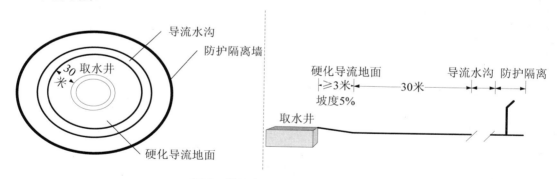

图 6　地下水源地隔离防护示意图

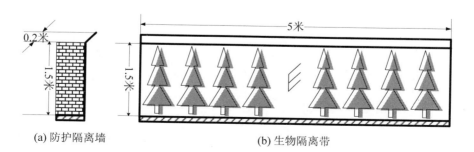

图 7　地下水源取水口隔离工艺示意图

8 农村饮用水水源地环境管理技术

8.1 水源地水质日常监测技术要求

县级政府相关部门定期开展水源水质监测，监测点可设在水源取水口处。地表水源的监测项目为 GB 3838—2002 表 1 和表 2 中的指标；地下水源的监测项目为 GB/T 14848—93 表 1 中指标。应定期开展细菌总数监测。

对于常规项目，有条件的地区应每年按照丰、平、枯水期开展水质监测；没有条件的地区，应每年监测一次。对于特定项目，应每 3～5 年监测一次，检出或者超标的指标，应按照常规项目的监测频次进行监测。

对于南北方地区较为特殊的水柜和水窖型水源，应尽量参照大型水源的要求，定期开展水质监测。

依据 GB 3838—2002 或 GB/T 14848—93 III 类标准对水源水质进行评价。

8.2 水源地水质水量达标要求

水源水质水量应满足本指南 3.1 节相关要求。

当水质达不到上述要求时，应采取必要的净化措施或按照本指南中第 3 节的要求另选水源。

当水量达不到要求时，需采取增加供水量的相关措施或按照本指南中第 3 节的要求另选水源。

8.3 水源地环境管理能力建设技术

定期进行供水设施维护检修，建立日常保养、定期维护和大修理三级维护检修制度。

以乡、镇为单位，由配备的环保员或防疫员兼任化验员，或专门配备化验人员，设置简单实验室，装配必要仪器设备。水质监测人员上岗前须经采样技术及仪器使用培训。

定期对水源地相关设施进行运行维护：警示牌、隔离措施一年检修一次；前置库每年清理一次；植被隔离防护带草皮每年收割五次。